Vorbeugender und anpassender Klimaschutz in der bauplanungsrechtlichen Abwägung

Europäische Hochschulschriften

European University Studies

Publications Universitaires Européennes

Reihe II **Rechtswissenschaft**

Series II Law

Série II Droit

Band/Volume **5831**

Lilian Ehlich

Vorbeugender und anpassender Klimaschutz in der bauplanungsrechtlichen Abwägung

PL ACADEMIC RESEARCH

Bibliografische Information der Deutschen Nationalbibliothek
Die Deutsche Nationalbibliothek verzeichnet diese Publikation in der Deutschen Nationalbibliografie; detaillierte bibliografische Daten sind im Internet über http://dnb.d-nb.de abrufbar.

Zugl.: Bielefeld, Univ., Diss., 2015

D 361
ISSN 0531-7312
ISBN 978-3-631-67309-6 (Print)
E-ISBN 978-3-653-06524-4 (E-Book)
DOI 10.3726/978-3-653-06524-4

PL Academic Research ist ein Imprint der Peter Lang GmbH.
Peter Lang – Frankfurt am Main · Bern · Bruxelles · New York · Oxford · Warszawa · Wien

Diese Publikation wurde begutachtet.

www.peterlang.com

Meiner Familie

Vorwort

Diese Arbeit wurde im Mai 2015 bei der Fakultät für Rechtswissenschaft der Universität Bielefeld als Dissertation eingereicht. Die Disputation fand im Dezember 2015 statt. Rechtsprechungs- und Literaturangaben wurden bis Mai 2015 berücksichtigt. Für die Druckfassung wurde die Arbeit teilweise aktualisiert und überarbeitet.

Meinem Doktorvater, Herrn Prof. Dr. Christoph Gusy, danke ich in ganz besonderem Maße. Besonders möchte ich mich für sein Vertrauen bedanken, das er in mich gesetzt hat, und für seine kritischen Anmerkungen, die die Arbeit bereicherten. Ferner danke ich ihm für die überaus schnelle Erstellung des ausführlichen Erstgutachtens.

Herrn Prof. Dr. Michael Kotulla danke ich für die Übernahme und zügige Erstellung des Zweitgutachtens. Des Weiteren möchte ich Herrn Prof. Dr. Johannes Hellermann für kritische Anregungen danken, die diese Arbeit förderten.

Der größte Dank gilt meiner Familie, insbesondere meinem Ehemann, Johannes Ehlich, für seine Motivation und ständige Unterstützung. Ferner danke ich meinen Eltern, den Rechtsanwälten Ilona und Berthold Koch, und Schwiegereltern, Dr. Birges Ehlich und Dr. Ronald Ehlich, denen ich viel zu verdanken habe und die mich stets sehr unterstützt sowie motiviert haben. Darüber hinaus möchte ich meinem Vater für die flexiblen Arbeitstage und seine Rücksichtnahme gerade in der Endphase der Bearbeitung trotz hoher Arbeitsbelastung herzlich danken. Ebenfalls danke ich Dr. Roman Grig für wertvolle Ratschläge.

Potsdam, Januar 2016 — Lilian Ehlich

Inhaltsverzeichnis

Fünftes Kapitel: Die Rechtsstellung des Grundstückseigentümers ... 153

Abkürzungsverzeichnis

a. A.	anderer Ansicht
ABl. EG	Amtsblatt der Europäischen Gemeinschaft
Abs.	Absatz
ALR	Allgemeines Landrecht für die preußischen Staaten
Art.	Artikel
BauGB	Baugesetzbuch
BauNVO	Baunutzungsverordnung
BauR	Baurecht
BayGO	Gemeindeordnung für den Freistaat Bayern
BayVBl.	Bayerische Verwaltungsblätter
BB	Der Betriebs-Berater
BBauG	Bundesbaugesetzbuch
BbgKVerf.	Kommunalverfassung des Landes Brandenburg
BBodSchG	Gesetz zum Schutz vor schädlichen Bodenveränderungen und zur Sanierung von Altlasten (Bundes-Bodenschutzgesetz)
Bd.	Band
BeckRS	Beck-Rechtsprechung
BGBl.	Bundesgesetzblatt
BGHZ	Entscheidungen des Bundesgerichtshofes in Zivilsachen
BID	Business Improvement District
BImSchG	Gesetz zum Schutz vor schädlichen Umwelteinwirkungen durch Luftverunreinigungen, Geräusche, Erschütterungen und ähnliche Vorgänge (Bundes-Immissionsschutzgesetz)
BImSchV	Bundes-Immissionsschutzverordnung
BMVBS	Bundesministerium für Verkehr, Bau und Stadtentwicklung
BMZ	Bundesministerium für wirtschaftliche Zusammenarbeit und Entwicklung
BNatSchG	Gesetz über Naturschutz und Landschaftspflege (Bundesnaturschutzgesetz)
BR-Drs.	Bundesrat-Drucksache
BT-Drs.	Bundestag-Drucksache
BVerfG	Bundesverfassungsgericht
BVerfGE	Entscheidungen des Bundesverfassungsgerichts
BVerwG	Bundesverwaltungsgericht
BVerwGE	Entscheidungen des Bundesverwaltungsgerichts
BWK	Das Energie-Fachmagazin
CID	Climate Improvement District
ders.	derselbe
Diss.	Dissertation
DÖV	Die Öffentliche Verwaltung

DVBl.	Deutsches Verwaltungsblatt
EAG Bau 2004	Gesetz zur Anpassung des Baugesetzbuches an EU-Richtlinien (Europarechtsanpassungsgesetz Bau)
EEG	Gesetz für den Vorgang Erneuerbarer Energien (Erneuerbare-Energien-Gesetz)
EEWärmeG	Gesetz zur Förderung Erneuerbarer Energien im Wärmebereich (Erneuerbare-Energien-Wärmegesetz)
EnEG	Gesetz zur Einsparung von Energie in Gebäuden (Energieeinsparungsgesetz)
EnEV	Verordnung über energiesparenden Wärmeschutz und energiesparende Anlagentechnik bei Gebäuden (Energieeinsparungsverordnung)
f.	folgende
ff.	fortfolgende
Fn.	Fußnote
FS	Festschrift
gem.	gemäß
GG	Grundgesetz
GO BW	Gemeindeordnung Baden-Württemberg
GO LSA	Gemeindeordnung für das Land Sachsen-Anhalt
GO NRW	Gemeindeordnung für das Land Nordrhein-Westfalen
GO Rh-Pf.	Gemeindeordnung Rheinland-Pfalz
GO SH	Gemeindeordnung für Schleswig-Holstein
HessGO	Hessische Gemeindeordnung
HID	Housing Improvement District
Hrsg.	Herausgeber
i. d. F. d. Bek.	in der Fassung der Bekanntmachung
IPCC	Intergovernmental Panel on Climate Change
i.S.d.	im Sinne des
i.V.m.	in Verbindung mit
JURA	Juristische Ausbildung
JuS	Juristische Schulung
JZ	Juristen-Zeitung
Kap.	Kapitel
KSVG	Kommunalselbstverwaltungsgesetz
KV MV	Kommunalverfassung für das Land Mecklenburg-Vorpommern
KWK	Kraft-Wärme-Kopplung
KWKG	Gesetz für die Erhaltung, die Modernisierung und den Ausbau der Kraft-Wärme-Kopplung (Kraft-Wärme-Kopplungsgesetz)
Lfg.	Lieferung
LKRZ	Zeitschrift für Landes- und Kommunalrecht Hessen, Rheinland-Pfalz, Saarland
LKV	Landes- und Kommunalverwaltung

m. w. N.	mit weiteren Nachweisen
NdsKomVG	Niedersächsisches Kommunalverfassungsgesetz
NID	Neighbourhood Improvement District
NJW	Neue Juristische Wochenzeitschrift
NuR	Natur und Recht
NVwZ	Neue Zeitschrift für Verwaltungsrecht
NVwZ-RR	NVwZ-Rechtsprechungsreport Verwaltungsrecht
OVG	Oberverwaltungsgericht
REE	Recht der Erneuerbaren Energien
RL	Richtlinie
ROG	Raumordnungsgesetz
SächsGO	Gemeindeordnung für den Freistaat Sachsen
TEHG	Gesetz über den Handel mit Berechtigungen zur Emission von Treibhausgasen (Treibhausgas-Emissionshandelsgesetz)
ThürKO	Thüringer Gemeinde- und Landkreisordnung
ThürVBl	Thüringer Verwaltungsblätter
u. a.	unter anderem
UPR	Umwelt- und Planungsrecht
Urt.	Urteil
v. a.	vor allem
VBlBW	Verwaltungsblätter für Baden-Württemberg
VGH	Verwaltungsgerichtshof
Verf. BW	Verfassung des Landes Baden-Württemberg
Verf. NRW	Verfassung für das Land Nordrhein-Westfalen
VerwArch	Verwaltungsarchiv
vgl.	vergleiche
WuM	Wohnungswirtschaft und Mietrecht
z.B.	zum Beispiel
ZfBR	Zeitschrift für deutsches und internationales Bau- und Vergaberecht
ZG	Zeitschrift für Gesetzgebung
ZNER	Zeitschrift für Neues Energierecht
ZuG	Gesetz über den nationalen Zuteilungsplan für Treibhausgas-Emissionsberechtigungen (Zuteilungsgesetz)
zul. geänd.	zuletzt geändert
ZUR	Zeitschrift für Umweltrecht

Erstes Kapitel: Einführung in die Sachmaterie

A. Einleitung

Der globale Klimawandel ist wohl eine der größten Herausforderungen unserer industrialisierten und wachstumsorientierten Gesellschaft. Seine Folgen sind spürbar und lassen uns bereits jetzt erahnen, welche Ausmaße er in Zukunft auf die weltweite Bevölkerung erreichen kann. Unbeteiligt ist der Mensch daran nicht geblieben. Als Ursache für die globale Erderwärmung wird in erster Linie der Einfluss der menschlichen Zivilisation, insbesondere den mit ihr zusammenhängenden Veränderungen der Atmosphäre durch Treibhausgase, benannt.[1] Der anthropogen[2] verursachte Anstieg der Treibhausgase, vor allem des Kohlendioxids, führt nicht nur zur Erderwärmung, sondern zu extremen Wetterereignissen unter anderem in Form von Dürren, Versteppungen, lang anhaltenden Hitzewellen, Starkniederschlägen, Hagel, Starkböen oder Flut- und Hochwasserkatastrophen.[3] Diese Wetterextreme sollen nach wissenschaftlichen Prognosen zukünftig weiter zunehmen.[4]

Auch Deutschland ist von dem globalen Klimawandel betroffen. Die durchschnittliche Jahrestemperatur in Deutschland hat in der Zeit von 1900 bis 2000 bereits um ca. 0,8 °C bis 1,0 °C zugenommen.[5] Bis zum Jahr 2080 sollen unter Zugrundelegung unterschiedlicher Szenarien die Jahresmitteltemperaturen um bis zur 3,8 °C ansteigen, wobei innerhalb Deutschlands die zentralen Teile Ostdeutschlands (geringe Wasserverfügbarkeit und Dürregefahr), Süddeutschlands (höchste Temperaturen) und die Alpen (anfällige Biodiversität) die höchste Vulnerabilität[6] aufweisen sollen.[7]

Die Beschäftigung mit dem Klimaschutz ist daher schon längst nicht mehr nur eine moralische Angelegenheit, sondern eine ernstzunehmende, langfristige Zukunftsaufgabe der Politik, der Verwaltung, der Wirtschaft und der Gesellschaft. Völkerrechtlich stellt die Klimarahmenkonvention[8] hinsichtlich der Etablierung eines Schutzregimes zur Bekämpfung des Klimawandels den bislang bedeutendsten

---

1 *Mitschang*, NuR 2008, 601 (602); *Zebisch/Grothmann/Schröter/Haße/Fritsch/Cramer*-Umweltbundesamt, Klimawandel in Deutschland, S. 5.

2 *Kotulla*-Kotulla, BImSchG, Bd. 1, 1. Lfg., Jan. 2004, § 3 Rn. 19.

3 *Zebisch/Grothmann/Schröter/Haße/Fritsch/Cramer*-Umweltbundesamt, Klimawandel in Deutschland, S. 6.

4 *Umweltbundesamt*, Der Weg zum klimaneutralen Gebäudebestand, S. 7.

5 *Zebisch/Grothmann/Schröter/Haße/Fritsch/Cramer*-Umweltbundesamt, Klimawandel in Deutschland, S. 6.

6 Als „Vulnerabilität" wird das Risiko der gesellschaftlichen Verwundbarkeit aufgrund der Folgen des Klimawandels bezeichnet, vgl. *Mitschang*, NuR 2008, 601 (602).

7 *Zebisch/Grothmann/Schröter/Haße/Fritsch/Cramer*-Umweltbundesamt, Klimawandel in Deutschland, S. 7; *Mitschang*, DVBl. 2008, 745 (746).

8 Protokoll von Kyoto zum Rahmenübereinkommen der Vereinten Nationen über Klimaveränderungen vom 09.05.1992.

Schritt der internationalen Klimapolitik dar.[9] Basierend auf dem Kyoto-Protokoll[10], das nach seiner Verlängerung nicht nur für den Zeitraum von 2008 bis 2012, sondern vorerst bis zum Jahr 2020[11] verbindliche Reduktionsziele für Treibhausgasemissionen vorsieht, konkretisiert und ergänzt diese Zielvorstellungen.[12] Deutschland hat sich im Rahmen des Kyoto-Protokolls dazu verpflichtet, die Treibhausgasemissionen um ca. 21 % gegenüber dem Basisjahr von 1990 zu senken.[13] Darüber hinaus strebt die Bundesregierung an, bis zum Jahr 2020 den Ausstoß von Treibhausgasemissionen gegenüber dem Basisjahr 1990 um 40 % zu reduzieren.[14]

Für die Umsetzung dieser globalen Klimaschutzziele ist ein kumulatives Handeln auf mehreren (Rechts-)gebieten (wie etwa dem Emissionshandel) erforderlich. Denn als Querschnittsmaterie tangiert das Klima verschiedene Rechtsgebiete. Die Bauleitplanung kann hierzu einen wesentlichen Beitrag leisten. Der Anstieg der Treibhausgase wird vor allem durch die Energieerzeugung und -nutzung fossiler Energieträger herbeigeführt.[15] In Deutschland ist der Energieverbrauch (einschließlich des Verkehrs) für etwa 80 % der gesamten Kohlendioxidemissionen ursächlich.[16] Der Klimaschutz erfordert daher insbesondere die Reduktion von fossilen Energieträgern und den Ausbau von erneuerbaren Energien sowie der Kraft-Wärme-Kopplung. Die örtliche Nutzung fossiler Brennstoffe und folglich auch die örtliche Klimabelastung sind sehr unterschiedlich.[17] Die Bauleitplanung kann als Instrument der örtlichen Bodenplanung die Energienutzung fossiler Energien und die Verwendung erneuerbarer Energien sowie die Energieeffizienz planerisch beeinflussen.

Neben dem planungsbezogenen Klimaschutz wird in der vorliegenden Arbeit auch die Anpassung der Bodennutzung an den Klimawandel thematisiert. Die örtliche Bodennutzung bleibt von den globalen Klimaveränderungen nicht verschont. Dies wird beispielsweise durch die Zunahme von Überschwemmungskatastrophen in vielen Regionen spürbar.[18] Es erscheint daher auch notwendig, die Gebäude klimarobuster[19] zu gestalten. Die Folgen des Klimawandels sind durch

---

9 *Battis/Kersten/Mitschang/Ingold/Schwarz*, Stadtentwicklung, S. 12.

10 Das Kyoto-Protokoll wurde von Deutschland durch das Gesetz vom 27.04.2002 ratifiziert (BGBl. II S. 966) und trat am 16.02.2005 in Kraft.

11 BT-Drs. 17/12976, S. 1; BR-Drs. 439/14, S. 1. http://www.sueddeutsche.de/wissen/weltklimagipfel-in-doha-klimakonferenz-verlaengert-kyoto-protokoll-bis-1.1545374.

12 *Battis/Kersten/Mitschang/Ingold/Schwarz*, Stadtentwicklung, S. 12.

13 *Milkau*, ZUR 2008, 561 (561); *Umweltbundesamt*, Berichterstattung unter der Klimarahmenkonvention der Vereinten Nationen und dem Kyoto-Protokoll 2014, S. 60.

14 *Koch*, NVwZ 2011, 641 (642).

15 *Groß*, NVwZ 2011, 129 (129).

16 *Umweltbundesamt*, Berichterstattung unter der Klimarahmenkonvention der Vereinten Nationen und dem Kyoto-Protokoll 2014, S. 62; *Groß*, NVwZ 2011, 129 (129).

17 *Groß*, NVwZ 2011, 129 (129).

18 *Groß*, ZUR 2011, 171 (171).

19 *Umweltbundesamt*, Der Weg zum klimaneutralen Gebäudebestand, S. 7.

ihre Auswirkungen auf die Bodennutzungsstrukturen mithin raumrelevant[20] und unterfallen als gegenwärtige und zukünftige Bodennutzungskonflikte daher dem Aufgabenbereich der Bauleitplanung.

Der Gesetzgeber hat die Notwendigkeit des Klimaschutzes und der Klimaanpassung im Bereich der Bauleitplanung erkannt und das Baugesetzbuch diesbezüglich mehrfach novelliert. Die Gemeinden sind gehalten, diese neuen Aufgabenfelder im Rahmen der Bauleitplanung umzusetzen. In der Literatur wird hingegen die gemeindliche Kompetenz der örtlichen Bodenplanung zum globalen Klimaschutz kontrovers diskutiert. Insofern ist fraglich, ob eine Bauleitplanung, die auch den allgemeinen Klimaschutz bezweckt, mit dem kommunalen Selbstverwaltungsrecht nach Art. 28 Abs. 2 GG[21] sowie mit dem föderalen Durchgriffsverbot nach Art. 84 Abs. 1 S. 7 GG verfassungsrechtlich vereinbar ist. Ferner ergeben sich Rechtsfragen zur Reichweite der klimaschützenden Regelungen. Zudem erfährt die Rechtsprechung erst in jüngerer Zeit einen Wandel, die einer Bauleitplanung zum globalen Klimaschutz bislang eher zurückhaltend[22] gegenüberstand. Darüber hinaus ist fraglich, wie die Klimaschutzbelange, insbesondere seit den letzteren Reformen des Baugesetzbuches, in der bauplanerischen Abwägung zu gewichten sind.

Die vorliegende Arbeit soll die kommunalen Befugnisse und Gestaltungsmöglichkeiten zum (globalen) Klimaschutz und zur Klimaanpassung im Rahmen der Bauleitplanung aufzeigen.

Im 1. Kapitel werden zunächst die Grundbegriffe der Sachmaterie sowie der Zusammenhang zwischen der Bauleitplanung und dem Klima dargestellt. Anschließend werden im 2. Kapitel die klimaschutzbezogenen Reformen des Baugesetzbuches beleuchtet.

Im 3. Kapitel werden verfassungsrechtliche Fragen in Bezug auf eine Bauleitplanung zum (allgemeinen) Klimaschutz analysiert. Dieses Kapitel untergliedert sich in drei Schwerpunkte: Erstens (A.) werden die Gesetzgebungskompetenzen für eine klimaschützende Bauleitplanung bestimmt. Zweitens (B.) wird der Frage nachgegangen, ob die Bauleitplanung zum (globalen) Klimaschutz zum Gegenstand der kommunalen Selbstverwaltung (Art. 28 Abs. 2 GG) gehört und inwieweit die kommunalen Handlungsbefugnisse insoweit reichen. Dabei werden Abgrenzungskriterien analysiert und der Begriff des bodenrechtlichen Bezuges näher betrachtet. Drittens (C.) wird herausgearbeitet, ob eine Bauleitplanung zum (globalen) Klimaschutz mit dem föderalen Durchgriffsverbot nach Art. 84 Abs. 1 S. 7 GG verfassungsrechtlich vereinbar ist.

Im 4. Kapitel werden zunächst die bauplanungsrechtliche Gestaltungsfreiheit der Gemeinden sowie ihre Grenzen durch planungssteuernde Regelungen (A.) dargestellt. Dabei wird der Schwerpunkt auf die bauplanerische Abwägung nach § 1

---

20 *Mitschang*-Mitschang, Klimaschutz und Energieeinsparung, 15 (23).

21 Grundgesetz für die Bundesrepublik Deutschland – GG, i. d. F. d. Bek. durch Gesetz v. 23.05.1949 (BGBl. I S. 1), zul. geänd. Gesetz v. 23.12.2014 (BGBl. I S. 2438).

22 *Stüer/Stüer*, DVBl. 2011, 1117 (1121).

Abs. 7 BauGB[23] gelegt. Anschließend wird analysiert, ob der globale Klimaschutz ein selbstständiges Planungsziel der Bauleitplanung darstellt und diejenigen städtebaulichen Belange nach § 1 Abs. 6 BauGB näher betrachtet, die für das Klima relevant sind (B.). Schließlich wird die Stellung des Klimaschutzes und der Klimaanpassung in der bauplanerischen Abwägung herausgearbeitet (C.). Dabei wird insbesondere untersucht, ob die Klimaschutzbelange gegenüber anderen städtebaulichen Belangen eine absolute bzw. relative Vorrangstellung in der Abwägung einnehmen und ob die klimaschutzbezogenen Regelungen als Optimierungsgebote zu werten sind. Zudem wird die Frage beleuchtet, ob Abwägungsmodelle aus dem BNatSchG auf die bauplanerische Abwägung übertragen werden sollten.

Das 5. Kapitel thematisiert die Rechtsstellung des Grundstückseigentümers in Bezug auf klimaschutzorientierte städtebauliche Maßnahmen. Insbesondere werden Gegenstand und Reichweite der Baufreiheit (A.) und des Bestandsschutzes sowie dessen Beachtung im Rahmen der bauleitplanerischen Abwägung (B.) dargestellt. Dabei wird der Frage nachgegangen, ob klimaschutzbezogene Nachrüstungspflichten durch städtebauliche Gebote möglich sind. Zudem wird der Grundsatz der Verhältnismäßigkeit als materiell-rechtliche Grenze von klimaschutzbezogenen bauplanerischen Maßnahmen näher beleuchtet (C.).

Im 6. Kapitel werden die kommunalen Gestaltungsmöglichkeiten zum Klimaschutz und zur Klimaanpassung im Rahmen des Flächennutzungsplans sowie des Bebauungsplans herausgearbeitet.

Schließlich werden im 7. Kapitel weitere Instrumente der Bauleitplanung betrachtet, die einen Beitrag zum vorsorgenden und anpassenden Klimaschutz leisten können. Darunter zählen klimaschützende Verpflichtungen im vorhabenbezogenen Bebauungsplan (§ 12 BauGB), in städtebaulichen Verträgen (§ 11 BauGB), in zivilrechtlichen Verträgen sowie bauplanungsrechtliche Klimaschutzmaßnahmen in den Bereichen des städtebaulichen Sanierungsrechts (§§ 136 ff. BauGB), des Stadtumbaus (§§ 171a ff. BauGB) sowie der privaten Initiativen zur Stadtentwicklung (§ 171f BauGB).

B. Grundlagen

Um die kommunalen Gestaltungsmöglichkeiten zum Klimaschutz im Rahmen der Bauleitplanung zu untersuchen, bedarf es zunächst einer näheren Betrachtung der Begriffe des Klimas, des Klimawandels, des Klimaschutzes, der erneuerbaren Energien sowie der Kraft-Wärme-Kopplung. Anschließend wird der zweistufige Aufbau der Bauleitplanung skizziert sowie der Zusammenhang zwischen dem Klima und der örtlichen Bodenplanung dargestellt.

23 Baugesetzbuch (BauGB) i. d. F. d. Bek. v. 23.09.2004 (BGBl. I S. 2414) zul. geänd. d. Gesetz v. 20.11.2014 (BGBl. I S. 1748).

I. Begriffsbestimmungen

1. Klima

Der Begriff des „Klimas“ geht zurück auf das griechische Wort „klimatos“, welches „Neigung“ bedeutet.[24] Damit ist die Neigung der Erdachse gegen die Ebene ihrer Umlaufbahn um die Sonne gemeint.[25] Das Klima beschreibt das sog. Durchschnittswetter[26]. Genauer formuliert, bezeichnet das Klima:

> „die Gesamtheit der meteorologischen Erscheinungen, die den mittleren Zustand der Atmosphäre an irgendeiner Stelle der Erdoberfläche kennzeichnen, sowie die Gesamtheit der Witterungen eines längeren oder kürzeren Zeitabschnitts innerhalb eines Jahres, wie sie durchschnittlich in diesem Zeitraum einzutreten pflegen“[27].

Dabei wird das Klima nicht nur innerhalb der Atmosphäre, sondern insgesamt durch komplexe Zusammenhänge zwischen den beteiligten Systemen der Erde (der Atmosphäre, den Ozeanen und den Kontinenten) beeinflusst.[28] Es wird durch Oberflächenvariablen wie etwa der Temperatur, der Niederschlagshäufigkeit, der Sonneneinstrahlung, den Luftdruck, den Windsystemen und der Luftfeuchtigkeit bestimmt.[29]

Zu unterscheiden ist der Begriff des „Klimas“ von dem des „Wetters“. Während das Klima für ein bestimmtes Gebiet statistische Mittelwerte der Wetterereignisse über einen längeren Zeitraum beschreibt, bezeichnet das tagesgeprägte Wetter nur aktuelle Messgrößen für ein bestimmtes Gebiet.[30] Das Wetter wird deshalb definiert als der physikalische Zustand der Atmosphäre an einem bestimmten Ort zu einem bestimmten Zeitpunkt oder in einem kurzen Zeitraum von Stunden bis hin zu wenigen Tagen.[31]

2. Klimawandel

Das Klima wird durch verschiedene Faktoren beeinflusst. Der Klimawandel beschreibt die Veränderung des Klimas auf der Erde aufgrund natürlicher oder

---

24 *Kus/Heine/Fleischhauer/Jabs*-BMZ, Natur und Mensch im Klimawandel, S. 14.

25 *Kus/Heine/Fleischhauer/Jabs* -BMZ, Natur und Mensch im Klimawandel, S. 14.

26 *Die Bundesregierung*, Deutsche Anpassungsstrategien an den Klimawandel, S. 70; *Sailer*, NVwZ 2011, 718 (718).

27 *Kotulla*-Kotulla, BImSchG, Bd. 1, 4. Lfg., Nov. 2004, § 5 Rn. 22.

28 *Die Bundesregierung*, Deutsche Anpassungsstrategien an den Klimawandel, S. 50; *Janssen/Albrecht*, Umweltschutz im Planungsrecht, S. 32; *Groß*, ZUR 2009, 364 (366).

29 *Die Bundesregierung*, Deutsche Anpassungsstrategien an den Klimawandel, S. 50; vgl. *Frenz*-Kotulla, BImSchG, Bd. 1, 3. Lfg., Juli 2004, § 1 Rn. 45.

30 *Sailer*, NVwZ 2011, 718 (718); *Ministerium für Klimaschutz, Umwelt, Landwirtschaft, Natur- und Verbraucherschutz des Landes Nordrhein-Westfalen*, Natur im Wandel, S. 7.

31 *Lehmann/Müschen/Richter/Mäder*-Umweltbundesamt, Klimawandel, S. 7.

anthropogener Prozesse.[32] Änderungen der atmosphärischen Konzentrationen der Treibhausgase und Aerosole, der Sonneneinstrahlung und der Beschaffenheit der Landoberfläche ändern die Energiebilanz des Klimasystems.[33] Ändert sich die Energiebilanz, ändert sich auch das globale Klima der Erde.[34] Die Beobachtungsdaten der vergangenen 100 Jahre zeigen, dass sich das Klima erwärmt hat.[35] Die anthropogene Beeinflussung des Klimas wird als Hauptursache[36] für die globale Erderwärmung angeführt. Seit der Industrialisierung im 18. Jahrhundert beeinflusst der Mensch die Zusammensetzung der Atmosphäre.[37] Die globalen atmosphärischen Konzentrationen der treibhauswirksamen Gase, insbesondere Kohlendioxid (CO_2), stiegen als Folge menschlicher Aktivitäten seit 1750 erheblich an.[38] Der Anstieg des Kohlendioxids wird insbesondere durch die Energiegewinnung und -nutzung von fossilen Brennstoffen verursacht.[39] Der anthropogene Klimawandel lässt sich daher definieren als die Beeinflussung des Klimas durch die menschliche Zivilisation, insbesondere mit den ihr zuzurechnenden Veränderungen der Landschaft sowie der Atmosphäre durch Treibhausgase und Luftverschmutzungen.[40]

3. *Klimaschutz*

Der Klimaschutz gehört zum umweltrechtlichen Schutzgut. Mit Maßnahmen zum Klimaschutz sollen die anthropogen verursachten Treibhausgase wie CO_2 reduziert werden.[41] Als Querschnittsmaterie[42] berührt der Klimaschutz zahlreiche Rechtsgebiete. Das Klimaschutzrecht wird inzwischen immer häufiger als eigenständige Rechtsmaterie anerkannt.[43] Beschreiben lässt sich das Klimaschutzrecht als „die Summe derjenigen Rechtsnormen, die das Klima vor anthropogenen Einwirkungen schützen sollen“[44].

Im Bereich des Klimaschutzrechts haben sich zwei Strategien herausgebildet, die sich auch auf die Materie des Bauplanungsrechts übertragen lassen: Zum einen geht es um den Klimaschutz im engeren Sinne, das heißt um klimaschützende

32 Vgl. *Mäder*-Umweltbundesamt, Klimaänderung, wichtige Erkenntnisse aus dem 4. Sachstandsbericht IPCC, S. 3, 10.
33 *Kartschall/Mäder/Tambke*-Umweltbundesamt, Klimaänderungen, S. 1.
34 *Mäder*-Umweltbundesamt, Klimaänderung, wichtige Erkenntnisse aus dem 4. Sachstandsbericht IPCC, S. 5.
35 *Kartschall/Mäder/Tambke*-Umweltbundesamt, Klimaänderungen, S. 1.
36 Vgl. *Kloepfer*, UmweltschutzR, § 10 Rn. 1; *Köck*, ZUR 2007, 393 (393 f.).
37 *Kartschall/Mäder/Tambke*-Umweltbundesamt, Klimaänderungen, S. 1.
38 *Kartschall/Mäder/Tambke*-Umweltbundesamt, Klimaänderungen, S. 1.
39 Vgl. *Wustlich*, ZUR 2008, 113 (113).
40 *Mitschang*, NuR 2008, 601 (602).
41 *Mitschang*, NuR 2008, 601 (602).
42 *Koch/Verheyen*, NuR 1999, 1 (2).
43 *Koch*, NVwZ 2011, 641 (642).
44 *Gärditz*, JuS 2008, 324 (324).

Maßnahmen, die den Klimawandel so weit wie möglich abmildern sollen.[45] Jene Maßnahmen werden auch „Mitigation"[46] genannt. Im Fokus steht hierbei die Reduktion von anthropogen verursachten Treibhausgas-Emissionen.[47] Zu diesem Zweck ist die Substitution der Energieversorgung aus fossilen Energieträgern durch erneuerbare Energieträger und die Optimierung der Energieeffizienz von besonderer Relevanz.[48] Zum anderen stellt das Klimaanpassungsrecht[49] ein wichtiges Instrument des Klimaschutzrechts dar. Gemeint sind Maßnahmen, die der Anpassung an (unvermeidbare) Folgen des Klimawandels dienen.[50] Sie werden auch als „Adaption"[51] bezeichnet.

Das Bauplanungsrecht kann sowohl zum Klimaschutz im engeren Sinne als auch zur Anpassung an die Folgen des Klimawandels durch verschiedene Instrumente beitragen.

4. *Erneuerbare Energien und Kraft-Wärme-Kopplung*

Der Einsatz von Energiesystemen aus erneuerbaren Energieträgern sowie der Kraft-Wärme-Kopplung und die Optimierung der Energieeffizienz stellen einen zentralen Schwerpunkt dar, um einen Beitrag zum globalen Klimaschutz zu leisten. Das Baugesetzbuch definiert den Begriff der erneuerbaren Energien respektive jenen der Kraft-Wärme-Kopplung nicht, erwähnt diese aber an mehreren Stellen. So gibt beispielsweise § 1 Abs. 6 Nr. 7 lit. f) BauGB vor, dass die Belange der Nutzung erneuerbarer Energien sowie die sparsame und effiziente Nutzung von Energie bei der Aufstellung von Bauleitplänen zu berücksichtigen sind. Nach § 9 Abs. 1 Nr. 12 BauGB können im Bebauungsplan Flächen für Anlagen und Errichtungen zur Energieversorgung aus erneuerbaren Energien oder der Kraft-Wärme-Kopplung festgesetzt werden.

Zur inhaltlichen Bestimmung dieser Begriffe können die Definitionen des Energiefachrechts, insbesondere des Erneuerbare-Energien-Gesetzes (EEG)[52] und des Kraft-Wärme-Kopplungsgesetzes (KWKG)[53] herangezogen[54] werden. Nach § 5 Nr. 14 EEG zählen zu den erneuerbaren Energien die Wasserkraft einschließlich

---

45 *Mitschang*, NUR 2008, 601 (602); *Koch*, NVwZ 2011, 641 (643); *Reidt*, BauR 2010, 2025 (2025).

46 *Antweiler/Gabler*, BauR 2012, 39 (41).

47 *Mitschang*, DVBl. 2008, 745 (746).

48 *Prall/Ewer*-Koch, UmweltR, § 9 Rn. 6.

49 *Koch*, NVwZ 2011, 641 (643).

50 *Reidt*, BauR 2010, 2025 (2025).

51 *Köck*, ZUR 2007, 393 (394); *Antweiler/Gabler*, BauR 2012, 39 (41).

52 Gesetz zur grundlegenden Reform des Erneuerbare-Energien-Gesetzes und zur Änderung weiterer Bestimmungen des Energiewirtschaftsrechts (EEG) i. d. F. d. Bek. v. 21.07.2014 (BGBl. I S. 1066), zul. geänd. d. Gesetz v. 22.12.2014 (BGBl. I S. 2406).

53 Gesetz für die Erhaltung, die Modernisierung und den Ausbau der Kraft-Wärme-Kopplung (Kraft-Wärme-Kopplungsgesetz – KWKG) v. 19.03.2002 (BGBl. I S. 1092) zul. geänd. d. Gesetz v. 21.07.2014 (BGBl. I S. 1066).

54 Vgl. *Reidt*, BauR 2010, 2025 (2025).

der Wellen-, Gezeiten-, Salzgradienten- und Strömungsenergie, Windenergie, solare Strahlungsenergie, Geothermie, Energie aus Biomasse einschließlich Biogas, Biomethan, Deponiegas, Klärgas sowie aus dem biologisch abbaubaren Anteil von Abfällen aus Haushalten und Industrie. Das Bauplanungsrecht kann die Regelungen des Energiefachrechts unterstützen, indem es die Voraussetzungen für die Errichtung von baulichen Anlagen und sonstigen Vorhaben zur Nutzung regenerativer Energien sowie der Kraft-Wärme-Kopplung etabliert. Nach § 3 Abs. 1 S. 1 KWKG wird die Kraft-Wärme-Kopplung als die gleichzeitige Umwandlung von eingesetzter Energie in elektrischer Energie und in Nutzwärme in einer ortsfesten technischen Anlage definiert. Mit einer Kraft-Wärme-Kopplungsanlage kann eine Primärenergienutzung von über 90 % erreicht werden, während hingegen bei der Stromerzeugung ohne eine Kraft-Wärme-Kopplungsanlage ein Umwandlungsgrad von 35–50 % erreicht werden kann.[55] Mit der Kraft-Wärme-Kopplung kann eine erhebliche Reduktion von klimaschädlichen CO_2-Emissionen ermöglicht werden.[56] Anlagen zur Kraft-Wärme-Kopplung können unter anderen auf der Basis von Abfall, Abwärme, Biomasse, gasförmigen oder flüssigen Brennstoffen betrieben werden, vgl. § 2 S. 1 KWKG. Als Energieträger können also auch regenerative Energien verwendet werden.

5. Das Bauplanungsrecht

a) Die Bauleitplanung und ihre Funktionen

Die Bauleitplanung ist das wichtigste Rechtsinstitut des Städtebaurechts.[57] Aufgabe der Bauleitplanung ist es, „die bauliche und sonstige Nutzung der Grundstücke in der Gemeinde nach Maßgabe des Baugesetzbuches vorzubereiten und zu leiten" (vgl. § 1 Abs. 1 BauGB). Mit dieser Formulierung weist der Gesetzgeber darauf hin, dass die städtebauliche Entwicklung der Lenkung und Ordnung durch Planung bedarf[58] und nicht dem „Spiel der freien Kräfte und dem Belieben des Einzelnen vollständig"[59] überlassen bleiben soll. Die Bauleitplanung regelt die Zuteilung der bodenrechtlichen Nutzungsstruktur und steuert damit die Nutzbarkeit von Grund und Boden. Die konkrete bodenrechtliche Nutzungssituation kann durch unterschiedliche Belange motiviert sein. Das Baugesetzbuch nennt in § 1 Abs. 5 und 6 BauGB eine Vielzahl von städtebaulichen Belangen (z.B.: die Wohnbedürfnisse der Bevölkerung, soziale und kulturelle Bedürfnisse, die Belange des Umweltschutzes, der Wirtschaft oder des Verkehrs), die eine Lenkung, Ordnung und Koordination erfordern. Damit

55 *Koch*, NVwZ 2011, 641 (644).
56 *Koch*, NVwZ 2011, 641 (644).
57 *Battis*-ders/Krautzberger/Löhr, BauGB, § 1 Rn. 1.
58 BVerwGE 119, 25 (30); *Söfker*-Ernst/Zinkahn/Bielenberg/Krautzberger, BauGB, 78. Lfg., Sept. 2005, § 1 Rn. 19.
59 BVerfGE 52, 1 (33).

ist zum einen zugleich die *Entwicklungs- und Ordnungsfunktion*[60] der Bauleitplanung angesprochen. Diese ergibt sich auch aus § 1 Abs. 3 BauGB, der eine Planungspflicht der Gemeinden aufstellt, sobald und soweit dies für die städtebauliche Entwicklung und Ordnung erforderlich ist. Zum anderen kommt in der Lenkung und Berücksichtigung der verschiedenen, teilweise konträren Belange der Bodennutzung die *Koordinierungs- und Integrationsfunktion*[61] der Bauleitplanung zum Ausdruck. Des Weiteren fungiert die Bauleitplanung als *Inhalts- und Schrankenbestimmung des Eigentums*[62] im Sinne des Art. 14 Abs. 1 S. 2 GG. Denn durch die bauplanerischen Instrumente wird der Inhalt des Grundeigentums als Ausdruck der Sozialgebundenheit bestimmt[63], so dass die Bauleitplanung eine „eigentumsverteilende Wirkung"[64] hat. Schließlich darf die Bauleitplanung nur auf der Grundlage von vorbereitenden oder verbindlichen Bauleitplänen und gesetzlich zugelassenen Instrumenten und Verfahren beruhen, worin sich das *Planmäßigkeitsprinzip* verkörpert.[65]

Abzugrenzen ist der Regelungsbereich der Bauleitplanung von anderen raumbezogenen Rechtsmaterien, namentlich der überörtlichen Raumordnung, den Landesplanungen einschließlich den Regionalplanungen sowie den Fachplanungen.[66] Mit Fachplanungen sind raumrelevante planerische Maßnahmen und Entscheidungen gemeint, die durch die zuständigen Fachressorts und -behörden vorbereitet und durchgeführt werden.[67] Sie sind darauf ausgerichtet, sektoralspezifische Verwaltungszwecke beispielsweise auf den Gebieten des Verkehrs-, Wege-, Wasserrechts, der Abfallbeseitigung oder der Landschaftsplanung optimal durchzusetzen.[68] Die Interessen der Fachplanungen sind sowohl in der Bauleitplanung als auch in der überörtlichen Raumplanung zu berücksichtigen.[69] Die Raumordnung bezieht sich im Gegensatz zur Bauleitplanung als örtliche Gesamtplanung auf die fachübergreifende und überörtliche Gesamtplanung.[70]

b) Das zweistufige System der Bauleitplanung

Die Bauleitplanung basiert nach § 1 Abs. 2 BauGB auf einem zweistufigen System: dem Flächennutzungsplan (vorbereitender Bauleitplan) und dem Bebauungsplan (verbindlicher Bauleitplan).

---

60 *Erbguth/Schubert*, Öfftl. BauR, § 5 Rn. 2; *Jarass/Kment*, BauGB, § 1 Rn. 3.
61 *Battis*, Öffentliches Bau- und Raumordnungsrecht, Rn. 129.
62 *Erbguth/Schubert*, Öfftl. BauR, § 2 Rn. 49.
63 BVerfGE 52, 1 (29); *Brenner*, Öfftl. BauR, Rn. 47.
64 BGHZ 67, 320 (327); *Trzaskalik*, DVBl. 1981, 71 (74).
65 *Battis*, Öffentliches Bau- und Raumordnungsrecht, Rn. 129; *Söfker*-Ernst/Zinkahn/Bielenberg/Krautzberger, BauGB, 78. Lfg., Sept. 2005, § 1 Rn. 11.
66 *Brenner*, Öfftl. BauR, Rn. 57.
67 *Hoppe*, Kommunale Selbstverwaltung und Planung in: FS von Unruh, 555 (561).
68 *Rabe*-Rabe/Pauli/Wenzel, Bau- und PlanungsR, S. 10; *Hoppe*, Kommunale Selbstverwaltung und Planung in: FS von Unruh, 555 (561).
69 *Brenner*, Öfftl. BauR, Rn. 130, 132.
70 BVerfGE 3, 407 (425 f.).

aa) Der Flächennutzungsplan

Als vorbereitender Bauleitplan gibt der Flächennutzungsplan den Rahmen für den verbindlichen Bebauungsplan vor. In dem Flächennutzungsplan ist die sich aus der beabsichtigen städtebaulichen Entwicklung ergebende Art der Bodennutzung nach den voraussehbaren Bedürfnissen der Gemeinde in den Grundzügen darzustellen (vgl. § 5 Abs. 1 S. 1 BauGB). Der Gemeinde steht hierbei ein planerischer Gestaltungsspielraum zu. Der Flächennutzungsplan ist gem. § 5 Abs. 1 S. 1 BauGB für das „gesamte Gemeindegebiet" aufzustellen. Er stellt ein „gemeindegebietsumfassende(s) Gesamtkonzept"[71] bzw. ein „gesamträumliches Entwicklungskonzept"[72] dar. Zur Vorbereitung der geplanten städtebaulichen Entwicklung soll die Gemeinde als Planungsträger zunächst ein solches Gesamtkonzept für das gesamte Gemeindegebiet erstellen, aus welchem dann gem. § 8 Abs. 2 S. 1 BauGB die verbindlichen Bebauungspläne zu entwickeln sind. Damit ist zugleich eine wesentliche Funktion des Flächennutzungsplans angesprochen, namentlich die *Programmierungsfunktion*[73]. Mit diesem vorbereitenden Bauleitplan soll auch verhindert werden, dass die später zu erarbeitenden Bebauungspläne konzeptlose planerische Stückwerke darstellen.[74] Darüber hinaus erfüllt der Flächennutzungsplan eine *Koordinationsfunktion*: Die vielfältigen, auf das Gemeindegebiet bezogenen Planungen sind bei der Flächennutzungsplanung zusammenzuführen und unter Umständen miteinander in Einklang zu bringen.[75] Auch andere öffentliche Planungsträger sind an den entwickelten Flächennutzungsplan der Gemeinde gebunden, soweit sie beteiligt worden sind und keinen Widerspruch eingelegt haben (vgl. § 7 BauGB). Den Gemeinden kommt daher eine starke Stellung gegenüber den Fachplanungen zu.[76] Weiterhin hat der Flächennutzungsplan eine *Allokationsfunktion*: soweit vorrangige Planungen sich räumlich auf die Festlegung der Gemeinde oder eines Gemeindeteils beschränken, legt der Flächennutzungsplan den genauen Standort bestimmter Anlagen oder Flächen innerhalb des Gemeindegebiets fest. [77] Ihm kann auch eine *Informationsfunktion* zukommen, wenn er nur die Auskunft über die bodenrechtliche Nutzung im Gemeindegebiet erteilt, ohne dass dabei die Gemeinde einen Gestaltungsspielraum innehat (etwa bei der Übernahme parzellenscharfer Planung).[78] Der Flächennutzungsplan bildet zudem das Bindeglied zwischen der überörtlichen Gesamtplanung und der örtlichen Gesamtplanung. Denn nach § 1 Abs. 4 BauGB sind die Bauleitpläne den Zielen der überörtlichen Raumordnung anzupassen. Der

---

71 BVerwG, NVwZ-RR 2003, 406 (406).

72 BVerwGE 77, 300 (304); BVerwG, BauR 2000, 695 (696).

73 BVerwG, BauR 2000, 695 (696); *Mitschang*-Battis/Krautzberger/Löhr, BauGB § 5 Rn. 1.

74 Vgl. BVerwG, NVwZ-RR 2003, 406 (406); *Guckelberger*, DÖV 2006, 973 (973).

75 *Schrödter*-Schrödter, BauGB, § 5 Rn. 4; *Mitschang*-Battis/Krautzberger/Löhr, BauGB § 5 Rn. 6.

76 *Gaentzsch*, LKV 1992, 105 (107).

77 *Mitschang*-Battis/Krautzberger/Löhr, BauGB § 5 Rn. 6.

78 *Mitschang*-Battis/Krautzberger/Löhr, BauGB § 5 Rn. 6; *Schrödter*-Schrödter, BauGB, § 5 Rn. 4.

Flächennutzungsplan koordiniert und integriert daher die Ziele der überörtlichen Gesamtplanung in den örtlichen Bereich.[79]

bb) Der Bebauungsplan

Der Bebauungsplan ist gem. § 8 Abs. 2 S. 1 BauGB aus dem Flächennutzungsplan zu entwickeln. Inhaltlich ist er durch Festsetzungen für die städtebauliche Ordnung und Entwicklung bestimmt (vgl. § 8 Abs. 1 S. 1, Abs. 2 S. 2 BauGB). Die Festsetzungen im Bebauungsplan haben nach § 8 Abs. 1 S. 1 BauGB gegenüber dem Bürger materiell-rechtliche Außenverbindlichkeit. Der Bebauungsplan regelt damit rechtsverbindlich und parzellenscharf die Nutzbarkeit von Grund und Boden gegenüber dem Planbetroffenen. Er wirkt positiv zulassend hinsichtlich auf Nutzungen, die seinen Festsetzungen nicht widersprechen, und negativ ausschließend in Bezug auf Nutzungen, die den Festsetzungen widersprechen.[80] Der Bebauungsplan konkretisiert daher als Feinsteuerung die grobmaschigen[81] Darstellungen der Grundzüge der städtebaulichen Ordnung im Flächennutzungsplan.[82]

II. Zusammenhang zwischen dem Klima und der Bauleitplanung

1. *Raumrelevanz des Klimas*

Planung bewirkt Gegenwarts- und Zukunftsgestaltung.[83] Sie ist ein rechtlich gesteuerter Selektionsmechanismus von Alternativen sowie auch ein Mittel der Selbstkorrektur.[84] Elemente wie Zielorientierung, Prognostik, Ordnung, Entwicklung sowie Konfliktbewältigung prägen den Begriff der Planung, die auch für eine klimagerechte Bodenplanung bedeutsam sind.[85] Die räumliche Planung zeichnet sich durch die Raumbedeutsamkeit[86] aus. Normativ kennzeichnet der Begriff der planerischen Raumbedeutsamkeit solche Planungen und Maßnahmen, die entweder den Grund und Boden in Anspruch nehmen oder die räumliche Entwicklung beeinflussen.[87] Die bodenrechtliche Nutzbarkeit wird zunehmend[88] durch die Folgen des Klimawandels beeinträchtigt. Die negativen Klimaveränderungen wirken sich auf Siedlungsstrukturen aus und rufen somit neue Bodennutzungskonflikte hervor. Die Auswirkungen

---

79 BVerwG, BauR 2000, 695 (696); *Jarass/Kment*, BauGB, § 5 Rn. 1.
80 *Gaentzsch*, LKV 1992, 105 (108).
81 BVerwGE 26, 287 (292); BVerwG, NVwZ-RR 2003, 406 (406).
82 *Janssen/Albrecht*, Umweltschutz im Planungsrecht, S. 13.
83 *Brenner*, Öfftl. BauR, Rn. 54, 55; *Battis/Kersten/Mitschang/Ingold/Schwarz*, Stadtentwicklung, S. 13.
84 *Kloepfer*, Planung und prospektive Rechtswissenschaft in: FS Hoppe, 111 (113).
85 *Battis/Kersten/Mitschang/Ingold/Schwarz*, Stadtentwicklung, S. 13.
86 *Hoppe*, Kommunale Selbstverwaltung und Planung in: FS von Unruh, 555 (559).
87 *Hoppe*, Kommunale Selbstverwaltung und Planung in: FS von Unruh, 555 (559).
88 *Die Bundesregierung*, Deutsche Anpassungsstrategien an den Klimawandel, S. 19.

des Klimawandels werden folglich auch zum Gegenstand der Bauleitplanung, die die dadurch hervorgerufenen bodenrechtlichen Nutzungskonflikte nicht unangetastet lassen kann. Die Bauleitplanung bietet als Instrument der örtlichen Gesamtplanung verschiedene Steuerungsmöglichkeiten zum Klimaschutz und zur Klimaanpassung. Verstärkt haben hierbei planerische Maßnahmen zur Anpassung der Bodennutzungsstruktur an den Klimawandel an Bedeutung[89] erlangt. Gemeint sind damit Maßnahmen, die das Risiko der gesellschaftlichen Verwundbarkeit (sog. „Vulnerabilität") möglichst verhindern bzw. reduzieren sollen.[90] Hierzu zählen in Bezug auf die Bauleitplanung zum Beispiel Planvorgaben zum Hochwasserschutz[91] oder zur Verbesserung des Stadtklimas durch Begrünungsanlagen[92]. Die Folgen des Klimawandels sowie Maßnahmen zum Klimaschutz und zur Klimaanpassung sind mithin raumrelevant.[93]

2. *Bedeutung und Einfluss der Bebauung auf das Klima*

Das lokale Klima wird durch die räumliche Bodennutzungsstruktur beeinflusst. Die dichte Bebauungsstruktur der Industriegesellschaft beeinträchtigt dauerhaft die Umweltmedien: Boden, Luft, Wasser, Flora und Fauna.[94] Selbst ökologisches Bauen kann nie vollumfänglich, sondern lediglich in bestimmter Art und Weise umweltfreundlich sein.[95] Zwischen dem Bauen und dem Umwelt- bzw. Klimaschutz besteht daher ein „unauflösliches Spannungsverhältnis"[96]. Die Beplanung der örtlichen Bodennutzungsstruktur muss aber nicht nur negativ bestimmt sein, sondern kann auch im positiven Sinne zum Schutz der Umwelt respektive zur Verringerung von Umweltbeeinträchtigungen genutzt werden. Neben den Klimafaktoren (insbesondere der Temperatur, der Sonneneinstrahlung, den Windverhältnissen, der Niederschlagshäufigkeit und der Luftfeuchtigkeit) haben die vorhandene Topographie, die Art der Bebauung oder die Art der Wärme- und Energieversorgung Auswirkungen auf das Klima.[97] Sie können somit Anlass für eine klimagerechte Bodennutzungsplanung geben. So kann es etwa erforderlich sein, in empfindlichen Gebieten (wie etwa in Kurorten oder in Erholungsgebieten) oder aufgrund topographischer Besonderheiten (z.B.: smoggeneigte Tal- oder Hanggebiete) die Verwendung von

---

89 *Mitschang*, DVBl. 2008, 745 (746).

90 *Köck*, ZUR 2007, 393 (395); *Zebisch/Grothmann/Schröter/Haße/Fritsch/Cramer*-Umweltbundesamt, Klimawandel in Deutschland, S. 10; *Mitschang*, DVBl. 2008, 745 (745 f.).

91 *Die Bundesregierung*, Deutsche Anpassungsstrategien an den Klimawandel, S. 49.

92 *Krautzberger/Wagner*-Ernst/Zinkahn/Bielenberg/Krautzberger, BauGB, 109. Lfg., Juni 2013, § 1a Rn. 281.

93 *Mitschang*, DVBl. 2008, 745 (747); vgl. *Kloepfer*, UmweltschutzR, § 10 Rn. 46.

94 *Sanden*-Koch, UmweltR, § 13 Rn. 1; *Battis*, NuR 1993, 1 (1).

95 *Battis*, NuR 1993, 1 (1).

96 *Battis*, Öffentliches Bau- und Raumordnungsrecht, Rn. 161; Näheres hierzu: 3. Kap. A. I. 2.

97 *Bunzel/Hinzen/Ohligschläger*, Umweltschutz in der Bauleitplanung, S. 103.

besonders belastenden Brennstoffen planungsrechtlich einzuschränken bzw. sogar zu verbieten.[98] Die Art und Weise der Baukörperstellung, die Bauweise oder die Dachrichtung können zur Energieeinsparung sowie zur Erhöhung der Energieeffizienz beitragen.[99] Zudem kann der lufthygienische Wirkungskomplex im jeweiligen Plangebiet beispielsweise durch die Stellung des Baukörpers oder die Höhe des Baukörpers modifiziert werden.[100] Die Verwendung von erneuerbaren Energien schont das Klima vor erheblichen Luftschadstoffbelastungen durch fossile Energieträger.

Des Weiteren können städtebauliche Maßnahmen zur Anpassung an den Klimawandel erlassen werden. Beispielsweise können in Bebauungsplänen Grünflächen sowie Flächen zur Fassaden- und Dachbegrünung zur besseren Luftzirkulation festgesetzt werden. Zudem dienen städtebauliche Maßnahmen zur Regenentwässerung und zum Hochwasserschutz dem anpassenden Klimaschutz. Das Bauplanungsrecht bietet also verschiedene Varianten[101], um einen Beitrag zum vorsorgenden und anpassenden Klimaschutz leisten zu können.

---

98 Vgl. *Bunzel/Hinzen/Ohligschläger*, Umweltschutz in der Bauleitplanung, S. 102.
99 *Bunzel/Hinzen/Ohligschläger*, Umweltschutz in der Bauleitplanung, S. 103.
100 *Bunzel/Hinzen/Ohligschläger*, Umweltschutz in der Bauleitplanung, S. 102.
101 Hierzu im Einzelnen in Kap. 6 und 7.

Zweites Kapitel: Überblick über die klimaschützenden Novellierungen des Baugesetzbuches

A. Überblick über die Entstehung des Klima- bzw. Umweltschutzes in der Bauleitplanung bis zur BauGB-Novelle 2001

Die Bauleitplanung war bei ihrer Entstehung in der zweiten Hälfte des 19. Jahrhunderts[102] durch Landesgesetzgebungen zunächst gefahrenabwehrrechtlich[103] geprägt. Erst nach dem Ende des Zweiten Weltkrieges fand das Städtebaurecht den typischen planungsrechtlichen[104] Charakter und wurde bundeseinheitlich durch das Bundesbaugesetz 1960[105] kodifiziert[106].

Erste ökologische Ansätze des Bauplanungsrechts gehen bereits zurück bis auf die Reformen des BBauG im Jahre 1976. Der Umweltschutz wurde erstmals durch das Gesetz zur Änderung des Bundesbaugesetzes vom 18.08.1976[107] in das Bauplanungsrecht eingeführt. Damals wurde das Planungsziel „eine menschenwürdige Umwelt zu sichern" in § 1 Abs. 6 S. 1 BBauG 1976[108] (heute: § 1 Abs. 5 S. 2 BauGB) statuiert. Zudem wurde der Umweltschutz als Planungsbelang in § 1 Abs. 6 S. 2, Anstrich 12 BBauG 1976 (heute: § 1 Abs. 6 Nr. 7 BauGB) anerkannt. Darüber hinaus wurden die Festsetzungsvarianten in § 9 BBauG 1976 um umweltschutzbezogene Regelungszwecke erweitert, namentlich um den Schutz vor „die Luft erheblich verunreinigende(n) Stoffe(n)" (§ 9 Abs. 1 Nr. 23 BBauG 1976) und um den „Schutz vor schädlichen Umwelteinwirkungen" (§ 9 Abs. 1 Nr. 24 BBauG 1976). Schon damals war der Umweltschutz nicht nur repressiv geprägt. Das aus § 1 Abs. 6 S. 1 BBauG 1976 (heute: § 1 Abs. 5 S. 1 BauGB) abgeleitete Vorsorgegebot setzte noch

102 *Breuer*, Die Verwaltung 19 (1986), 305 (305 f.); *Krautzberger*-Ernst/Zinkahn/Bielenberg/ders, BauGB, 112. Lfg., Jan. 2014, Einl Rn. 2.

103 BVerfGE 56, 298 (312); *von Loewenich*, Vom Bundesbaugesetzbuch zum Baugesetzbuch – ein Meilenstein in der Städtebaupolitik des Bundes in: Berliner Gespräche zum Stadtbaurecht II, S. 19; *Breuer*, Die Verwaltung 19 (1986), 305 (307).

104 *Breuer*, Die Verwaltung 19 (1986), 305 (312); *Krautzberger*-Ernst/Zinkahn/Bielenberg/ders, BauGB, 112. Lfg., Jan. 2014, Einl Rn. 1.

105 Bundesbaugesetz (BBauG) vom 23.06.1960 (BGBl. I S. 341).

106 *von Loewenich*, Vom Bundesbaugesetzbuch zum Baugesetzbuch – ein Meilenstein in der Städtebaupolitik des Bundes in: Berliner Gespräche zum Stadtbaurecht II, S. 19; *Krautzberger*-Ernst/Zinkahn/Bielenberg/ders, BauGB, 112. Lfg., Jan. 2014, Einl Rn. 1.

107 BGBl. I 1976 S. 2221.

108 BGBl. I 1976 S. 2256.

eine Stufe vorher an und zielte primär auf eine frühzeitige[109] Vermeidung weiterer schädigender Umwelteinflüsse ab.

Mit der Reform des Baugesetzbuches durch das Gesetz vom 08.12.1986[110] wurde der Umweltschutz in der Bauleitplanung verstärkt. Der Planungsgrundsatz des § 1 Abs. 6 S. 1 BBauG 1976, wonach in der Bauleitplanung unter anderem auch die Sicherung einer menschenwürdigen Umwelt zu berücksichtigen ist, wurde in § 1 Abs. 5 S. 1 BauGB 1987[111] verortet und durch die Zielsetzung ergänzt, „die natürlichen Lebensgrundlagen zu schützen und zu entwickeln". Das Gebot des sparsamen und schonenden Umgangs der Bodennutzung (sog. Bodenschutzklausel[112]), das heute in § 1a Abs. 2 BauGB positioniert ist, war damals in § 1 Abs. 5 S. 3 BauGB 1987 erstmals statuiert worden.[113] Der Belang des „Klimas" ist erstmals in § 1 Abs. 5 S. 2 Nr. 7 BauGB 1987 (heute: § 1 Abs. 6 Nr. 7 lit. a) BauGB) als städtebaulicher Belang eingeführt worden.

Der Umweltschutz in der Bauleitplanung ist durch das Gesetz zur Erleichterung von Investitionen und der Ausweisung und Bereitstellung von Wohnbauland (Investitionserleichterungs- und Wohnbaulandgesetz) vom 22.04.1993[114] weiter ausgedehnt worden. Der Gesetzgeber hat das Verhältnis zwischen dem städtebaulichen Planungsrecht und der naturschutzrechtlichen Eingriffsregelung bundesrechtlich abschließend geregelt (sog. „Baurechtskompromiss") und sich dafür entschieden, dass die naturschutzrechtliche Eingriffsregelung im Rahmen der Bauleitplanung zu prüfen ist.[115] Seinerzeit war diese Regelung in §§ 8a bis c BNatSchG a. F. statuiert, seit der BauGB-Reform 1998 ist sie in § 1a BauGB normiert.[116] Die Integration der naturschutzrechtlichen Eingriffsregelung in das Bauplanungsrecht war für die Einbeziehung weiterer umwelt- und naturschutzrechtlicher Verfahren in der Bauleitplanung prägend.[117]

Mit dem Gesetz vom 30.07.1996[118], das am 01.01.1997 in Kraft trat, wurde der Umweltschutz verstärkt, indem in § 35 Abs. 1 Nr. 7 BauGB 1997 (heute: § 35 Abs. 1 Nr. 7 BauGB) auch Wind- und Wasserenergieanlagen als privilegierte Vorhaben im Außenbereich aufgenommen worden sind.

---

109 BVerwG, ZfBR 1989, 74 (75).

110 Gesetz über das Baugesetzbuch vom 08.12.1986 (BGBl. I S. 2191), das am 01.07.1987 in Kraft trat (BGBl. I 1986 S. 2253).

111 BGBl. I 1986 S. 2191, 2253.

112 *Wickel*, UPR 2011, 416 (417).

113 BGBl. I 1986 S. 2191, 2253; *Battis/Krautzberger/Löhr*, NVwZ 1997, 1145 (1146).

114 BGBl. I 1993 S. 466.

115 *Krautzberger*-Ernst/Zinkahn/Bielenberg/ders, BauGB, 91. Lfg., April 2009, Einl Rn. 186; *Schrödter*-Schrödter, BauGB, § 1a Rn. 1.

116 *Dirnberger*-Jäde/ders/Weiß, BauGB, § 1a Rn. 4; *Felder*, NuR 1994, 53 (53).

117 *Battis*-ders/Krautzberger/Löhr, BauGB, Ein. Rn. 41.

118 Gesetz zur Änderung des Baugesetzbuchs vom 30.07.1996 (BGBl. I S. 1189).

Insbesondere die Reform des BauGB durch das Bau- und Raumordnungsgesetz 1998[119] belebte den Umweltschutz in der Bauleitplanung. Erstmals wurde der Nachhaltigkeitsgrundsatz als städtebauliches Planungsziel in § 1 Abs. 5 S. 1 BauGB 1998 eingeführt. Statt einer „geordnete(n) städtebauliche(n) Entwicklung" sollen nun die Bauleitpläne eine „nachhaltige städtebauliche Entwicklung" gewährleisten. Die Umweltbelange in § 1 Abs. 5 S. 2 Nr. 7 BauGB 1998 (heute: § 1 Abs. 6 Nr. 7 lit. f) BauGB) wurden um den Belang der „Nutzung erneuerbarer Energien" ergänzt. In § 1a BauGB wurden die Umweltbelange erweitert, zusammengefasst und deren Berücksichtigung in der Abwägung normiert.[120] Die Bodenschutzklausel in § 1 Abs. 5 S. 3 BauGB 1987, wonach mit Grund und Boden sparsam und schonend umgegangen werden soll, wurde in § 1a Abs. 1 BauGB 1998 geregelt und um die Verpflichtung erweitert, dass Bodenversiegelungen auf das notwendige Maß zu begrenzen.[121] Die naturschutzrechtliche Eingriffsregelung wurde, wie bereits erwähnt, in § 1a Abs. 2 Nr. 2 BauGB 1998 kodifiziert und die Berücksichtigung der Erfordernisse der Fauna-Flora-Habitat-Richtlinie[122] und der Europäischen Vogelschutz-Richtlinie[123] wurden in § 1a Abs. 2 Nr. 4 BauGB 1998 eingeführt.[124] Zudem wurde die Umweltverträglichkeitsprüfung in § 1a Abs. 2 Nr. 3 BauGB 1998 normiert.

Der Umweltschutz ist weiterhin durch das „Gesetz zur Umsetzung der UVP-Änderungsrichtlinie, der IVU-Richtlinie und weiterer EG-Richtlinien zum Umweltschutz" vom 27.07.2001[125] gestärkt worden, indem die in § 1a Abs. 2 Nr. 3 BauGB 1998 geregelte Verbindung zwischen Bebauungsplanung und der Umweltverträglichkeitsprüfung nach den europäischen Vorgaben weiterentwickelt worden ist.[126] Diese Reform war für die Integration des europäischen Umweltrechts durch die nachfolgende BauGB-Reform 2004 bedeutsam.[127]

B. Das Europarechtsanpassungsgesetz Bau 2004

Von herausragender Bedeutung für den Klimaschutz in der Bauleitplanung war das Gesetz zur Anpassung des Baugesetzbuches an EU-Richtlinien (Europarechtsanpas-

---

119 Gesetz zur Änderung des Baugesetzbuchs und zur Neuregelung des Rechts der Raumordnung (Bau- und Raumordnungsgesetz 1998 – BauROG) vom 18.08.1997 (BGBl. I S. 2081), welches am 01.01.1998 in Kraft trat.

120 *Battis/Krautzberger/Löhr*, NVwZ 1997, 1145 (1146).

121 BGBl. I 1997 S. 2081; *Battis/Krautzberger/Löhr*, NVwZ 1997, 1145 (1147).

122 Richtlinie 92/43/EWG des Rates vom 21.05.1992 zur Erhaltung der natürlichen Lebensräume sowie der wildlebenden Tiere und Pflanzen, ABl. EG Nr. I 206, S. 7.

123 Richtlinie 79/409/EWG des Rates vom 02.04.1979 über die Erhaltung der wild lebenden Vogelarten, ABl. EG Nr. L 103, S. 1.

124 BGBl. I 1997 S. 2081; *Battis*-ders/Krautzberger/Löhr, BauGB, Einl Rn. 46.

125 Gesetz zur Umsetzung der UVP-Änderungsrichtlinie, der IVU-Richtlinie und weiterer EG-Richtlinien zum Umweltschutz vom 27.07.2001, BGBl. I 2001 S. 1950.

126 *Battis*-ders/Krautzberger/Löhr, BauGB, Einl Rn. 51.

127 *Battis*-ders/Krautzberger/Löhr, BauGB, Einl Rn. 51.

sungsgesetz Bau – EAG Bau) zum 20.07.2004[128]. Durch das EAG Bau 2004 wurden die Richtlinie 2001/42/EG[129] des Europäischen Parlaments und des Rates vom 27.06.2001 über die Prüfung der Umweltauswirkungen bestimmter Pläne und Programme (sog. Plan-UP-Richtlinie) und die Richtlinie 2003/35/EG[130] vom 26.05.2003 (sog. Öffentlichkeitsbeteiligungsrichtlinie) in das nationale Recht transformiert. Entsprechend des europäischen Umweltschutzverständnisses diente die Reform der Vereinheitlichung und Stärkung der planungsrechtlichen Verfahrensschritte auf einem hohen Umweltschutzniveau.[131] Der „allgemeine Klimaschutz" wurde in § 1 Abs. 5 S. 2 BauGB als Planungsziel inkorporiert. Darüber hinaus ist für die Belange des Umweltschutzes eine förmliche[132] Umweltprüfung in § 2 Abs. 4 BauGB normiert worden. Die Umweltbelange in § 1 Abs. 5 S. 2 Nr. 7 BauGB 1998[133] wurden in § 1 Abs. 6 Nr. 7 BauGB 2004 neu geordnet und durch mehrere Untergliederungen erweitert. So wurden etwa in § 1 Abs. 6 Nr. 7 lit. f) BauGB 2004 die Belange der „Nutzung erneuerbarer Energien" um den Zusatz „sowie die sparsame und effiziente Nutzung von Energie" ergänzt. Die Variationsbreite an Darstellungen im Flächennutzungsplan und Festsetzungen im Bebauungsplan wurden zur Stärkung des Klimaschutzes ausgedehnt. Im Flächennutzungsplan wurden die Steuerungsmöglichkeiten von privilegierten Vorhaben im Außenbereich (etwa Windenergieanlagen) durch § 5 Abs. 2b i.V.m. § 35 Abs. 3 S. 3 BauGB verbessert.[134] Mit § 9 Abs. 1 Nr. 23 lit. b) BauGB wurde die Festsetzungsmöglichkeit normiert, bestimmte bauliche Maßnahmen bei der Errichtung von Gebäuden für den Einsatz erneuerbarer Energien wie insbesondere der Solarenergie treffen zu können. Zudem hat der Gesetzgeber durch die Implementierung des § 11 Abs. 1 S. 2 Nr. 4 BauGB 2004 klargestellt[135], dass auch Vereinbarungen über die Nutzung von Netzen und Anlagen der Kraft-Wärme-Kopplung sowie von Solaranlagen für die Wärme-, Kälte- und Elektrizitätsversorgung Gegenstand städtebaulicher Verträge sein können. Ferner wurden die Regelungen über Stadtumbaumaßnahmen in § 171a Abs. 2 S. 1 BauGB eingeführt, die auch der „Herstellung nachhaltiger Stadtstrukturen" dienen sollen.

---

128 Gesetz zur Anpassung des Baugesetzbuches an EU-Richtlinien (Europarechtsanpassungsgesetz Bau – EAG Bau) vom 24.06.2004, in Kraft getreten am 20.07.2004, (BGBl. I S. 1359).

129 ABl. EG 2001, Nr. L 197, S. 30.

130 Richtlinie 2003/35/EG des Europäischen Parlaments und des Rates vom 26.05.2003 über die Beteiligung der Öffentlichkeit bei der Ausarbeitung bestimmter umweltbezogener Pläne und Programme und zur Änderung der Richtlinien 85/337/EWG des Rates in Bezug auf die Öffentlichkeitsbeteiligung und den Zugang zu Gerichten, ABl. EG 1997, Nr. L 156, S. 17.

131 BT-Drs. 15/2996, S. 2.

132 *Jäde*-ders/Dirnberger/Weiß, BauGB, § 2 Rn. 51.

133 BGBl. I 1997 S. 2081.

134 *Guckelberger*, DÖV 2006, 973 (978).

135 *Stüer/Stüer*, DVBl. 2011, 1117 (1121).

C. Die BauGB-Novelle 2007

Das „Gesetz zur Erleichterung von Planungsvorhaben für die Innenentwicklung der Städte“[136], das am 01.01.2007 in Kraft trat, leistete einen weiteren Beitrag zur nachhaltigen Entwicklung von Städten und Gemeinden. Den Klimaschutz betrifft es nur mittelbar. Ziel der Reform war die Verringerung der Flächeninanspruchnahme und die Beschleunigung wichtiger Planvorhaben, insbesondere in den Bereichen Arbeitsplätze, Wohnbedarf und Infrastrukturausstattung.[137] Zur Umsetzung dieser Ziele wurde unter anderem § 13a BauGB 2007 kodifiziert, nach dem ein beschleunigtes Verfahren für Bebauungspläne der Innenentwicklung möglich ist, wenn diese der Wiedernutzbarmachung von Flächen, der Nachverdichtung oder anderen Maßnahmen der Innenentwicklung dienen.[138] Für jene Bebauungspläne wurde zur Verfahrenserleichterung die Durchführung der durch die EAG-Bau-Reform 2004[139] erst eingeführte förmliche Umweltprüfung wieder gestrichen. Angesichts der Bewältigung der Herausforderungen des wirtschaftlichen und demografischen Wandels, vor allem in den Städten und Gemeinden, und zur Sicherung sowie zur Wiederherstellung funktionsfähiger, urbaner Stadtzentren[140] nahm der Gesetzgeber die über die europarechtlichen[141] Zielvorgaben hinaus[142] umgesetzten überschießenden umweltschützenden Prüfungen zurück, was zugleich einen Schritt zurück für den Umweltschutz in der Bauleitplanung bedeutete. Durch die Ausnutzung von Potenzialen durch die Wiederverwendung und der Nachverdichtung von Flächen soll eine weitere erstmalige Inanspruchnahme von Flächen für Siedlungszwecke minimiert werden.[143]

D. Die Klimaschutz-Novelle 2011

Das Baugesetzbuch wurde durch das „Gesetz zur Förderung des Klimaschutzes bei der Entwicklung in den Städten und Gemeinden“ vom 22.07.2011[144] erneut reformiert. Anlass der BauGB-Reform gab die Reaktorkatastrophe in Fukushima

136 Gesetz zur Erleichterung von Planungsvorhaben für die Innenentwicklung der Städte vom 21.12.2006 (BGBl. 2006 I S. 3316).

137 BT-Drs. 16/2496, S. 1, 9.

138 BT-Drs. 16/2496, S. 5; *Battis*-ders/Krautzberger/Löhr, BauGB, Einl 59.

139 Siehe 2. Kap. B.

140 BT-Drs. 16/2496, S. 1.

141 Richtlinie 2001/42/EG des Europäischen Parlaments und des Rates vom 27.06.2001 über die Prüfung der Umweltauswirkungen bestimmter Pläne und Programme (sog. Plan-UP-Richtlinie), ABl. EG, Nr. L 197, S. 30, und Richtlinie 97/11/EG des Rates vom 03.03.1997 zur Änderung der Richtlinie 85/337/EWG über die Umweltverträglichkeitsprüfung bei bestimmten öffentlichen und privaten Projekten, ABl. EG, Nr. L 73, S. 5.

142 *Krautzberger/Stüer*, DVBl. 2007, 160 (160); *Battis/Krautzberger/Löhr*, NVwZ 2007, 121 (123 f.)

143 BT-Drs. 16/2496, S. 9.

144 BGBl. I 2011 S. 1509.

(Japan) im März 2011.[145] Noch im Juli 2011, also nur wenige Monate nach der Umweltkatastrophe, wurde die sog. Klimaschutz-Novelle 2011[146] von der Bundesregierung verabschiedet. Wesentliche Teile dieser Neuerungen sind bereits in der vom Bundesministerium für Verkehr, Bau und Stadtentwicklung im Jahr 2010 in Auftrag gegebenen Projektgruppe „Berliner Gespräche zum Städtebaurecht“[147] ausgearbeitet worden.[148] Geplant als Teil des ursprünglichen Energiekonzepts der Bundesregierung, das die Verlängerung der Kernenergie avancierte, wurde die BauGB-Novelle 2011 nun stattdessen Teil der Energiewende, die den Ausstieg aus der Kernenergie und den Ausbau von erneuerbaren Energien sowie eine ressourcenschonende und effiziente Energienutzung anstrebt.[149] Ziel und Zweck der Klimaschutz-Novelle 2011 ist demzufolge die Bekämpfung des Klimawandels und die Anpassung an den Klimawandel.[150] In § 1a Abs. 5 BauGB wurde die sog. Klimaschutzklausel[151] kodifiziert. Zudem wurde der „allgemeine Klimaschutz“ als Planungsziel in § 1 Abs. 5 S. 2 BauGB durch die Begriffe des „Klimaschutz(es)“ und der „Klimaanpassung“ ausgetauscht. Weiterhin wurden die Festsetzungsmöglichkeiten im Bebauungsplan im Hinblick auf den Einsatz von erneuerbarer Energien und der Kraft-Wärme-Kopplung (§ 9 Abs. 1 Nr. 12, 23 lit. b) BauGB) und die Steuerungsoptionen für die Standortplanung von Windenergieanlagen (§ 249 BauGB) erweitert. Ebenso wurde die Berücksichtigung von Klimaschutz- und Energiekonzepten in Flächennutzungsplänen (§ 5 Abs. 2 Nr. 2 lit. b), c) BauGB) festgeschrieben. Auch im Rahmen von städtebaulichen Verträgen sind klimaschützende Vereinbarungen akzentuiert worden (vgl. § 11 Abs. 1 S. 2 Nr. 4, 5 BauGB). Des Weiteren sollen die städtebaulichen Sanierungsmaßnahmen nach §§ 136 ff. BauGB den Erfordernissen einer klimagerechten Stadtentwicklung gerecht werden.

E. Die Innenentwicklungs-Novelle 2013

Das Gesetz „zur Stärkung der Innenentwicklung in den Städten und Gemeinden und weiteren Fortentwicklung des Städtebaurechts“ (sog. „Innenentwicklungsnovelle“[152]) vom 11.06.2013[153] verstärkte den Umwelt- bzw. Klimaschutz. Auch diese Neuerungen waren bereits Gegenstand der „Berliner Gespräche zum Städtebaurecht“[154] im Jahr 2010, die im Rahmen der Klimaschutz-Novelle 2011 zunächst herausgenommen

145 BT-Drs. 17/6076, S. 1.
146 *Wilke*, BauR 2011, 1744 (1744).
147 *BMVBS*, Berliner Gespräche zum Städtebaurecht, Teil I.
148 *Söfker*, ZfBR 2011, 541 (541).
149 *Battis*-ders/Krautzberger/Löhr, BauGB, Einl. Rn. 61.
150 BT-Drs. 17/6357, S. 1.
151 BT-Drs. 17/6076, S. 6.
152 *Krautzberger/Stüer*, BauR 2014, 1403 (1404).
153 BGBl. I 2013 S. 1548.
154 *BMVBS*, Berliner Gespräche zum Städtebaurecht, Teil I und II.

und fortentwickelt worden sind.[155] Das Gesetz dient unter anderem der Wahrung und Stärkung der Urbanität und Attraktivität von Städten und Gemeinden, auch in baukultureller Hinsicht.[156] In Bezug auf den Klimaschutz soll die Neuinanspruchnahme von Flächen auf der „Grünen Wiese" möglichst vermieden werden.[157] Die Planungsoberziele der Bauleitplanung in § 1 Abs. 5 S. 1 und 2 BauGB wurden um Satz 3 erweitert, wonach die städtebauliche Entwicklung vorrangig durch Maßnahmen der Innenentwicklung erfolgen soll. Zudem wurde die Entwicklung von zentralen Versorgungsbereichen als Darstellungsmöglichkeit (§ 5 Abs. 2 Nr. 2 lit. d) BauGB) bei der Flächennutzungsplanung betont.

F. Die BauGB-Novelle 2014

Nachdem die Innenentwicklungsnovelle im Dezember 2013 erst in Kraft trat[158], folgte wenige Monate später eine weitere Novelle des Städtebaurechts. Angesprochen ist damit der von der Bundesregierung vorgelegte „Entwurf eines Gesetz zur Einführung einer Länderöffnungsklausel zur Vorgabe von Mindestabständen zwischen Windenergieanlagen und zulässigen Nutzungen"[159] vom Mai 2014, der noch im Juli 2014[160] im Gesetzgebungsverfahren verabschiedet worden ist. Er betrifft die Akzeptanz von Standorten für Windenergieanlagen, welche oft von der Entfernung derartiger Anlagen zu den Anlagen von Wohnnutzungen abhängig ist.[161] Hierzu wurde § 249 Abs. 3 BauGB kodifiziert, wonach im Bereich der Windenergie den Ländern bis zum Ende des Jahres 2015 die Möglichkeit eingeräumt wurde, in einem Landesgesetz Mindestabstände zwischen Windenergieanlagen und Wohnnutzungen festzulegen. Sollten die Länder von dieser Länderöffnungsklausel innerhalb der Frist Gebrauch gemacht haben, müssten die Gemeinden und die Planungsträger der Raumordnung gem. § 249 Abs. 3 BauGB diese Mindestabstände bei der Ausweisung von Konzentrationszonen für Windenergieanlagen berücksichtigen.[162] Damit soll dem Aspekt Rechnung getragen werden, dass sich die Ausganglage in den einzelnen Bundesländern, auch wegen der topographischen Verhältnisse, unterscheidet.[163] Die Notwendigkeit dieser Gesetzesreform wurde vielfach kritisiert[164].

---

155 *Krautzberger/Stüer*, DVBl. 2013, 1 (1).
156 BT-Drs. 17/13272, S. 7.
157 BT-Drs. 17/13272, S. 7; *Uechtritz*, BauR 2013, 1354 (1354); *Krautzberger/Stüer*, DVBl. 2013, 805 (807).
158 BGBl. I 2013 S. 1548.
159 Gesetzesentwurf der Bundesregierung vom 05.05.2014, BT-Drs. 18/1310.
160 BGBl. I 2014 S. 954.
161 BT-Drs. 18/1310, S. 1.
162 *Krautzberger/Stüer*, BauR 2014, 1403 (1403).
163 BT-Drs. 18/1310, S. 1.
164 Anhörung des Deutschen Industrie- und Handelskammertages, Protokoll der 15. Sitzung vom 21.05.2014, Protokoll-Nr. 18/15, S. 8; *Krautzberger/Stüer*, BauR 2014, 1403 ff.

Auch der Bundesrat lehnte[165] den Gesetzesentwurf im Gesetzgebungsverfahren mit der Begründung ab, dass den Ländern und den Gemeinden bereits nach bisherigem Recht, die Möglichkeit obliege, im Rahmen der Bauleitplanung angemessene Abstände zu anderen baurechtlich zulässigen Nutzungen, insbesondere zur Wohnbebauung, auch bei der Errichtung von Windenergieanlagen festzulegen.[166] Feststeht, dass die Frage von Abstandsregelungen bei der Planung von Windenergieanlagen eine zentrale Rolle dahingehend einnimmt, wie viel Raum für den Einsatz von Windenergieanlagen genutzt werden kann, so dass der Ausbau von Flächen zur Windenergienutzung durch die Länder durch die Vorgabe von Mindestabständen konterkariert werden könnte.[167] Im Hinblick auf die in Gang gesetzte Energiewende der 17. Bundesregierung stellt die Neuregelung des § 249 Abs. 3 BauGB daher eher einen Schritt zurück dar.

G. Zusammenfassung

Der Rückblick in die Entwicklungsgeschichte des Baugesetzbuches zeigt, dass das städtebauliche Leitbild einen Wandel vollzogen hat. Das Bewusstsein für die klimaschutzbezogenen Handlungsmöglichkeiten in der Bauleitplanung wurde vom Gesetzgeber erkannt und geschärft. Das Aufgabenfeld der Gemeinden ist in Bezug auf den Umwelt- bzw. Klimaschutz ausgedehnt worden. Hierauf hatte insbesondere das europäische Umweltverständnis Einfluss, dass den Umwelt- bzw. Klimaschutz zu Recht auf mehreren Rechtsebenen einbezieht und die Umweltprobleme global betrachtet. Man kann daher von einer Europäisierung[168] der Bauleitplanung sprechen. Mit der Einbeziehung des allgemeinen Klimaschutzes und der Klimaanpassung stellen sich in der Bauleitplanung erweiternde Aufgaben, die von den Gemeinden umzusetzen sind. Insbesondere die Reformen des Baugesetzbuches im Jahre 2004 und 2011 verstärkten den Klimaschutz im Rahmen der örtlichen Bodenplanung. Die Novellierungen zum Schutz des Klimas und zur Anpassung an den Klimawandel scheinen noch nicht abgeschlossen zu sein. Der Klimaschutz und die Klimaanpassung dürften in der Bauleitplanung eine dauerhafte Zukunftsaufgabe der Gemeinden darstellen.[169]

---

165 BR-Drs. 155/14; Der Bundesrat verzichtete darauf, einen Vermittlungsausschuss nach Art. 77 Abs. 2 GG anzurufen, vgl. BR-Drs. 294/1/14; *Krautzberger/Stüer*, BauR 2014, 1403 (1406).

166 BR-Drs. 155/14.

167 Vgl. *Krautzberger/Stüer*, BauR 2014, 1403 (1407 f.); *Mitschang/Reidt*, BauR 2014, 1232 (1236).

168 Hierzu: *Jarass*, DVBl. 2000, 945 ff.

169 *Krautzberger*, Gesellschaftspolitischer Wandel und Städtebaugesetzgebung, in: Berliner Gespräche zum Stadtbaurecht II, S. 51.

Drittes Kapitel: Gesetzgebungskompetenzen für eine klimaschützende Bauleitplanung und ihre verfassungsrechtlichen Auswirkungen

A. Gesetzgebungskompetenzen für eine klimaschützende Bauleitplanung

Nach der Systematik der in Art. 70 ff. GG statuierten Kompetenzzuweisungen steht den Ländern grundsätzlich die Befugnis zur Gesetzgebung zu. Für eine Kompetenzzuordnung des Bundes bedarf es daher einer ausdrücklichen Gesetzgebungskompetenz im Grundgesetz. Auf den ersten Blick fällt insofern auf, dass im Katalog der Gesetzgebungszuständigkeiten des Grundgesetzes weder der Sachbereich des „Klimaschutzes" noch jener des „Baurechts" ausdrücklich aufgeführt sind. Demzufolge ist die Kompetenzzuordnung bezüglich einer klimaschützenden Bauleitplanung auszulegen.

I. Das Bodenrecht i.S.d. Art. 74 Abs. 1 Nr. 18 Var. 2 GG

1. Gegenstand des Bodenrechts

Besonders relevant für eine klimaschützende Bauleitplanung ist die Gesetzgebungskompetenz für den Sachbereich des „Bodenrechts" im Sinne des Art. 74 Abs. 1 Nr. 18 Var. 2 GG. Diese Regelungsmaterie unterliegt der konkurrierenden[170] Gesetzgebung und umfasst diejenigen Bereiche, die den Grund und Boden unmittelbar zum Gegenstand rechtlicher Ordnung haben, also die rechtliche Beziehung des Menschen zum Grund und Boden regeln.[171] Charakteristisch für das Bodenrecht ist vor allem, dass es die zu erhaltenden baulichen Anlagen, Straßen, Platz- oder Ortsbilder in ihrer Beziehung zur aktuellen Stadtstruktur und ihrer stadträumlichen Funktion für das gegenwärtige und künftige Zusammenleben der Menschen in den Blick nimmt.[172] Primär ist dieses Sachgebiet daher von einem räumlich-funktionalen Steuerungsansatz[173] geprägt. Einen solchen weist insbesondere die Bauleitplanung auf, die auf die gebietsbezogene Zuweisung einer zeitgerechten Nutzungsstruktur sowie auf die Erfordernisse städtebaulicher Gestaltung ausgerichtet ist.[174] Sie steuert die

---

170 Zur konkurrierenden Gesetzgebung m. w. N.: *Stettner*-Dreier, GG, Bd. II, Art. 72 Rn. 10 ff.

171 BVerfGE 3, 407 (424).

172 BVerwGE 114, 247 (251).

173 BVerwGE 114, 247 (251).

174 BVerwGE 114, 247 (251).

Nutzbarkeit von Grundstücken[175] und regelt damit die rechtliche Beziehung des Menschen zum Grund und Boden. Durch den Erlass der Vorschriften über das Städtebaurecht des Baugesetzbuches[176] hat der Bund seine Gesetzgebungskompetenz für das Bauplanungsrecht abschließend wahrgenommen[177], so dass diesbezüglich den Ländern wegen der Sperrwirkung[178] des Art. 72 Abs. 1 GG keine Befugnis zur Gesetzgebung zusteht. Auch eine abweichende Regelungsmöglichkeit der Länder kommt nicht in Betracht, da das Gebiet des Bodenrechts in der enumerativen[179] Aufzählung des Art. 72 Abs. 3 GG nicht genannt ist. Anders verhält es sich hingegen im Bereich des gefahrenabwehrrechtlich geprägten Bauordnungsrechts. Die Gesetzgebungskompetenz dieser Regelungsmaterie bleibt den Ländern vorbehalten.[180] Dem Bund gebührt folglich nach der Zuständigkeitsaufteilung des Grundgesetzes nicht die Gesetzgebungskompetenz für das Baurecht im vollumfänglichen Sinne. Eine weitere Grenze der Gesetzgebungskompetenz für das Bodenrecht findet sich in territorialer Hinsicht. Der Sachbereich des Bodenrechts erstreckt sich nur auf Regelungen zur örtlichen Planung. Die überörtliche Planung des Raumes wird dagegen dem Bereich der Raumordnung im Sinne des Art. 74 Abs. 1 Nr. 31 GG zugeordnet.[181] Anders als bei der Kompetenzregelung des Bodenrechts können die Länder für den Bereich der Raumordnung von den Bundesregelungen gem. Art. 72 Abs. 3 S. 1 Nr. 4 GG abweichen.

2. *Relevanz des Bodenrechts für eine klimaschützende Bauleitplanung*

Das Bauplanungsrecht und das Medium des Klimas stehen in einem unauflöslichen Spannungsverhältnis[182] zueinander. Ihre Prozesse beeinflussen sich gegenseitig und begegnen sich nicht konfliktfrei im bodennutzungsrechtlichen Sinne. Wie bereits dargestellt[183], hat selbst ein umweltschonendes Bauen Einfluss auf das Klimaverhältnis. Denn planungsrechtlich motivierte Eingriffe in die Bodenprozesse wirken sich auch auf das Klima aus. Das Klima beeinflusst zahlreiche Bodenprozesse und damit auch die Entwicklung von Böden, die Bodeneigenschaften und die Bodenfunktionen.[184] Wird in dieses Ökosystem durch die Bebauung und Nutzung

175 *Maunz*-Maunz/Dürig, GG, Lfg. 23, Art. 74 Rn. 200.

176 Baugesetzbuch (BauGB) i. d. F. d. Bek. v. 23.09.2004 (BGBl. I S. 2414) zul. geänd. d. Gesetz v. 20.11.2014 (BGBl. I S. 1748); ursprünglich: Bundesbaugesetz (BBauG) vom 23.06.1960 (BGBl. I S. 341); vgl. zur Entstehungsgeschichte des Bundesbaugesetzes: *Breuer*, Die Verwaltung 19 (1986), 305 ff.

177 *Degenhart*-Sachs, GG, Art. 74 Rn. 75.

178 Hierzu: *Pieroth*-Jarass/Pieroth, GG, Art. 72 Rn. 11.

179 *Schnapauff*-Hömig, GG, Art. 72 Rn. 4.

180 BVerfGE 40, 261 (265).

181 BVerfGE 3, 407 (425).

182 Vgl. *Battis*, Öff. Bau- und RaumordnungsR., Rn. 161.

183 Vgl. 1. Kap. B. II. 2.

184 *Die Bundesregierung*, Deutsche Anpassungsstrategien an den Klimawandel, S. 24.

von Grund und Boden eingegriffen, wirkt sich dies umgekehrt wiederum negativ auf das Klima aus. Denn zu den wesentlichen natürlichen Bodenbildungsprozessen gehört unter anderen auch die Kohlenstoffbindung[185], die ein wichtiges Element für den Abbau des Kohlendioxidgehalts in der Atmosphäre darstellt. Negative Veränderungen des Klimas beeinträchtigen die Bodenfunktionen und führen zu einer Verringerung der Kohlenstoffbindung. Dies hat die Erhöhung des Kohlendioxidgehalts in der Luftzusammensetzung und damit die Beschleunigung des Klimawandels zur Folge. Umgekehrt wirken sich jene Folgen wiederum auf die beplante Nutzungsstruktur des Grund und Bodens aus. Beispielsweise können lang anhaltende Hitzewellen im Sommer, zunehmende Starkregen und Hochwasser vor allem im Winter sowie stärkere Stürme Gefahren für Gebäude, Bauwerke und die zugehörigen Infrastrukturen (wie die Kanalisation) darstellen.[186]

Gleichwohl kann die Bauleitplanung die Umwelt auch positiv beeinflussen[187] und den Klima- bzw. Umweltschutz spürbar werden lassen. Die Bauleitplanung weist verschiedene Steuerungsmechanismen auf, die einerseits dem Klimaschutz und andererseits der Anpassung an den Klimawandel dienen können. So sind beispielsweise im Bebauungsplan Festsetzungen von Gebieten zum Freiraumschutz und zur Freiraumentwicklung möglich (vgl. § 9 Abs. 1 Nr. 10 BauGB). Auch trägt die Gesamtstruktur der Normen[188] über den Außenbereich zum Klimaschutz bei, indem diese Flächen grundsätzlich von einer Bebauung freizuhalten sind. Insbesondere die Regelungsmöglichkeiten zum Maß der baulichen Nutzung (§ 9 Abs. 1 Nr. 1 bis 3 BauGB) können einen Beitrag zum Klimaschutz leisten. So sind etwa Festsetzungen im Bebauungsplan zu einer energiesparenden Baukörperstellung, Bauweise, Dachneigung, Dachfirstrichtung und Dachform[189] möglich, um die Wärmeverluste zu minimieren und die solare Energie- und Wärmegewinnung zu optimieren. Die Energieeinsparung in Gebäuden könnte darüber hinaus mit einer Ausweisung einer geschlossenen Bauweise[190] effektiviert werden. In Hanglagen sind zur optimalen Gebäudebesonnung Festsetzungen zur Höhenstaffelung oder Höhenbegrenzung planerisch bestimmbar.[191] Auch die Vorgaben von Abstandsgrößen zwischen den Gebäuden und zur Vermeidung von Verschattungen dienen der Energieeinsparung. Zudem sind Festsetzungen zu einer aufgelockerten Bebauung und niedrigen Bauhöhe geeignet, um eine ausreichende Belüftung durch Frischluftzufuhr in Siedlungsgebieten zu gewährleisten.[192] Die Bauleitplanung weist noch zahlreiche

---

185 *Die Bundesregierung*, Deutsche Anpassungsstrategien an den Klimawandel, S. 24.
186 *Die Bundesregierung*, Deutsche Anpassungsstrategien an den Klimawandel, S. 19.
187 *Schmidt-Aßmann*, NVwZ 1987, 265 (271).
188 Vgl. § 35 BauGB.
189 *Mitschang/Reidt*-Battis/Krautzberger/Löhr, BauGB, § 9 Rn. 23 ff.
190 *Bunzel/Hinzen/Ohligschläger*, Umweltschutz in der Bauleitplanung, S. 107.
191 *Bunzel/Hinzen/Ohligschläger*, Umweltschutz in der Bauleitplanung, S. 108.
192 *Bunzel/Hinzen/Ohligschläger*, Umweltschutz in der Bauleitplanung, S. 104.

weitere[193] Steuerungsinstrumente auf, die sich klimaschützend durch Verringerung bzw. Vermeidung von CO_2-Emissionen auswirken können.

II. Die Energiewirtschaft i.S.d. Art. 74 Abs. 1 Nr. 11 Var. 3 GG

1. Gegenstand der Energiewirtschaft

Zu einer klimaschützenden Bauleitplanung gehört freilich eine ressourcenschonende Energienutzung und Energiegewinnung. Von besonderer Bedeutung ist daher neben dem Bodenrecht die konkurrierende Gesetzgebungskompetenz des Bundes für den Bereich der Energiewirtschaft gemäß Art. 74 Abs. 1 Nr. 11 Var. 3 GG. Das Sachgebiet der Energiewirtschaft ist nach herrschender Meinung[194] extensiv auszulegen. Dieser Begriff umfasst sämtliche Belange der Energiewirtschaft in jeder nur denkbaren Beziehung.[195] Die Regelungsmaterie der Energiewirtschaft bezieht sich insbesondere auf die Energiegewinnung, Energieverteilung aller Energien und Energieträger, einschließlich der Energiepreise und Energieleitungen, der Sicherung der Energieversorgung sowie der Energieeinsparung.[196] Der Bund hat von seiner Gesetzgebungskompetenz für diesen Bereich vor allem durch den Erlass des Erneuerbare-Energien-Gesetzes[197] und des Erneuerbare-Energien-Wärmegesetzes[198] Gebrauch gemacht.[199] Die Regelungen des Erneuerbare-Energien-Gesetzes zielen gem. § 1 Abs. 1 EEG darauf ab, insbesondere im Interesse des Klima- und Umweltschutzes eine nachhaltige Entwicklung der Energieversorgung zu ermöglichen, die volkswirtschaftlichen Kosten der Energieversorgung auch durch die Einbeziehung langfristiger externer Effekte zu verringern, fossile Energieressourcen zu schonen und die Weiterentwicklung von Technologien zur Erzeugung von Strom aus erneuerbaren Energien zu fördern. Das EEWärmeG bezweckt die Schonung fossiler Ressourcen und der Minderung der Abhängigkeit von Energieimporten.[200] Dies zugrunde gelegt, sind von der Kompetenzzuordnung des Art. 74 Abs. 1 Nr. 11 GG

193 Siehe 6. und 7. Kap.

194 *Oeter*-v. Mangoldt/Klein/Starck, GG, Bd. II, Art. 74 Rn. 89; *Pieroth*-Jarass/Pieroth, GG, Art. 74 Rn. 21; *Stettner*-Dreier, GG, Bd. II, Art. 74 Rn. 55; a. A.: *Püttner*, BB 1971, 881 (881).

195 *Milkau*, ZUR 2008, 561 (563).

196 *Pieroth*-Jarass/Pieroth, GG, Art. 74 Rn. 25.

197 Gesetz für den Ausbau erneuerbarer Energien (Erneuerbare-Energien-Gesetz – EEG 2014) i. d. F. der Bek. vom 21.07.2014 (BGBl. I S. 1066), zul. geänd. d. Gesetz v. 22.12.2014 (BGBl. I S. 2406).

198 Gesetz zur Förderung Erneuerbarer Energien im Wärmebereich (Erneuerbare-Energien-Wärmegesetz – EEWärmeG) i. d. F. der Bek. vom 07.08.2008 (BGBl. I S. 1658), zul. geänd. d. Gesetz v. 21.07.2014, (BGBl. I S. 1066).

199 *Schnapauff*-Hömig, GG, Art. 74 Rn. 10.

200 *Söfker*, UPR 2009, 81 (82).

darüber hinaus auch bauleitplanerische Maßnahmen zum Klimaschutz erfasst, soweit sie sich auf die Energiewirtschaft auswirken.[201]

2. *Die Relevanz der Energiewirtschaft für eine klimaschützende Bauleitplanung*

Das Ziel einer klimaschützenden Bauleitplanung ist ohne eine ressourcenschützende Energienutzung und Energieversorgung undenkbar. Durch die Bebauung und bodenrechtliche Nutzung, insbesondere zu Wohnraum- und Industriezwecken, steigt der Verbrauch an fossilen Energieträgern. Dadurch wird der Kohlenstoff, der seit langem in tiefen Gesteinsschichten gespeichert war[202], in die Erdatmosphäre abgeführt. Dies führt dazu, dass der natürliche Kreislauf von Entstehung und Abbau von Treibhausgasen gestört[203] wird und die Folgen des Klimawandels zunehmen. Um eine Abnahme von Kohlendioxid-Emissionen in der Luftzusammensetzung zu erreichen, sind Steuerungsoptionen der kommunalen Träger zur Energieverteilung und Energienutzung essenziell.

In diesem Zusammenhang sind besonders Regelungen zum Energieverbrauch im allgemeinen Gebäudebestand relevant.[204] Beispielsweise ist die Festsetzungsmöglichkeit nach § 9 Abs. 1 Nr. 12 BauGB zu nennen, wonach im Bebauungsplan unter anderem Versorgungsflächen zur dezentralen und zentralen Erzeugung, Verteilung, Nutzung oder Speicherung von Strom und Wärme aus erneuerbaren Energien festgelegt werden können. Auch können z.B. eine energiesparende Energiegewinnung und Energieverteilung durch bauleitplanerische Festlegungen über deren Standorte[205] gesteuert werden. Ferner können von den kommunalen Planungsträgern Festsetzungen zu baulichen Wärmeschutzmaßnahmen und der Energienutzung getroffen werden. Beispielweise können Gebiete gem. § 9 Abs. 1 Nr. 23 lit. b) BauGB im Bebauungsplan festgesetzt werden, in denen bei der Errichtung von Gebäuden bestimmte bauliche und sonstige technische Maßnahmen für die Erzeugung und Nutzung von Strom und Wärme aus erneuerbaren Energien getroffen werden. Derartige Maßnahmen dienen zur Energieeinsparung und damit zur Verringerung der emittierten Luftschadstoffe. Dadurch können die für den Klimawandel in erster Linie ursächlichen CO_2-Emissionen eingeschränkt werden. Bauplanerische Regelungen zum Klimaschutz lassen sich folglich auch auf den Kompetenztitel der Energiewirtschaft nach Art. 74 Abs. 1 Nr. 11 GG stützen.

---

201 Vgl. *Gaßner/Fischer*, ZNER 2005, 21 (21); *Milkau*, ZUR 2008, 561 (563).
202 Bayerisches Landesamt für Umwelt, Klimawandel, S. 3.
203 Bayerisches Landesamt für Umwelt, Klimawandel, S. 3.
204 *Battis/Kersten/Mitschang/Ingold/Schwarz*, Stadtentwicklung, S. 27.
205 *Battis/Kersten/Mitschang/Ingold/Schwarz*, Stadtentwicklung, S. 27.

III. Die Luftreinhaltung i.S.d. Art. 74 Abs. 1 Nr. 24 Var. 2 GG

1. Gegenstand der Luftreinhaltung

Für eine klimaschützende Bauleitplanung kommt weiterhin der Bereich der Luftreinhaltung nach Art. 74 Abs. 1 Nr. 24 Var. 2 GG in Betracht. Die Materie der Luftreinhaltung unterliegt ebenfalls der konkurrierenden Gesetzgebungskompetenz. Dieser Sachbereich umfasst den Schutz vor und die Beseitigung von Verunreinigungen im Sinne einer Veränderung der natürlichen Zusammensetzung der Luft.[206] Der Begriff der Luftreinhaltung orientiert sich daher an § 3 Abs. 4 BImSchG.[207] Die natürliche Luftzusammensetzung wird insbesondere durch den anthropogen[208] verursachten Anstieg des CO_2-Gehalts in der Atmosphäre verändert.[209] Insofern können Regelungen, die der Verringerung von Luftemissionen und Vorsorge vor Luftverunreinigungen dienen, auf Grund des Kompetenztitels des Art. 74 Abs. 1 Nr. 24 GG erlassen werden.[210] Hierzu gehören neben den anlagenbezogenen Vorschriften nach dem BImSchG auch die bauleitplanerischen Regelungen des Baugesetzbuches, soweit sie sich auf die Verbesserung der Luft beziehen.[211]

2. Einfluss der Luftqualität für eine klimaschützende Bauleitplanung

Das Klima ist durch den ständigen Austausch und der Verschmelzung von Luftmassen, Windsystemen und Meeresströmungen geprägt.[212] Das natürliche Gleichgewicht wird durch den unverhältnismäßig hohen Ausstoß von Kohlendioxid in der Erdatmosphäre gestört. Die Störung des natürlichen Gleichgewichts der Luftqualität führt dazu, dass die schädlichen Treibhausgase nicht mehr in einem harmonischen Verhältnis abgebaut werden können. In Bezug auf mögliche Anpassungsstrategien an den Klimawandel können im Rahmen der Bauleitplanung luftaustauschwirksame Flächen festgesetzt oder die Verwendung von bestimmten schädlichen luftverunreinigenden Stoffen beschränkt bzw. verboten werden. Letztere Variante kommt insbesondere bei der Verbrennung von Festbrennstoffen in kleinen Feuerungsanlagen in Betracht, da diese im Vergleich zu anderen Brennstoffen eine besonders hohe Konzentration von luftverunreinigenden Stoffen enthalten.[213] Darüber hinaus können beispielsweise bauleitplanerische Festsetzungen zu einer luftschonenden Bauweise[214] zur Verringerung von Luftverunreinigungen beitragen. Auf den Kompetenztitel nach Art. 74 Abs. 1 Nr. 24 GG lassen sich somit auch bauleitplanerische

---

206 *Pieroth*-Jarass/Pieroth, GG, Art. 74 Rn. 69.
207 *Maunz*-Maunz/Dürig, GG, Lfg. 23, Art. 74 Rn. 251.
208 *Kotulla*-Kotulla, BImSchG, Bd. 1, 1. Lfg., Jan. 2004, § 3 Rn. 19.
209 *Milkau*, ZUR 2008, 561 (562).
210 Vgl. *Battis/Kersten/Mitschang/Ingold/Schwarz*, Stadtentwicklung, S. 28.
211 *Battis/Kersten/Mitschang/Ingold/Schwarz*, Stadtentwicklung, S. 28.
212 Bayerisches Landesamt für Umwelt, Klimawandel, S. 3.
213 *Umweltbundesamt*, Feinstaub, S. 2 f.
214 *Battis/Kersten/Mitschang/Ingold/Schwarz*, Stadtentwicklung, S. 28.

Maßnahmen stützen, soweit sie sich auf die Abwehr von luftschädigenden Stoffen bzw. die Verbesserung des Mediums der Luft beziehen.[215]

IV. Der Naturschutz und die Landschaftspflege i.S.d. Art. 74 Abs. 1 Nr. 29 GG

1. Gegenstand des Naturschutzes und der Landschaftspflege

Schließlich ist für eine klimaschützende Bauleitplanung weiterhin die konkurrierende Gesetzgebungskompetenz für den Bereich des Naturschutz und der Landschaftspflege nach Art. 74 Abs. 1 Nr. 29 GG relevant. Naturschutz ist die Gesamtheit der Maßnahmen zur Erhaltung, Förderung und Sicherung der natürlichen Bedingungen in den Landschaftsräumen[216], worunter auch das Klima zählt. Landschaftspflege bezieht sich auf alle Maßnahmen zur Sicherung der nachhaltigen Funktionsfähigkeit der Naturgüter sowie der Vielfalt, Eigenart und Schönheit von Natur und Landschaft.[217] Beide Regelungsbereiche sind nicht voneinander trennbar und werden auch unter dem Oberbegriff der Landespflege zusammengefasst.[218] Nach diesem Kompetenztitel können Normen erlassen werden, die entweder der Abwehr von Gefahren oder der gestalterischen Verbesserung von Natur und Landschaft dienen.[219] Neben den Regelungen des BNatSchG[220] eröffnet Art. 74 Abs. 1 Nr. 29 GG dem Bundesgesetzgeber u.a. auch die Gelegenheit, bauleitplanerische Vorschriften zum Klimaschutz zu statuieren. Auf diesen Kompetenztitel lassen sich in Bezug auf eine klimaschützende Bauleitplanung insofern Regelungen über Zugangs- und Nutzungsbeschränkungen von Natur und Landschaft stützen.[221]

Im Gegensatz zu den bereits genannten Gesetzgebungskompetenzen steht den Ländern hinsichtlich des Bereiches des Naturschutzes und der Landschaftspflege eine abweichende Regelungsbefugnis i.S.d. Art. 72 Abs. 3 S. 1 GG zu. Unabhängig von den Bundesgesetzen können die Länder selbst weitere Regelungen zur Landespflege erlassen. Soweit sich diesbezüglich Bundes- und Landesrecht widersprechen sollten, hat nach Art. 72 Abs. 3 S. 3 GG das jeweils spätere erlassene Gesetz Vorrang. Hierbei handelt es sich nicht wie bei dem Grundsatz des Art. 31 GG, wonach das Bundesrecht das Landesrecht bricht, um einen Geltungsvorrang, sondern lediglich um einen Anwendungsvorrang.[222] Daher derogieren eventuelle abweichende

215 BT-Drs. 16/2709, S. 15f.
216 *Kotulla*, NVwZ 2007, 489 (492).
217 *Kotulla*, NVwZ 2007, 489 (492).
218 *Degenhart*-Sachs, GG, Art. 74 Rn. 122.
219 *Pieroth*-Jarass/Pieroth, GG, Art. 74 Rn. 79.
220 Gesetz über Naturschutz und Landschaftspflege (Bundesnaturschutzgesetz – BNatSchG) v. 29.07.2009 (BGBl. I S. 2542), zul. geänd. Gesetz v. 07.08.2013 (BGBl. I S. 3154)
221 *Degenhart*-Sachs, GG, Art. 74 Rn. 122; *Haratsch*-Sodan, GG, Art. 74 Rn. 64.
222 *Pieroth*-Jarass/Pieroth, GG, Art. 72 Rn. 32.

Gesetze des Landes die bundesrechtlichen Regelungen nicht, sondern suspendieren nur deren Anwendung im jeweiligen Land.[223]

Die abweichende Regelungsbefugnis kommt den Ländern jedoch hinsichtlich der Landespflege nur eingeschränkt zu. Nach Art. 72 Abs. 3 S. 1 GG sind allgemeine Grundsätze des Naturschutzes, das Recht des Arten- oder des Meeresnaturschutzes von dem Abweichungsrecht ausgeschlossen. Gerade jene Bereiche sind für eine klimaschützende Bauleitplanung relevant, da sie die naturbezogene Nutzung von Grund und Boden betreffen.[224] Die allgemeinen Grundsätze beschreiben allgemeine Aussagen zum Naturschutz und zur Landschaftspflege.[225] Zu den allgemeinen Grundsätzen des Naturschutzes gehören zumindest solche, wie die bisher schon in § 2 BNatSchG expressis verbis genannten Grundsätze, aber auch insbesondere bundesrechtlich gesetzte planerische Rahmenbedingungen und allgemeine Regelungsvorgaben etwa für Eingriffe in Natur- und Landschaft (vgl. §§ 13 ff. BNatSchG), für Schutzgebietsausweisungen (vgl. §§ 22 ff. BNatSchG), für die Allgemeinzugänglichkeit von Natur und Landschaft (vgl. §§ 59, 62 BNatSchG) und für die Mitwirkung der Naturschutzvereinigungen (vgl. §§ 63 ff. BNatSchG).[226] Die Belange des Naturschutzes und der Landschaftspflege in der Bauleitplanung beziehen sich etwa auf die Bewertung des Vorliegens eines Eingriffs nach §§ 13 ff. BNatSchG (vgl. § 1a Abs. 3 BauGB)[227], auf Schutzgebietsausweisungen nach §§ 22 ff. BNatSchG, z.B.: auf Erhaltungsziele und Schutzzwecke von Natura 2000-Gebieten (vgl. § 1 Abs. 6 Nr. 7 lit. b) BauGB)[228], oder der Durchführung der Umweltprüfung[229] in § 2 Abs. 4 BauGB. Damit sind in der Bauleitplanung allgemeine Grundsätze des Naturschutzes angesprochen[230], die von dem Abweichungsrecht der Länder ausgeschlossen sind[231].

2. Die Relevanz des Naturschutzes und der Landschaftspflege für eine klimaschützende Bauleitplanung

Die Beziehung zwischen der Landespflege und der Bauleitplanung bleibt ebenfalls nicht konfliktfrei. Die Bebauung und Nutzung von Grundstücken stellen unausweichliche Eingriffe in die Umweltmedien wie des Klimas dar. Diese Eingriffe stören das Ökosystem in seinem natürlichen Gleichgewicht, was den Klimawandel beschleunigt. Insbesondere wird der natürliche Kreislauf von Entstehung und Abbau von Treibhausgasen durch Waldrodungen und natürlich der Bebauung

223 *Pieroth*-Jarass/Pieroth, GG, Art. 72 Rn. 32.
224 Vgl. *Battis/Kersten/Mitschang/Ingold/Schwarz*, Stadtentwicklung, S. 29.
225 *Kotulla*, NVwZ 2007, 489 (492).
226 Vgl. *Kotulla*, NVwZ 2007, 489 (492 f.).
227 *Battis*-ders/Krautzberger/Löhr, BauGB, § 1 Rn. 65.
228 *Schrödter/Wahlhäuser*-Schrödter, BauGB, § 1 Rn. 404
229 *Köck/Wolf*, NVwZ 2008, 353 (360).
230 Vgl. *Köck/Wolf*, NVwZ 2008, 353 (360).
231 *Franzius*, NVwZ 2008, 492 (495).

beeinträchtigt.[232] Um eine Verringerung der CO_2-Emissionen in der Atmosphäre zu erreichen, sind daher die Verbesserung und Erhaltung von Waldflächen, Grünanlagen sowie Wassergebieten erforderlich. Denn die Wälder und Pflanzen sowie Wassergebiete nehmen die Treibhausgase in der Atmosphäre auf und können diese speichern, wodurch sich der CO_2-Gehalt in der Luftzusammensetzung verringert. In Bezug auf eine klimaschützende Bauleitplanung können Regelungen dem Kompetenztitel des Art. 74 Abs. 1 Nr. 29 GG zugeordnet werden, die den Zugang und die Nutzung von Landschaft und Natur beschränken.[233] Dadurch können die bestehenden Pflanzen- und Wassergebiete erhalten bleiben, weitere etabliert werden und die CO_2-Emissionen in der Atmosphäre verringert werden. Im Bebauungsplan können beispielsweise Naturschutzgebiete gemäß § 9 Abs. 1 Nr. 20 BauGB festgesetzt werden. Derartige Regelungen betreffen die naturschutzbezogene Nutzung von Grund und Boden und sind von der Bundeskompetenzzuordnung des Art. 74 Abs. 1 Nr. 29 GG erfasst.

V. Das Klimaschutzrecht

Abzugrenzen ist die Gesetzgebungskompetenz für den hier interessierenden Bereich der klimaschützenden Bauleitplanung von der Materie des umfassenden Klimaschutzrechts[234]. Die Zuordnung des Kompetenztitels für den Bereich des Klimaschutzes im allgemeinen (nicht nur räumlich geprägten) Sinne ist zunächst nicht offensichtlich. Dieses Sachgebiet ist im Kompetenzkatalog des Grundgesetzes nicht ausdrücklich genannt. Des Weiteren stellt die Aufgabe des Klimaschutzes eine Querschnittsaufgabe[235] dar, die – wie bereits gezeigt – mehrere Sachbereiche der Gesetzgebung tangiert. Ausgehend vom Grundsatz der grundgesetzlichen Kompetenzverteilung in Art. 70 ff. GG sind die Länder zur Gesetzgebung zuständig. Für die Gesetzgebungskompetenz des Bundes bedarf es einer ausdrücklichen Kompetenzzuweisung. Eine solche ergibt sich jedoch weder aus dem Katalog der ausschließlichen noch der konkurrierenden Gesetzgebungskompetenz. Gleichwohl lässt sich daraus nicht zwangsläufig die Gesetzgebungszuständigkeit der Länder ableiten. Vielmehr ist es für die jeweils tangierte Sachfrage entscheidend, ob sich aus den einzelnen Kompetenztiteln der Art. 73 ff. GG oder aus ihrer Kombination eine Gesetzgebungszuständigkeit des Bundes herleiten lässt.[236] Davon ausgehend kann der Bereich des umfassenden Klimaschutzrechts zunächst den Kompetenztiteln der Energiewirtschaft (Art. 74 Abs. 1 Nr. 11 GG) und der Luftreinhaltung nach Art. 74 Abs. 1 Nr. 24 GG zugeordnet werden.[237] Insbesondere ist die Reduktion von

232 *Bayerisches Landesamt für Umwelt*, Klimawandel, S. 3.
233 BVerwGE 85, 332 (342).
234 *Gärditz*, JuS 2008, 324 (324).
235 *Koch/Verheyen*, NuR 1999, 1 (2).
236 *Schink*, UPR 2011, 91 (93).
237 *Ekardt*, UPR 2011, 371 (377); *Wickel*, DVBl. 2013, 77 (83).

Treibhausgasemissionen als Klimaschutzziel von der Luftreinhaltung umfasst.[238] Im Bereich der konkurrierenden Gesetzgebung steht den Ländern gem. Art. 72 Abs. 1 GG jedoch nur dann die Gesetzgebungskompetenz zu, solange und soweit der Bund von seiner Gesetzgebungszuständigkeit nicht abschließend Gebrauch gemacht hat. Auf dem Gebiet des Klimaschutzes hat der Bund von seiner Gesetzgebungskompetenz nach Art. 74 Abs. 1 Nr. 11, 24 GG bisher noch keinen abschließenden Gebrauch gemacht, da er weder gesetzliche Klimaschutzziele bestimmt noch ein umfassendes Klimaschutzgesetz erlassen hat.[239] Insbesondere regeln das BImSchG, das TEHG[240] und das ZuG[241] den Bereich des Klimaschutzes nicht abschließend[242], so dass derzeit die Länder im Klimaschutzrecht ergänzende Regelungen erlassen können.[243]

Daneben wird gerade bei dem KlSchG NRW[244], das nicht nur die Reduktion von Treibhausgasemissionen als Klimaschutzziel, sondern insbesondere auch die Berücksichtigung von Klimaschutzkonzepten in Raumordnungsplänen zum Gegenstand hat, auch die konkurrierende Gesetzgebungskompetenz für die Raumordnung nach Art. 74 Abs. 1 Nr. 31 GG teilweise[245] herangezogen. Die Raumordnung regelt die übergeordnete Planung und Ordnung.[246] Soweit Klimaschutzgesetze (wie das KlSchG NRW) einen räumlichen koordinierenden Charakter aufweisen sollten, lassen sie sich durchaus teilweise auch auf den Kompetenztitel des Art. 74 Abs. 1 Nr. 31 GG stützen. In diesem Bereich steht den Ländern eine abweichende Regelungsbefugnis gem. Art. 72 Abs. 3 S. 1 Nr. 4 GG zu, so dass die Länder von den bundesgesetzlichen Regelungen abweichen können. Für die teilweise Zuordnung zu diesem Kompetenztitel spricht auch § 2 Abs. 2 Nr. 6 S. 7 und 8 ROG, der den räumlichen Erfordernissen des Klimaschutzes Rechnung tragen soll. Dennoch lässt sich das Klimaschutzrecht, auch wenn es sich wohl überwiegend räumlich auswirken dürfte,

238 Siehe unter B. III. 1.

239 M. w. N. *Wickel*, DVBl. 2013, 77 (82 f.), *Ekardt*, UPR 2011, 371 (377); *Klinger/Wegener*, NVwZ 2011, 905 (909); *Schneider*, Auswirkungen des Klimawandels auf das Bauplanungsrecht, S. 159; a. A.: *Schink*, UPR 2011, 91 (94 ff.).

240 Gesetz über den Handel mit Berechtigungen zur Emission von Treibhausgasen (Treibhausgas-Emissionshandelsgesetz – TEHG) v. 21.07.2011 (BGBl. I S. 1475), zul. geänd. d. Gesetz v. 07.08.2013 (BGBl. I S. 3154).

241 Gesetz über den nationalen Zuteilungsplan für Treibhausgas-Emissionsberechtigungen in der Zuteilungsperiode 2008 bis 2012 (Zuteilungsgesetz 2012 – ZuG 2012) v. 07.08.2007 (BGBl. I S. 1788), zul. geänd. d. Gesetz v. 07.08.2013 (BGBl. I S. 3154).

242 M. w. N. *Ekardt*, UPR 2011, 371 (377f.); *Schneider*, Auswirkungen des Klimawandels auf das Bauplanungsrecht, S. 157 ff; *Klinger/Wegener*, NVwZ 2011, 905 (908 f.); *Wickel*, DVBl. 2013, 77 (82 f.).

243 *Klinger/Wegener*, NVwZ 2011, 905 (909); *Wickel*, DVBl. 2013, 77 (83).

244 Gesetz zur Förderung des Klimaschutzes in Nordrhein-Westfalen (KlSchG NRW) v. 29.01.2013, LT-Drs. NRW 16/127; m. w. N. *Raschke*, Rechtsfragen kommunaler Klimaschutzmaßnahmen, S. 127 ff.

245 *Wickel*, DVBl. 2013, 77 (83); *Klinger/Wegener*, NVwZ 2011, 905 (908); *Schneider*, Auswirkungen des Klimawandels auf das Bauplanungsrecht, S. 155.

246 BVerfGE 3, 407 (425).

nicht lediglich auf den räumlichen Sektor begrenzen.[247] Inwieweit der Regelungsbereich der Raumordnung diesbezüglich reicht[248], kann hier allerdings dahinstehen, da vorliegend der Fokus auf den Bereich der klimaschützenden Bauleitplanung gesetzt werden soll. Jedenfalls soweit der Raumbezug als Zielsetzung in Klimaschutzgesetzen fehlen sollte, wäre die Grenze des Raumordnungsrechts erreicht.[249]

VI. Zusammenfassung

Die Auslegung der Kompetenzverteilungssystematik des Grundgesetzes ergibt, dass dem Bund die Gesetzgebungszuständigkeit für eine klimaschützende Bauleitplanung zusteht. Seine Zuständigkeit zur Gesetzgebung lässt sich aus einer Art Querschnittskompetenz herleiten. Sofern man seine Kompetenzzuweisung allein auf die Sachmaterie des Bodenrechts nach Art. 74 Abs. 1 Nr. 18 GG beschränkte, wird dies dem Kompetenzverteilungsplan des Grundgesetzes nicht hinreichend gerecht. Denn zum Erlass von Vorschriften über eine klimaschützende Bauleitplanung sind neben dem Bereich des Bodenrechts auch die Sachgebiete der Energiewirtschaft nach Art. 74 Abs. 1 Nr. 11 GG, der Luftreinhaltung nach Art. 74 Abs. 1 Nr. 24 GG und des Naturschutzes sowie der Landschaftspflege nach Art. 74 Abs. 1 Nr. 29 GG zweckdienlich. Eine klare Trennung jeder Sachbereiche ist in der Realität ohnehin kaum möglich. Insbesondere bei den Materien des Bodenrechts und der Energiewirtschaft fällt auf, dass sich diese beiden Bereiche nicht scharf voneinander trennen lassen, sondern sich vielmehr partiell überschneiden. Dabei bleiben Überschneidungen der genannten Kompetenzbereiche jedoch unschädlich, da sie der konkurrierenden Gesetzgebung des Bundes zugewiesen sind und der Bund für den Bereich der klimaschützenden Bauleitplanung von seiner Kompetenz abschließend Gebrauch gemacht hat. Die Herleitung einer Gesetzgebungskompetenz aus einer Gesamtschau mehrerer Kompetenztitel ist zulässig, solange jede beabsichtigte Regelung mit all ihren Details einem Kompetenztitel zugeordnet werden kann.[250] Der Bund darf seine Gesetzgebungskompetenz wie aus einem Mosaik von Kompetenznormen begründen.[251] Die Zuordnung der jeweiligen Regelungen zu den Kompetenznormen erfolgt nach dem Schwerpunkt der Norm.[252] Es ist daher eine typisierende Betrachtungsweise bei der Zuweisung der jeweiligen Planungsregelung zu einem oder mehreren Kompetenztiteln vorzunehmen.

Abzugrenzen ist diese Gesetzgebungskompetenz des Bundes von der Materie des Klimaschutzrechts im umfassenden Sinne. Dieser Bereich lässt sich den Kompetenztiteln der Luftreinhaltung (Art. 74 Abs. 1 Nr. 24 GG), der Energiewirtschaft

---

247 *Wickel*, DVBl. 2013, 77 (83).

248 M. w. N. zur Reichweite der Raumordnung i.S.d. Art. 74 Abs. 1 Nr. 1 GG: *Wickel*, DVBl. 2013, 77 (83f.).

249 Vgl. *Wickel*, DVBl. 2013, 77 (83).

250 *Gramm*, DÖV 1999, 540 (541), *Milkau*, ZUR 2008, 561 (564).

251 *Rozek*-v. Mangoldt/Klein/Starck, GG, Bd. II, Art. 70 Rn. 57.

252 *Milkau*, ZUR 2008, 561 (564).

(Art. 74 Abs. 1 Nr. 11 GG) und auch teilweise der Raumordnung (Art. 74 Abs. 1 Nr. 31 GG) zuordnen. Jene Sachgebiete unterliegen der konkurrierenden Gesetzgebung. Anders als bei der klimaschützenden Bauleitplanung hat der Bund im Bereich des umfassenden Klimaschutzrechts nicht abschließend von seiner Gesetzgebungskompetenz Gebrauch gemacht, so dass die Länder diesbezüglich ergänzenden Regelungen erlassen können.

B. Verfassungsrechtliche Vereinbarkeit einer auch global klimaschützenden Bauleitplanung mit der kommunalen Selbstverwaltungskompetenz i.S.d. Art. 28 Abs. 2 GG

I. Das Problem

Nach den bisherigen Darstellungen steht dem Bund die Gesetzgebungskompetenz für das Bauplanungsrecht zu, wovon er durch den Erlass des Baugesetzbuches abschließend Gebrauch gemacht hat. Ausgeführt wird dieses Bundesgesetz dagegen nicht von den Behörden des Staates, sondern von den Gemeinden bzw. Städten.[253] Art. 83 GG statuiert, dass die Länder die Bundesgesetze als eigene Angelegenheiten auszuführen haben. Daneben reglementiert Art. 28 Abs. 2 S. 1 GG, dass den Gemeinden das Recht gewährleistet wird, alle Angelegenheiten der örtlichen Gemeinschaft im Rahmen der Gesetze in eigener Verantwortung zu regeln. Dass die Bauleitplanung zu den Angelegenheiten der örtlichen Gemeinschaft gehört, hat das Bundesverfassungsgericht[254] bereits im Jahre 1987 entschieden. Den Ländern gebührt daher neben der Verwaltungszuständigkeit für das landesgesetzlich geregelte Bauordnungsrecht auch die für das bundesrechtlich geprägte Städtebaurecht.[255] Expressis verbis bezieht sich das kommunale Selbstverwaltungsrecht i.S.d. Art. 28 Abs. 2 S. 1 GG auf „alle Angelegenheiten der örtlichen Gemeinschaft“. Dass der Tätigkeitsbereich der kommunalen Träger örtlich begrenzt ist, widerspricht in tatsächlicher Hinsicht dem Ziel des globalen Klimaschutzes. Denn dieser soll gerade (über)örtlich, also auch außerorts der territorialen Grenzen der örtlichen Gemeinschaft, wirken. Insofern könnte die kommunale Befugnis für eine Bauleitplanung zum globalen Klimaschutz an dem Kriterium des „Ortsbezuges“ i.S.v. Art. 28 Abs. 2

253 Im Gegensatz zu den Flächenstaaten unterscheiden die Stadtstaaten Berlin, Bremen und Hamburg nicht zwischen staatlicher und gemeindlicher Aufgabenträgerschaft. Vgl. *Schmidt-Aßmann/Röhl*-Schmidt-Aßmann/Schoch, Bes. VerwaltungsR, 1. Kap. Rn. 2, Fn. 2; Charakteristisch für die Stadtstaaten ist hingegen, dass sie selbst eine ungeteilte Gebietskörperschaft darstellen. Ihre Landesverwaltung ist zugleich Stadtverwaltung. Vgl. m. w. N. *Musli/Kirchner*, Berliner Verwaltung, Rn. 7.

254 BVerfGE 77, 288 (297).

255 *Krebs*-Schmidt-Aßmann/Schoch, Bes. VerwaltungsR, 4. Kap. Rn. 15.

GG scheitern. Bevor dieses Problem näher betrachtet wird, sollen zunächst die Grundlagen der kommunalen Selbstverwaltungsgarantie skizziert werden.

II. Die kommunale Selbstverwaltungskompetenz i.S.d. Art. 28 Abs. 2 S. 1 GG

1. Rechtsnatur und Grundlagen

Verfassungsrechtlich verankert ist die kommunale Selbstverwaltungskompetenz in Art. 28 Abs. 2 S. 1 GG. Danach wird den Gemeinden gewährleistet, alle Angelegenheiten der örtlichen Gemeinschaft im Rahmen der Gesetze in eigener Verantwortung zu regeln. Geschützt wird durch Art. 28 Abs. 2 S. 1 GG die Gemeinde, also jeder auf personaler Mitgliedschaft zu einem bestimmten Gebiet beruhender Verband, der die Eigenschaft einer (rechtsfähigen) Körperschaft des öffentlichen Rechts besitzt.[256] Nach Art. 28 Abs. 2 S. 2 GG steht das Selbstverwaltungsrecht auch den Gemeindeverbänden zu.

Die Rechtsnatur des kommunalen Selbstverwaltungsrechts stellt nach herrschender Meinung kein Grundrecht der kommunalen Träger, sondern eine institutionelle Garantie[257] dar. Diese Garantie umfasst drei Ausformungen: einerseits die *institutionelle Rechtssubjektsgarantie*, die den Bestand der Institution „Gemeinde“ als solche schützt; andererseits die *objektive Rechtsinstitutionsgarantie*, die die Erledigung von kommunalen Aufgaben unter kommunaler Eigenverantwortung gewährleistet und die *subjektive Rechtsstellungsgarantie* der Gemeinden und Gemeindeverbänden bei Angriffen auf die Rechtssubjekts- und Rechtsinstitutionsgarantie, wonach die Gemeinde bzw. Gemeindeverbänden im Falle der Verletzung von gewährten Rechten Rechtsschutz wahrnehmen können.[258]

2. Angelegenheiten der örtlichen Gemeinschaft und die kommunale Eigenverantwortlichkeit

Durch die Einräumung der Befugnis, Angelegenheiten der Gemeinde innerhalb ihres örtlichen Wirkungskreises selbst zu gestalten, wird nicht nur die Kompetenz der Gemeinden zur Selbstverwaltung von eigenen öffentlichen Aufgaben begründet, sondern gleichzeitig selbige wiederum begrenzt, indem sich die kommunale Selbstverwaltungskompetenz nur auf örtliche Angelegenheiten bezieht. Art. 28 Abs. 2 GG wirkt daher ambivalent, einerseits kompetenzbeschränkend[259] und andererseits kompetenzbegründend.

---

256 *Dreier*-Dreier, GG, Bd. II, Art. 28 Rn. 89.

257 *Battis/Gusy*, Staatsrecht, § 3 Rn. 66; *Hellermann*-Epping/Hillgruber, GG, Art. 28 Rn. 32.

258 Vgl. *Burgi*-Dietlein/Burgi/Hellermann, Öffentl. BauR, § 2 Rn. 68, 71.

259 *Hellermann*-Epping/Hillgruber, GG, Art. 28 Rn. 41.

Den unbestimmten Verfassungsbegriff der „Angelegenheiten der örtlichen Gemeinschaft" hat das Bundesverfassungsgericht durch den Rastede-Beschluss[260] konkretisiert: Es handelt sich dabei um diejenigen Bedürfnisse und Interessen, die in der örtlichen Gemeinschaft wurzeln oder auf sie einen spezifischen Bezug haben.[261] Sie sind den Gemeindeeinwohnern gerade als solche gemeinsam, indem sie das Zusammenleben und -wohnen der Menschen in der (politischen) Gemeinde betreffen.[262] Dies gilt vordergründig für den Bereich der Daseinsvorsorge.[263] Dabei kann ein Wandel in sozialen, wirtschaftlichen, technischen oder ökologischen Rahmenbedingungen und zugleich der historisch anerkannte Bestand berücksichtigt werden.[264] Durch die Bezeichnung „alle Angelegenheiten der örtlichen Gemeinschaft" wird auch der sog. Grundsatz der Allzuständigkeit[265] angesprochen, wonach die Gemeinden befugt sind, bislang unbesetzte Aufgaben in ihrem Bereich an sich zu ziehen[266].

Nach Art. 28 Abs. 2 S. 1 GG wird den Gemeinden zudem das Recht gewährleistet, ihre Aufgaben „in eigener Verantwortung" zu regeln. Das Recht der eigenverantwortlichen Aufgabenwahrnehmung bezieht sich allerdings nur auf die „örtlichen Angelegenheiten", nicht hingegen auf die den Gemeinden zusätzlich übertragenen Fremdaufgaben.[267] Die Unterscheidung zwischen eigenen und den vom Staat oder anderen Körperschaften des öffentlichen Rechts den Gemeinden übertragenen Aufgaben ist daher bedeutsam, da nur Erstere von Art. 28 Abs. 2 GG erfasst sind.

Aufgrund des geschichtlichen Hintergrundes[268] finden sich in den Kommunalgesetzen der Länder keine einheitlichen Terminologien zu der näheren Bedeutung der Begriffe der eigenen und übertragenen staatlichen Aufgaben der Gemeinden. Je nach dem jeweiligen Kommunalgesetz des Landes wird entweder das dualistische Aufgabenverteilungsmodell[269] oder das monistische Aufgabenverteilungsmodell [270] verfolgt. Stellt man in diesem Zusammenhang auf die herkömmliche

260 BVerfGE 79, 127 (151).
261 BVerfGE 79, 127 (151).
262 BVerfGE 110, 370 (400).
263 *Leisner*-Sodan, GG, Art. 28 Rn. 17.
264 *Burgi*-Dietlein/Burgi/Hellermann, Öffentl. BauR, § 2 Rn. 68, 71.
265 Vgl. *Hellermann*-Epping/Hillgruber, GG, Art. 28 Rn. 41.
266 BVerfGE 79, 127 (147).
267 *Burgi*-Dietlein/Burgi/Hellermann, Öfftl. BauR, § 2 Rn. 70.
268 *Geis*, Kommunalrecht, § 2 Rn. 1 ff, § 3 Rn. 2, 5.
269 Das dualistische Modell trennt die Aufgaben der Gemeinde (Selbstverwaltungsangelegenheit) und die Aufgaben des Staates (Auftragsangelegenheiten). Dieses System wird in den Ländern Bayern (Art. 6, 8 BayGO), Niedersachsen (§ 6 I NdsKomVG), Saarland (§ 6 KSVG), Rheinland-Pfalz (§ 2 II GO Rh.-Pf.), Sachsen-Anhalt (§ 5 I GO LSA) und Thüringen (§ 3 ThürKO) praktiziert. Vgl. dazu: *Burgi*, Kommunalrecht, § 8 Rn. 12.
270 Dem die Länder: Baden-Württemberg (Art. 75 II Verf. BW; § 2 I, III GO BW), Brandenburg (§ 2 I, III 1, IV 2, 3 BbgKVerf), Hessen (§ 4 I HessGO), Mecklenburg-Vorpommern (§ 3 I KV MV) (strittig), Nordrhein-Westfalen (Art. 78 II, VI, IV 2 Verf.

Differenzierung zwischen *Selbstverwaltungsangelegenheiten*[271] und die sog. *Auftragsangelegenheiten*[272] (sog. dualistisches Aufgabenverteilungsmodell) ab, so sind nur Erstere als Aufgaben im eigenen Wirkungskreis der Gemeinde von Art. 28 Abs. 2 GG zu verstehen. Die Aufgaben im eigenen Wirkungskreis der Gemeinde lassen sich wiederum in *freiwillige* und *pflichtige Selbstverwaltungsaufgaben* aufteilen. Bei den Auftragsangelegenheiten hingegen handelt es sich um Aufgaben im übertragenen Wirkungskreis[273], die der Gemeinde nur zur Erledigung übertragen worden sind und daher von Art. 28 Abs. 2 GG nicht erfasst sind.

Nach dem sog. monistischen Aufgabenverteilungsmodell, das auf den Weinheimer Entwurf von 1948 fußt, soll es in den Ländern einen einheitlichen Begriff der Verwaltungsaufgaben auf kommunaler Ebene geben und die Erfüllung aller Verwaltungsaufgaben im Gemeindegebiet grundsätzlich den Gemeinden zugewiesen sein.[274] Dort wird zwischen *(weisungs-)freien* und *pflichtigen Selbstverwaltungsaufgaben* sowie *Pflichtaufgaben zur Erfüllung nach Weisung* unterschieden.[275] Inhaltlich identisch[276] sind die (weisungs-)freien und pflichtigen Selbstverwaltungsaufgaben im dualistischen System mit den freiwilligen und pflichtigen Selbstverwaltungsaufgaben. Bei den Pflichtaufgaben nach Weisung handelt es sich weitgehend um die gleichen Aufgaben, die im dualistischen Modell als Auftragsangelegenheiten bezeichnet werden.[277] Dabei ist streitig[278], ob die Pflichtaufgaben nach Weisung den Selbstverwaltungs- oder Auftragsangelegenheiten zugeordnet werden; dies kann hier aber dahinstehen, da diese wie die Aufgaben im übertragenen Wirkungskreis nach dem dualistischen System nicht unter den Schutz des Art. 28 Abs. 2 GG fallen.[279]

Da die Bedeutung der Unterscheidung der Modelle auf der verwaltungsrechtlichen Ebene gering ist[280], werden die beiden Aufgabentypen im Folgenden nicht nach dem dualistischen oder monistischen Modell getrennt dargestellt. Ausgehend von dem dualistischen Modell wird terminologisch zwischen Aufgaben im eigenen Wirkungskreis und im übertragenen Wirkungskreis unterschieden, was im monistischen Modell der Unterscheidung zwischen weisungsfreien Aufgaben, also den freiwilligen und pflichtigen Selbstverwaltungsaufgaben, und den Pflichtaufgaben nach Weisung weitestgehend entspricht.

NRW; § 3 II GO NRW), Sachsen (§ 2 III SächsGO) und Schleswig-Holstein (§ 3 GO SH) folgen, vgl. *Burgi*, Kommunalrecht, § 8 Rn. 19.

271 *Geis*, Kommunalrecht, § 3 Rn. 2.

272 *Burgi*, Kommunalrecht, § 8 Rn. 16.

273 *Dreier*-Dreier, GG, Bd. II, Art. 28 Rn. 90.

274 *Burgi*, Kommunalrecht, § 8 Rn. 4.

275 *Dreier*-Dreier, GG, Bd. II, Art. 28 Rn. 90.

276 *Burgi*, Kommunalrecht, § 8 Rn. 20.

277 *Burgi*, Kommunalrecht, § 8 Rn. 21.

278 *Burgi*, Kommunalrecht, § 8 Rn. 22.

279 *Dreier*-Dreier, GG, Bd. II, Art. 28 Rn. 90.

280 *Geis*, Kommunalrecht, § 7 Rn. 5.

a) Aufgaben im eigenen Wirkungskreis

Die Aufgaben im eigenen Wirkungskreis der Gemeinde sind ursprünglich kommunale Aufgaben, die bei den Gemeinden verbleiben und durch kommunale Organe wahrgenommen werden.[281] Sie zeichnen sich insbesondere durch die eigenverantwortliche Aufgabenerfüllung, also der Weisungsunabhängigkeit bei der Aufgabenerfüllung aus.[282] Des Weiteren werden sie durch den Ortsbezug[283] zum Gemeindegebiet im Sinne des Art. 28 Abs. 2 GG charakterisiert.[284] Die Selbstverwaltungsaufgaben werden somit neben dem Aufgabenbestand vor allem durch die Art und Weise der Aufgabenerfüllung, also der eigenverantwortlichen Aufgabenwahrnehmung, sowie durch den räumlichen Bezug im Sinne des Art. 28 Abs. 2 GG bestimmt. Wie bereits erwähnt, gliedern sie sich in zwei Kategorien auf: die *freiwilligen* und die *pflichtigen Selbstverwaltungsaufgaben.*

aa) Freiwillige Selbstverwaltungsaufgaben

Unter dem Begriff der freiwilligen Selbstverwaltungsaufgaben versteht man diejenigen Angelegenheiten der örtlichen Gemeinschaft, deren Wahrnehmung zur freien Disposition der Gemeinde stehen.[285] Macht die Gemeinde von ihrem Wahlrecht der Aufgabenwahrnehmung Gebrauch, so steht ihr sowohl das Entschließungsermessen als auch das Auswahlermessen[286] zu. Die Gemeinde kann also eigenständig – ohne Weisung des Staates – entscheiden, ob, wann und wie sie ihre Aufgaben erfüllt.[287] Die staatliche Aufsicht hinsichtlich der Erfüllung der Selbstverwaltungsaufgaben bezieht sich daher nur auf die Rechtsaufsicht, also die Aufsicht, die sich darauf zu beschränken hat, die Rechtmäßigkeit kommunalen Handelns zu überprüfen.[288] Zu den freiwilligen Aufgaben gehören etwa soziale und kulturelle Einrichtungen (Museen, Gemeindearchiv, Theater, etc.).[289]

bb) Pflichtige Selbstverwaltungsaufgaben

Ist die Gemeinde zur Erfüllung der Angelegenheiten der örtlichen Gemeinschaft dagegen verpflichtet, so betrifft dies den Bereich der pflichtigen Aufgaben[290], der ebenfalls von Art. 28 Abs. 2 GG geschützt ist. Aufgrund der Verpflichtung der Aufgabenwahrnehmung steht den Gemeinden nicht mehr das Entschließungsermessen

281 *Schmidt*, Kommunalrecht, § 7 Rn. 230.
282 *Schmidt-Aßmann/Röhl*- Schmidt-Aßmann/Schoch, Bes. VerwaltungsR, 1. Kap. Rn. 19.
283 Hierzu unter 3. Kap. B. III. 1.
284 *Von Mutius*, KommunalR, § 4 Rn. 215.
285 *Burgi*, Kommunalrecht, § 8 Rn. 13.
286 *Lissack*, Kommunalrecht, § 2 Rn. 10.
287 *Lissack*, Kommunalrecht, § 2 Rn. 10.
288 *Lissack*, Kommunalrecht, § 2 Rn. 2.
289 *Geis*, Kommunalrecht, § 7 Rn. 8.
290 *Geis*, Kommunalrecht, § 3 Rn. 2.

zu, sondern nur noch das Auswahlermessen. Sie können also lediglich noch die Art und Weise[291] der Aufgabenerfüllung eigenverantwortlich bestimmen. Die staatliche Aufsicht beschränkt sich ebenfalls auf eine reine Rechtsaufsicht.[292] Zu den Pflichtaufgaben im Rahmen der Selbstverwaltungsangelegenheiten gehört insbesondere die Aufstellung von Bebauungs- und Flächennutzungsplänen.[293] Die kommunalen Träger verfügen daher über das Recht, die Bodennutzung für das eigene Gebiet zu steuern und festzulegen.[294]

b) Aufgaben im übertragenen Wirkungskreis

Die Aufgaben im übertragenen Wirkungskreis sind materiell-inhaltlich Staatsaufgaben, die eigentlich durch die Behörden des Staates zu erfüllen wären, die der Staat aber aus Effektivitäts- oder Praktikabilitätsgründen den kommunalen Trägern zu Erfüllung überträgt.[295] Es handelt sich hierbei also um Aufgaben, die insgesamt für die Gesellschaft von Bedeutung sind, ihre Aufgabenwahrnehmung wegen der besseren Flexibilität und der größeren Sach- und Bürgernähe jedoch den Gemeinden übertragen wird. Der übertragene Wirkungskreis macht die Auftragsangelegenheiten aus.[296] Die Aufgabensubstanz und die Aufgabenwahrnehmung fallen auseinander: die Aufgabenwahrnehmung erfolgt durch die Gemeinden; die Aufgabensubstanz ist und bleibt staatlich.[297]

Auf einen örtlichen Bezug zur Gemeinde kommt es bei diesen Aufgaben im Gegensatz zu den Aufgaben im eigenen Wirkungskreis gerade nicht an, da es sich um Fremdangelegenheiten, nämlich jene des Staates, handelt. Deshalb bedürfen sie auch nicht dem Schutz des Art. 28 Abs. 2 GG. Beispielsweise handelt es sich bei Aufgaben des Standesamts-, Pass- und Meldewesen um Aufgaben im übertragenen Wirkungskreis.[298] Im Bereich des Baurechts sind die Tätigkeiten der Bauaufsichtsbehörden nach den jeweiligen Landesbauordnungen (z.B. Erteilung von Baugenehmigungen, usw.)[299] als Aufgaben im übertragenen Wirkungskreis einzuordnen. Im Gegensatz zu den kommunalen Selbstverwaltungsaufgaben sind die Auftragsangelegenheiten durch ein ausgeprägtes Weisungs- und Aufsichtsrecht[300] geprägt. Den Gemeinden stehen daher weder ein Entschließungs- noch ein Auswahlermessen zu. Sie erledigen vielmehr nur die ihnen übertragenen Aufgaben, ohne dabei eigenes Ermessen

291 Vgl. *Dreier*-Dreier, GG, Bd. II, Art. 28 Rn. 114.
292 Vgl. *Lissack*, Kommunalrecht, § 2 Rn. 2.
293 *Battis/Gusy*, Staatsrecht, § 3 Rn. 66.
294 BVerfGE 76, 107 (118).
295 *Lissack*, Kommunalrecht, § 2 Rn. 13.
296 *Schmidt-Aßmann/Röhl*- Schmidt-Aßmann/Schoch, Bes. VerwaltungsR, 1. Kap. Rn. 36.
297 *Schmidt-Aßmann/Röhl*- Schmidt-Aßmann/Schoch, Bes. VerwaltungsR, 1. Kap. Rn. 36.
298 *Lissack*, Kommunalrecht, § 2 Rn. 17.
299 *Burgi*, Kommunalrecht, § 8 Rn. 16.
300 Vgl. *Lissack*, Kommunalrecht, § 2 Rn. 3.

auszuüben. Anders als die Aufgaben im eigenen Wirkungskreis sind diese Aufgaben nicht von Art. 28 Abs. 2 GG umfasst, sodass den Gemeinden diesbezüglich auch kein eigenverantwortliches Verwaltungshandeln zusteht.

3. Im Rahmen der Gesetze i.S.d. Art. 28 Abs. 2 GG

Die Selbstverwaltungskompetenz wird nach Art. 28 Abs. 2 GG den Gemeinden nur „im Rahmen der Gesetze" gewährleistet. Sie steht daher unter Gesetzesvorbehalt. Eingriffe können somit nur durch oder aufgrund eines Gesetzes erfolgen. Der Gesetzesvorbehalt bezieht sich sowohl auf den gegenständlichen Aufgabenbereich als auch auf die Art und Weise der Erledigung der Aufgaben.[301] Aus dem Wesen der institutionellen Garantie folgt indes, dass insoweit auch für den Gesetzgeber Grenzen bestehen.[302] Der Kernbereich[303] der Selbstverwaltungsgarantie stellt für den Gesetzgeber eine solche Grenze dar. Danach darf der Wesensgehalt der gemeindlichen Selbstverwaltung nicht ausgehöhlt werden.[304] Außerhalb des Kernbereichs darf der Gesetzgeber das Selbstverwaltungsrecht näher ausgestalten und formen.[305] Diese Ausgestaltung darf jedoch nicht beliebig sein.[306] Vielmehr hat der Gesetzgeber die spezifische Funktion der Selbstverwaltung im Aufbau des politischen Gemeinwesens nach der grundgesetzlichen Ordnung zu berücksichtigen.[307]

III. Vereinbarkeit einer auch global klimaschützenden Bauleitplanung mit Art. 28 Abs. 2 GG

Der bislang nachgezeichnete Kompetenzrahmen der kommunalen Selbstverwaltung zeigt bereits jetzt, dass sich dieser nicht ohne weiteres anhand eines enumerativen Aufgabenkataloges bestimmen lässt. Zu klären bleibt, ob und inwieweit den Gemeinden[308] die Befugnis zusteht, durch das Instrument der Bauleitplanung auch globalen Klimaschutz zu betreiben. Problematisch sind insofern vor allem der beabsichtigte überörtliche Wirkungskreis und die rechtsnormative Beschränkung des kommunalen Handlungsspielraums auf die örtliche Bodennutzungsplanung.

---

301 BVerwG, NVwZ 2006, 595 (596).
302 Vgl. *Geis*, Kommunalrecht, § 6 Rn. 7.
303 Zum „Kernbereich" m. w. N.: *Hellermann*-Epping/Hillgruber, GG, Art. 28 Rn. 47.
304 BVerwG, NVwZ 2006, 595 (596).
305 *Gern*, Kommunalrecht, 3. Kap. Rn. 43.
306 *Gern*, Kommunalrecht, 3. Kap. Rn. 43.
307 *Gern*, Kommunalrecht, 3. Kap. Rn. 43.
308 Im Interesse der Lesbarkeit werden im Folgenden die Gemeindeverbände bzw. die Städten nicht miterwähnt.

1. Anforderungen an den Ortsbezug i.S.d. Art. 28 Abs. 2 GG

Der „Ortsbezug“ im Sinne des Art. 28 Abs. 2 GG begründet und begrenzt zugleich die Reichweite der kommunalen Selbstverwaltung. Zu den „Angelegenheiten der örtlichen Gemeinschaft“ zählen – wie bereits erwähnt – diejenigen Bedürfnisse und Interessen, die in der örtlichen Gemeinschaft wurzeln oder auf sie einen spezifischen Bezug haben, die also den Gemeindeeinwohnern gerade als solchen gemeinsam sind, indem sie das Zusammenleben und -wohnen der Menschen in der (politischen) Gemeinde betreffen.[309]

Für die Bestimmung einer Aufgabe im Sinne des Art. 28 Abs. 2 GG ist somit der örtliche Charakter der jeweiligen Aufgabe konstitutiv.[310] Das BVerfG stellt im Sinne einer negativen Abgrenzung klar, dass alle Angelegenheiten „mit relevantem Ortsbezug“[311] in den kommunalen Aufgabenbereich fallen. Dabei kann der Aufgabenkreis auch nur teilweise als örtlich angesehen werden und im Übrigen als überörtlich erscheinen.[312] Der Aufgabenbereich muss sich also nicht als solcher als Angelegenheit der örtlichen Gemeinschaft darstellen.[313] Hat eine Aufgabe dagegen keinen oder keinen relevanten örtlichen Charakter, ist sie nicht von Art. 28 Abs. 2 GG gedeckt.[314]

Den sog. relevanten Ortsbezug positiv zu bestimmen, erweist sich jedoch aufgrund der facettenreichen örtlichen Interdependenzen als schwierig. Darüber hinaus lassen sich die örtlichen Bezüge einer Aufgabe und deren Gewicht nicht an scharf konturierten Merkmalen messen.[315] Das Abgrenzungskriterium des relevanten Ortsbezuges hinterlässt zwar einen gewissen Raum an Unbestimmtheit und führt damit im gewissen Maße zu Rechtsunsicherheiten. Gleichwohl widerspräche ein abschließender oder ein nach festgelegten Merkmalen bestimmbarer Aufgabenkatalog dem verfassungsrechtlichen Leitbild, nämlich dem Grundsatz der Allzuständigkeit.[316] Denn die Befugnis der Gemeinden, bislang unbesetzte Aufgaben in ihrem Bereich an sich zu ziehen, beinhaltet auch ein Recht zur Spontaneität[317]. Der gewisse Grad an Unbestimmtheit der „örtlichen Angelegenheiten“ ermöglicht es mithin zugleich, den kommunalen Aufgabenrahmen den rechtlichen und zeitlichen Veränderungen sowie den Herausforderungen der jeweiligen Zeit anzupassen.[318] Eine solche Herausforderung stellt der globale Klimawandel dar.

309 BVerfGE 79, 127 (143).
310 *Hellermann/Wieland*, DVBl. 1996, 401 (406).
311 BVerfGE 110, 370 (401).
312 BVerfGE 110, 370 (401).
313 BVerfGE 110, 370 (401).
314 *Nierhaus*-Sachs, GG, Art. 28 Rn. 48.
315 BVerfGE 110, 370 (401).
316 *Burgi* Dietlein/Burgi/Hellermann, Öffentl. BauR, § 2 Rn. 69.
317 *Hellermann*-Epping/Hillgruber, GG, Art. 28 Rn. 41.
318 *Hellermann*, Örtliche Daseinsvorsorge, S. 144; *Manten/Elbel*, LKV 2009, 1 (6).

2. *Die Bauleitplanung als Angelegenheit der örtlichen Gemeinschaft*

Gemessen an diesen tatsächlichen und normativen Maßstäben bestehen keine Zweifel daran, dass die Bauleitplanung zu den „Angelegenheiten der örtlichen Gemeinschaft“ i.S.d. Art. 28 Abs. 2 GG gehört[319]. Die Vorbereitung und Durchführung der Bauleitplanung erfolgt ortsnah und unter Mitwirkung der Betroffenen[320], so dass die in der Gemeinde wurzelnden Bedürfnisse und Interessen planerisch gestaltet werden. Das von Art. 28 Abs. 2 GG geforderte Maß an örtlichen Bezügen wird durch die Steuerung der *örtlichen* Bodennutzung im Plangebiet der Gemeinde hergestellt. Gleichwohl hat das BVerfG die Frage bisher offen[321] gelassen, ob die Bauleitplanung auch zum Kernbereich der kommunalen Selbstverwaltung gehört, dessen Wesensgehalt nicht ausgehöhlt werden darf. Gesetzliche Beschränkungen der gemeindlichen Planungshoheit sind dagegen nicht ausgeschlossen, sondern im Rahmen des Gesetzesvorbehaltes nach Art. 28 Abs. 2 GG möglich.[322] Sie sind allerdings rechtfertigungsbedürftig und nach der Rechtsprechung des BVerfG nur mit Rücksicht auf überwiegende Gemeininteressen zulässig.[323] Derartige Beschränkungen ergeben sich insbesondere aus den Erfordernissen staatlicher, überörtlicher Gesamt- oder Fachplanungen.[324] Darin zeigt sich die räumliche Grenze des gemeindlichen Kompetenzrahmens.

3. *Bauleitplanung zum (globalen) Klimaschutz als Auftragsangelegenheit?*

Der kompetenzrechtliche Geltungsbereich der Gemeinden begründet und beschränkt sich maßgeblich anhand des Örtlichkeitsmerkmals des Art. 28 Abs. 2 GG. Die örtliche Beschränkung der kommunalen Handlungsbefugnis besteht allerdings nur in dem Rahmen, in dem Art. 28 Abs. 2 GG überhaupt Anwendung findet. Dass die Bauleitplanung als solches dem Typus der pflichtigen Selbstverwaltungsaufgabe zuzuordnen ist[325], daran bestehen keine Zweifel. Die Frage, ob tatsächlich alle Festsetzungsvarianten des Bebauungsplan bzw. Darstellungsalternativen des Flächennutzungsplans als pflichtige Selbstverwaltungsaufgabe einzuordnen sind oder partiell staatliche Pflichtaufgaben darstellen, lässt sich hingegen nicht ohne weiteres beantworten. Würde der (allgemeine) Klimaschutz den Gemeinden durch das Baugesetzbuch als staatliche Aufgabe übertragen werden, hätte dies zur Folge, dass sie bei der Umsetzung von klimaschützenden Planmaßnahmen nicht mehr an

---

319 BVerfGE 77, 288 (297).

320 *Hellermann*-Dietlein/Burgi/Hellermann, Öffentl. BauR, § 4 Rn. 27.

321 BVerfGE 76, 107 (118 f.).

322 *Hellermann*-Dietlein/Burgi/Hellermann, Öffentl. BauR, § 4 Rn. 28.

323 *Hellermann*-Dietlein/Burgi/Hellermann, Öffentl. BauR, § 4 Rn. 28.

324 BVerfGE 76, 107 (119); *Hellermann*-Dietlein/Burgi/Hellermann, Öffentl. BauR, § 4 Rn. 28; BVerwG, NVwZ 2003, 1263 (1264).

325 *Geis*, Kommunalrecht, § 7 Rn. 11.

die räumliche Kompetenzgrenze des Art. 28 Abs. 2 GG gebunden wären. Denn bei der Wahrnehmung von Aufgaben im übertragenen Wirkungskreis spielt die räumliche Determinante des kommunalen Handlungsfeldes keine Rolle. Versteht man demgegenüber den globalen Klimaschutz im Rahmen der Bauleitplanung als Selbstverwaltungsangelegenheit, ist fraglich, inwieweit sich jene Planvorgaben mit der örtlichen Schranke des Art. 28 Abs. 2 GG vereinbaren lassen. Es ist zu untersuchen, ob es sich bei den klimaschutzbezogenen Vorschriften um eine Erweiterung des bauleitplanerischen Aufgabenbestandes im eigenen kommunalen Wirkungskreis oder um neue übertragene Staatsaufgaben handelt.

a) Abgrenzung von Klimaschutzaufgaben im allgemeinen Sinne

Zunächst ist die Klimaschutzaufgabe im Rahmen der Bauleitplanung von Klimaschutzaufgaben im rechtsgebietsübergreifenden Sinne abzugrenzen. Allgemein betrachtet, lässt sich der Charakter von Klimaschutzaufgaben nicht ohne weiteres zuteilen. Als Querschnittsaufgabe tangiert er verschiedene Rechtsgebiete. Die Zuordnung der gemeindlichen Wahrnehmung von Klimaschutzaufgaben ist abhängig von dem jeweiligen berührten Rechtsgebiet, dem Zuständigkeitsfeld sowie dem Charakter des Regelungsinstruments. Je nach dem kann der Klimaschutz als freiwillige bzw. pflichtige Selbstverwaltungsaufgabe oder auch als staatlich übertragene Auftragsangelegenheit eingeordnet werden. So werden etwa klimaschutzbezogene Aufgaben nach dem BNatSchG von Gemeinden als Aufgabe im übertragenen[326] Wirkungskreis bzw. als Auftragsangelegenheit[327] wahrgenommen.

Dagegen gehört der Erlass eines Anschluss- und Benutzungszwangs[328] an ein Netz der Fernwärmeversorgung zum Schutz des allgemeinen Klimas zu den freiwilligen[329] Selbstverwaltungsaufgaben, da die Gemeinden zu dieser Aufgabenwahrnehmung nicht gesetzlich verpflichtet sind. Vielmehr steht ihnen sowohl ein Entschließungsermessen als auch ein Auswahlermessen für die Festlegung eines Anschluss- und Benutzungszwangs an ein öffentliches Versorgungsnetz mit Fernwärme zu. Das BVerwG hat diesbezüglich in einer jüngeren Entscheidung ausgeführt, dass den Gemeinden die Satzungsbefugnis zum Anschluss- und Benutzungszwang aus Gründen des globalen Klimaschutzes zustehe und nicht gegen höherrangiges Recht verstoße, soweit der Landesgesetzgeber eine entsprechend bestimmte Ermächtigungsgrundlage geschaffen habe.[330]

---

326 Z.B.: in Mecklenburg-Vorpommern, vgl. § 6 NatSchAG M-V; m. w. N.: *Hendrischke-Frenz/Müggenborg*, BNatSchG, § 3 Rn. 167.

327 In Bremen, vgl. § 1 Abs. 2 BremNatG.

328 M. w. N. *Böhm/Schwarz*, DVBl. 2012, 540 ff; m. w. N. *Raschke*, Rechtsfragen kommunaler Klimaschutzmaßnahmen, S. 147 ff.

329 *Kern/Niederhafner/Rechlin/Wagner*, Kommunaler Klimaschutz in Deutschland, S. 6.

330 BVerwG, Urteil vom 25.01.2006–8 C 13.05, BVerwGE 125, 68 (71 f.).

Zu den pflichtigen Selbstverwaltungsaufgaben gehört beispielsweise die Abfallentsorgung.[331] Der Klimaschutz tangiert auch die Aufgabenwahrnehmung der kommunalen Abfallentsorgung, da bei der Verbrennung von Abfällen klimaschädliche Gase entstehen.[332]

b) Das Problem der räumlichen Bestimmbarkeit

Um einen effektiven Beitrag zum Klimaschutz leisten zu können, ist grundsätzlich eine Aufgabenwahrnehmung am möglichst ursachennahen Ursprung der Beeinträchtigungen notwendig. Dies lässt sich mit Blick auf den globalen Klimawandel nur in wenigen Fällen verwirklichen, da die Ursache und der lokale Wirkbereich der klimatischen Beeinträchtigung beim Klima typischerweise nicht[333] aufeinander treffen. Zwar können in einigen Fällen mögliche Ursachen der örtlichen Luftbelastung räumlich zugeordnet werden. Dies ist beispielsweise der Fall, wenn die örtliche Luftqualität durch die Verbrennung von bestimmten Brennstoffen in Kleinfeuerungsanlagen belastet wird. In der Regel sind die klimatischen Einwirkungsgrößen allerdings nicht konkret räumlich bestimmbar und abgrenzbar. Der Erfolg von Gegenmaßnahmen wird also zusätzlich durch das regelmäßige Auseinanderfallen des Ursachen- und Wirkungszusammenhangs der klimatischen Schadensbeiträge konterkariert. Im Bereich des Umweltrechts verbleibt es nur selten bei der einfachen Kausalität von Ursache und Wirkung.[334] Vielmehr liegt eine Multikausalität von Ursachen mit vielen Überlagerungen von kumulativen und synergistischen Wirkungen vor.[335] Die luftschädigende Wirkung kann also erst weit entfernt[336] von dem konkreten Schadensbeitrag eintreten oder entsteht vielmehr erst durch die Kumulation von mehreren Verursachungsbeiträgen[337]. Das Auseinanderfallen der Kausalitätsbeiträge und des konkreten Wirkungskreises erschwert die Bestimmung der jeweiligen kommunalen Zuständigkeitsbereiche.

c) Wortlaut des § 2 Abs. 1 BauGB und Form des Handlungsinstruments

Die Zuständigkeitsnorm des § 2 Abs. 1 S. 1 BauGB überträgt den Gemeinden die Aufgabe der Bauleitplanung „in eigener Verantwortung". Die Formulierung „in

---

331 BVerfGE 79, 127 (156 f.); *Schink*-Mann/Püttner, Handbuch der kommunalen Wissenschaft und Praxis, § 55 Rn. 4, 27.

332 *Dehoust/Schüler/Vogt/Giegrich*-Umweltbundesamt, Klimaschutzpotenziale der Abfallwirtschaft, S. 1.

333 Vgl. *Kloepfer*, UmweltschutzR, § 10 Rn. 5; *Braun*, Kommunalisierung von Umweltaufgaben, S. 62.

334 *Bernsdorff*, NuR 1997, 328 (333).

335 *Bernsdorff*, NuR 1997, 328 (333).

336 *Kotulla*-Kotulla, BImSchG, Bd. 1, 4. Lfg., Nov. 2004, § 5 Rn. 63; *Thiel*-Landmann/Rohmer, UmweltR, Bd. III, 71. Lfg., Jan. 2014, § 3 Rn. 18.

337 *Bernsdorff*, NuR 1997, 328 (333); *Braun*, Kommunalisierung von Umweltaufgaben, S. 63.

eigener Verantwortung" wird auch in Art. 28 Abs. 2 S. 1 GG gewählt. Die eigenverantwortliche Aufgabenwahrnehmung ist Ausdruck des Auswahlermessens, welches typischerweise Ausdruck der kommunalen Selbstverwaltung ist. Für Klimaschutzaufgaben im Rahmen der Bauleitplanung finden sich im Baugesetzbuch keine Ausnahmen vom eigenverantwortlichen Zuständigkeitsbereich der Gemeinde. Auch die klimaschutzbezogenen Regelungen (wie § 1 Abs. 5 S. 2, § 1a Abs. 5 BauGB) geben keinen Anlass zur Annahme, dass die Wahrnehmung der Bauleitplanung zum (globalen) Klimaschutz nicht „in eigener Verantwortung" der Gemeinden ausgeübt werden soll. Der Wortlaut des § 2 Abs. 1 BauGB legt es also nahe, dass die bauleitplanerischen Klimaschutzaufgaben keinen anderen Aufgabentyp als die sonstigen bauplanerischen Aufgaben aufweisen und folglich nicht den Auftragsangelegenheiten, sondern den pflichtigen Selbstverwaltungsangelegenheiten zuzuordnen sind.

Zudem spricht der aus Art. 28 Abs. 2 GG abgeleitete Grundsatz der Allzuständigkeit im Zweifel dafür, dass die von der Gemeinde wahrgenommenen Aufgaben als Selbstverwaltungsangelegenheit einzuordnen sind.[338] Dies muss auch in Bezug auf die klimaschützenden Aufgaben im Rahmen der örtlichen Bodenplanung gelten.

Die Wahl der Handlungsform als Satzung vertieft eine solche Einordnung. Nach § 10 Abs. 1 BauGB werden die Bebauungspläne als Satzung[339] erlassen. Die Befugnis zum Satzungserlass ist ein typisches Element für die eigenverantwortliche Aufgabenerfüllung.[340] Für städtebauliche Maßnahmen zum (globalen) Klimaschutz, die in Bebauungsplänen festgesetzt werden können, gilt kein anderes Handlungsinstrument. Dies zeigt ein Blick in das besondere Städtebaurecht. Hierzu gehören unter anderem städtebauliche Sanierungsmaßnahmen in einem Sanierungsgebiet. Die Festlegung eines Gebiets als Sanierungsgebiet erfolgt ebenfalls gemäß § 142 BauGB durch das Instrument der Satzung. Der gemeindliche Handlungsrahmen für städtebauliche Sanierungsmaßnahmen nach §§ 136 ff. BauGB wurde erst durch jüngere Novellierungen[341] in Bezug auf den Klimaschutz erweitert. Für klimaschutzbezogene Regelungen sind nach dem BauGB folglich keine anderen Handlungsformen kodifiziert, insbesondere nicht solche, die eine eigenverantwortliche Aufgabenwahrnehmung der Gemeinden aufheben würden.

d) Aufgabencharakter – örtlicher und überörtlicher Wirkungskreis

Für die Einordnung des bauplanungsrechtlichen Klimaschutzes als Auftragsangelegenheit könnte man zunächst in Feld führen, dass die Planungsmöglichkeiten zum

338 *Von Mutius*, KommunalR, § 4 Rn. 161.

339 Gemäß § 246 Abs. 2 BauGB können die Länder Berlin, Bremen und Hamburg andere Formen der Rechtssetzung als die Satzung (§ 10 Abs. 1 BauGB) treffen. So wird etwa in Berlin der Bebauungsplan nach § 10 Abs. 1, § 246 Abs. 2 BauGB i. V. m. § 1, § 6 Abs. 5 AGBauGB Bln als Rechtsverordnung erlassen.

340 *Schmidt-Aßmann*, Rechtsetzungsbefugnis in: FS von Unruh, S. 607 (607); *Schmidt-Jortzig*, ZG 1987, 193 (194).

341 Hierzu unter 7. Kap. C. I.

Klimaschutz nicht nur auf den gemeindlichen Einwirkungsbereich begrenzt sind, sondern nach dem Verständnis des BauGB auch allgemein[342] dem Klimaschutz dienen sollen und damit gerade auch gebietsübergreifend wirken sollen. Als räumlich nicht lokalisierbares und ständig zirkulierendes Umweltmedium lässt sich das Klima nicht an den territorialen Grenzen des jeweiligen Gemeindegebiets bestimmen. Zwar könnte man annehmen, dass der beabsichtigte überörtliche Wirkungskreis von Planvorgaben zum allgemeinen Klimaschutz die gemeindliche Aufgabenerfüllung als Aufgabe im übertragenen Wirkungskreis charakterisiert.

Gleichwohl kann allein aus der überörtlichen Determinante nicht verlässlich abgeleitet werden, dass der planungsbezogene Klimaschutz als Auftragsangelegenheit zuzuordnen ist. Denn allein die Gebietsüberschreitung einer Aufgabe schließt die Zuteilung als örtliche Angelegenheit im Sinne des Art. 28 Abs. 2 GG nicht notwendig aus.[343] Die Aufgabeneinordnung muss sich nicht nur anhand des Ortskriteriums im Sinne des Art. 28 Abs. 2 GG vollziehen, sondern kann sich auch nach der funktionellen Aufgabewahrnehmung orientieren.[344] So stellte etwa das Bundesverwaltungsgericht[345] bei der Zuordnung der Aufgabe als Selbstverwaltungsangelegenheit im Sinne des Art. 28 Abs. 2 GG in Bezug auf die Fernwasserversorgung auf eine funktionsbezogene Betrachtungsweise ab, also darauf, wo die Aufgabe anfällt, nicht wo sie sich auswirkt.[346]

Auch zeigt ein Vergleich mit § 5 Abs. 2 Nr. 3 BauGB, dass die gemeindliche Wahrnehmung von örtlichen und partiell überörtlichen Interessen den Kompetenzbereich der kommunalen Selbstverwaltung nicht notwendigerweise entfallen lässt. Danach können Flächen nicht nur für die örtlichen Hauptverkehrszüge im Flächennutzungsplan dargestellt werden, sondern expressis verbis auch für den überörtlichen Verkehr. Soweit hier nicht die Planungen von überörtlichen Fachplanungsträgern tangiert werden, steht den Gemeinden ein eigenes Planungsermessen zu – auch wenn dieses in der Praxis der Gemeinde weitgehend entzogen sein dürfte.[347] Die überörtliche Verkehrsplanung zählt daher, soweit nicht die Fachplanungsträger zuständig sind, zur pflichtigen Selbstverwaltungsaufgabe.

Darüber hinaus hat die gebietsüberschreitende Wirkung bei einigen Darstellungs- bzw. Festsetzungsmöglichkeiten gar keine Relevanz, der räumliche Standort des jeweiligen Planvorhabens dagegen schon. So können beispielsweise nach § 5 Abs. 2 Nr. 2 lit. b) BauGB im Flächennutzungsplan Anlagen, Einrichtungen und sonstige Maßnahmen dargestellt werden, die dem Klimawandel entgegenwirken. Die Anpassungsmöglichkeit an den Klimawandel gilt danach insbesondere für die dezentrale und zentrale Erzeugung, Verteilung, Nutzung oder Speicherung von

342 Hierzu unter 4. Kap. B.
343 *Tettinger/Schwarz*-v. Mangoldt/Klein/Starck, GG, Bd. II, Art. 28 Rn. 226.
344 Vgl. 3. Kap. B. III. 4. b) cc).
345 BVerwG, NVwZ 2005, 958 (959 f.).
346 BVerwG, NVwZ 2005, 958 (959).
347 *Mitschang*-Battis/Krautzberger/Löhr, BauGB, § 5 Rn. 18.

Strom, Wärme oder Kälte aus erneuerbaren Energien oder Kraft-Wärme-Kopplung. Bei der Darstellung jener Anlagen bzw. Maßnahmen sind zwar deren Zweck anzugeben, ihr örtlicher oder überörtlicher Zusammenhang ist hingegen nicht von Bedeutung.[348] Dem Zweck jener Planvorgaben entsprechend ist vielmehr ihr räumlich festgelegter Standort im Gemeindegebiet maßgeblich.[349] Mithin lassen allein die Auswirkungen einer Aufgabe auf den überörtlichen Bereich diese noch nicht zur überörtlichen Aufgabe selbst werden.[350]

e) *Planungspflicht, § 1 Abs. 3 BauGB*

Für eine Zuordnung als Selbstverwaltungsaufgabe kann weiterhin die Planungspflicht gem. § 1 Abs. 3 BauGB angeführt werden. Danach haben die Gemeinden die Bauleitpläne aufzustellen, sobald und soweit es für die städtebauliche Entwicklung und Ordnung erforderlich ist. Der Wortlaut der Norm stellt die Planungsbefugnis der Gemeinden unter Vorbehalt[351] der städtebaulichen Erforderlichkeit. Die gemeindliche Planungspflicht bemisst sich daher an dem Merkmal der städtebaulichen Erforderlichkeit. Die Regelung des § 1 Abs. 3 BauGB stellt klar, dass die Gemeinden nicht abstrakt zur städtebaulichen Planung verpflichtet sind. Grundsätzlich steht ihnen ein Planungsermessen[352] zu. Die Gemeinden können eigenverantwortlich darüber entscheiden, „wie", „wann" und auch „ob" sie die städtebauliche Entwicklung konzeptionell steuern.[353] Das Planungsermessen umfasst das Entschließungs- und das Gestaltungsermessen.[354] Zugleich wirkt § 1 Abs. 3 BauGB pflichtbegründend[355]. Im negativen Sinne bestimmt § 1 Abs. 3 BauGB, dass keine Bauleitpläne aufgestellt werden dürfen, soweit und sobald nach der Konzeption der Gemeinde nicht erforderlich sind. Positiv lässt sich eine Planungspflicht formulieren, wenn „qualifizierte städtebauliche Gründe von besonderem Gewicht"[356] vorliegen. Im Einzelfall kann sich das planerische Ermessen daher objektivrechtlich zu einer strikten Planungspflicht verdichten.[357] Die Gemeinden können mithin selbst über die planerische Ausgestaltung zum Klimaschutz entscheiden; das Entschließungsermessen kann sich dagegen nach § 1 Abs. 3 BauGB zu einer Pflichtaufgabe im Rechtssinne verdichten.[358] Die eigenverantwortliche Aufgabenerfüllung der Gemeinden verbunden

---

348 *Mitschang*-Battis/Krautzberger/Löhr, BauGB, § 5 Rn. 17b.
349 *Mitschang*-Battis/Krautzberger/Löhr, BauGB, § 5 Rn. 17b.
350 *Knemeyer*, Die verfassungsrechtliche Gewährleistung des Selbstverwaltungsrechts der Gemeinden und Landkreise, in: FS von Unruh, 209 (222).
351 BVerwG, NVwZ 2004, 220 (221).
352 OVG Münster, NuR 2012, 135 (140).
353 BVerwG, NVwZ 2004, 220 (221); vgl. *Erbguth/Schubert*, Öfftl. BauR, § 5 Rn. 72.
354 BVerwGE 114, 301 (304); *Portz/Runkel*, BauR, Rn. 22.
355 BVerwG, NVwZ 2004, 220 (221).
356 BVerwGE 119, 25 (32); *Reidt*-Bracher/ders/Schiller, BauplR, Rn. 66.
357 BVerwGE 119, 25 (29); *Jarass/Kment*, BauGB, § 1 Rn. 15; *Dirnberger*-Jäde/ders/Weiß, BauGB, § 1 Rn. 16.
358 Vgl. BVerwGE 119, 25 (29).

mit der Verpflichtung zur Aufgabenwahrnehmung sind typische Elemente einer pflichtigen Selbstverwaltungsaufgabe.

f) Verfahrensrechtliche Bedeutung des § 2 Abs. 4 BauGB

Für eine Erweiterung des kommunalen Aufgabenbestandes und gegen eine Kodifizierung des Klimaschutzes als neue übertragene Pflichtaufgabe kann ferner die Ausweitung der verfahrensrechtlichen Anforderungen an den bauleitplanerischen Umweltschutz ins Feld geführt werden. Gemäß § 2 Abs. 4 S. 1 BauGB haben die Gemeinden in der Bauleitplanung eine Umweltprüfung durchzuführen, wenn Belange des Umweltschutzes nach § 1 Abs. 6 Nr. 7 BauGB und § 1a BauGB tangiert werden. Die Umweltprüfung ist Ausfluss europäischer Richtlinienbestimmung[359] und erhöht die verfahrensrechtlichen Anforderungen der Bauleitplanung. Ziel dieses Prüfungsverfahrens ist die Umsetzung eines querschnittsumfassenden Umweltschutzes nach dem Vorbild des europäischen Umweltschutzes.[360] Zuständig für die Umweltprüfung im Rahmen der Bauleitplanung sind gem. § 2 Abs. 1 S. 1, Abs. 4 BauGB die Gemeinden. Zur Durchführung der Umweltprüfung i.S.d. § 2 Abs. 4 BauGB sind sie verpflichtet.[361] Rechtlich nehmen die Gemeinden die Umweltprüfung als pflichtige Selbstverwaltungsaufgabe wahr.[362] Die Ausweitung des Umweltschutzes im verfahrensrechtlichen Sinne auf den kommunalen Aufgabenbereich indiziert damit die Einordnung des bauleitplanerischen Klimaschutzes als Aufgabe im eigenen Wirkungskreis.

g) Klimaschutz im Vergleich mit anderen Umweltaufgaben i.S.d. § 1a BauGB

aa) Bodenschutzklausel nach § 1a Abs. 2 BauGB

Im Vergleich mit anderen umweltbezogenen Aufgaben im Bereich der Bauleitplanung fällt auf, dass der Charakter der Klimaschutzklausel nach § 1a Abs. 5 BauGB insbesondere Parallelen zum Bodenschutz im Sinne des § 1a Abs. 2 BauGB aufweist. Bei der Aufstellung von Bauleitplänen hat die Gemeinde die umweltschützenden Vorgaben nach § 1a BauGB zu beachten. Ebenso wie der Klimaschutz ist auch der Bodenschutz nach § 1a Abs. 2 BauGB Ausdruck des Nachhaltigkeitsgrundsatzes[363] des § 1 Abs. 5 S. 1 BauGB. Die Bodenschutzklausel im BauGB dient der Verringerung zusätzlicher Inanspruchnahme von Flächen für bauliche Nutzungen und damit der Reduzierung von Bodenversiegelungen, insbesondere durch die

---

359 Richtlinie 2001/42/EG des Europäischen Parlaments und des Rates vom 27.06.2001 über die Prüfung der Umweltauswirkungen bestimmter Pläne und Programme, ABl. EG, Nr. L 197, S. 30; die durch das Europarechtsanpassungsgesetz Bau 2004 vom 24.06.2004 (BGBl. I S. 1359) in das nationale Recht transformiert worden ist.

360 *Battis*-ders/Krautzberger/Löhr, BauGB, Einl. Rn. 53.

361 *Jarass/Kment*, BauGB, § 2 Rn. 12; *Mitschang*, ZfBR 2001, 380 (385).

362 *Perner/Thöne/Vormann*, Naturschutz im Finanzausgleich, Fallbeispiele, S. 243 ff.

363 *Brenner*, Öfftl. BauR, Rn. 345.

Wiedernutzbarmachung von Flächen und der Nutzung der Nachverdichtung.[364] Die Verpflichtung[365] zum nachhaltigen Umgang mit dem Grund und Boden im Sinne von § 1a Abs. 2 BauGB unterliegt ebenfalls dem Planungsermessen der Gemeinde. Im Bereich der Bauleitplanung entscheidet die Gemeinde über das „Ob" und „Wie" der zu beplanenden Flächen.[366] In diesem Tätigkeitsfeld wird der Bodenschutz daher von der Gemeinde als pflichtige Selbstverwaltungsaufgabe wahrgenommen. Dass den Gemeinden ein planerisches Ermessen hinsichtlich des Bodenschutzes zusteht, vertieft auch die materielle Abgrenzungsnorm des § 3 Abs. 1 Nr. 9 BBodSchG[367]. Danach findet das BBodSchG auf die Normen des BauGB keine Anwendung, soweit dieses den Bodenschutz regelt. Ein Rückgriff auf das BBodSchG erfolgt daher nicht. Vielmehr geht der Gesetzgeber davon aus, dass das BauGB (etwa in § 1a Abs. 2, § 5 Abs. 2 Nr. 10, § 9 Abs. 1 Nr. 14, § 9 Abs. 1 Nr. 20 BauGB) den Bodenschutz abschließend regelt. [368] Das gemeindliche Planungsermessen wird in Bezug auf bodenschützende Belange daher weder durch das BBodSchG begrenzt noch wandelt sich der Aufgabencharakter im eigenen Wirkbereich in einem vom Staat übertragenen Wirkbereich um.

bb) Implementierung der naturschutzrechtlichen Eingriffsregelung, § 1a Abs. 3 BauGB

Auch die naturschutzrechtlichen Aufgaben im Rahmen der Bauleitplanung nehmen die Gemeinden als pflichtige Selbstverwaltungsaufgabe wahr. Die naturschutzrechtliche Eingriffsregelung nach dem BNatSchG wurde durch § 1a Abs. 3 BauGB in das Bauplanungsrecht integriert. Soweit naturschutzrechtliche Belange durch die bauplanerischen Entscheidungen beeinträchtigt werden, haben die Gemeinden die Maßstäbe der naturschutzrechtlichen Eingriffsregelung nach §§ 13 ff. BNatSchG in der Abwägung nach § 1 Abs. 7 BauGB zu beachten. Ob Eingriffe in die Natur und Landschaft im Sinne des § 1a Abs. 3 BauGB i.V.m. § 14 BNatSchG zu erwarten sind, unterliegt der gemeindlichen Prüfungspflicht[369]. Die Gemeinden sind in Wahrnehmung ihres Planungsauftrages nach § 1 Abs. 3 BauGB verpflichtet, über mögliche Eingriffe in Natur und Landschaft aufgrund ihrer Planungskonzepte sowie über Ausgleich- und Ersatzmaßnahmen für die Bewältigung der antizipierten Eingriffsfolgen zu entscheiden.[370] Die Frage, „ob" ein Eingriff in die Natur und Landschaft

364 *Dirnberger*-Jäde/ders/Weiß, BauGB, § 1a Rn. 7.
365 *Battis/Krautzberger/Löhr*, NVwZ 1997, 1145 (1147).
366 *Krautzberger/Wagner*-Ernst/Zinkahn/Bielenberg/Krautzberger, BauGB, 109. Lfg., Jan. 2013, § 1a Rn. 46; *Battis*-ders/Krautzberger/Löhr, BauGB, § 1a Rn. 2.
367 Gesetz zum Schutz vor schädlichen Bodenveränderungen und zur Sanierung von Altlasten (Bundes-Bodenschutzgesetz-BBodSchG) vom 17.03.1998 (BGBl. I S. 502) zul. geänd. d. Gesetz v. 24.02.2012 (BGBl. I S. 212).
368 *Battis*-ders/Krautzberger/Löhr, BauGB, § 1a Rn. 2.
369 BVerwGE 104, 68 (78).
370 BVerwGE 104, 68 (73).

vorliegt, beurteilt sich nach dem BNatSchG[371], die Frage „wie" dieser auszugleichen ist, richtet sich nach der bauplanerischen Abwägung[372]. Die Regelung des § 1a Abs. 3 BauGB stellt ausdrücklich klar, dass der Ausgleich der beeinträchtigten Naturschutzbelange im Rahmen der bauplanungsrechtlichen[373] Abwägung nach § 1 Abs. 7 BauGB und nicht im Rahmen der naturschutzrechtlichen Abwägung[374] nach dem BNatSchG durchzuführen ist. Anders als die Aufgaben nach dem BNatSchG, die als Auftragsangelegenheiten wahrgenommen[375] werden, umschreibt und strukturiert das Abwägungsgebot im Sinne des § 1 Abs. 7 BauGB normativ die planerische Gestaltungsfreiheit der Gemeinden, die Ausfluss der kommunalen Planungshoheit ist.[376] Die eigenverantwortliche Aufgabenwahrnehmung und ihre Wahrnehmungsverpflichtung formen diese Aufgabe als pflichtige Selbstverwaltungsaufgabe.

Der systematische Zusammenhang des BauGB zeigt, dass der planungsbezogene Klimaschutz keinen anderen Charakter aufweist. Die Klimaschutzklausel wurde wie die Bodenschutzklausel (vgl. § 1a Abs. 2 BauGB) und die bauplanerische Eingriffsregelung (vgl. § 1a Abs. 3 BauGB) in § 1a BauGB (ergänzende Vorschriften zum Umweltschutz) statuiert. Das Gesetz verweist in § 1a Abs. 5 S. 2 BauGB hinsichtlich der Berücksichtigung der Klimaschutzbelange ebenfalls auf die bauleitplanerische Abwägung nach § 1 Abs. 7 BauGB und nimmt damit auf die Art und Weise der Aufgabenwahrnehmung Bezug. Städtebauliche Maßnahmen zum (globalen) Klimaschutz werden von der Gemeinde somit in eigener Verantwortung wahrgenommen. Dies spricht dafür, dass der bauplanerische Klimaschutz als Aufgabe im eigenen Wirkungskreis einzuordnen ist.

cc) Berücksichtigung der Fauna-Flora-Habitat-Richtlinie und Vogelschutz-Richtlinie, § 1a Abs. 4 BauGB

Ein anderes Verständnis ergibt sich auch nicht aus dem Vergleich mit der Regelung des § 1a Abs. 4 BauGB. § 1a Abs. 4 BauGB integriert die Fauna-Flora-Habitat-Richtlinie (FFH-Richtlinie)[377] und die Vogelschutz-Richtlinie[378] in die Bauleitplanung. Soweit Natura 2000-Gebiete nach § 1 Abs. 6 Nr. 7 lit. b) BauGB i.V.m. §§ 31 ff. BNatSchG in ihren für die Erhaltungsziele oder den Schutzzweck maßgeblichen

371 *Erbguth/Schubert*, Öfftl. BauR, § 3 Rn. 54; *Krautzberger/Wagner*-Ernst/Zinkahn/Bielenberg/Krautzberger, BauGB, 109. Lfg., Jun. 2013, § 1a Rn. 74.

372 *Schrödter*-Schrödter, BauGB, § 1a Rn. 66.

373 *Jarass/Kment*, BauGB, § 1a Rn. 6; *Schrödter*-Schrödter, BauGB, § 1a Rn. 1.

374 *Kloepfer*, UmweltschutzR, § 12 Rn. 27.

375 Hierzu 3. Kap. B. III. 3. a).

376 *Battis*-ders/Krautzberger/Löhr, BauGB, § 2 Rn. 20.

377 *Richtlinie* 92/43/EWG des Rates vom 21.05.1992 zur Erhaltung der natürlichen Lebensräume sowie der wildlebenden Tiere und Pflanzen (Fauna-Flora-Habitat-Richtlinie – FFH-RL), ABl. EG Nr. L 206, S. 7.

378 *Richtlinie* 79/409/EWG des Rates vom 02.04.1979 über die Erhaltung der wildlebenden Vogelarten (Vogelschutzrichtlinie), ABl. EG Nr. L 103, S. 1.

Bestandteilen erheblich beeinträchtigt werden können, gibt § 1a Abs. 4 BauGB vor, dass die Vorschriften des BNatSchG über die Zulässigkeit und Durchführung von derartigen Eingriffen anzuwenden sind. Diese Vorschrift verweist also nach ihrem Wortlaut nicht ausdrücklich auf die bauplanerische Abwägung nach § 1 Abs. 7 BauGB. Insofern unterscheidet sich der Wortlaut des § 1a Abs. 4 BauGB wesentlich von jenem der Bodenschutzklausel nach § 1a Abs. 2 BauGB, der planerischen Eingriffsregelung nach § 1a Abs. 3 BauGB und der Klimaschutzklausel gemäß § 1a Abs. 5 BauGB. Liegen die Tatbestandsvoraussetzungen des § 1a Abs. 4 BauGB vor, wird die planerische Gestaltungsfreiheit der Gemeinden eingeschränkt, da das Ergebnis der naturschutzrechtlichen Verträglichkeitsprüfung nicht im Rahmen der Abwägung nach § 1 Abs. 7 BauGB überwunden werden kann[379]. Bauleitpläne, die erhebliche Beeinträchtigungen eines Natura 2000-Gebietes bewirken können, sind nach § 1 Abs. 4 BauGB i.V.m. § 34 Abs. 2 BNatSchG grundsätzlich unzulässig.[380] Die städtebauliche Erforderlichkeit nach § 1 Abs. 3 BauGB und somit auch die Vollzugsfähigkeit des Bauleitplans kann deshalb am Artenschutz scheitern.[381] Der Bezug auf die bundesnaturschutzrechtlichen Regelungen in § 1a Abs. 4 BauGB weist darauf hin, dass die Bauleitplanung als pflichtige Selbstverwaltung nicht grenzenlos, sondern lediglich im Rahmen der Gesetze gewährleistet wird.[382] Auch die Aufgaben nach § 1a Abs. 4 BauGB werden daher von der Gemeinde als pflichtige Selbstverwaltungsaufgabe wahrgenommen.

dd) Zwischenergebnis

Der Vergleich mit den anderen Umweltschutzaufgaben im Rahmen des § 1a BauGB zeigt, dass der vorsorgende und anpassende Klimaschutz von den Gemeinden als pflichtige Selbstverwaltungsaufgabe wahrgenommen wird. Insbesondere ähnelt die Klimaschutzklausel gemäß § 1a Abs. 5 BauGB im Vergleich zu anderen Umweltaufgaben in § 1a BauGB der Bodenschutzklausel (vgl. § 1a Abs. 2 BauGB).[383]

h) Historischer Zuständigkeitsbereich

Schließlich ist die Berücksichtigung von umweltschützenden Aspekten in der Bauleitplanung kein neues Phänomen. Die Historie der Bauleitplanung zeigt[384], dass sich umweltschützende Ansatzpunkte im Rahmen der Bauleitplanung bereits in

---

379 *Stüer*, UPR 2010, 288 (290); *Battis*-ders/Krautzberger/Löhr, BauGB, § 1a Rn. 29.

380 *Mitschang*, ZfBR 2006, 642 (646); m. w. N. *Gellermann*-Schrödter, BauGB, § 1a Rn. 129.

381 BVerwG, Beschluss v. 25.08.1997–4 NB 12.97, juris Rn. 14; OVG Münster, NuR 2012, 135 (140).

382 *Mitschang*, ZfBR 2006, 642 (642).

383 *Wickel*, UPR 2011, 416 (417), der eine Anlehnung der Klimaschutzklausel (§ 1a Abs. 5 BauGB) an die Bodenschutzklausel (§ 1a Abs. 2 BauGB) nach ihrem Wortlaut bejaht.

384 Im Einzelnen dazu 2. Kap.

den Novellierungen im Jahr 1976[385] wiederfinden. Das Medium des Klimas fand im Baugesetzbuch erstmals ausdrücklichen Anklang durch die BauGB-Reform im Jahr 1987[386], indem er als Belang in der bauplanerischen Abwägung zu berücksichtigen war. Insbesondere durch die EAG-Bau-Novelle 2004[387] und der Klimaschutznovelle 2011[388] hat der allgemeine Klimaschutz eine erhebliche Aufwertung erfahren. Die Umweltkatastrophe in Fukushima (Japan) im Jahr 2011 hat den Gesetzgeber zum Umdenken bewegt und den allgemeinen Klimaschutz als selbstständiges[389] städtebauliches Planungsziel anerkannt.

Aus dem historischen Aufgabencharakter ergibt sich daher, dass der (vorsorgende) Umweltschutz im Rahmen der Bauleitplanung keine völlig neue Aufgabe darstellt, sondern von den Gemeinden als Aufgabe im eigenen Wirkungskreis wahrgenommen worden ist. Die historische Entwicklung der bauplanerischen Aufgabenwahrnehmung deutet daher eher auf eine Erweiterung der kommunalen Selbstverwaltung auf den allgemeinen (vorsorgenden) Klimaschutz hin, selbst wenn auch eine überörtliche klimaschützende Wirkung der städtebaulichen Maßnahmen beabsichtigt wird.

i) Zwischenergebnis

Der Wortlaut und die Systematik der § 1 Abs. 5 S. 2, § 1a Abs. 5 BauGB, der Aufgabencharakter des planerischen Klimaschutzes, der historische Hintergrund sowie der Vergleich mit anderen Umweltaufgaben in der Bauleitplanung sprechen dafür, den (globalen) Klimaschutz in der Bauleitplanung als eine Erweiterung der pflichtigen Selbstverwaltungsaufgabe anzusehen. Eine solche Klassifizierung wird durch die Zuständigkeitsnorm (vgl. § 2 Abs. 1 S. 1 BauGB), die Form des Handlungsinstruments für die Aufstellung von Bauleitplänen als Satzung, die Planungspflicht (vgl. § 1 Abs. 3 BauGB) sowie die Erweiterung von Umwelt- bzw. Klimaschutzaufgaben im verfahrensrechtlichen Sinne auf den kommunalen Aufgabenbereich (vgl. § 2 Abs. 4 BauGB) unterstützt.

4. Bauleitplanung zum (globalen) Klimaschutz als Selbstverwaltungsangelegenheit

Soweit man demnach die Bauleitplanung zum (globalen) Klimaschutz als Erweiterung der pflichtigen Selbstverwaltungsaufgabe versteht, so stellt sich zwangsläufig die Frage, inwieweit das Örtlichkeitskriterium des Art. 28 Abs. 2 GG einer kommunalen Aufgabenwahrnehmung zum allgemeinen Klimaschutz mit überörtlichem Wirkungskreis entgegensteht.

---

385 BGBl. I 1976 S. 2221, 2256; hierzu: 2. Kap. A.
386 BGBl. I 1986 S. 2191, 2253; hierzu: 2. Kap. A.
387 Hierzu unter 2. Kap. B.
388 Hierzu unter 2. Kap. D.
389 Hierzu unter 4. Kap. B. I. 2, II.

Diese Frage hat das Bundesverwaltungsgericht mit dem Urteil vom 25.01.2006[390] nicht eindeutig beantwortet. Der für das Kommunalrecht zuständige 8. Senat des BVerwG räumte dem kommunalen Satzungsgeber einen Anschluss- und Benutzungszwang an die öffentliche Fernwärmeversorgung aus Gründen des vorsorgenden Klimaschutzes ein, dem eine globale Dimension zukomme.[391] Gleichzeitig wies der 8. Senat darauf hin, dass städtebauliche Erfordernisse (§ 1 Abs. 3 S. 1 BauGB) bzw. städtebauliche Gründe (§ 9 Abs. 1 BauGB) Festsetzungen in einem Bebauungsplan nur „im Hinblick auf begrenzte örtliche Gegebenheiten rechtfertigen" können.[392] Das Urteil bleibt in der entscheidenden Frage, welche Gestaltungsmöglichkeiten das Bauplanungsrecht „im Hinblick auf begrenzte örtliche Gegebenheiten" zum globalen Klimaschutz eröffnet, ambivalent[393]: Einerseits lässt sich der Begriff „im Hinblick auf begrenzte örtliche Gegebenheiten" insofern auslegen, dass ein bodenrechtlicher Bezug zum jeweiligen Gemeindegebiet für klimaschützende bauplanerische Maßnahmen ausreicht, selbst wenn dabei auch das allgemeine Klima geschützt werden soll. Andererseits könnte aber auch aus dem Gegensatz zu dem durch den globalen Klimaschutz motivierten Anschluss- und Benutzungszwang geschlossen werden, dass eine städtebauliche Festsetzung „im Hinblick auf örtliche Gegebenheiten" nicht durch den allgemeinen, sondern allein durch den lokalen Klimaschutz motiviert sein darf.[394]

Für die Frage, ob und inwieweit die räumliche Grenze der kommunalen Selbstverwaltungskompetenz dem globalen Klimaschutz in der Bauleitplanung entgegensteht, erscheint es zunächst sinnvoll, zwischen den sich vor Ort *unmittelbar* auswirkenden bauplanerischen Maßnahmen (lokaler Klimaschutz) und jenen zu unterscheiden, die sich regelmäßig nur *mittelbar* auf das örtliche Klima (globaler Klimaschutz) auswirken.

a) Bauleitplanung zum lokalen Klimaschutz

Soweit sich die Darstellungen und Festsetzungen in der Bauleitplanung nur auf den Schutz des lokalen Klimas im jeweiligen Plangebiet beziehen, bestehen keine Zweifel an den Regelungsbefugnissen der Gemeinden. Derartige Maßnahmen, die an das lokale Ortsklima anknüpfen, weisen wesensimmanent nicht nur einen von Art. 28 Abs. 2 GG geforderten örtlichen Bezug zum Gemeinschaft auf, sondern noch zwei weitere Aspekte: Die städtebaulichen Planvorgaben zum Schutz des lokalen Klimas sind zugleich lokalspezifisch motiviert und/oder haben eine unmittelbare lokale Wirkung. Anders formuliert: Sie knüpfen zum einen an eine konkrete örtliche Klimasituation im Gemeindgebiet an, die sich entweder in Form einer erhöhten Luftbelastung durch klimaschädliche Treibhausgase oder in Gestalt einer

---

390 BVerwG, Urt. vom 25.01.2006–8 C 13.05, DVBl. 2006, 781 ff.
391 BVerwG, DVBl. 2006, 781 (784).
392 BVerwG, DVBl. 2006, 781 (784).
393 *Battis/Krautzberger/Mitschang/Reidt/Stüer*, NVwZ 2011, 897 (898).
394 *Battis/Krautzberger/Mitschang/Reidt/Stüer*, NVwZ 2011, 897 (898).

sonstigen lokalspezifischen konkreten Gefährdung aufgrund des Klimawandels (z.B. überschwemmungsgefährdete Gebiete, vgl. § 1 Abs. 6 Nr. 12 BauGB) darstellen kann. Zum anderen sollen die städtebaulichen Darstellungen und Festsetzungen zum lokalen Klimaschutz in der Regel dazu dienen, das örtliche Klimaverhältnis im Plangebiet unmittelbar zu verbessern oder die lokale Bodennutzung an den Klimawandel anpassen. So können beispielsweise in Smoggebieten die von bestimmten luftverunreinigenden Stoffen beschränkt oder untersagt werden, um die örtliche Luftbelastung zu verringern (vgl. § 9 Abs. 1 Nr. 23 lit. a) BauGB).

Bauplanerische Maßnahmen zum unmittelbaren Klimaschutz sind daher nicht nur durch einen örtlich-bodenrechtlichen Bezug zum Gemeindegebiet geprägt, sondern weisen zusätzlich eine unmittelbare lokalspezifische Motivation und/oder einen unmittelbaren lokalen Wirkungskreis auf. Der lokale Klimaschutz und die lokale Klimaanpassung im Rahmen der Bauleitplanung stellen Bedürfnisse und Interessen der örtlichen Gemeinschaft dar, die das Zusammenleben der Menschen innerhalb des Gemeindegebiets beeinflusst. An dem von Art. 28 Abs. 2 GG gefordertem Maß an örtlichen Bezügen bestehen daher keine Zweifel. Die Gemeinde wahrt mithin bei lokal klimaschützenden Maßnahmen ihren Kompetenzrahmen zur örtlichen Bodennutzungsplanung.

b) Bauleitplanung zum globalen Klimaschutz

Doch wie verhält es sich, wenn die Gemeinde ihre Planungskonzepte (allein) auf den Schutz des globalen Klimas ausrichtet? Der allgemeine Klimaschutz ist als solcher ein ganz allgemeiner Belang, der nicht auf spezifisch örtliche Verhältnisse des Gemeindegebiets begrenzt ist. Er ist nicht lokal, sondern allgemein motiviert und soll auch nicht allein lokal, sondern global wirken.[395] Es stellt sich somit die Frage, ob Planmaßnahmen zum globalen Klimaschutz noch mit der räumlichen Kompetenzgrenze des Art. 28 Abs. 2 GG vereinbar sind.

aa) Das Problem des Ursachen- und Wirkungszusammenhangs beim globalen Klimaschutz

Für die Klärung der Streitfrage ist es besonders von Bedeutung, ob es für die bauplanerischen Instrumente erforderlich ist, dass zwischen ihnen und den Planungsbelangen ein unmittelbarer örtlicher Ursachen- und Wirkungszusammenhang bestehen muss. Anders formuliert: Ist es für eine klimaschützende bauplanerische Anordnung zwingend notwendig, dass sie nur aufgrund einer örtlichen Klimabelastung innerhalb der Gemeindegebiets erlassen wird oder reicht es aus, wenn die Planvorgaben einen bodenrechtlichen Bezug zur Nutzungsstruktur im jeweiligen Plangebiet aufweisen, so dass daneben auch (außer)örtliche Belange verfolgt werden dürfen? Weiterhin stellt sich die Frage, ob sich die durch die bauplanerische

---

395 *Battis/Kersten/Mitschang/Ingold/Schwarz*, Stadtentwicklung, S. 30.

Maßnahme beabsichtigte Wirkung zwingend unmittelbar vor Ort realisieren muss oder ob (auch) eine (außer)örtliche klimaschützende Wirkung ausreichend ist.

Anders als bei lokal klimaschützenden Planmaßnahmen knüpfen solche zum globalen Klimaschutz weder unmittelbar an die ortsspezifische Klimasituation noch an eine unmittelbare örtliche Wirkung im Sinne einer Verbesserung der lokalen Luftverhältnisse an. So verbessern beispielsweise städtebauliche Festsetzungen zur Verwendung von erneuerbaren Energien (vgl. § 9 Abs. 1 Nr. 23 lit. b) BauGB) nicht die örtliche Luftqualität im Gemeindegebiet und wirken sich daher nicht *unmittelbar* vor Ort aus. Es fehlt also an einem solchen unmittelbaren örtlichen Ursachen- und Wirkungskreis, wenn die Planvorgaben allein dem *mittelbaren* Klimaschutz dienen sollen. Die Wirkungsart von Planvorgaben zum globalen Klimaschutz liegt daher regelmäßig im vorsorgenden Bereich, auch wenn teilweise zugleich eine unmittelbar lokale Auswirkung der planerischen Anordnung erreicht werden kann. Das gemeinsame Element von Planvorgaben zum lokalen und globalen Klimaschutz mündet mithin lediglich in dem *bodenrechtlichen Bezug* zum Gemeindegebiet.

bb) Räumliche Bestimmbarkeit des Örtlichkeitsmerkmals im Sinne des Art. 28 Abs. 2 GG – Wahrung der kommunalen Verbandskompetenz bei bauplanerischen Maßnahmen zum globalen Klimaschutz?

Die Frage, ob bei global klimaschützenden Planvorgaben neben dem bodenrechtlichen Ansatzpunkt zusätzlich ein unmittelbarer ortsbezogener Ursachen- und Wirkungszusammenhang zwischen dem lokalen Klimaniveau im Gemeindegebiet und der klimaschützenden bauplanerischen Maßnahme bestehen muss, wird nicht einheitlich beantwortet.

(1) Bodenrechtlicher Bezug zum Gemeindegebiet

Die überwiegende Ansicht[396] stellt in Bezug auf das Ortskriterium im Sinne des Art. 28 Abs. 2 GG zu Recht allein auf den bodenrechtlichen Bezug der Planvorgaben ab. Die „Ortsbezogenheit“ im vorgenannten Sinne werde durch die Anknüpfung an die bodenrechtliche Nutzungssituation in dem jeweiligen Gemeindegebiet gewahrt.[397] Sie setze weder eine ausschließlich lokale Motivation noch eine unmittelbare lokale Wirkung der bauplanerischen Festsetzung voraus. Ein generelles allgemeinpolitisches Mandat stehe den Gemeinden dagegen zu Recht nicht zu. Ihnen

---

396 *Battis/Krautzberger/Mitschang/Reidt/Stüer*, NVwZ 2011, 897 (899); *Battis/Kersten/Mitschang/Ingold/Schwarz*, Stadtentwicklung, S. 34; *Schmidt*, NVwZ 2006, 1354 (1356); *Ekardt/Schmitz/Schmidtke*, ZNER 2008, 334 (336); *Klinski/Longo*, ZNER 2007, 41 (43); *Koch/Mengel*, DVBl. 2000, 953 (957); *Krautzberger/Wagner*-Ernst/Zinkahn/Bielenberg/Krautzberger, BauGB, § 1a Rn. 262; *Manten/Elbel*, LKV 2009, 1 (5); *Mitschang*, NuR 2008, 601 (604); *Reidt*-Bracher/ders/Schiller, BauplR, Rn. 789; *Rojahn*-Mitschang, Klimaschutz und Energieeinsparung, S. 67 (73); *Schmidt-Eichstaedt*-Mitschang, Klimaschutz und Energieeinsparung, S. 167 (172).

397 *Battis/Kersten/Mitschang/Ingold/Schwarz*, Stadtentwicklung, S. 34.

soll nicht die Befugnis eingeräumt werden, völlig losgelöst von ihrer Aufgabe, die Bodennutzung vor Ort zu regeln, irgendwelche Maßnahmen für den Klimaschutz zu ergreifen.[398] Daher sei hiernach eine Bauleitplanung zum allgemeinen Klimaschutz ohne bodenrechtlichen Bezug nicht mehr von der räumlichen Grenze des Art. 28 Abs. 2 GG erfasst. Soweit dagegen der bodenrechtliche Bezug zum Gemeindegebiet gewahrt wird, ist nach dieser Ansicht auch eine Bauleitplanung zum globalen Klimaschutz mit Art. 28 Abs. 2 GG vereinbar. Dies sei dann der Fall, wenn Anlass und räumlicher Anknüpfungspunkt für die bauleitplanerische Maßnahme die vorhandene oder geplante Nutzungsstruktur im Plangebiet der Gemeinde ist.[399] Beispielsweise stelle das Anliegen der Versorgung der Gemeindeeinwohner mit Fernwärme einen hinreichenden bodenrechtlichen Bezug dar, auch wenn mit diesem daneben allgemeine Klimaschutzziele verfolgt werden.[400]

(2) Erfordernis einer lokalen Schutzbedürftigkeit oder eines lokalen Wirkungskreises?

Anderen[401] genügt das Erfordernis des bodenrechtlichen Bezuges der städtebaulichen Maßnahmen zum Klimaschutz als Anforderung an die räumliche Determinante des Art. 28 Abs. 2 GG noch nicht. Nach ihrer Ansicht sollen Planmaßnahmen zum Klimaschutz nur dann von Art. 28 Abs. 2 GG umfasst sein, soweit sich deren schützende Wirkung ausschließlich unmittelbar vor Ort auswirkt. Die rechtlichen Gestaltungsmöglichkeiten der kommunalen Träger wären nach dieser Ansicht extrem eingeschränkt. Danach wären Planelemente, die nur mittelbar örtlich oder überörtlich klimaschützend wirken können, nicht mehr von der verfassungsrechtlich garantierten Selbstverwaltungskompetenz gedeckt. Der mit Art. 28 Abs. 2 GG vereinbare bauplanerische Handlungsspielraum würde sich allenfalls auf den lokalen Klimaschutz, nicht jedoch auch auf den allgemeinen Klimaschutz erstrecken. Denn Letzterer ist weder lokal motiviert noch soll allein lokal wirken.

Zudem wird nach dieser Meinung zusätzlich eine weitere Variable gefordert, namentlich eine *ausschließlich* lokale Sondersituation[402] im Sinne einer örtlichen Luftbelastung. Hiernach müssen also drei Voraussetzungen für Planvorgaben zum Klimaschutz vorliegen: der bodenrechtliche Bezug des Planvorhabens, eine lokalspezifische Motivation und eine unmittelbar lokal beabsichtigte Wirkung. Diese Kriterien sind nur bei Planmaßnahmen zum unmittelbaren (lokalen) Klimaschutz gegeben. Die Bauleitplanung könnte nach hiesigem Verständnis also nicht zum mittelbaren (globalen) Klimaschutz beitragen.

---

398 *Schmidt*, NVwZ 2006, 1354 (1356).

399 *Rojahn*-Mitschang, Klimaschutz und Energieeinsparung, S. 67 (78).

400 BVerwG, NVwZ 2006, 690 (692); *Manten/Elbel*, LKV 2009, 1 (5).

401 Vgl. *Berkemann*-Berkemann/Halama, Erstkommentierung zum BauGB 2004, § 9 Rn. 16; *Gärditz*, JuS 2008, 324 (328); *Kraft*, DVBl. 1998, 1048 (1050).

402 Vgl. *Berkemann*-Berkemann/Halama, Erstkommentierung zum BauGB 2004, § 9 Rn. 16; *Gärditz*, JuS 2008, 324 (328); *Kraft*, DVBl. 1998, 1048 (1050).

Gegen eine solch restriktive Auslegung des Örtlichkeitsbezuges i.S.d. Art. 28 Abs. 2 GG spricht, dass der Klimaschutz im bauplanungsrechtlichen Sinne gerade nicht kausalitätsbezogen definiert wird. Deshalb sind dem BauGB grundsätzlich Merkmale wie einer lokalen klimatischen Schutzbedürftigkeit und einer unmittelbaren lokalen Wirkung der Planvorgaben fremd. Die bauleitplanerischen Regelungen knüpfen weder an eine Gefährdungslage oder Schadensneigung noch an Beseitigungs- oder Ausgleichmaßnahmen an. Insofern unterscheidet sich das BauGB von dem anlagenbezogenen BImSchG oder den Kompensations- und Ausgleichsmaßnahmen nach dem BNatSchG, die beispielsweise an eine Beeinträchtigung der Schutzgüter[403] oder an Verursachungs- und Zurechnungskriterien[404] anknüpfen. Derartige gefahrenabwehrrechtlich geprägte Kriterien sind primär Gegenstand des Bauordnungsrechts und nicht des Bauplanungsrechts.

Auch die Novellierungen[405] des Baugesetzbuches, durch die der Klimaschutz eine erhebliche Aufwertung erfahren hat, widerspräche ein solches Verständnis. Nach den heutigen Regelungen der § 1 Abs. 5 S. 2, § 1a Abs. 5 BauGB sollen die Bauleitpläne einen Beitrag zum „Klimaschutz und zur Klimaanpassung" leisten. Damit weist der Gesetzeswortlaut auf die planerischen Gestaltungsmöglichkeiten zum globalen Klimaschutz im Sinne des Vorsorgeprinzips[406] hin, durch das die Folgen des Klimawandels so weit wie möglich reduziert werden sollen. Ein solches Verständnis belegt auch die Begründung der Gesetzesänderungen[407]: Danach soll „der Beitrag der Bauleitplanung zum Umwelt- und Naturschutz auch für die Ziele des globalen Klimaschutzes" erfolgen. Insbesondere hat der Gesetzgeber – nach dem obigen[408] erwähnten ambivalenten Urteil des BVerwG vom 25.01.2006 – durch die Klimaschutznovelle im Jahr 2011 klargestellt, dass „die Bekämpfung des Klimawandels und die Anpassung an den Klimawandel dauerhafte Zukunftsaufgaben auch der Städte und Gemeinden" seien. Weiterhin sei der „Klimaschutz bei der Aufstellung von Bauleitplänen verstärkt zu berücksichtigen" und könne „eigene Darstellungen und Festsetzungen begründen".[409]

Gegen die Attribute einer ausschließlich lokalen örtlichen Luftbelastung und einer unmittelbaren örtlichen Wirkung der bauplanerischen Festsetzung sprechen zudem die planerischen Möglichkeiten nach dem BauGB. Denn bei vielen städtebaulichen Festsetzungen sind diese beiden Komponenten de facto gar nicht realisierbar. So können zum Beispiel im Bebauungsplan nach § 9 Abs. 1 Nr. 23 lit. a) BauGB zum Schutz vor schädlichen Umwelteinwirkungen im Sinne des BImSchG Verwendungsbeschränkungen bzw. -verbote für bestimmte luftverunreinigende Stoffe festgesetzt werden. Ihr beabsichtigter Effekt darf sich aber auch gezielt auf

403 z.B.: § 5 Abs. 1 Nr. 1 BImSchG, § 13, § 14 BNatSchG.
404 z.B.: § 5 Abs. 1 Nr. 1, 3 BImSchG, § 15 BNatSchG.
405 Dazu im 2. Kap.
406 BVerwG, NVwZ 2006, 690 (692); *Mitschang*, ZfBR 2010, 534 (534).
407 BT-Drs. 15/2996, S. 62
408 Unter 3. Kap. B. III. 4.
409 BT-Drs. 17/6076, S. 6, 8.

Bereiche *außerhalb* der planenden Gemeinde beziehen.[410] Es kommt also für jene Festsetzung nicht darauf an, ob die schädlichen Umwelteinwirkungen in dem Gebiet mit der Festsetzung selbst vermieden bzw. verringert werden sollen.[411] Auch aus den Festsetzungsmöglichkeiten nach der BauNVO[412] folgt, dass eine (ausschließlich) ortsspezifische klimatische Belastungssituation nicht vorausgesetzt wird. Danach können beispielsweise Festsetzungen zum Maß der baulichen Nutzung, zur Bauweise oder auch zur Minimierung von Energieverlusten erfolgen, die nicht nur einen Beitrag zur Verringerung der Energiekosten, sondern auch zum allgemeinen Klimaschutz leisten.[413] Derartige bauplanerische Maßnahmen knüpfen auch nicht an eine ausschließlich örtliche Belastung des Ortsklimas[414], sondern an die konkrete bodenrechtliche Nutzungssituation im Plangebiet der Gemeinde an. Ferner ergibt sich aus § 9 Abs. 1 Nr. 23 lit. b) BauGB, wonach z.B. bei der Errichtung von baulichen Anlagen die Nutzung von Strom und Wärme aus erneuerbaren Energien festgesetzt werden kann, dass eine unmittelbare örtliche Wirkung keine notwendige Voraussetzung sein kann. Denn diese Festsetzungsvariante kann in tatsächlicher Hinsicht nicht unmittelbar[415], sondern nur mittelbar (vorsorgend) lokal klimaschützend wirken, indem vor Ort weitere CO_2-Emissionen vermieden werden.

Für eine extensive Auslegung des Ortsbezugs i.S.d. Art. 28 Abs. 2 GG spricht vor allem, dass die beabsichtigte globale klimaschützende Wirkung einer bauplanerischen Maßnahme nicht völlig losgelöst von den örtlichen Gegebenheiten der Gemeinschaft, sondern gerade auch vor Ort[416] klimaschützend wirkt. Zwar wirkt nicht jede planerische Vorgabe zum globalen Klimaschutz auch unmittelbar lokal, sondern teilweise nur mittelbar lokal klimaschützend. So dienen Festsetzungen zum Standort von erneuerbaren Energien (z.B.: Solarenergieanlagen, Windenergieanlagen) nur mittelbar dem lokalen Klimaschutz, weil sie als Energieträger aus erneuerbaren Energien – im Gegensatz zu Energieträgern aus fossilen Brennstoffen (z.B.: Braun-, Steinkohle, Erdgas) – eine klimaschonende Alternative sind. Denn eine Energiegewinnung aus fossilen Brennstoffen verursacht erheblich geringere CO_2-Emissionen im Ortsklima als eine Energiegewinnung aus erneuerbaren Energieträgern. So werden etwa in Braunkohle- oder Steinkohlewerken ca. 850–1200g CO_2/kWh verursacht, während bei Windenergieanlagen nur ca. 10–30 CO_2/kWh emittiert werden, wobei bei letzteren 90 % der CO_2-Emissionen beim Bau der

410 *Jäde*-ders/Dirnberger/Weiß, BauGB, § 9 Rn. 69; *Stich*, DÖV 1981, 645 (651 f.).

411 *Mitschang/Reidt*-Battis/Krautzberger/Löhr, BauGB, § 9 Rn. 127.

412 Verordnung über die bauliche Nutzung der Grundstücke (Baunutzungsverordnung – BauNVO) i. d. F. d. Bek. v. 23.01.1990 (BGBl. I S. 132), zul. geänd. durch Gesetz v. 11.06.2013 (BGBl. I S. 1548).

413 Vgl. *Rojahn*-Mitschang, Klimaschutz und Energieeinsparung, S. 67 (76).

414 *Rojahn*-Mitschang, Klimaschutz und Energieeinsparung, S. 67 (76).

415 Vgl. *Rojahn*-Mitschang, Klimaschutz und Energieeinsparung, S. 67 (75).

416 So knüpfen z.B.: Festsetzungen über Solarenergieanlagen oder Fernwärmenutung stets an die konkrete bauliche Anlage bzw. Fläche an, vgl. *Ekardt/Schmitz/Schmidtke*, ZNER 2008, 334 (336).

Anlagen entstehen.[417] Auch wenn global klimaschützende Planvorgaben das örtliche Klimaverhältnis regelmäßig nicht unmittelbar verbessern, sondern eher weitgehend den Status-quo-Zustand des Ortsklimas erhalten, sind sie dennoch geeignet, das lokale Klima vor weiteren erheblichen Luftbelastungen vorsorgend zu schützen.

Schließlich spricht für eine extensive Auslegung der „Angelegenheit der örtlichen Gemeinschaft" die Rechtsprechung des 4. Senats des BVerwG. Insoweit betonte der 4. Senat zur Frage der Standortplanung von Windenergieanlagen, dass „die in internationalen Vereinbarungen wie dem Kyoto-Protokoll enthaltenen Zielvorgaben als Abwägungskriterien in der Bauleitplanung einbezogen werden dürfen, soweit der bodenrechtliche Bezug gewahrt bleibt".[418] Den Gemeinden stehe die Befugnis zu, „im Rahmen der gesamträumlichen sowie der städtebaulichen Entwicklung und Ordnung mit ihrem planungsrechtlichen Instrumentarium Klimaschutzpolitik zu betreiben".[419] Würde man dies anders sehen, könnten die weltweiten Zielvorstellungen zum globalen Klimaschutz (z.B. des Kyoto-Protokolls) wegen der fehlenden kommunalen Befugnisse nicht umgesetzt werden. Auch würden die Gestaltungsmöglichkeiten zum vorsorgenden Klimaschutz in der Bauleitplanung letztendlich leer laufen.

(3) Zwischenergebnis

Eine Bauleitplanung zum globalen Klimaschutz ist mit Art. 28 Abs. 2 GG verfassungsrechtlich vereinbar. Der Ortsbezug im Sinne des Art. 28 Abs. 2 GG wird gewahrt, soweit die bauplanerische Maßnahme zum globalen Klimaschutz einen bodenrechtlichen Bezug zum Gemeindegebiet aufweist. Eine örtliche Luftbelastung bzw. klimatische Sondersituation oder ein unmittelbarer beabsichtigter Wirkungskreis der städtebaulichen Planvorgaben ist nicht erforderlich, um die gemeindliche Verbandskompetenz zu wahren.

cc) Funktionsbezogene Betrachtungsweise

Nach den bisherigen Darstellungen bestimmt sich die gemeindliche Verbandskompetenz danach, ob die städtebauliche Maßnahme zum allgemeinen Klimaschutz an die örtliche Nutzungssituation im Gemeindegebiet anknüpft. Die konkrete Bestimmbarkeit der gemeindlichen Kompetenz könnte im Einzelfall trotz der Anknüpfung an das bodenrechtliche Nutzungsverhältnis möglicherweise zweifelhaft sein. Je mehr die Gemeinde die städtebauliche Klimaschutzaufgabe mit überörtlicher Wirkung in die Tat umsetzt und sich der Tat- und Wirkungszusammenhang des kommunalen Handelns immer weiter voneinander entfernt, wird der Berührungspunkt zwischen kommunaler und staatlicher Aufgabenwahrnehmung immer enger, so dass sich die Frage nach der gemeindlichen Kompetenzreichweite umso mehr stellt.

---

417 *Wagner/Koch/Burkhardt/Böckmann/Feck/Kruse*, BWK, Bd. 59, Nr. 10, 44 (46, 48).
418 BVerwG, Urt. v. 13.03.2003, – 4 C 4/02, NVwZ 2003, 738 (740).
419 BVerwG, NVwZ 2003, 738 (740).

Neben dem bodenrechtlichem Bezug der Planmaßnahme erscheint eine *funktionsbezogene Betrachtungsweise*[420] geeignet, um die kompetenzrechtliche Reichweite der Gemeinden im Zweifel bestimmen zu können. Danach kommt es für die Frage, ob die Aufgabe zu den „Angelegenheiten der örtlichen Gemeinschaft“ im Sinne des Art. 28 Abs. 2 GG gehört, nicht darauf an, wo sich die Aufgabe *auswirkt*, sondern wo sie *anfällt*.[421] bzw. zu erledigen[422] ist. Örtlich im vorgenannten Sinne ist eine Aufgabe mit örtlichen und überörtlichen Bezügen demnach dann, wenn sie nach ihrem Schwerpunkt innerhalb der Grenzen der Gemeinde anfällt[423] und damit den räumlichen Bezug zum jeweiligen Gemeindegebiet herstellt. Unerheblich ist hingegen, wo sich die Aufgabe auswirkt.[424] Der funktionsbezogene Ansatz ermöglicht eine sachgerechte sowie bestimmbare Lösung der sich bei medialübergreifenden Umwelt- bzw. Klimaschutzaufgaben typischerweise ergebenden schwierigen Abgrenzungsfragen.

Die unscharfen Konturen des Begriffs „Angelegenheiten der örtlichen Gemeinschaft“ im Sinne des Art. 28 Abs. 2 GG können also durch die Anknüpfung an den bodenrechtlichen Bezug der Planvorgaben und der funktionalen Betrachtungsweise der Aufgabenwahrnehmung ein hinreichendes Maß an Bestimmtheit erlangen und die kompetenzrechtlichen Abgrenzungsfragen im Einzelfall lösen.

c) *Inhaltliche Bestimmung des Begriffs des „bodenrechtlichen Bezuges“ bei Planvorgaben zum (globalen) Klimaschutz*

Im Rahmen der Bauleitplanung wird das Örtlichkeitskriterium im Sinne des Art. 28 Abs. 2 S. 1 GG maßgeblich anhand des bodenrechtlichen Bezuges der Planungsregelung bestimmt. Auf der Ebene des Verfassungsrechts wird der Begriff des bodenrechtlichen Bezuges durch den Kompetenztitel für das Bodenrecht im Sinne des Art. 74 Abs. 1 Nr. 18 GG konkretisiert. Aufgabe der Bauleitplanung ist es, Nutzungskonflikte mit bodenrechtlichen Bezügen zu lösen. Deshalb müssen die Darstellungen im Flächennutzungsplan und Festsetzungen in Bebauungsplänen einen „städtebaulichen Grund“ aufweisen (vgl. § 1 Abs. 3, § 9 Abs. 1 BauGB). Der Begriff des städtebaulichen Grundes im Sinne des Baugesetzbuches ist aber nicht identisch mit dem Begriff des Bodenrechts im Sinne des Art. 74 Abs. 1 Nr. 18 GG.[425] Nach den obigen[426]

420 BVerwG, DVBl. 2005, 656 (656); *Hellermann*, Örtliche Daseinsvorsorge, S. 144; *Schmidt-Aßmann*, Kommunale Selbstverwaltung, in: FS Sendler, 121 (129 f.).

421 BVerwG, NVwZ 2005, 958 (959); *Clemens*, NVwZ 1990, 834 (840).

422 *Von Mutius*, KommunalR, § 4 Rn. 215.

423 BVerwGE 122, 350 (355); *Knemeyer*, Die verfassungsrechtliche Gewährleistung des Selbstverwaltungsrechts der Gemeinden und Landkreise in: FS von Unruh, 209 (222); *Clemens*, NVwZ 1990, 834 (840).

424 BVerwG, NVwZ 2005, 958 (959); *Clemens*, NVwZ 1990, 834 (841)

425 *Mitschang/Reidt*-Battis/Krautzberger/Löhr, BauGB, § 9 Rn. 9; *Reidt*, BauR 2010, 2025 (2027).

426 Vgl. 3. Kap. A.

Darstellungen ergibt sich die Gesetzgebungskompetenz für eine klimaschützende Bauleitplanung nicht nur aus dem Kompetenztitel des Bodenrechts (Art. 74 Abs. 1 Nr. 18 GG), sondern auch aus den Kompetenztiteln der Energiewirtschaft (Art. 74 Abs. 1 Nr. 11 GG), der Luftreinhaltung (Art. 74 Abs. 1 Nr. 24 GG) sowie des Naturschutzes (Art. 74 Abs. 1 Nr. 29 GG). Der Begriff des „städtebaulichen Grundes" im Sinne des einfach-gesetzlichen Baugesetzbuches ist daher weiter gefasst als der verfassungsrechtliche Begriff des Bodenrechts (Art. 74 Abs. 1 Nr. 18 GG).[427] Dies ist unschädlich, solange sich Vorschriften des einfachen Rechts überhaupt einem Kompetenztitel zuordnen lassen, wobei sie sich auch überschneiden dürfen.[428]

Umgekehrt lässt sich daraus nicht schließen, dass der Begriff des Bodenrechts im Sinne des Art. 74 Abs. 1 Nr. 18 GG zwangsläufig immer einen städtebaulichen Grund im Sinne des Baugesetzbuches darstellt. Denn das Sachgebiet des Bodenrechts ist nicht nur auf das Städtebaurecht beschränkt, sondern umfasst auch Bereiche, die bisher nicht Gegenstand des Städtebaurechts sind – wie etwa das Recht der Baulandumlegung oder der Bodenbewertung.[429]

Die Begriffspaare „städtebaulicher Grund" und das „Bodenrecht" (Art. 74 Abs. 1 Nr. 18 GG) sind demnach nicht identisch, sie weisen jedoch eine Schnittmenge auf, also sozusagen einen „städtebau-bodenrechtlichen Bezug". Der städtebau-bodenrechtliche Bezug der bauplanungsbezogenen Regelungen konkretisiert das Örtlichkeitsmerkmal im Sinne des Art. 28 Abs. 2 GG. Dieser ist demnach bei Planvorgaben zum (globalen) Klimaschutz zum einen geprägt durch den Begriff des Bodenrechts im Sinne des verfassungsrechtlichen Kompetenztitels nach Art. 74 Abs. 1 Nr. 18 GG. Denn die Zuordnung von bodenrechtlichen Nutzungsverhältnissen im Gemeindegebiet weist wesensimmanent einen örtlichen bodenrechtlichen Bezug im Sinne des Art. 74 Abs. 1 Nr. 18 GG auf. Zum anderen kann der städtebau-bodenrechtliche Bezug der klimaschutzbezogenen Planmaßnahmen zusätzlich durch die Sachbereiche der Energiewirtschaft (Art. 74 Abs. 1 Nr. 11 GG), der Luftreinhaltung (Art. 74 Abs. 1 Nr. 24 GG) sowie des Naturschutzes (Art. 74 Abs. 1 Nr. 29 GG) bestimmt sein. So zeichnet sich etwa die Festsetzungsregelung nach § 9 Abs. 1 Nr. 23 lit. b) BauGB in Bezug auf die Energiegewinnung und -nutzung erneuerbarer Energien und der Kraft-Wärme-Kopplung durch bodenrechtliche Aspekte (Standort der Energiegewinnung bzw. -nutzung) und energetische Bezüge (Energieversorgung aus erneuerbaren Energieträgern) aus, so dass sich diese Regelung sowohl auf den Sachbereich des Bodenrechts im Sinne des Art. 74 Abs. 1 Nr. 18 GG als auch der Energiewirtschaft im Sinne des Art. 74 Abs. 1 Nr. 11 GG stützen lässt.

427 Vgl. auch *Reidt*, BauR 2010, 2025 (2028).

428 *Reidt*, BauR 2010, 2025 (2028); *Milkau*, ZUR 2008, 561 (564).

429 BVerfG 3, 407 (428 f.); *Pieroth*-Jarass/Pieroth, GG, Art. 74 Rn. 45; *Reidt*, BauR 2010, 2025 (2027).

d) *Fallgruppen für das Vorliegen eines bodenrechtlichen Bezuges*

Nach den bisherigen[430] Darstellungen ist es für die Wahrung der kommunalen Verbandskompetenz erforderlich, dass die bauplanerische Maßnahme zum (allgemeinen) Klimaschutz an die konkrete Nutzungssituation im Gemeindegebiet anknüpft. Gemessen an der oben[431] genannten Definition des BVerfG sind bauleitplanerische Maßnahmen zum allgemeinen Klimaschutz zumindest dann mit Art. 28 Abs. 2 GG vereinbar, solange die kommunalen Träger die Bodennutzung im Plangebiet der Gemeinde regeln und die Nutzungsmöglichkeiten aus dem allgemeinen Klimaschutzinteresse, das in der Gemeinde wurzelt, konkretisieren oder beschränken.[432] Nachfolgend werden einige Fallgruppen zum bodenrechtlichen Anknüpfungspunkt aufgezeigt, die freilich nicht als abschließend zur betrachten sind.

aa) Besondere lokal-topographische Gegebenheiten

Ein in der Gemeinde wurzelndes Interesse an planungsbezogenen Darstellungen oder Festsetzungen zum allgemeinen Klimaschutz kann sich insbesondere aufgrund *besonderer lokal-topographischer Gegebenheiten* im Plangebiet ergeben.[433] Diese können beispielsweise dann vorliegen, wenn die örtlichen Verhältnisse optimale Voraussetzungen für die Energienutzung aus erneuerbaren Energien, wie etwa der Solarthermie, hergeben (z.B. exponierte Lage, überdurchschnittliche Sonnenstundenanzahl, lockere Bebauung mit weitgehender Verschattungsfreiheit).[434] Derartige lokalspezifische Besonderheiten könnten ein in der Gemeinde wurzelndes Bedürfnis darstellen, die Solarthermie als Form der Energie- und Wärmeenergiegewinnung durch die jeweilige kommunale Satzung festzulegen und in den Bebauungsplan nachrichtlich zu übernehmen (§ 9 Abs. 6 BauGB) und zugleich andere, weniger effektive Formen der Energiegewinnung auszuschließen.[435] Ein solcher Beitrag zum allgemeinen Klimaschutz würde sich vor allem für Neubauten anbieten. Weitere topographische Besonderheiten eines Gebiets können sich aufgrund der örtlichen Gegebenheiten für die Energienutzung aus Windenergieanlagen oder wasserenergetischen Anlagen ergeben. Hierbei wären allerdings die jeweiligen Planvorstellungen von Gesamt- und Fachplanungsträgern zu beachten.

bb) Geplante oder vorhandene bodenrechtliche Nutzungsstruktur

Neben lokal-spezifischen Besonderheiten kann sich ein in der Gemeinde wurzelndes Bedürfnis für klimaschützende Festsetzungen zudem vor allem *aus der geplanten*

---

430 Siehe unter 3. Kap. B. III. 4. b) bb) (1).

431 Siehe unter 3. Kap. B. III. 1.

432 *Battis/Kersten/Mitschang/Ingold/Schwarz*, Stadtentwicklung, S. 34; *Rojahn*-Mitschang, Klimaschutz und Energieeinsparung, S. 67 (78).

433 *Mantel/Elbel*, LKV 2009, 1 (6).

434 *Mantel/Elbel*, LKV 2009, 1 (6).

435 Vgl. *Mantel/Elbel*, LKV 2009, 1 (6).

oder vorhandenen baulichen Nutzungsstruktur ergeben.[436] Dies gilt insbesondere für Maßnahmen zur Maximierung der Energieeffizienz und Minimierung des Energieverbrauchs im allgemeinen Gebäudebestand. Bei Stadtteilen, die durch Altbauten geprägt sind, eignen sich etwa Gemäuersanierungen und Maßnahmen zur Wärmedämmung als effektiver Beitrag zur Einsparung des Energieverbrauchs.[437] Ob und welche konkrete bauplanerische Maßnahme geeignet ist und technisch sowie finanziell am effizientesten ist, lässt sich jedoch nur anhand der Besonderheiten des jeweiligen vorhandenen Gebäudebestands bewerten.[438] Im bereits vorhandenen Gebäudebestand ist eine energetische Sanierung insbesondere durch Mini-Kraft-Wärme-Kopplungsanlagen, also Anlagen, bei denen die Nutzung des Energieträgers durch die gleichzeitige Strom- und Wärmeerzeugung besonders effizient ist, möglich. Diese können einen erheblichen Beitrag zum globalen Klimaschutz leisten.[439] Darüber hinaus können bei Neubauten die Dachneigung, Dachform, Stellung des Baukörpers sowie die Bauweise planerisch vorgegeben werden, um Wärmeverluste zu verringern und die solare Wärmegewinnung auszunutzen. Die Einsparung des Energie- und Wärmeverbrauchs – gerade bei fossilen Energieträgern – ist für den Klimaschutz essenziell und stellt ein in der Gemeinde wurzelndes Bedürfnis dar.

cc) Soziale Siedlungsstruktur

Auch könnte sich ein konkretes gemeindliches Klimaschutzinteresse *aus der jeweiligen sozialen Siedlungsstruktur* ergeben, beispielsweise durch die finanzielle Förderung der Installation von Anlagen zur Wärmeerzeugung aus erneuerbaren Energien.[440] So wurde etwa der Einbau von Mini-Kraft-Wärme-Anlagen von der Bundesregierung durch die Klimaschutzinitiative finanziell gefördert[441], denn diese sind aufgrund der gleichzeitigen Strom- und Wärmeerzeugung besonders effizient und können auch auf der Basis von erneuerbaren Energieträgern (etwa Biomasse) betrieben werden.

dd) Grenzen des bodenrechtlichen Bezuges

Dagegen fehlt beispielsweise ein hinreichender bodenrechtlicher Anknüpfungspunkt zum Gemeindegebiet, wenn die bauplanungsrechtliche Maßnahme keinen städtebaulichen Grund i.S.d. § 9 BauGB mehr aufweist. Wann sich die Planungsziele nicht mehr städtebaulich rechtfertigen lassen, hängt von der Regelungsreichweite der jeweiligen Norm ab. So lassen sich etwa auf der Grundlage des § 9 Abs. 1 Nr. 20

---

436 *Mantel/Elbel*, LKV 2009, 1 (6).
437 *Roller*, BauR 1995, 185 (186).
438 *Mantel/Elbel*, LKV 2009, 1 (6).
439 *Wustlich*, NVwZ 2008, 1041 (1044).
440 *Mantel/Elbel*, LKV 2009, 1 (6).
441 Das Impulsprogramm Mini-KWK-Anlagen, eingerichtet durch die „Richtlinien zur Förderung von Mini-KWK-Anlagen“ vom 18.06.2008, BAnz Nr. 96 v. 01.07.2008, S. 2342; *Wustlich*, NVwZ 2008, 1041 (1044).

BauGB, wonach Flächen u.a. zum Schutz und Pflege von Boden und Natur festgesetzt werden können, keine planungsrechtlichen Vorgaben treffen, die *ausschließlich* der Verwirklichung ökologischer Zielsetzungen dienen.[442] Dezidierte Vorgaben von zeitlichen Abständen zum Mähen von Wiesen- und Landschaftsrasen oder zur Beweidung mit einer Großvieheinheit, lassen sich nicht mehr mangels städtebaulichen Grundes auf § 9 Abs. 1 Nr. 20 BauGB rechtfertigen.[443] Denn jene Regelung sei „keine ökologische Generalklausel“[444]. An einem hinreichenden bodenrechtlichen Bezug fehlt es z.B. auch, wenn sich die Planvorgabe zur Bepflanzung von Flächen nach § 9 Abs. 1 Nr. 25 BauGB lediglich auf die Gestaltung erstreckt. Die Festsetzung von bloßen Gestaltungen von Vorgärten[445] weist damit keinen relevanten bodenrechtlichen Bezug mehr auf. Jene Anordnungen zur Gestaltungen einzelner Grundstücke können allerdings Gegenstand des Bauordnungsrechts[446] sein. Demgegenüber können Anpflanzungen bestimmter Arten von Bäumen oder sonstigen Pflanzen und eine bestimmte Mischung der Bepflanzung auf der Grundlage von § 9 Abs. 1 Nr. 25 BauGB planerisch vorgegeben werden.[447]

Dabei ist allerdings zu beachten, dass die meisten Darstellungs- bzw. Festsetzungsmöglichkeiten, die dem lokalen oder allgemeinen Klimaschutz dienen, zugleich andere städtebauliche Belange betreffen. So stellen z.B. die langfristige Sicherung der lokalen Energieversorgung[448] der Gemeinde durch die Unabhängigkeit von endlichen fossilen Energieträgern oder die Vermeidung örtlicher Umweltbelastungen[449] ein lokales Anliegen der örtlichen Gemeinschaft dar, die zugleich dem globalen Klimaschutz dienen.

Letztendlich ist die lokale bauplanerische Steuerung von der jeweiligen vorhandenen oder geplanten baulichen Nutzungssituation im Gemeindegebiet abhängig. Dabei bedarf es stets einer Bewertung im Einzelfall, welche konkreten Maßnahmen unter Berücksichtigung der jeweiligen örtlichen Umstände getroffen werden können.

---

442 *Mitschang/Reidt*-Battis/Krautzberger/Löhr, BauGB, § 9 Rn. 113; BVerwG, NVwZ 1991, 877 (878).

443 OVG Münster, ZfBR 2000, 208 (213).

444 OVG Saarlouis, NuR 2010, 743 (746); VSH München, Urt. v. 07.02.2013–1 N 11.1854, BeckRS 2013, 50667, Rn. 24.

445 OVG Berlin, UPR 1991, 357 (358); vgl. *Mitschang/Reidt*-Battis/Krautzberger/Löhr, BauGB, § 9 Rn. 154.

446 OVG Berlin, UPR 1991, 357 (358).

447 BVerwG, NVwZ 1991, 877 (877 f.).

448 Vgl. *Hellermann*, ZNER 2002, 70 (72).

449 Vgl. *Mantel/Elbel*, LKV 2009, 1 (6).

e) *Kompetenzgrenze der gemeindlichen Aufgabenwahrnehmung durch den Gesetzesvorbehalt*

Die Frage nach der Grenze der kommunalen Planungsmöglichkeiten zum allgemeinen Klimaschutz ist zugleich eine Frage der gemeindlichen Kompetenzgrenze des Art. 28 Abs. 2 GG. Durch die Europäisierung[450] des Baugesetzbuchs wurden den Gemeinden neue Umweltaufgaben[451] auferlegt. Damit soll eine effektive und möglichst ortsnahe Umsetzung des medialübergreifenden Klimaschutzes erreicht werden. Auch wenn die räumliche Determinante des Art. 28 Abs. 2 GG zu diesem Zwecke extensiv auszulegen ist, bedarf es Grenzen der kommunalen Aufgabenwahrnehmung. Denn den Gemeinden muss es tatsächlich auch möglich sein, die ihr übertragenen Aufgaben zu erfüllen und sachgerecht zu bewältigen können, ohne das dabei das kommunale Selbstverwaltungsrecht innerlich ausgehöhlt[452] wird.

Der kommunale Aufgabenbestand wird durch den Vorbehalt „im Rahmen der Gesetze" gem. Art. 28 Abs. 2 GG geschützt. Die kommunale Selbstverwaltung darf daher nur durch ein verfassungsgemäßes Gesetz eingeschränkt werden. Der Gesetzgeber ist jedoch nicht nur hinsichtlich des Kernbereichs der Selbstverwaltungsgarantie in seiner Ausgestaltung beschränkt, sondern auch außerhalb der Wesensgehaltsgarantie. Das BVerfG hat insoweit in dem Rastede-Beschluss ausgeführt, dass das in Art. 28 Abs. 2 GG enthaltene Aufgabenverteilungsprinzip hinsichtlich der Angelegenheiten der örtlichen Gemeinschaft zu Gunsten der Gemeinden auch außerhalb des Kernbereichs besteht, was der zuständigkeitsverteilende Gesetzgeber zu berücksichtigen hat.[453] Ein Aufgabenentzug ist nach dem Aufgabenverteilungsprinzip nur aus Gründen des Gemeininteresses gerechtfertigt, etwa durch das Ziel, eine ordnungsgemäße Aufgabenwahrnehmung sicherzustellen.[454] Das BVerfG hat insoweit hervorgehoben, dass der Gesetzgeber „eine Aufgabe mit relevantem örtlichen Charakter" den Gemeinden nur dann entziehen darf, „wenn anders die ordnungsgemäße Aufgabenerfüllung nicht sicherzustellen wäre"[455]. Diese Rechtsprechung hat das BVerfG erweitert. Ein Eingriff in das kommunale Selbstverwaltungsrecht kann nicht nur bei einem Aufgabenentzug, sondern auch bei einer Aufgabenzuweisung vorliegen.[456] Werden die Möglichkeiten der Gemeinde durch die Aufgabenzuweisungen eingeschränkt, Selbstverwaltungsaufgaben wahrzunehmen, die zum geschützten

450 *Jarass*, DVBl. 2000, 945 (945).

451 M. w. N. *Gassner*, NuR 1989, 120; *Koch*, Die Verwaltung 37 (2004), 537 (537).

452 BVerfGE 79, 127 (155).

453 BVerfGE 79, 127 (150); *Schmidt-Aßmann*, Kommunale Selbstverwaltung, in: FS Sendler, 121 (135).

454 BVerfGE 107, 1 (14); BVerfGE 110, 370 (401); *Schmidt-Aßmann*, Kommunale Selbstverwaltung, in: FS Sendler, 121 (135).

455 BVerfGE 79, 127 (153); BVerfGE 107, 1, 14; 110, 370 (401); *Schmidt/Aßmann/Röhl*-Schmidt-Aßmann/Schoch, Bes. VerwaltungsR, 1. Kap. Rn. 22.

456 BVerfGE 119, 331 (354); *Hufen*, DÖV 1998, 276 (281); so auch *Braun*, Kommunalisierung von Umweltaufgaben, S. 354.

Aufgabenbestand des Art. 28 Abs. 2 GG gehören, begründet dies ebenfalls einen Eingriff in die kommunale Selbstverwaltungsgarantie.[457] Soweit den Gemeinden der Spielraum zur Erledigung eigenständiger Aufgaben durch Aufgabenzuweisung bzw. Aufgabenüberlastung genommen wird, wird ihnen im gleichen Maße die Substanz der Selbstverwaltungsgarantie entzogen wie bei einem Aufgabenentzug.[458]

Wendet man dieses Prinzip auf die Zuweisung von Aufgaben mit örtlichem und zugleich überörtlichem Bezug an, so wäre die Grenze des kommunalen Kompetenzbereichs dann erreicht, wenn eine ordnungsgemäße Aufgabenerfüllung einer (anderen) Gemeinde nicht mehr gewährleistet werden kann. Eine nicht mehr mit Art. 28 Abs. 2 GG vereinbare Ausdehnung des kommunalen Kompetenzbereiches liegt also dann vor, wenn dies die Erfüllung der Selbstverwaltungsaufgaben einer (anderen) Gemeinde in erheblichem Maße beeinträchtigen würde.[459] Die Grenze der gemeindlichen Kompetenz wäre bei bauleitplanerischen Maßnahmen zum (überörtlichen) Klimaschutz folglich dann ausgeschöpft, wenn dadurch die Gemeinde entweder selbst oder eine benachbarte Gemeinde bei der Wahrnehmung ihrer (sonstigen) Selbstverwaltungsaufgaben in einem solchen Maße eingeschränkt werden würde, dass eine ordnungsgemäße Aufgabenerfüllung nicht mehr gewährleistet werden kann.[460] Hierin findet sich die Grenze der kommunalen Ausdehnung von globalen Klimaschutzaufgaben im Bauplanungsrecht.

IV. Zusammenfassung

Die Aufgabe des allgemeinen Klimaschutzes im Rahmen der Bauleitplanung ist demnach als eine Erweiterung der pflichtigen Selbstverwaltungsaufgabe der Gemeinden anzusehen. Hierfür sprechen insbesondere der Wortlaut, die Systematik, der Sinn und Zweck der Klimaschutzklausel nach § 1a Abs. 5 BauGB, der Vergleich mit anderen Umweltaufgaben in der Bauleitplanung, die eigenverantwortliche Aufgabenerfüllung (§ 2 Abs. 1 BauGB), der Charakter der Bauleitplanung als Pflichtaufgabe (§ 1 Abs. 3 BauGB) sowie der historische Hintergrund des Baugesetzbuches.

Der Rahmen der kommunalen Verbandskompetenz für eine auch global klimaschützende Bauleitplanung bestimmt sich somit nach Art. 28 Abs. 2 GG. Der Begriff der „Angelegenheiten der örtlichen Gemeinschaft" bedarf dabei eines modernen[461] und zeitgemäßen, umweltschützenden Verständnisses. Eine solche dynamische[462] Auslegung liegt auch im Sinne des Örtlichkeitskriteriums nach Art. 28 Abs. 2 GG,

457 BVerfGE 119, 331 (354); *Hufen*, DÖV 1998, 276 (281).

458 *Hufen*, DÖV 1998, 276 (278).

459 BVerwG, DVBl. 2006, 781 (783), BVerwG, NVwZ 1998, 952 (952); so auch *Braun*, Kommunalisierung von Umweltaufgaben, S. 354.

460 Vgl. BVerwG, DVBl. 2006, 781 (783); BVerfGE 79, 127 (153).

461 *Manten/Elbel*, LKV 2009, 1 (5); so auch *Braun*, Kommunalisierung von Umweltaufgaben, S. 367.

462 Vgl. BVerfGE 79, 127 (152); *Rojahn*-Mitschang, Klimaschutz und Energieeinsparung, S. 67 (73).

das sich nicht nach festgelegten Merkmalen bestimmt. Gerade Umweltaufgaben weisen häufig sowohl örtliche als auch überörtliche Bezüge auf, was die kompetenzrechtliche Zuordnung erschwert. Der Begriff der „örtlichen Angelegenheit" muss daher dehnbar genug sein, um sich den Herausforderungen der jeweiligen Zeit anpassen zu können und damit auch eine Versteinerung des kommunalen Aufgabenbestandes zu verhindern. Eine solche Herausforderung stellt der globale Klimawandel dar. Seine zunehmenden Folgen auf die bodenrechtliche Nutzung von Grund und Boden lösen neue Bodennutzungskonflikte aus (z.B. Hochwassergebiete, Beeinträchtigungen auf die Infrastruktur und den Baubestand durch Starkregen und Stürme, lang anhaltenden Hitzewellen gerade im dicht besiedelten Gebieten) und haben damit bodenrechtliche Relevanz. Der Gesetzgeber hat die sich daraus ergebenden neuen bodenrechtlichen Nutzungssituationen (z.B. Energieversorgung und -gewinnung aus erneuerbaren Energien) erkannt und die klimaschutzrechtlichen Gestaltungsmöglichkeiten im Baugesetzbuch erweitert.

Das Merkmal der bodenrechtlichen Anknüpfung wird dabei auch nicht bei Planungsmöglichkeiten zum allgemeinen Klimaschutz aufgegeben. Die globalen Umweltprobleme beeinflussen folglich nicht nur den Begriff des „bodenrechtlichen Bezuges" i.S.d. BauGB, sondern auch den verfassungsrechtlichen Begriff der „örtlichen Angelegenheiten" im Sinne des Art. 28 Abs. 2 GG.

Bei bauplanerischen Maßnahmen zur Verbesserung des lokalen Klimas bestehen keine Bedenken in Bezug auf die gemeindliche Verbandskompetenz nach Art. 28 Abs. 2 GG. Bei Planvorgaben zum globalen Klimaschutz bleibt die Verbandskompetenz der Gemeinde gewahrt, solange sie einen bodenrechtlichen Bezug zum Gemeindegebiet aufweisen. Dies ist dann der Fall, wenn durch die städtebaulichen Plananordnungen zum globalen Klimaschutz die örtliche Bodennutzung in der Gemeinde geregelt wird und die Nutzungsmöglichkeiten aus dem allgemeinen Klimaschutzinteresse, das in der Gemeinde wurzelt, konkretisiert oder beschränkt werden.[463] Ein in der Gemeinde wurzelndes Interesse für klimaschützende Festsetzungen kann sich dabei insbesondere aufgrund der besonderen lokal-topographischen Besonderheiten (z.B. optimale Bedingungen für Solarthermie aufgrund überdurchschnittlicher Sonnenstundenanzahl, weitgehende Verschattungsfreiheit, etc.), der jeweiligen sozialen Siedlungsstruktur oder der konkreten vorhandenen Nutzungsstruktur ergeben.[464] Dabei muss sich die klimaschützende Maßnahme nicht ausschließlich unmittelbar örtlich auswirken (lokaler Klimaschutz). Vielmehr reicht es aus, wenn die klimaschützende Wirkung vor Ort von mittelbarer Natur ist (globaler Klimaschutz). Der Wirkungsradius der planerischen Festsetzungen darf sich daher auch auf den überörtlichen Klimaschutz beziehen. Denn für die kompetenzrechtliche Abgrenzung kommt es weder auf die Ursache der klimatischen

463 *Battis/Kersten/Mitschang/Ingold/Schwarz*, Stadtentwicklung, S. 34; *Rojahn*-Mitschang, Klimaschutz und Energieeinsparung, S. 67 (78).

464 *Mantel/Elbel*, LKV 2009, 1 (6).

Veränderungen noch auf den tatsächlichen Wirkungskreis der bauplanerischen Vorgaben an.

Die Frage nach der kompetenzrechtlichen Reichweite für klimaschützende Planvorgaben kann in Zweifelsfällen zusätzlich durch die funktionale Betrachtungsweise des Örtlichkeitskriteriums i.S.d. Art. 28 Abs. 2 GG beantwortet werden. Die Reichweite an Planungsmöglichkeiten bestimmt sich nach der funktionsbezogenen Perspektive danach, innerhalb welcher Gemeindegrenzen die bauleitplanerische Klimaschutzaufgabe schwerpunktmäßig anfällt, nicht hingegen wo sie sich auswirkt. Die kommunale Kompetenzgrenze im Sinne des Art. 28 Abs. 2 GG für klimaschützende Gestaltungsmöglichkeiten in der Bauleitplanung ist erreicht, wenn eine ordnungsgemäße Aufgabenerfüllung einer (anderen) Gemeinde nicht mehr gewährleistet werden kann.

C. Verfassungsrechtliche Vereinbarkeit von (global) klimaschützenden Maßnahmen mit dem föderalen Durchgriffsverbot nach Art. 84 Abs. 1 S. 7 GG

I. Problemaufriss

Damit ist die Streitfrage, ob die kommunalen Planungsträger bei ihrer Bauleitplanung auch die Auswirkungen auf das allgemeine Klima berücksichtigen dürfen, noch nicht abschließend geklärt. Problematisch erscheint das verfassungsrechtlich verankerte föderale Durchgriffsverbot gem. Art. 84 Abs. 1 S. 7 GG. Inhalt und Reichweite dieses Aufgabenübertragungsverbots in Bezug auf die Aufgabe der klimaschützenden Bauleitplanung sollen nachfolgend analysiert werden.

II. Das föderale Durchgriffsverbot

Das föderale Durchgriffsverbot wurde im Wege der Föderalismusreform I zum 01.09.2006[465] in das Grundgesetz eingeführt. Gemäß Art. 84 Abs. 1 S. 7 GG dürfen den Gemeinden und Gemeindeverbänden keine Aufgaben durch ein Bundesgesetz übertragen werden. Dem Bund obliegt daher keine Möglichkeit mehr, den Kommunen durch Bundesgesetze neue Aufgaben zu übertragen. Sinn und Zweck dieses Durchgriffsverbots ist es, die Kommunen vor einer bundesgesetzlichen Aufgabenüberlastung sowie der damit verbundenen Kostenbelastung zu schützen.[466] Vor der Föderalismusreform I bestand für den Bund die Option, zumindest in Ausnahmefällen bestimmte Aufgaben unmittelbar durch Bundesgesetze an die Gemeinden und Gemeindeverbände zu übertragen und dadurch den kommunalen Wirkungskreis

465 Gesetz zur Änderung des Grundgesetzes (Artikel 22, 23, 33, 52, 72, 73, 74, 74a, 75, 84, 85, 87c, 91a, 91b, 93, 98, 104a, 104b, 105, 107, 109, 125a, 125b, 125c, 143c) vom 28.08.2006 (BGBl. I S. 2034).

466 *Schoch*, DVBl. 2007, 261 (263).

zu bestimmen. Von dieser Aufgabenzuweisung machte der Bund insbesondere im Sozialrecht Gebrauch mit letztendlich nachteiligen Folgen für die Gemeinden[467]: Einerseits stand den Gemeinden gegen den Bund kein Anspruch auf Erstattung der mit der Aufgabenwahrnehmung verbundenen Kosten wegen des Fehlens eines bundesfinanzverfassungsrechtlichen Konnexitätsgebots zu.[468] Aufgrund der fehlenden finanzrechtlichen Beziehung zwischen Bund und Kommune war der Bund weder berechtigt noch verpflichtet, den Gemeinden finanzielle Mittel zur Aufgabenerfüllung bereitzustellen.[469] Andererseits waren die landesverfassungsrechtlichen Konnexitätsgebote wegen der fehlenden Aufgabenübertragung durch das jeweilige Land nicht als Anspruchsgrundlage einschlägig.[470] Dieser Misere soll das föderale Durchgriffsverbot abhelfen, indem der Bund keine Aufgaben unmittelbar an die Kommunen zuweisen darf.

1. *Zeitlicher Anwendungsbereich*

Die tatbestandliche Reichweite des Durchgriffsverbots ist dennoch nicht unumstritten. Feststeht nur, dass das Aufgabenübertragungsverbot für neue Aufgaben gilt.[471] In zeitlicher Hinsicht findet das föderale Durchgriffsverbot nur für Aufgabenzuweisungen nach dem Inkrafttreten der Föderalismusreform I Anwendung, also erst nach dem 01.09.2006. Der allgemeine Klimaschutz wurde bereits durch die Reformen des Baugesetzbuches aufgrund des Europarechtsanpassungsgesetzes Bau[472] im Jahre 2004 als Planungsziel in § 1 Abs. 5 S. 2 BauGB 2004 eingeführt. Danach sollten die Bauleitpläne erstmals einen Beitrag „auch in Verantwortung für den allgemeinen Klimaschutz" leisten. Durch die Klimaschutz-Novelle[473] im Jahr 2011 wurde der (allgemeine) Klimaschutz zusätzlich in § 1a Abs. 5 BauGB kodifiziert. Um eine neue Aufgabenzuweisung i.S.d. Art. 84 Abs. 1 S. 7 GG handelt es sich mithin nicht. Der zeitliche Anwendungsbereich des föderalen Durchgriffsverbots ist also in Bezug auf den allgemeinen Klimaschutz in der Bauleitplanung bereits nicht eröffnet.

Allerdings regelt Art. 125a Abs. 1 S. 1 und 2 GG, wie mit bestehenden Aufgabenübertragungen, also solche die vor Inkrafttreten der Föderalismusreform I übertragen worden sind, zu verfahren ist. Danach gilt das Bundesrecht fort, solange es nicht durch Landesrecht ersetzt worden ist. In Anwendung auf das BauGB

467 *Huber/Wollenschläger*, VerwArch 100 (2009), 305 (306).
468 *Huber/Wollenschläger*, VerwArch 100 (2009), 305 (306).
469 *Schoch*, DVBl. 2007, 261 (263); *Suerbaum*-Epping/Hillgruber, GG, Art. 84 Rn. 28.
470 *Huber/Wollenschläger*, VerwArch 100 (2009), 305 (306).
471 *Suerbaum*-Epping/Hillgruber, GG, Art. 84 Rn. 29.
472 Gesetz zur Anpassung des Baugesetzbuches an EU-Richtlinien (Europarechtsanpassungsgesetz Bau – EAG Bau) vom 24.06.2004 (BGBl. I S. 1359), in Kraft getreten am 20.07.2004 (BGBl. I S. 1359, 1381); Näheres hierzu im 2. Kap. B.
473 Gesetz zur Förderung des Klimaschutzes bei der Entwicklung in den Städten und Gemeinden vom 22.07.2011 (BGBl. I S. 1509); BT-Drs. 17/6076, S. 6.

hieße das, dass nach Art. 125a Abs. 1 S. 2 GG die Länder abweichende Regelungen treffen könnten. In Bezug auf das BauGB stellt sich somit einerseits die Frage, ob die vor dem Inkrafttreten des Art. 84 Abs. 1 S. 7 GG vorhandenen Regelungen zum Klimaschutz von der Übergangsregelung des Art. 125a Abs. 1 GG erfasst sind und anderseits ob bzw. inwieweit zukünftige Modifikationen zum Klimaschutz wegen des Aufgabenübertragungsverbotes unzulässig wären. Die Antwort auf beide Fragen hängt maßgeblich davon ab, ob Art. 84 Abs. 1 S. 7 GG in sachlicher Hinsicht auf die bauplanerische Klimaschutzaufgabe Anwendung findet.

2. *Sachlicher Anwendungsbereich*

Dass die Bauleitplanung als Aufgabe im Sinne des Art. 84 Abs. 1 S. 7 GG zu verstehen ist[474], daran bestehen keine Zweifel. Anders verhält es sich hingegen mit dem Begriff der Aufgabenübertragung im vorgenannten Sinne. Über dessen terminologische Reichweite besteht Uneinigkeit:

Einige[475] differenzieren bei dem Begriff der Aufgabenübertragung im Sinne des Art. 84 Abs. 1 S. 7 GG zwischen quantitativen und qualitativen Aufgaben. Bei Ersteren handele es sich um eine reine Modifikation von schon im Zeitpunkt des Inkrafttretens der Föderalismusreform I bestehenden Aufgaben, dessen Erweiterung durch neue Bundesgesetze zulässig sei.[476] Das Durchgriffsverbot gelte hiernach also nicht für reine Erweiterungen des Aufgabenbestandes in quantitativer Hinsicht. Dagegen sei die Zuweisung neuer (qualitativer) Aufgaben von dem Durchgriffsverbot erfasst und unzulässig.[477] Begründet wird die Differenzierung zwischen quantitativen und qualitativen Aufgaben damit, dass den Forderungen im Gesetzgebungsverfahren, den neuen Art. 84 Abs. 1 S. 7 GG in der Begründung dahingehend zu erläutern, dass dem Bund künftig auch eine Erweiterung bestehender Aufgaben verwehrt sein sollte, nicht entsprochen worden ist.[478] Vielmehr sei daher an die zum bisherigen Art. 84 Abs. 1 GG bekannte Differenzierung zwischen den rein quantitativen Erweiterungen bereits bestehender Aufgaben und der Übertragung neuer Aufgaben anzuknüpfen.[479] Nach diesem Verständnis wären zukünftige Erweiterungen zum allgemeinen Klimaschutz als quantitative Aufgaben zu betrachten, da der globale Klimaschutz bereits vor dem Inkrafttreten der Föderalismusreform I zum 01.09.2006 im Jahr 2004 in das BauGB (vgl. § 1 Abs. 5 S. 2 BauGB 2004[480]) eingeführt worden ist. Für die bestehenden klimaschutzbezogenen Regelungen im BauGB bestünde hiernach kein Abweichungsrecht der Länder nach Art. 125a Abs. 1 GG. Dieser

474 *Ingold*, DÖV 2010, 134 (135).

475 *Hömig*-Hömig, GG, Art. 84 Rn. 13; *Huber/Wollenschläger*, VerwArch 100 (2009), 305 (307 f.); *Suerbaum*-Epping/Hillgruber, GG, Art. 84 Rn. 25.

476 *Huber/Wollenschläger*, VerwArch 100 (2009), 305 (308 f.).

477 *Huber/Wollenschläger*, VerwArch 100 (2009), 305 (308).

478 BT-Drs. 16/3971, S. 7; *Huber/Wollenschläger*, VerwArch 100 (2009), 305 (308).

479 *Huber/Wollenschläger*, VerwArch 100 (2009), 305 (308).

480 BGBl. I 2004 S. 1359, 1363; BGBl. I 2004 S. 2414, 2419.

setzt nämlich voraus, dass der sachliche Anwendungsbereich des Art. 84 Abs. 1 S. 7 GG eröffnet ist. Da nach dieser Ansicht eine „Aufgabenübertragung" im Sinne des Art. 84 Abs. 1 S. 7 GG nur bei der Zuweisung von qualitativen Aufgaben vorliegt und die Vorschriften zum (allgemeinen) Klimaschutz im BauGB quantitative Aufgabenerweiterungen darstellen, ist der Tatbestand des Art. 84 Abs. 1 S. 7 GG folglich nicht erfüllt.

Nach einer weiteren Auffassung[481] sei bei der Aufgabenübertragung i.S.d. Art. 84 Abs. 1 S. 7 GG zwischen Aufgabenbestimmungsnormen und Aufgabenzuweisungsnormen zu unterscheiden. Das Durchgriffsverbot beziehe sich nur auf den (Neu-) Erlass von Aufgabenzuweisungsnormen.[482] Darunter seien solche Vorschriften zu verstehen, deren Rechtsfolge darin bestehe, dass gerade die Gemeinden für die Wahrnehmung einer bestimmten Aufgabe zuständig sind.[483] Abzugrenzen seien die Aufgabenzuweisungsnormen von den Aufgabenbestimmungsnormen. Letztere stellen Regelungen dar, die nicht die Zuständigkeit der Gemeinden regeln, sondern staatliches Tätigwerden inhaltlich oder verfahrensmäßig unabhängig davon regeln, welchem Verwaltungsträger die betreffende Aufgabe zugewiesen worden ist.[484] Ihr Regelungszweck liegt also nicht in der Zuweisung der gemeindlichen Zuständigkeit.

War die Aufgabe schon vor der Einführung des Art. 84 Abs. 1 S. 7 GG durch eine Aufgabenzuweisungsnorm den Gemeinden übertragen worden und wird jene Aufgabe nachträglich lediglich durch eine Aufgabenbestimmungsnorm inhaltlich modifiziert, so seien die Voraussetzungen des Art. 84 Abs. 1 S. 7 GG nicht erfüllt.[485] Begründet wird diese Auffassung mit dem Argument, dass die Tatbestandsmerkmale „Aufgaben" und „Übertragung" nicht kumulativ vorlägen mit der Folge, dass Aufgabenbestimmungsnormen nicht von dem Durchgriffsverbot erfasst seien.[486] Auch sei der Erlass von Aufgabenbestimmungsnormen nicht durch die Übergangsvorschrift des Art. 125a Abs. 1 GG ausgeschlossen.[487] Zum einen wäre das Tatbestandsmerkmal „Recht, das (...) wegen der Einfügung des Art. 84 Abs. 1 S. 7 GG (...) nicht mehr als Bundesrecht erlassen werden könnte" nicht erfüllt, da damit nur Aufgabenzuweisungsnormen und nicht Aufgabenbestimmungsnormen gemeint seien.[488] Zum anderen statuiere Art. 125a Abs. 1 GG als Rechtsfolge lediglich, dass die Aufgabenzuweisungsnormen vor Inkrafttreten des Art. 84 Abs. 1 S. 7 GG fortgelten sollen, solange sie nicht durch Landesrecht ersetzt werden.[489] Zur Kompetenz

481 *Pieroth*-Jarass/Pieroth, GG, Art. 84 Rn. 7; *Meßmann*, DÖV 2010, 726 (726);
482 *Meßmann*, DÖV 2010, 726 (726).
483 *Meßmann*, DÖV 2010, 726 (726).
484 *Meßmann*, DÖV 2010, 726 (726).
485 *Engelken*, VBlBV 2008, 457 (460); *Meßmann*, DÖV 2010, 726 (727).
486 *Engelken*, VBlBV 2008, 457 (460); *Meßmann*, DÖV 2010, 726 (727).
487 *Meßmann*, DÖV 2010, 726 (727).
488 *Meßmann*, DÖV 2010, 726 (727).
489 *Meßmann*, DÖV 2010, 726 (727).

des Bundes zum Erlass von (neuen) Aufgabenbestimmungsnormen verhalte sich Art. 125a Abs. 1 GG aber nicht.[490]

Nach dieser Ansicht sind die klimaschützenden Regelungen gem. § 1 Abs. 5 S. 2, § 1a Abs. 5 BauGB nicht von dem Durchgriffsverbot des Art. 84 Abs. 1 S. 7 GG erfasst. Denn bei § 1 Abs. 5 S. 2, § 1a Abs. 5 BauGB handelt es sich um materiell-rechtliche Modifikationen des BauGB, die als Aufgabenbestimmungsnormen einzuordnen sind. Sie stellen keine Zuständigkeitsregelungen im Sinne von Aufgabenzuweisungsnormen dar. Zukünftige Erweiterungen der klimaschützenden Vorschriften als Aufgabenbestimmungsnormen wären hiernach zulässig. Auch stünde nach dieser Ansicht den Ländern kein Abweichungsrecht nach Art. 125a Abs. 1 GG zu, da diese keine Aufgabenbestimmungsnormen erfasse.

Andere verstehen unter der Aufgabenübertragung im engeren Wortsinn ein räumliches Verschieben (Translozieren).[491] Voraussetzung einer jeden Übertragung sei, dass das zu Übertragene beim Übertragenen zuvor real oder zumindest als Möglichkeit bestehe.[492] Von einer Übertragung seien also keine Änderungen oder Erweiterungen vom Wortsinn mehr erfasst, denen bereits eine Übertragung vorausgegangen sein müsse.[493] Insbesondere verneint diese Ansicht[494] die Anwendbarkeit des Art. 84 Abs. 1 S. 7 GG auf (klimaschutzbezogene) Regelungen des BauGB, da das Tatbestandsmerkmal „Übertragung durch ein Bundesgesetz" nicht erfüllt werde. Die Bauleitplanung werde den Gemeinden nicht explizit durch das BauGB als Bundesgesetz, sondern durch das kommunale Selbstverwaltungsrecht gem. Art. 28 Abs. 2 GG übertragen.[495] Die Aufgabenzuweisung an die Gemeinden erfolge also verfassungsunmittelbar und nicht erst durch ein Bundesgesetz.[496] Konsequenterweise finde Art. 84 Abs. 1 S. 7 GG auf bestehende oder zukünftige klimaschutzbezogene Vorschriften im BauGB keine Anwendung. Denn vom

490 *Meßmann*, DÖV 2010, 726 (727).

491 *Ingold*, DÖV 2010, 134 (135); *Engelken*, VBlBW 2008, 457 (459 f.).

492 *Ingold*, DÖV 2010, 134 (135); *Engelken*, VBlBW 2008, 457 (459 f.).

493 *Ingold*, DÖV 2010, 134 (135).

494 *Battis/Krautzberger/Mitschang/Reidt/Stüer*, NVwZ 2011, 897 (899); *Battis/Kersten/Mitschang/Ingold/Schwarz*, Stadtentwicklung, S. 36 f.; Bericht über die Auswirkungen der Föderalismusreform auf die Verbreitung von Gesetzesentwürfen der Bundesregierung und das Gesetzgebungsverfahren vom 04.09.2006, BR-Drs. 651/06, S. 17; Erklärung der Koalitionsfraktionen im BT-Rechtsausschuss, BT-Drs. 16/2069, S. 13; Stellungnahme des Ausschusses für Verkehr, Bau und Stadtentwicklung, BT-Drs. 16/2069, S. 4.

495 *Battis/Krautzberger/Mitschang/Reidt/Stüer*, NVwZ 2011, 897 (899); *Battis/Kersten/Mitschang/Ingold/Schwarz*, Stadtentwicklung, S. 36; Bericht über die Auswirkungen der Föderalismusreform auf die Verbreitung von Gesetzesentwürfen der Bundesregierung und das Gesetzgebungsverfahren vom 04.09.2006, BR-Drs. 651/06, S. 17; Erklärung der Koalitionsfraktionen im BT-Rechtsausschuss, BT-Drs. 16/2069, S. 13; Stellungnahme des Ausschusses für Verkehr, Bau und Stadtentwicklung, BT-Drs. 16/2069, S. 4.

496 *Battis/Kersten/Mitschang/Ingold/Schwarz*, Stadtentwicklung, S. 36 f.

Wortlaut des Art. 84 Abs. 1 Satz 7 GG seien nur diejenigen Aufgabenzuordnungen erfasst, die durch ein Bundesgesetz übertragen werden und nicht jene, die durch die Verfassung unmittelbar selbst zugeteilt werden.[497] Darüber hinaus ergebe sich aus der Systematik des Grundgesetzes, dass Art. 28 Abs. 2 GG gegenüber Art. 84 Abs. 1 S. 7 GG als lex specialis anzusehen sei.[498] Ein derartiges Spezialitätsverhältnis ergebe sich auch aus der der Verfassungsänderung zu Grunde liegenden Stellungnahme des Ausschusses für Verkehr, Bau und Stadtentwicklung[499]: Das Durchgriffsverbot dürfe „nicht dazu führen, dass die in Art. 28 Abs. 2 GG geregelte Gewährleistung der kommunalen Selbstverwaltung ausgehöhlt wird. Daher geht der Ausschuss davon aus, dass das Verbot der Aufgabenübertragungen an Gemeinden und Gemeindenverbände nicht solche Aufgaben umfasst, die die Gemeinden auf Grund der verfassungsrechtlichen Garantie der kommunalen Selbstverwaltung (Art. 28 Abs. 2 Satz 1 GG) wahrnehmen und wahrnehmen müssen, insbesondere nicht die durch das Baugesetzbuch den Gemeinden zugewiesene Zuständigkeit für die Bauleitplanung im Gemeindegebiet. Nur ein solches Verständnis von Art. 84 Abs. 1 Satz 6 GG wird auch dem beabsichtigten Regelungsgehalt der Vorschrift gerecht“[500].

Bestehende oder zukünftige Änderungen oder Erweiterungen von klimaschutzbezogenen Vorschriften des BauGB sind mithin auch nach dieser Auffassung von dem Zuweisungsverbot i.S.d. Art. 84 Abs. 1 S. 7 GG nicht erfasst. Demzufolge haben die Länder auch nicht nach Art. 125 a Abs. 1 S. 2 GG die Möglichkeit, von Vorgaben des BauGB abzuweichen.[501]

III. Zwischenergebnis

Eine (global) klimaschützende Bauleitplanung verstößt nicht gegen das föderale Durchgriffsverbot nach Art. 84 Abs. 1 S. 7 GG. Der zeitliche Anwendungsbereich des Art. 84 Abs. 1 S. 7 GG ist bereits nicht erfüllt, denn der allgemeine Klimaschutz wurde bereits vor dem Inkrafttreten der Föderalismusreform I in das Baugesetzbuch

---

497 Vgl. *Battis/Krautzberger/Löhr*, NVwZ 2007, 121 (122).

498 *Battis/Krautzberger/Mitschang/Reidt/Stüer*, NVwZ 2011, 897 (899); *Battis/Kersten/Mitschang/Ingold/Schwarz*, Stadtentwicklung, S. 36; Bericht über die Auswirkungen der Föderalismusreform auf die Verbreitung von Gesetzesentwürfen der Bundesregierung und das Gesetzgebungsverfahren vom 04.09.2006, BR-Drs. 651/06, S. 17; Erklärung der Koalitionsfraktionen im BT-Rechtsausschuss, BT-Drs. 16/2069, S. 17; Stellungnahme des Ausschusses für Verkehr, Bau und Stadtentwicklung, BT-Drs. 16/2069, S. 4; *Ingold*, DÖV 2010, 134 (137); a. A.: *Engelken*, VBlBW 2008, 457 (466); *Hermes*-Dreier, GG, Bd. III, Art. 84 Rn. 72; *Meßmann*, DÖV 2010, 726 (729); *Pieroth*-Jarass/Pieroth, GG, Art. 84 Rn. 7; *Schoch*, DVBl. 2007, 261 (263).

499 *Ingold*, DÖV 2010, 134 (137).

500 Stellungnahme des Ausschusses für Verkehr, Bau und Stadtentwicklung, BT-Drs. 16/2069, S. 4.

501 *Ingold*, DÖV 2010, 134 (139).

eingeführt. Auch der sachliche Anwendungsbereich des Art. 84 Abs. 1 S. 7 GG ist nach den dargestellten Ansichten nicht eröffnet. Die Länder können mithin nach der Übergangsvorschrift des Art. 125a Abs. 1 GG, die den Anwendungsbereich des Art. 84 Abs. 1 S. 7 GG voraussetzt, keine abweichenden Regelungen bezüglich der bestehenden oder auch zukünftigen Regelungen zum Klimaschutz im Baugesetzbuch treffen.

Viertes Kapitel: Vorbeugender und anpassender Klimaschutz im Rahmen der bauleitplanungsrechtlichen Abwägung

A. Die bauplanungsrechtliche Gestaltungsfreiheit

I. Die Freiheit zur bauplanungsrechtlichen Gestaltung als Wesenselement gemeindlicher Bauleitplanung

Jede Planung ist auf die zukünftige Gestaltung von Zielkonflikten ausgerichtet. Sie wirkt auf künftige Entwicklungen ein, um sie final zu steuern.[502] Es handelt sich also um eine prospektive Interessenkoordination.[503] Aufgabe der Gemeinden ist es, unterschiedliche bodenrechtliche Nutzungssituationen und -konflikte durch städtebauliche Planungskonzepte zu koordinieren und zu lösen. Dabei kann die inhaltliche Ausgestaltung der jeweiligen städtebaulichen Konzeptionen vielfältig motiviert sein. Sie kann auf die Erhaltung des Status-quo-Zustandes oder auf die Schaffung neuer bodenrechtlicher Nutzungssituationen ausgerichtet sein.[504] Der Inhalt der gemeindlichen städtebaulichen Konzeptionen hat sich an den Planungszielen des BauGB zu orientieren. Die Entscheidung, ob, wie und wann die Bodennutzungsverhältnisse zu gestalten sind, ist Gegenstand des gemeindlichen Planungsermessens.[505] Auf das Planungsermessen der Gemeinde weist der Gesetzgeber in § 2 Abs. 1 S. 1 BauGB hin, indem er die Aufstellung der Bauleitpläne den Gemeinden „in eigener Verantwortung" zuweist. Den Gemeinden steht daher in der Bauleitplanung ein gewisser Spielraum an Gestaltungsfreiheit zu.[506] In diesem Zusammenhang hat das Bundesverwaltungsgericht zu Recht betont, dass „die Befugnis zur Planung – hier wie anderweit – einen mehr oder weniger ausgedehnten Spielraum an Gestaltungsfreiheit einschließt und einschließen muss, weil Planung ohne Gestaltungsfreiheit ein Widerspruch in sich wäre" [507]. Die Ausübung der gemeindlichen Planungsbefugnis bedeutet zugleich, dass den Planungsträgern insoweit eine planerische Gestaltungsfreiheit für die städtebauliche Entwicklung und Ordnung eingeräumt wird.[508] Maßstab für die planerischen Konzeptionen sind die eigenen städtebaulichen

502 *Kuschnerus*, ZfBR 2000, 15 (15); *Kloepfer*, Planung und prospektive Rechtswissenschaft, in FS: Hoppe, 111 (113).
503 *Hoppe*-ders/Bönker/Grotefels, BauGB, § 7 Rn. 10.
504 Vgl. BVerwG, ZfBR 1991, 123 (124); *Kuschnerus*, ZfBR 2000, 15 (15).
505 BVerwGE 119, 25 (28); *Portz/Runkel*, BauR, Rn. 22.
506 BVerwGE 34, 301 (304); *Reidt*-Bracher/ders/Schiller, BauplR, Rn. 20.
507 BVerwGE 34, 301 (304).
508 BVerwGE 34, 301 (304).

Vorstellungen der Gemeinden.[509] Die Gemeinden sind „ermächtigt, eine Städtebaupolitik zu betreiben, die ihren städtebaulichen Ordnungsvorstellungen entspricht“[510]. Der gemeindliche Gestaltungsspielraum ist somit Merkmal und Konsequenz des planerischen Handlungsauftrages im Sinne des § 1 Abs. 3 BauGB.[511]

II. Grenzen des bauplanungsrechtlichen Gestaltungsspielraums

Den Gemeinden wird die planerische Gestaltungsfreiheit nicht unbegrenzt gewährt. Dies folgt bereits aus dem Rechtsstaatsprinzip, welches dem Grundgesetz als Prinzip voraus und zugrunde liegt[512]. Sie ist wie jede exekutive Gewalt an Gesetz und Recht nach Art. 20 Abs. 3 GG gebunden. Der gemeindliche Gestaltungsspielraum findet dort seine Grenzen, wo das Planungsermessen durch gesetzliche Vorschriften gesteuert wird. Sie mögen zwar im Einzelfall die gemeindlichen Handlungsalternativen beschränken, erhöhen aber zugleich die Rechtssicherheit des Planungsergebnisses.[513] Die Gefahr, dass die Planungsträger ihre Befugnis zur städtebaulichen Entwicklung missbrauchen, wird durch das zwingende Recht, den Zielen der Bauleitplanung und den verfassungsrechtlich verankerten Grundsätzen minimiert. Um etwaige Willkürakte zu vermeiden, hat der Gesetzgeber verschiedene planungssteuernde Regelungen getroffen.[514] Sie lassen sich grob in fünf Kategorien einordnen: das Abwägungsgebot, die Planungsleitsätze, die Planungsziele, die Optimierungsgebote und die allgemeinen Planungsgrundsätze. Diese planungssteuernden Prinzipien sollen zunächst nachfolgend näher betrachtet werden.

1. Das Abwägungsgebot nach § 1 Abs. 7 BauGB

a) Rechtliche Grundlage und Funktion

Jede Planentscheidung bedingt einen Kompromiss zwischen den von ihr berührten widerstreitenden Interessen. Rechtliches Instrument der Entscheidungsfindung ist die bauplanerische Abwägung nach § 1 Abs. 7 BauGB. Danach sind bei der Aufstellung von Bauleitplänen die öffentlichen und privaten Belange gegeneinander und untereinander gerecht abzuwägen. Das Abwägungsgebot ist das zentrale Wesensmerkmal rechtsstaatlicher Planung.[515] Es ist als Ausfluss allgemeiner Rechtsfindungsmethode[516] darauf konzipiert, den Ausgleich zwischen konfligierenden Belangen zu erreichen. Damit ist zugleich die Funktion des Abwägungsgebotes

---

509 BVerwG, NVwZ-RR 2003, 7 (7); BVerwGE 114, 301 (304).
510 BVerwG, ZfBR 1999, 279 (280).
511 *Erbguth*, UPR 2010, 281 (282).
512 *Battis/Gusy*, Staatsrecht, § 6 Rn. 194.
513 Vgl. *Funke*, DVBl. 1987, 511 (514).
514 *Kuschnerus*, ZfBR 2000, 15 (15 f.).
515 BVerwGE 100, 370 (383 f.); *Rieger*-Schrödter, BauGB, § 1 Rn. 567.
516 *Ibler*, Die Schranken planerischer Gestaltungsfreiheit, S. 212 f.; *Hoppe*-ders/Bönker/Grotefels, BauGB, § 7 Rn. 16.

angesprochen. Es ermöglicht insbesondere einen besonders flexiblen Interessenausgleich im Einzelfall, bei welchem der verfassungsrechtliche Grundsatz der Verhältnismäßigkeit maßgebliche Beachtung findet.[517] Das Abwägungsgebot stellt dabei nicht einfach nur ein Derivat des Verhältnismäßigkeitsgrundsatzes dar, welches seinerseits Ausdruck des Rechtsstaatsprinzips[518] ist und somit auch die Planungsträger als exekutive Gewalt bindet[519]. Es fungiert demzufolge auch als Handlungs- und Kontrollmaßstab[520]. Damit wird die planerische Gestaltungsfreiheit der Gemeinden durch das Abwägungsgebot sowohl begründet als auch begrenzt.

b) Begriff der Belange i.S.d. § 1 Abs. 7 BauGB

aa) Öffentliche Belange

Die in der Abwägung nach § 1 Abs. 7 BauGB zu berücksichtigenden öffentlichen Belange sind extensiv[521] zu verstehen. Der Begriff des „Belangs" kann im Allgemeinen mit der Bezeichnung „Interesse" gleichgesetzt werden.[522] Der Gesetzgeber hat diesen Begriff im BauGB nicht weiter definiert. Die öffentlichen Belange ergeben sich jedoch aus den Zielen und Aufgaben der Bauleitplanung nach § 1 Abs. 5 und 6, § 1a BauGB.[523] Zu den allgemeinen Planungszielen in § 1 Abs. 5 BauGB zählen beispielsweise: die Gewährleistung einer nachhaltigen städtebaulichen Entwicklung sowie einer sozialgerechten Bodennutzung, die Sicherung einer menschenwürdigen Umwelt, der Schutz und die Entwicklung von natürlichen Lebensgrundlagen des Menschen sowie die Förderung des Klimaschutzes und der Klimaanpassung. Ferner sind in den konkreten Planungsleitlinien nach § 1 Abs. 6 BauGB weitere Beispiele für öffentliche Belange erfasst, die aber nicht als abschließend zu werten sind.[524] Allgemein sind unter öffentliche Belange alle öffentlichen Interessen zu verstehen, die sich auf Art und Intensität der Bodennutzung innerhalb des Planungsraums auswirken bzw. im Zusammenhang mit der Bodennutzung und folglich mit der städtebaulichen Entwicklung und Ordnung stehen.[525]

---

517 BVerwG, DVBl. 1971, 746 (750).
518 *Gaentzsch*, BauGB, § 1 Rn. 64.
519 *Kuscherus*, ZfBR 2000, 15 (16).
520 *Hoppe*-ders/Bönker/Grotefels, BauGB, § Rn. 7 f.
521 vgl. *Söfker*-Ernst/Zinkahn/Bielenberg/Krautzberger, BauGB, 78. Lfg., Sept. 2005, § 1 Rn. 204; *Pauli*-Rabe/ders/Wenzel, Bau- und PlanungsR, S. 51.
522 *Battis*-ders/Krautzberger /Löhr, BauGB, § 1 Rn. 101.
523 M. w. N. *Schmidt-Eichstaedt/Weyrauch/Zemke*, Städtebaurecht, S. 126 ff.
524 *Jarass/Kment*, BauGB, § 1 Rn. 42.
525 *Hoppe*-ders/Bönker/Grotefels, BauGB, § 7 Rn. 5; *Battis*-ders/Krautzberger /Löhr, BauGB, § 1 Rn. 101.

bb) Private Belange

Der Begriff der privaten Belange ist ebenfalls weit[526] auszulegen. Zu den privaten Belangen gehört grundsätzlich der gesamte Rechtskreis an persönlichen und materiellen Rechtsgütern, die von der Verfassung geschützt sind[527], wozu insbesondere die körperliche Unversehrtheit (Art. 2 Abs. 2 S. 1 GG) und die Eigentumsgarantie (Art. 14 Abs. 1 S. 1 GG) zählen.[528] Ferner sind alle einfach-gesetzlich geschützten Rechte wie auch sonstige nicht geringwertige private Interessen erfasst.[529] Zu den verfassungsrechtlich geschützten Rechten gehören etwa: das Eigentum, grundstücksgleiche Rechte, der Bestandsschutz, das Recht am eingerichteten und ausgeübten Gewerbebetrieb[530], dingliche Rechte (z.B.: Grunddienstbarkeit), obligatorische Rechte (z.B.: Miete und Pacht)[531], das Recht auf bauliche Nutzung sowie ggf. Baulasten.[532] Erfasst von dem Begriff der privaten Belange sind ferner sonstige Interessen, die an der Wahrung einer Rechtsposition hinausgehen.[533] Hierzu zählt beispielsweise das Interesse eines Unternehmers an einer Erweiterung, Umstellung oder anderweitigen Änderung des Gewerbebetriebes.[534]

c) Inhaltliche Anforderungen an eine „gerechte" Abwägung

Der Gesetzgeber verlangt von den Gemeinden „gerecht" abzuwägen. Von dem Gebot einer gerechten Abwägung ist nicht nur das Planen als Vorgang (Abwägungsvorgang), sondern auch das Ergebnis des Vorgangs (Abwägungsergebnis) erfasst.[535] Bei der Abwägung handelt es sich um eine umfassende Interessensabwägung, die nur eingeschränkt[536] gerichtlich überprüfbar ist.

Die Anforderungen an eine „gerechte" Abwägung hat das Bundesverwaltungsgericht in ständiger Rechtsprechung wie folgt beschrieben: „Das Gebot gerechter Abwägung ist verletzt, wenn eine (sachgerechte) Abwägung überhaupt nicht stattfindet. Es ist verletzt, wenn in die Abwägung an Belangen nicht eingestellt wird, was nach Lage der Dinge in sie eingestellt werden muß. Es ist ferner verletzt, wenn die Bedeutung der betroffenen privaten Belange verkannt oder wenn der

---

526 BVerwG, DVBl. 1992, 1441 (1441 f.); *Pauli*-Rabe/ders/Wenzel, Bau- und PlanungsR, S. 50.

527 BVerwGE 59, 87 (101 f.).

528 BVerwG, DVBl. 2009, 1452 (1453); *Jarass/Kment*, BauGB, § 1 Rn. 73.; *Gaentzsch*, BauGB, § 1 Rn. 64.

529 BVerwG, NJW 1980, 1061 (1062 f.); BVerwG, DVBl. 1992, 1441 (1441 f.); *Jarass/Kment*, BauGB, § 1 Rn. 73.

530 BVerfGE 1, 264 (276).

531 BVerwGE 59, 87 (101); *Rieger*-Schrödter, BauGB, § 1 Rn. 574.

532 *Battis*-ders/Krautzberger/Löhr, BauGB, § 1 Rn. 101.

533 *Hoppe*-ders/Bönker/Grotefels, BauGB, § 7 Rn. 5; *Battis*-ders/Krautzberger/Löhr, BauGB, § 1 Rn. 101

534 BVerwG, DVBl. 1971, 746 (749); *Stühler*, VBlBW 1988, 241 (244).

535 BVerwGE 45, 309 (315); *Rieger*-Schrödter, BauGB, § 1 Rn. 569.

536 BVerwGE 34, 301 (308).

Ausgleich zwischen den von der Planung berührten öffentlichen Belangen in einer Weise vorgenommen wird, der zur objektiven Gewichtigkeit einzelner Belange außer Verhältnis steht“[537].

Die Rechtsprechung definiert Inhalt und Grenzen des Abwägungsgebots nicht positiv, sondern im Sinne einer Negativabgrenzung. Es werden Richtlinien den Planungsträgern vorgegeben, die nicht dem Abwägungsgebot ausreichend Rechnung tragen. Dabei ist es der Entscheidungsfindung durch die Abwägensdogmatik gerade immanent, sich bei der Kollision von verschiedenen Belangen für die Bevorzugung des einen und damit notwendigerweise für die Zurückstellung eines anderen zu entscheiden.[538] Dementsprechend stellt das Vorziehen und das Zurücksetzen bestimmter Planungsbelange kein[539] gerichtlich überprüfbarer Vorgang dar. Es handelt sich um eine „elementare planerische Entschließung“ des Planungsträgers über die städtebauliche Entwicklung und Ordnung.[540]

d) Der Vorgang der Abwägung anhand des Drei-Stufen-Modells

Der Abwägungsvorgang ist als Entscheidungsfindungsmethode in mehreren Schritten untergliedert. Nachfolgend soll von dem allgemein anerkannten[541] dreistufigen Aufbau ausgegangen werden, wobei es auch Ansätze mit einem zweistufigen[542] oder vierstufigen[543] Aufbau gibt. Nach dem drei-Stufen-Modell vollzieht sich die Abwägung in drei Schritten: erstens der Ermittlung und Einstellung der abwägungserheblichen Belange, zweitens der Gewichtung und drittens dem Ausgleich der konkurrierenden Belange.

aa) Ermittlung und Einstellung

In der ersten Phase sind zunächst alle öffentlichen und privaten Belange zu ermitteln. Dies ergibt sich aus § 2 Abs. 3 BauGB, wonach zunächst diejenigen Belange zu ermitteln sind, die für die Abwägung von Bedeutung sind. In dieser Stufe wird das Abwägungsmaterial zusammengestellt. Diese von dem Planungsträger vorzunehmende Grobselektion[544] gehört bereits zum Vorgang der Abwägung. Die

---

537 BVerwGE 34, 301 (309); BVerwGE 100, 370 (383).

538 BVerwGE 100, 370 (383).

539 BVerwGE 34, 301 (309).

540 BVerwGE 34, 301 (309).

541 *Grüner*, UPR 2011, 50 (51); *Jarass*, DVBl. 1998, 1202 (1207 f.); *Peine*, Öfftl. BauR, Rn. 365; *Erbguth*, UPR 2010, 281 (285); *Reidt*-Bracher/ders/Schiller, BauplR, Rn. 613.

542 *Stüer* fasst den Abwägungsvorgang in lediglich zwei Phasen zusammen: die Zusammenstellung des Abwägungsmaterials und die Ausgleichsentscheidung, vgl. *Stüer*, NVwZ 2005, 508 (509).

543 Nach *Hoppe* und *Brenner* unterteilt sich die hier als zusammengefasste erste Phase: „Ermittlung und Einstellung“ in jeweils zwei einzelne Phasen, vgl. *Hoppe*-ders/Bönker/Grotefels, BauGB, § 7 Rn. 32; *Brenner*, Öfftl. BauR, Rn. 368.

544 *Hoppe*-ders/Bönker/Grotefels, BauGB, § 7 Rn. 33.

Gemeinde hat nicht nur darüber zu entscheiden, welche Belange in die Abwägung einzustellen sind, sondern auch inwieweit die einzelnen Belange für die Abwägung konkret von Bedeutung sind, also abwägungsrelevant sind.[545] Sie unterliegt nämlich dem Gebot, alle abwägungsrelevanten Belange in der Zusammenstellung des Abwägungsmaterials zu berücksichtigen. Der unbestimmte Rechtsbegriff der „Abwägungsrelevanz" ist eher weit als eng auszulegen.[546] Belange sind nach der Rechtsprechung des Bundesverwaltungsgerichts dann als abwägungsrelevant anzusehen, wenn sie durch die Aufstellung des Bebauungsplans mehr als geringfügig und zumindest wahrscheinlich betroffen sind.[547] Das Merkmal der Betroffenheit setzt dabei voraus, dass die abwägungsrelevanten Belange für die Gemeinde auch erkennbar[548] sind. Sind die durch den Bebauungsplan tangierten Interessen nach den jeweiligen Umständen objektiv nicht erkennbar, so können und müssen sie auch nicht von dem Planungsträger in der Abwägung berücksichtigt werden.[549] Dieser Grundsatz gilt allerdings nicht, wenn sich die Betroffenheit des durch die Planung berührten Belangs dem Planungsträger aufdrängen musste.[550] Deshalb ist die Beteiligung der Öffentlichkeit nach § 3 BauGB bei der Aufstellung von Bebauungsplänen von maßgeblicher Bedeutung.

Die Ermittlung des Abwägungsmaterials erfordert von der Gemeinde eine prognostische[551] Einschätzung über zukünftigen Auswirkungen ihrer städtebaulichen Planung. Der Planungsträger hat also die nach den gegebenen Umständen zukünftigen positiven und negativen Auswirkungen der Planung aus ex-ante Sicht zu erforschen, um sich vor Augen zu führen, welchen Einfluss seine Entscheidung auf die von der Planung tangierten Belange hat.[552] Es handelt sich dabei um eine Prüfungspflicht[553] des Planungsträgers. Unschädlich bleibt es, wenn sich die Prognose des Planungsträgers aus ex-post Sicht als unrichtig erweisen sollte. Dies setzt allerdings voraus, dass die Prognose über die zukünftigen Auswirkungen der Planung auf öffentliche und private Belange seinerzeit fehlerfrei[554] praktiziert worden ist.

Nach der Ermittlung des Abwägungsmaterials folgt die Einstellung derjenigen ermittelten Belange, die „nach Lage der Dinge"[555] in die Abwägung eingestellt werden müssen. Der Begriff der Einstellung bedeutet, dass die abwägungsrelevanten

545 *Battis*-ders/Krautzberger/Löhr, BauGB, § 1 Rn. 96.
546 BVerwGE 59, 87 (102).
547 BVerwGE 59, 87 (103); *Dirnberger*-Jäde/ders/Weiß, BauGB, § 1 Rn. 84.
548 *Rieger*-Schrödter, BauGB, § 1 Rn. 581.
549 BVerwGE 59, 87 (103).
550 BVerwGE 59, 87 (104).
551 *Kloepfer*, Planung und prospektive Rechtswissenschaft, in: FS Hoppe, 111 (113).
552 BVerwGE 56, 110 (116); *Kuschnerus*, ZfBR 2000, 15 (16).
553 *Söfker*-Ernst/Zinkahn/Bielenberg/Krautzberger, BauGB, 78. Lfg. Sept. 2005, § 1 Rn. 190; *Reidt*-Bracher/ders/Schiller, BauplR, Rn. 655.
554 *Battis*- ders/Krautzberger/Löhr, BauGB, § 1 Rn. 117.
555 BVerwGE 100, 370 (383); *Schmidt-Eichstaedt/Weyrauch/Zemke*, Städtebaurecht, S. 124.

Belange in die Entscheidung einzubeziehen sind und ihre Berücksichtigung bei der Entscheidung finden müssen.[556] Es handelt sich nun um eine Feinselektion[557] der von der Planung tangierten Belange. Die erste Phase schließt daher mit der Einstellung derjenigen gegenwärtigen und zukünftigen Belange ab, deren Betroffenheit mehr als nur geringfügig, zumindest wahrscheinlich und erkennbar ist und damit nach Lage der Dinge konkret abwägungsrelevant für die Abwägungsentscheidung sind.

bb) Gewichtung

In der zweiten Phase sind die in der Abwägung jeweiligen eingestellten Belangen zu gewichten.[558] Jedem Belang[559] ist das ihm nach den tatsächlichen Gegebenheiten und rechtlichen Vorgaben zukommende objektive Gewicht zu Grunde zu legen.[560] Die Objektivität der Gewichtung erfordert eine sachliche, unvoreingenommene und unparteiische Ermittlung des Planungsträgers.[561]

Die Gemeinde ist zwar grundsätzlich frei bei der Bestimmung des Gewichts eines Belangs. Sie hat aber gesetzliche Gewichtsvorgaben zu berücksichtigen.[562] Hierzu zählen beispielsweise Planungsleitlinien, allgemeine Planungsgrundsätze (z.B.: Gebot der Rücksichtnahme, Gebot der Konfliktbewältigung).[563] Die Anforderungsdichte an die Gewichtung der Belange ist von der jeweiligen einzelfallbezogenen Entscheidungsfindung abhängig.

cc) Ausgleich

In der dritten Phase sind die ermittelten, eingestellten und gewichteten Belange zum Ausgleich zu bringen. In dieser Stufe hat der Planungsträger auf der Grundlage der ersten beiden Phasen das Ergebnis der Abwägung zu bestimmen. Das Abwägungsergebnis stellt eine „elementare planerische Entscheidung"[564] der Gemeinde dar. Sie ist Ausdruck ihrer bauplanerischen Gestaltungsfreiheit und mithin nur eingeschränkt gerichtlich überprüfbar. Die Ausgleichsentscheidung erfordert ein sachgerechtes Verhältnis[565] zwischen den divergierenden Belangen. Der Ausgleich darf nicht außer Verhältnis zur objektiven Gewichtigkeit der jeweiligen auszugleichenden Belange stehen.[566]

---

556 *Brenner*, Öfftl. BauR, Rn. 371.
557 *Hoppe*-ders/Bönker/Grotefels, BauGB, § 7 Rn. 34.
558 BVerwG, BauR 1975, 35 (38); *Grüner*, UPR 2011, 50 (51).
559 Zur Gewichtung der Klimaschutzbelange im Rahmen der bauplanerischen Abwägung in 4. Kap. C.
560 *Reidt*-Bracher/ders/Schiller, BauplR, Rn. 662; *Hoppe*, NVwZ 2004, 903 (907).
561 *Hoppe*-ders/Bönker/Grotefels, BauGB, § 7 Rn. 35.
562 *Grüner*, UPR 2011, 50 (52).
563 Hierzu unter 4. Kap. A. II. 5.
564 BVerwGE 34, 301 (309).
565 *Hoppe*, NVwZ 2004, 903 (907).
566 BVerwGE 45, 309 (325); BVerwG, NVwZ-RR 1991, 118 (122).

e) *Die Umweltprüfung i.S.d. § 2 Abs. 4 BauGB*

Die Berücksichtigung der Umweltbelange haben durch die Integration der Umweltprüfung nach § 2 Abs. 4 BauGB in der bauplanerischen Abwägung eine erhebliche Aufwertung erfahren. Sie basiert auf der „Richtlinie zur Umweltprüfung von Plänen und Programmen“[567] und wurde durch das Europarechtsanpassungsgesetz Bau[568] vom 24.06.2004 in das Bauleitverfahren transformiert. Bei der Umweltprüfung in der Bauleitplanung handelt es sich um einen integrierten Bestandteil des Bauleitplanverfahrens, nicht um ein selbstständiges Zusatzverfahren.[569] Sie bestimmt die Vorgehensweise der Zusammenstellung des umweltspezifischen Abwägungsmaterials einheitlich und abschließend in der Bauleitplanung.[570] Der Gesetzgeber hat für Umweltbelange damit eine klare Linie vorgeben: Gemäß § 2 Abs. 4 S. 1 BauGB ist für die Belange des Umweltschutzes nach § 1 Abs. 6 Nr. 7 BauGB und § 1a BauGB eine Umweltprüfung durchzuführen, in der die voraussichtlichen erheblichen Umweltauswirkungen ermittelt werden und in einem Umweltbericht beschrieben und bewertet werden. Das Ergebnis der Umweltprüfung ist nach § 2 Abs. 4 S. 4 BauGB in die Abwägung einzubeziehen. Ziel der Regelung ist es, „die planungsrechtlichen Verfahrensschritte auf hohem Umweltschutzniveau zu vereinheitlichen und zu stärken, um eine dem Leitbild der nachhaltigen Stadtentwicklung entsprechende zügige und sichere Planung zu ermöglichen“[571]. Das Baugesetzbuch hat damit einen Wandel zugunsten des Umweltschutzes erfahren. Dennoch verleiht die Umweltprüfung den Klima- bzw. Umweltbelangen keinen absoluten oder relativen Vorrangcharakter.[572] Sie hat keine Auswirkungen auch das materielle Gewicht der Umweltbelange in der Abwägung, sondern ist nur ein Teil der Vorschriften über das Verfahren zur Aufstellung von Bauleitplänen, mithin eine verfahrenrechtliche Regelung.[573]

Die Umweltprüfung ist grundsätzlich[574] bei allen Bauleitverfahren durchzuführen. Nach ihr sind die Öffentlichkeit und Behörden zu beteiligen, ein Umweltbericht für jeden Bauleitplan als Teil der Begründung vorzulegen, darzustellen, wie die Beteiligungen und der Umweltbericht im Bebauungsplan berücksichtigt worden

567 Richtlinie 2001/42/EG des Europäischen Parlaments und des Rates v. 27.06.2001 über die Prüfung der Umweltauswirkungen bestimmter Pläne und Programme (Plan-UP-Richtline); ABl. EG Nr. L 197, S. 30.

568 BGBl. I S. 1359.

569 BT-Drs. 15/2250, S. 28; *Reidt*-Bracher/ders/Schiller, BauplR, Rn. 714; *Hoppe*, NVwZ 2004, 903 (906).

570 *Battis/Krautzberger/Löhr*, NJW 2004, 2553 (2554).

571 BT-Drs. 15/2250, S. 1.

572 Hierzu unter 4. Kap. C. I.

573 *Schrödter*-Schrödter, BauGB, § 2 Rn. 146; *Battis/Krautzberger/Löhr*, NJW 2004, 2553 (2554).

574 Die vereinfachten Verfahren nach § 13 BauGB stellen eine Ausnahme von der grundsätzlich durchzuführenden Umweltprüfung nach § 2 Abs. 4 BauGB dar; vgl. *Battis/Krautzberger/Löhr*, NJW 2004, 2553 (2555).

sind, und anschließend ein Überwachungsverfahren über die Umweltauswirkungen durch die Bauleitplanung (sog. „Monitoring") durchzuführen.[575]

Nach § 2 Abs. 4 S. 1 BauGB hat der Planungsträger die voraussichtlichen erheblichen Umweltauswirkungen aufgrund des Planvorhabens zu ermitteln. Dabei legt die Gemeinde nach § 2 Abs. 4 Satz 2 BauGB für jeden Bauleitplan selbst fest, in welchem Umfang und Detaillierungsgrad die Ermittlung der Belange für die Abwägung erforderlich ist. Der Ermittlungsaufwand kann nach § 2 Abs. 4 S. 6 BauGB dadurch minimiert werden, indem Bestandsaufnahmen und Bewertungen anderer umweltrelevanter Fachplanungen (z.B.: Landschaftspläne und sonstige Pläne des Wasser-, Abfall- und Immissionsschutzrechts nach § 1 Abs. 6 Nr. 7 lit. g) BauGB) in der Umweltprüfung herangezogen werden. Damit werden gleichzeitig Doppelprüfungen verschiedener Fachplanungsträger vermieden.[576] Die einzelnen Prüfungsschritte bei der Ermittlung der voraussichtlich erheblichen Umweltauswirkungen hat der Gesetzgeber in der Anlage 1 zum BauGB den Gemeinden vorgegeben. Nach Nr. 2 der Anlage 1 zum BauGB hat die Gemeinde eine Bestandsaufnahme des derzeitigen Umweltzustandes, eine Prognose über die Entwicklung des Umweltzustandes bei Durchführung der Planung und bei Nichtdurchführung der Planung, eine Prüfung über Maßnahmen zur Vermeidung, Verringerung und zum Ausgleich der nachteiligen Auswirkungen sowie anderweitigen Planungsmöglichkeiten in einem Umweltbericht darzulegen. Anschließend sind die ermittelten Umweltbelange zu bewerten. Die Bewertung bezieht sich nach § 1 Abs. 4 S. 1 BauGB nur auf die Belange des Umweltschutzes, nicht auf andere städtebauliche Belange, die durch die Plankonzepte nachteilig berührt werden. Letztere sind Gegenstand der Abwägung nach § 1 Abs. 7 BauGB. Die Umweltbelange nach § 1 Abs. 6 Nr. 7, § 1 a BauGB sind mithin in der bauplanerischen Abwägung nach § 1 Abs. 7 BauGB erst nach ihrer Ermittlung, Beschreibung und Bewertung im Wege der Umweltprüfung und nach ihrer Einstellung in die Abwägung i.S.d. § 1 Abs. 7 BauGB mit allen anderen städtebaulichen Belangen in der bauplanerischen Abwägung zum schonenden Ausgleich zu bringen.[577]

Schließlich ist gemäß § 10 Abs. 4 S. 1 BauGB dem Bauleitplan nach Beschlussfassung eine zusammenfassende Erklärung beizufügen. Diese muss nach § 10 Abs. 4 S. 1 BauGB die Art und Weise beinhalten, wie die Umweltbelange und die Ergebnisse der Öffentlichkeit- und Behörden Beteiligung in den Bebauungsplan berücksichtigt worden sind und aus welchem Grund der Plan nach Abwägung mit den geprüften, in Betracht kommenden anderweitigen Planungsmöglichkeiten gewählt wurde.

575 *Battis/Krautzberger/Löhr*, NJW 2004, 2553 (2553).
576 *Pauli*-Rabe/ders/Wenzel, Bau- und PlanungsR, S. 47.
577 *Hoppe*, NVwZ 2004, 903 (906).

2. *Die sog. Planungsleitsätze*

Neben dem Abwägungsgebot nach § 1 Abs. 7 BauGB wird die planerischen Gestaltungsfreiheit der Gemeinden durch die sog. „Planungsleitsätze" begrenzt. Die Planungsleitsätze lassen sich als diejenigen Vorschriften definieren, die bei der Planung strikte Beachtung verlangen und daher nicht durch die bauplanungsrechtliche Abwägung überwunden werden können.[578] Ihre Rechtswirkung besteht also nicht nur lediglich darin, das gemeindliche Planungsermessen zu beschränken, sondern beseitigen es sogar vollständig[579], indem sie das Ergebnis der Abwägung bereits vorgeben. Das kommunale Handlungsfeld beschränkt sich nur noch auf die Subsumtion der planlenkenden Regelung. Die generellen Planungsleitsätze stellen daher Zielvorgaben für die Gemeinde dar und treten bei Kollisionen mit anderen Planungszielen im Rahmen der Abwägung nicht zurück.[580] Dass der planerische Gestaltungsspielraum durch die Konstruktion der Planungsleitsätze determiniert wird, ist unbedenklich, denn sie wird nicht vollständig beseitigt, sondern nur in zulässiger Weise punktuell.[581] In bestimmten Planungssituationen, in denen typischerweise Kollisionen zwischen einzelnen Belangen auftreten, darf der Gesetzgeber für solche Einzelfälle das Ergebnis der Abwägung vorgegeben.[582] Bekanntes Beispiel[583] ist die Regelung des § 1 Abs. 3 S. 1 FStrG[584]. Danach dürfen Bundesautobahnen keine höhengleichen Kreuzungen aufweisen. Im Baugesetzbuch ist § 1 Abs. 4 BauGB als Planungsleitsatz anerkannt[585]. Danach sind die Bauleitpläne den Zielen der Raumordnung anzupassen. Einen weiteren Planungsleitsatz enthält § 8 Abs. 2 S. 1 BauGB[586], wonach die Bebauungspläne aus dem Flächennutzungsplan zu entwickeln sind.

3. *Die Planungsziele*

Anders als bei den Planungsleitsätzen sind die Planungsziele in der bauleitplanerischen Abwägung überwindbar. Sie beeinflussen also nicht das Ergebnis der Abwägung, sondern den Vorgang der Abwägung. Die Planungsziele lassen sich

---

578 BVerwGE 71, 163 (165); *Jarass*, DVBl. 1998, 1202 (1205).

579 *Ibler*, Die Schranken planerischer Gestaltungsfreiheit, S. 183 f.; *Funke*, DVBl. 1987, 511 (514).

580 *Hoppe*-ders/Bönker/Grotefels, BauGB, § 7 Rn. 22.

581 Vgl. BVerwGE 71, 163 (164); *Funke*, DVBl. 1987, 511 (514).

582 *Funke*, DVBl. 1987, 511 (514).

583 *Blumenberg*, DVBl. 1989, 86 (92); *Schrödter/Wahlhäuser*-Schrödter, BauGB, § 1 Rn. 189.

584 Bundesfernstraßengesetz (FStrG) i. d. F. d. Bek. vom 28.06.2007 (BGBl. I S. 1206) zul. geänd. durch Gesetz vom 31.05.2013 (BGBl. I S. 1388).

585 BVerwGE 90, 329 (332 f.); *Pfeifer*, DVBl. 1989, 337 (343); *Schrödter/Wahlhäuser*-Schrödter, BauGB, § 1 Rn. 189.

586 *Hoppe*-ders/Bönker/Grotefels, BauGB, § 7 Rn. 22.

in zwei Kategorien untergliedern: die *generellen Planungsziele* und die *konkreten Planungsleitlinien*.[587]

a) Die generellen Planungsziele

Die generellen Planungsziele geben der Gemeinde abstrakt formulierte Planungsziele in der Bauleitplanung vor.[588] Ihre Beachtung in der Bauleitplanung soll zwar angestrebt werden, ist jedoch nicht zwingend rechtlich bindend.[589]

Nach § 1 Abs. 5 S. 1 und 2 BauGB existieren folgende generelle Planungsziele in der Bauleitplanung: die Gewährleistung einer nachhaltigen städtebaulichen Entwicklung, die Gewährleistung einer dem Wohl der Allgemeinheit entsprechenden sozialgerechten Bodennutzung, die Sicherung einer menschenwürdigen Umwelt sowie der Schutz und die Entwicklung natürlicher Lebensgrundlagen, die Erhaltung und Entwicklung der städtebaulichen Gestalt sowie das städtebauliche Orts- und Landschaftsbild und die Beiträge zum Klimaschutz sowie zur Klimaanpassung.[590] Die generellen Planungsziele unterliegen als unbestimmte Rechtsbegriffe der uneingeschränkten gerichtlichen Kontrolle.[591] Die Überprüfungsreichweite des Gerichts umfasst dabei nicht nur die Anwendung der generellen Planungsziele, sondern auch ihre Auslegung.[592]

b) Die konkreten Planungsleitlinien

Wie der Wortlaut der Bezeichnung der sog. „konkreten Planungsleitlinien"[593] vermuten lässt, konkretisieren diese die abstrakt-generellen Planungsziele nach § 1 Abs. 5 BauGB. Bei der Aufstellung der Bauleitpläne sind die Planungsleitlinien nach § 1 Abs. 6 BauGB zu berücksichtigen. Ihre steuernde Wirkung ist eher gering.[594] Das konkrete Gewicht der einzelnen Planungsbelange ergibt sich erst im Rahmen der Abwägung nach § 1 Abs. 7 BauGB. Genauso wie die generellen Planungsziele unterliegen sie als unbestimmte Rechtsbegriffe in Bezug auf ihre Anwendung und ihrer Auslegung der uneingeschränkten gerichtlichen Kontrolle.[595]

Die Planungsleitlinien haben Hinweisfunktion, indem sie die Aufmerksamkeit der Planungsträger auf bestimmte, vom Gesetzgeber als potenziell abwägungserheblich angesehene Belange lenken und beeinflussen damit die Entscheidungsfindung.[596]

---

587 *Funke*, DVBl. 1987, 511 (516); *Hoppe*-ders/Bönker/Grotefels, BauGB, § 7 Rn. 24.
588 *Funke*, DVBl. 1987, 511 (516).
589 *Funke*, DVBl. 1987, 511 (516).
590 *Erbguth/Schubert*, Öfftl. BauR, § 5 Rn. 120.
591 BVerwGE 34, 301 (308 f.); *Reidt*-Bracher/ders/Schiller, BauplR, Rn. 653.
592 BVerwGE 34, 301 (308).
593 *Erbguth/Schubert*, Öfftl. BauR, § 5 Rn. 119; *Jarass/Kment*, BauGB, § 1 Rn. 22.
594 *Dirnberger*-Jäde/ders/Weiß, BauGB, § 1 Rn. 72.
595 *Söfker*-Ernst/Zinkahn/Bielenberg/Krautzberger, BauGB, 78. Lfg., Sept. 2005, § 1 Rn. 110.
596 *Dreier*, Die normative Steuerung der planerischen Abwägung, S. 196.

Zudem wird die Argumentationslast der Gemeinde in Bezug auf die städtebauliche Rechtfertigung durch die Festlegung von Planungsleitlinien vereinfacht.[597]

4. *Die Rechtsfigur der sog. Optimierungsgebote*

Das Abwägungsergebnis kann ferner durch die sog. Optimierungsgebote gesteuert werden. Diesen Begriff beschreibt das Bundesverwaltungsgericht als Zielvorgaben, die zwar im Konfliktfall hinter anderen Zielen zurücktreten können, die aber eine möglichst weitgehende Beachtung und Verwirklichung fordern.[598] Als Optimierungsgebot ist das Trennungsgebot nach § 50 S. 1 BImSchG anerkannt. [599] Danach sind bei raumbedeutsamen Planungen und Maßnahmen die Auswirkungen von schädlichen Umwelteinwirkungen und von schweren Unfällen in Betriebsbereichen auf schutzbedürftige Gebiete so weit wie möglich zu vermeiden.

Fragt man nach der rechtlichen Wirkung der Optimierungsgebote in der bauleitplanerischen Abwägung, so wird diese Frage kontrovers diskutiert. Zu dieser Frage existieren die verschiedensten Ansichten, die sich teilweise inhaltlich und teilweise nur begriffstechnisch[600] unterscheiden. So wird etwa nach einer Ansicht[601] vertreten, dass die Optimierungsgebote eine Maximierung von Belangen anstreben. Nach einer anderen Meinung[602] soll der Akzent der gebotenen Abwägung in Bezug auf die von dem Optimierungsgebot erfassten Belange verschoben sein. Andere[603] meinen wiederum, die inhaltliche Wirkung der Optimierungsgebote liege darin, dass sie den durch sie geschützten Belangen ein besonderes Gewicht verliehen und relativ vorrangig seien bzw. eine relative Priorität[604] haben.

Die Unsicherheiten über die Frage nach der rechtlichen Wirkung der Optimierungsgebote werden durch die neuere Rechtsprechung des Bundesverwaltungsgerichts vertieft. In jüngerer Zeit verhält sich das Bundesverwaltungsgericht mit der Bezeichnung des Optimierungsgebotes nämlich eher zurückhaltend. Während das Bundesverwaltungsgerichts in früherer Rechtsprechung noch die Bodenschutzklausel in § 1a Abs. 2 BauGB, das Trennungsgebot nach § 50 S. 1 BImSchG und die naturschutzrechtliche Eingriffsregelung nach §§ 13 ff. BNatSchG (damals: § 8

---

597 *Dreier*, Die normative Steuerung der planerischen Abwägung, S. 197.
598 BVerwG, DVBl. 1985, 899 (900).
599 BVerwGE 71, 163 (165).
600 *Grüner*, UPR 2011, 50 (53).
601 *Hoppe*, DVBl. 1992, 853 (859), ders., UPR 1995, 201 (202).
602 *Breuer*, NJW 1977, 1025 (1032).
603 *Erbguth/Püchel*, NVwZ 1982, 649 (655 f.); *Peine*, DÖV 1988, 937 (941).
604 *Feldhaus*, DÖV 1974, 613 (617); *Mittelstaedt*, BB 1976, 860 (861).

BNatSchG) als Optimierungsgebote[605] benannte, bezeichnete es in einer jüngeren Entscheidung § 50 S. 1 BImSchG als „Abwägungsdirektive“ [606].

5. *Die allgemeinen Planungsgrundsätze*

Zusätzlich wird die planerische Gestaltungsfreiheit durch allgemeine Planungsgrundsätze der Abwägung begrenzt. Insbesondere der Grundsatz der planerischen Konfliktbewältigung[607] und das Gebot der Rücksichtnahme auf Individualinteressen[608] zählen zu den allgemeinen Planungsgrundsätzen.[609] Sie fungieren als Handlungsanweisungen für die Verwaltung zur Vermeidung typischer Abwägungsfehler.[610]

Der Grundsatz der planerischen Konfliktbewältigung ist Ausfluss des in § 1 Abs. 7 BauGB verankerten Abwägungsgebots und stellt eine Grundanforderung an die rechtsstaatliche Planung dar.[611] Er besagt, dass die durch die beabsichtigte städtebauliche Konzeption zu erwartenden Bodennutzungskonflikte im Plangebiet nicht ungelöst bleiben dürfen.[612] Das bestehende planerische Konfliktlösungspotenzial ist nach dem Grundsatz der planerischen Konfliktbewältigung so weit wie möglich auszuschöpfen.[613] Die durch die Planung entstehenden Konflikte sind demnach entweder zu vermeiden oder angemessen auszugleichen.[614] Dabei sind die Anforderungen an dieses Gebot nicht zu überspannen.[615] Die Gemeinde kann sich dabei auch in der planerischen Zurückhaltung üben und die Konfliktlösung dem Baugenehmigungsverfahren überlassen.[616]

Der Grundsatz der Rücksichtsnahme auf Individualinteressen findet im Baugesetzbuch einen weiten Anwendungsbereich. Dieses Gebot folgt aus dem verfassungsrechtlichen Verhältnismäßigkeitsprinzip und fordert, dass im Rahmen der Bauleitplanung auf nachteilig betroffene Belange nach Möglichkeit Rücksicht zu

605 Bzgl. Bodenschutzklausel (§ 1a Abs. 2 BauGB): BVerwGE 90, 329 (332); bzgl. § 50 S. 1 BImSchG: BVerwGE 71, 163 (165); bzgl. naturschutzrechtliche Eingriffsregelung (§§ 13 ff. BNatSchG): BVerwG, NVwZ 1991, 69 (70).

606 BVerwGE 108, 248 (256); BVerwG, NVwZ 2009, 320 (323).

607 BVerwGE 57, 297 (300); *Dirnberger*-Jäde/ders/Weiß, BauGB, § 1 Rn. 31; *Rieger*-Schrödter, BauGB, § 1 Rn. 588.

608 BVerwG, DVBl. 1985, 122 (122); BVerwG, DVBl. 1987, 476 (477).

609 *Hoppe*, NVwZ 2004, 903 (906).

610 *Pfeifer*, DVBl. 1989, 337 (341); vgl. *Ibler*, Die Schranken planerischer Gestaltungsfreiheit, S. 256.

611 *Brenner*, Öfftl. BauR, Rn. 395; *Hoppe*-ders/Bönker/Grotefels, BauGB, § 7 Rn. 135; *Hoppe*, NVwZ 2004, 903 (906).

612 BVerwG, NVwZ 1989, 960 (960); *Söfker*-Ernst/Zinkahn/Bielenberg/Krautzberger, BauGB, 78. Lfg., Sept. 2005, § 1 Rn. 215.

613 *Hoppe*-ders/Bönker/Grotefels, BauGB, § 7 Rn. 141.

614 *Rieger*-Schrödter, BauGB, § 1 Rn. 588.

615 *Jarass/Kment*, BauGB, § 1 Rn. 89.

616 BVerwG, NVwZ 2007, 825 (827); *Brenner*, Öfftl. BauR, Rn. 397.

nehmen ist.[617] So sind etwa Grundsätze wie die Differenzierung und Schonung, die Trennung unverträglicher Nutzungen, die planerische Vorbeugung, die Beherrschbarkeit von Immissionen und Emissionen sowie der Vorrang der Konfliktvermeidung auf den Rücksichtnahmegrundsatz zurückzuführen.[618] Es handelt sich um einen elementaren Grundsatz der städtebaulichen Planung.[619]

B. Klimaschutz und Klimaanpassung als städtebauliche Aufgaben

I. Vorsorgender und anpassender Klimaschutz als Planungsziele i.S.d. § 1 Abs. 5 BauGB

Zunächst war der Klimaschutz im Baugesetzbuch lediglich im lokalen Sinne geprägt. Als städtebaulicher Belang wurde, wie bereits dargestellt[620], das „Klima“ erstmals in § 1 Abs. 5 S. 1 BauGB 1987 erwähnt. Zuvor konnte man den Schutz des Klimas als Medium der Umweltschutzbelange in § 1 Abs. 6 S. 2 BBauG 1976[621] herauslesen. Gemeint war nur der Schutz des Klimas auf lokaler Ebene. Der Regelungseffekt des planungsbezogenen Klimaschutzes war dementsprechend nicht geeignet, um den bodennutzungsbezogenen Anforderungen der heutigen Zeit im Hinblick auf die nachteiligen Folgen des Klimawandels hinreichend gerecht zu werden. Mit dem fortschreitenden umweltschutzbezogenen Wandel[622] des BauGB wurde die Nichtberücksichtigung des globalen Klimas in der Bauleitplanung zu Recht von der Literatur[623] zunehmend kritisiert. Erst mit der Neufassung durch das EAG Bau 2004[624] erlangte der bauplanerische Klimaschutz eine überörtliche Dimension und wurde im BauGB als städtebauliche Aufgabe mit eigenständigem Stellenwert anerkannt.

1. Klimaschutz und Klimaanpassung als Planungsziele i.S.d. § 1 Abs. 5 BauGB

Der Klimaschutz und die Klimaanpassung sind inzwischen in § 1 Abs. 5 S. 2 BauGB als städtebauliche Planungsziele ausdrücklich normiert. In § 1 Abs. 5 BauGB ist geregelt:

---

617 *Brenner*, Öfftl. BauR, Rn. 399.
618 *Hoppe*-ders/Bönker/Grotefels, BauGB, § 7 Rn. 147.
619 *Hoppe*-ders/Bönker/Grotefels, BauGB, § 7 Rn. 149.
620 Siehe 2. Kap. A.
621 BGBl. I 1976 S. 2256.
622 Hierzu m. w. N.: *Krautzberger*, Gesellschaftspolitischer Wandel und Städtebaugesetzgebung, in: Berliner Gespräche zum Städtebaurecht, Band II, S. 39 (44 ff.).
623 *Koch*, Die Verwaltung 37 (2004), 537 (543); *Koch/Mengel*, DVBl. 2000, 953 (959); *Longo/Schuster*, ZNER 2000, 118 (120); *Groß*, ZUR 2009, 364 (366 f.).
624 Hierzu 2. Kap. B.

§ 1 BauGB: Aufgabe, Begriff und Grundsätze der Bauleitplanung

„(5) Die Bauleitpläne sollen eine nachhaltige städtebauliche Entwicklung, die die sozialen, wirtschaftlichen und umweltschützenden Anforderungen auch in Verantwortung gegenüber künftigen Generationen miteinander in Einklang bringt, und eine dem Wohl der Allgemeinheit dienende sozialgerechte Bodennutzung gewährleisten. Sie sollen dazu beitragen, eine menschenwürdige Umwelt zu sichern, die natürlichen Lebensgrundlagen zu schützen und zu entwickeln sowie den Klimaschutz und die Klimaanpassung, insbesondere auch in der Stadtentwicklung, zu fördern, sowie die städtebauliche Gestalt und das Orts und Landschaftsbild baukulturell zu erhalten und zu entwickeln. Hierzu soll die städtebauliche Entwicklung vorrangig durch Maßnahmen der Innenentwicklung erfolgen.“ [625]

Bevor die Begriffe des „Klimaschutzes“ und der „Klimaanpassung“ näher betrachtet werden, interessiert zunächst die Frage, ob § 1 Abs. 5 S. 2 BauGB auch den allgemeinen Klimaschutz erfasst.

2. Globaler Klimaschutz als eigenständiges Planungsziel i.S.d. § 1 Abs. 5 S. 2 BauGB?

Über die Frage, ob neben dem lokalen auch der globale Klimaschutz von dem Planungsziel nach § 1 Abs. 5 S. 2 BauGB erfasst ist, besteht nunmehr überwiegend Einigkeit. Insbesondere vor der Einführung des § 1 Abs. 5 S. 2 BauGB 2004[626] war diese Frage kontrovers umstritten:

a) Rechtslage vor der Novellierung des § 1 Abs. 5 S. 2 BauGB 2004

Nach der herrschenden Meinung[627] waren vor der Novellierung des § 1 Abs. 5 S. 2 BauGB 2004 städtebauliche Maßnahmen zum globalen Klimaschutz unzulässig. Zur Begründung wurde angeführt, dass es bei Festsetzungen im Bebauungsplan zum allgemeinen Klimaschutz an städtebaulichen Gründen im Sinne des § 9 Abs. 1 BauGB fehle[628]. Das OVG Münster hielt die Festsetzung eines Verwendungsverbots von luftverunreinigenden Stoffen in einem Bebauungsplan mit der Begründung, „den umweltfreundlicheren Energieträgern Vorzug“ einzuräumen, für nichtig, da es an dem „bodenrechtlichen Bezug“ mangele.[629] Das kommunale Handlungsfeld sei auf „örtliche Problemfelder“ beschränkt; „generelle Vorsorgemaßnahmen“ seien gerade nicht von der Bauleitplanung erfasst.[630] Lediglich Planmaßnahmen zum

---

625 BauGB i. d. F. d. Bek. v. 23.09.2004 (BGBl. I S. 2414), zul. geänd. durch Gesetz v. 20.11.2014 (BGBl. I S. 1748).

626 BGBl. I S. 2414.

627 OVG Münster, BauR 1998, 981 (983 f.); OVG Münster, BauR 2001, 62 (63); *Kraft*, DVBl. 1998, 1048 (1049 f.); *Schrödter*-Schrödter, BauGB, 7. Aufl. (2006), § 9 Rn. 123a; *Ziekow*, BayVBl. 2000, 325 (332).

628 *Kraft*, DVBl. 1998, 1048 (1049 f.).

629 OVG Münster, BauR 1998, 981 (983 f.).

630 *Kraft*, DVBl. 1998, 1048 (1050).

unmittelbar lokalen Klimaschutz, also im Sinne einer unmittelbaren Verbesserung der örtlichen Klimasituation, wären nach diesem restriktiven Verständnis in der Bauleitplanung zulässig.

Andere[631] plädierten schon vor der Novellierung des § 1 Abs. 5 S. 2 BauGB 2004 dafür, dass nicht nur der lokale, sondern auch der allgemeine Klimaschutz Gegenstand der Bauleitplanung sein kann und deshalb in der bauplanerischen Abwägung zu berücksichtigen sei. Der bodenrechtliche Bezug bei Festsetzungen zum Klimaschutz sei geradezu evident: Die kommunale Beplanung von Flächen verursache mittelbar die Emission von klimaschädlichen CO_2 durch den Energieverbrauch in den neuen Gebäuden.[632] Demzufolge liege in der bodenrechtlichen Entscheidung die Rechtfertigung, die negativen globalen Auswirkungen der örtlichen bodenrechtlichen Planung zu begrenzen.[633] Zudem widerspräche es dem Nachhaltigkeitsgebot, wenn die Gemeinde zwar Vorteile der Bodennutzung örtlich zuteilte, dabei aber nicht die daraus entstehenden globalen Nachteile in der Abwägung angemessen berücksichtige.[634] Ein erfolgreicher Klimaschutz benötige vielmehr eine Reduktion des Einsatzes fossiler Brennstoffe durch Substitution mit Hilfe erneuerbarer Energien sowie die Steigerung der Energieeffizienz (z.B.: durch den Einsatz von Kraft-Wärme-Kopplungsanlagen).[635] Deshalb sei es nicht geboten, „die Natur lokal auszubeuten und in einer Art Kirchturmspolitik die Augen vor den globalen Auswirkungen der lokalen Entscheidungen (zu) verschließen“[636].

b) Rechtslage nach der Novellierung des § 1 Abs. 5 S. 2 BauGB 2004

Mit der Neufassung des BauGB durch das „Gesetz zur Anpassung des Baugesetzbuches an EU-Richtlinien (Europarechtsanpassungsgesetz Bau – EAG Bau)[637] im Jahr 2004 hat der Gesetzgeber auch den allgemeinen Klimaschutz als städtebauliche Aufgabe erstmals anerkannt. Nach § 1 Abs. 5 S. 2 BauGB 2004[638] sollten Bauleitpläne u.a. einen Beitrag *„auch in Verantwortung für den allgemeinen Klimaschutz“* leisten. Erst durch das „Gesetz zur Förderung des Klimaschutzes bei der Entwicklung in

---

631 *Koch*, Die Verwaltung 37 (2004), 537 (543); *Koch/Mengel*, DVBl. 2000, 953 (959); *Longo/Schuster*, ZNER 2000, 118 (120); *Groß*, ZUR 2009, 364 (366 f.).

632 *Klinski/Longo*, ZNER 2007, 41 (42).

633 *Koch/Mengel*, DVBl. 2000, 953 (959).

634 *Koch/Mengel*, DVBl. 2000, 953 (957); *Koch*, Die Verwaltung 37 (2004), 537 (543).

635 Zu Recht *Koch/Mengel*, DVBl. 2000, 953 (955); *Koch*, Die Verwaltung 37 (2004), 537 (543).

636 *Klinski/Longo*, ZNER 2007, 41 (42); *Koch/Mengel*, DVBl. 2000, 953 (959); vgl. auch *Roller*, BauR 1995, 189 (187), der für den städtebaulichen Grund in Bezug auf die Festsetzungsmöglichkeit von Wärmedämmmaßnahmen an Gebäuden zur Reduzierung des Energiebedarfs nach § 9 Abs. 1 Nr. 24 BauGB nicht auf eine unmittelbare Wirkung im Sinne einer örtlichen Luftverbesserung, sondern auf eine mittelbare (vorsorgende) klimaschützende Wirkung abstellt.

637 BGBl. I 2004 S. 1359.

638 BGBl. I 2004 S. 2414.

den Städten und Gemeinden"[639] fand die Differenzierung zwischen „Klimaschutz" und „Klimaanpassung" Einzug in das BauGB. Damit hat das BauGB einen Aufgabenwandel erfahren. Die Gemeinden sind nun gehalten, dieses neue städtebauliche Ziel in der Bauleitplanung umzusetzen.

Seit der Novellierung des § 1 Abs. 5 S. 2 BauGB 2004 lässt sich daher nicht mehr ohne weiteres behaupten[640], dass der allgemeine Klimaschutz kein Planungsziel in der Bauleitplanung darstellen könne und der Planungsträger lediglich das örtliche Klima in die Bauleitplanung einzubeziehen habe. Der Gesetzgeber hat sich mit der Novellierung des § 1 Abs. 5 S. 2 BauGB 2004 klar gegen eine lediglich lokale Perspektive des Klimaschutzes gewandt und rechts-normativ festgelegt, dass auch der allgemeine Klimaschutz Gegenstand der Bauleitplanung sein kann. Daher ist die herrschende Meinung[641] zu Recht der Ansicht, dass die Bauleitplanung sowohl einen Beitrag zum lokalen als auch zum globalen Klimaschutz leisten kann. Dabei ergibt sich die Unterscheidung zwischen dem lokalen und allgemeinen Klimaschutz nicht allgemein aus § 1 Abs. 5 S. 2 BauGB, sondern erst aus den Regelungsinhalten der jeweiligen Planungsnorm sowie den konkreten Zielen der Bauleitplanung und deren Relevanz für das örtliche oder allgemeine Klima.[642]

c) Hintergrund der Wortlautänderung des § 1 Abs. 5 S. 2 BauGB 2004 durch die Klimaschutz-Novelle 2011

An einem solchen Verständnis ändert auch der Umstand nichts, dass der Gesetzgeber die Bezeichnung „*allgemeinen*" Klimaschutz in § 1 Abs. 5 S. 2 BauGB 2004 durch die Klimaschutz-Novelle 2011 gestrichen hat. Anliegen des Gesetzgebers war es nicht etwa den planerischen Klimaschutz auf ein rein örtliches Verständnis zu reduzieren und damit den allgemeinen Klimaschutz als Planungsaufgabe wieder aufzulösen. Vielmehr diente die Gesetzesänderung der Beseitigung der praxisbedingten Anwendungsunsicherheiten.[643]

Denn aus der Formulierung: „*Sie sollen dazu beitragen, eine menschenwürdige Umwelt zu sichern und die natürlichen Lebensgrundlagen zu schützen und zu entwickeln, auch in Verantwortung für den allgemeinen Klimaschutz, sowie ...*" (vgl. § 1 Abs. 5 S. 2

---

639 Gesetz v. 22.07.2011 (BGBl. I S. 1509).

640 So aber: *Kraft*, DVBl. 1998, 1048 (1050); *Gärditz*, JuS 2008, 324 (328); *Schrödter*-Schrödter, BauGB, 7. Auflage (2006), § 9 Rn. 147.

641 BVerwG, NVwZ 2006, 690 (692 f.); *Koch*, die Verwaltung 37 (2004), 537 (543), *Klinski/Longo*, ZNER 2007, 41 (42); *Stüer/Stüer*, DVBl. 2011, 1117 (1119); *Krautzberger/Wagner*-Ernst/Zinkahn/Bielenberg/Krautzberger, BauGB, 109. Lfg., Jun. 2013, § 1a Rn. 262; *Mitschang*, DVBl. 2012, 134 (134 f.); *Schmidt*, NVwZ 2006, 1354 (1355); *Kopf*, LKRZ 2012, 261 (263); nunmehr auch *Schrödter/Wahlhäuser*-Schrödter, BauGB, 8. Aufl., § 1 Rn. 212.

642 *Söfker*-Ernst/Zinkahn/Bielenberg/Krautzberger, BauGB, 109. Lfg., Juni 2013, § 1 Rn. 107b.

643 Vgl. *Bunzel*, ZfBR 2012, 114 (116).

BauGB 2004[644]) wurde teilweise abgeleitet, dass der allgemeine Klimaschutz stets zusätzlich weitere städtebauliche Ziele erfordere; er selbst aber keine städtebaulichen Festsetzungen begründen könne.[645] Der allgemeine Klimaschutz sei daher nur als Annex zu den in § 1 Abs. 5 S. 2 BauGB 2004 genannten Planungszielen – der Sicherung der menschenwürdigen Umwelt und dem Schutz sowie der Entwicklung der natürlichen Lebensgrundlagen – zu verstehen.[646] Der Gesetzeswortlaut war – soweit man der Auffassung folgen wollte – in der Tat missverständlich: Einerseits konnte man den Halbsatz *„auch in Verantwortung für den allgemeinen Klimaschutz"* als unselbständigen Annex zum Umwelt- und Naturschutz verstehen und andererseits (neben den lokalen) „auch" den allgemeinen Klimaschutz als eigenständige Planungsaufgabe anerkennen. Die amtliche Begründung des § 1 Abs. 5 S. 2 BauGB 2004 brachte insofern keine Klarstellung. Dort heißt es: „Der Beitrag der Bauleitplanung zum Umwelt- und Naturschutz erfolgt auch für die Ziele des globalen Klimaschutzes"[647]. Diese Formulierung lässt ebenfalls beide Auslegungsvarianten zu.

Die Unsicherheiten bei den Planungsträgern wurden durch die Rechtsprechung verstärkt. Während der 8. Senat des BVerwG 2006 in einem Urteil[648] zum Anschluss- und Benutzungszwang einerseits einen kommunalrechtlichen Anschluss- und Benutzungszwang „aus Gründen des vorsorgenden Klimaschutzes", dem eine „globale Dimension" zukomme, als zulässig erachtete, andererseits aber den Begriff des städtebaulichen Grundes (vgl. § 9 Abs. 1 BauGB) für Festsetzungen im Bebauungsplan lediglich hinsichtlich „begrenzte(r) örtliche(n) Gegebenheiten" für gerechtfertigt hielt; war das Rechtsverständnis des 4. Senats des BVerwG im Hinblick auf den allgemeinen Klimaschutz weiter gefasst. In einem Urteil[649] zur Standortplanung für Windenergieanlagen führte der 4. Senat des BVerwG demgegenüber aus, dass auch internationale Vereinbarungen wie dem Kyoto-Protokoll enthaltenen Zielvorgaben als Abwägungskriterien" herangezogen werden können und es „den Trägern der Landes- und Regionalplanung und ebenso den Gemeinden unbenommen (bliebe), im Rahmen der gesamträumlichen, wie der städtebaulichen Entwicklung und Ordnung mit ihren planungsrechtlichen Instrumentarium Klimaschutzpolitik zu betreiben". Die Rechtsprechung beantwortete daher nicht zweifelsfrei die Frage, ob nun städtebauliche Maßnahmen nur „im Hinblick auf begrenzte Gegebenheiten"[650], also im

644 BGBl. I S. 2414.

645 Vgl. *Söfker*-Ernst/Zinkahn/Bielenberg/Krautzberger, BauGB, 109. Lfg., Jun. 2013, § 1 Rn. 107f, der aber nach der Klimaschutz-Novelle 2011 auch den allgemeinen Klimaschutz als eigenständige Planungsaufgabe der Bauleitplanung anerkennt, vgl. *Sofker*-Ernst/Zinkahn/Bielenberg/Krautzberger, BauGB, 109. Lfg., Juni 2013, § 1 Rn. 107a, b; *Söfker*, ZfBR 2011, 541 (542).

646 *Söfker*, UPR 2009, 81 (83).

647 BT-Drs. 15/2996, S. 62.

648 BVerwG, Urteil v. 25.01.2006–8 C 13/05, NVwZ 2006, 690.

649 BVerwG, Urteil v. 13.03.2003–4 C 4/02, NVwZ 2003, 738.

650 BVerwG, NVwZ 2006, 690 (693).

Sinne des lokalen[651] Klimaschutzes oder auch aufgrund des allgemeinen Klimaschutzes gerechtfertigt werden durften. Sowohl die Rechtsprechung als auch die Fassung des § 1 Abs. 5 S. 2 BauGB 2004 führten daher zu erheblichen Unsicherheiten bei den Gemeinden.[652]

Klarheit hat der Gesetzgeber mit der Neufassung des § 1 Abs. 5 S. 2 BauGB 2011[653] und mit der Einführung der Klimaschutzklausel des § 1a Abs. 5 BauGB 2011 erreicht, in welchem der (lokale und allgemeine) „Klimaschutz und die Klimaanpassung" eigenständig als städtebauliches Planungsziel rechts-normativ festgelegt werden. Ein solches Verständnis bestätigt auch die Gesetzesbegründung. Dort wird betont, dass „der Klimaschutz bei der Aufstellung von Bauleitplänen verstärkt zu berücksichtigen ist und eigene Darstellungen und Festsetzungen begründen kann"[654]. Ferner wird als Ziel der Klimaschutz-Novelle 2011 im Gesetzesentwurf aufgeführt: „Nicht zuletzt auf Grund des Weltklimaberichts der Vereinten Nationen (UN) ist deutlich geworden, dass die Bekämpfung des Klimawandels und die Anpassung an den Klimawandel dauerhafte Zukunftsaufgaben auch der Städte und Gemeinden sind. Diese Aufgaben haben auch eine städtebauliche Dimension, der die Gemeinden bei ihren Vorgaben zur örtlichen Bodennutzung Rechnung tragen sollen"[655].

II. Die Klimaschutzklausel gem. § 1a Abs. 5 BauGB

Die Vorschrift des § 1a BauGB („Ergänzende Vorschriften zum Umweltschutz") wurde zu Gunsten des Klimaschutzes in Absatz 5 erweitert. Die Planungsziele des „Klimaschutzes" und des „Klimawandels" im Sinne des § 1 Abs. 5 S. 2 BauGB werden in § 1a Abs. 5 BauGB konkretisiert. Diese sog. „Klimaschutzklausel"[656] wurde ebenfalls durch die Klimaschutz-Novelle 2011 eingeführt und akzentuiert die Bedeutung der Klimaschutzbelange. Sie lautet:

> ***§ 1a BauGB: Ergänzende Vorschriften zum Umweltschutz***
> *„(5) Den Erfordernissen des Klimaschutzes soll sowohl durch Maßnahmen, die dem Klimawandel entgegenwirken, als auch durch solche, die der Anpassung an den Klimawandel dienen, Rechnung getragen werden. Der Grundsatz nach Satz 1 ist in der Abwägung nach § 1 Abs. 7 zu berücksichtigen."*

Das Baugesetzbuch prägt die Definitionen des „Klimaschutzes" und des „Klimawandels" nicht als neue Begriffe des Klimaschutzes. Sie wurden nach dem Vorbild des

---

651 *Gärditz*, JuS 2008, 324 (328).
652 *Bunzel*, ZfBR 2012, 114 (116).
653 BGBl. I 2011 S. 1509.
654 BT-Drs. 17/6076, S. 8.
655 BT-Drs. 17/6076, S. 1.
656 Begründung des Regierungsentwurfs, BT-Drs. 344/11, S. 11; anders: *Battis/Krautzberger/Mitschang/Reidt/Stüer*, NVwZ 2011, 897: sie bezeichnen statt § 1a Abs. 5 BauGB die Vorschrift § 1 Abs. 5 S. 2 BauGB als Klimaschutzklausel.

Klimaschutzverständnisses im Sinne von § 2 Abs. 2 Nr. 6 S. 7 ROG[657] formuliert.[658] Danach soll den räumlichen Erfordernissen des Klimaschutzes sowohl durch Maßnahmen, die dem Klimawandel entgegenwirken, als auch durch solche, die der Anpassung an den Klimawandel dienen, Rechnung getragen werden.

Zweifelsohne fungieren beide Tatbestandsalternativen des § 1a Abs. 5 S. 1 BauGB als Unterfälle des Klimaschutzes insgesamt.[659] Dennoch ist eine Differenzierung zwischen den Tatbestandsvarianten nicht verzichtbar; sie betreffen zwei unterschiedliche Zielrichtungen: Der Begriff des Klimaschutzes bezieht sich auf die Verhinderung bzw. Eindämmung des Klimawandels. Die Verhinderung bzw. Verringerung[660] der durch den Klimawandel hervorgerufenen Auswirkungen auf die Bodennutzungsstruktur ist – streng genommen – von der Terminologie des „Klimaschutzes" demgegenüber nicht erfasst.[661] Dies ist eine Frage der Anpassung an den Klimawandel. Die Folgen des Klimawandels auf die Siedlungsstrukturen (z.B.: durch Hochwasser, Starkregen) und die Bevölkerung (z.B.: Hitzestau in dicht bebauten Gebieten) geben jedoch Anlass dazu, auf diese zunehmend (neuen) Bodennutzungskonflikte durch bauplanungsrechtliche Instrumente zu reagieren. Angesichts des fortschreitenden Klimawandels und dem Ziel einer klimagerechten Stadtentwicklung wurde im Endbericht[662] der „Berliner Gespräche zum Städtebaurecht" die Erweiterung der Planungsziele des § 1 Abs. 5 BauGB um die Klimaanpassung empfohlen, welchem der Gesetzgeber nachgekommen ist. Das bauplanungsrechtliche Verständnis des Klimaschutzes hat also nicht nur die Verhinderung bzw. Verringerung des Klimawandels im Blick, sondern auch die bauplanungsbezogene Anpassung an die Folgen des bereits eingetretenen Klimawandels.

1. Vorbeugender Klimaschutz

Die erste Tatbestandsvariante des § 1a Abs. 5 S. 1 und des § 1 Abs. 5 S. 2 BauGB („Klimaschutz") beschreibt den *vorbeugenden*[663] Klimaschutz. § 1a Abs. 5 S. 1 Var. 1 BauGB konkretisiert den vorbeugenden Klimaschutz als bauleitplanerische Maßnahmen, die dem Klimawandel entgegenwirken sollen. Sie werden auch „Mitigation"[664] genannt. Eine nähere Definition des Klimaschutzes findet sich im BauGB nicht.

---

657 *Raumordnungsgesetz* (ROG) i. d. F. der Bek. vom 22.12.2008 (BGBl. I S. 2986), zul. geänd. d. Gesetz v. 31.07.2009 (BGB. I S. 2585).

658 BT-Drs. 17/6076, S. 6.

659 *Söfker*-Ernst/Zinkahn/Bielenberg/Krautzberger, BauGB, 109. Lfg., Juni 2013, § 1 Rn. 107b.

660 *Mitschang*, DVBl. 2008, 745 (745).

661 Vgl. *Janssen/Albrecht*, Umweltschutz im Planungsrecht, S. 7; *Kment*, JZ 2010, 62 (63); *Kment*, DVBl. 2012, 1125 (1126).

662 *Berliner Gespräche zum Städtebaurecht*, Band I, Bericht, S. 17 f., 30.

663 *Krautzberger/Wagner*-Ernst/Zinkahn/Bielenberg/Krautzberger, BauGB, 109. Lfg., Jun. 2013, § 1a Rn. 275.

664 *Antweiler/Gabler*, BauR 2012, 39 (41).

Dem Zweck entsprechend ist der bauplanungsrechtliche Klimaschutz umfassend zu verstehen und kommt in Betracht, soweit der Klimaschutz für die Bauleitplanung relevant sein kann.[665] Hauptursache für den Klimawandel ist bekanntlich der anthropogene Anstieg des CO_2-Anteils in der Erdatmosphäre. Mit den städtebaulichen Maßnahmen, die dem Klimawandel entgegenwirken sollen, sind daher vor allem solche gemeint, die den CO_2-Ausstoß verringern oder sogar zu verhindern.[666] Hierunter fallen beispielsweise die planungsrechtliche Absicherung und Unterstützung des Einsatzes erneuerbarer Energien und die Umsetzung von Konzepten, wodurch die durch den Verkehr verursachten CO_2-Emissionen verringert werden sollen (z.B.: Konzept „Stadt der kurzen Wege").[667] Zudem dienen Festsetzungen im Bebauungsplan von flächensparenden, kompakten Siedlungsstrukturen (z.B.: Niedrigenergiebauweise[668]) der Energieeinsparung und damit dem vorbeugenden Klimaschutz.

2. *Anpassender Klimaschutz*

Im Gegensatz zum vorbeugenden Klimaschutz soll die zweite Tatbestandsvariante des § 1a Abs. 5 S. 1 BauGB und des § 1 Abs. 5 S. 2 BauGB dem anpassenden Klimaschutz dienen. Das Planungsziel des § 1 Abs. 5 S. 2 BauGB wird in § 1a Abs. 5 S. 1 BauGB, wonach es sich um Maßnahmen handelt, „die der Anpassung an den Klimawandel dienen", nicht wirklich näher definiert. Gemeint sind solche Maßnahmen, die die städtebauliche Angleichung an die Auswirkungen des Klimawandels betreffen. Dementsprechend ist der Begriff der Klimaanpassung – wie jener des Klimaschutzes – umfassend auszulegen.[669] Derartige Maßnahmen werden auch als „Adaption"[670] bezeichnet. Die Gemeinde soll sich mit Maßnahmen zum anpassenden Klimaschutz auf die Auswirkungen des Klimawandels auf die Siedlungsstrukturen und die Gesundheit der Bevölkerung einstellen. Die Folgen der Klimaerwärmung wie etwa die Zunahme extrem heißer und trockener Wetterperioden oder die Zunahme von Extremwetterereignissen (z.B.: Starkregen, Stürme) können sich in erheblichem Maße nachteilig auf die Lebensbedingungen in den Städten und Gemeinden auswirken.[671] Maßnahmen zur Klimaanpassung sollen also die durch den Klimawandel hervorgerufenen Gefahren wie etwa den Hochwasserproblemen, Berg- und Erdrutschen, Sturm- und Sturzfluten sowie den Waldbränden

---

665 *Söfker*-Ernst/Zinkahn/Bielenberg/Krautzberger, BauGB, 109. Lfg., Jun. 2013, § 1 Rn. 107b.

666 *Mitschang*, DVBl. 2008, 745 (749); *Söfker*-Ernst/Zinkahn/Bielenberg/Krautzberger, BauGB, 109. Lfg., Jun. 2013, § 1 Rn. 107c.

667 BT-Drs. 17/6076, S. 8.

668 *Longo/Schuster*, ZNER 2000, 118 (118 f.); *Denny/Spangenberger*, UPR 1999, 331 (334).

669 *Söfker*-Ernst/Zinkahn/Bielenberg/Krautzberger, BauGB, 109. Lfg., Jun. 2013, § 1 Rn. 107b.

670 *Antweiler/Gabler*, BauR 2012, 39 (41).

671 *Bunzel*, ZfBR 2012, 114 (116); *Die Bundesregierung*, Deutsche Anpassungsstrategien an den Klimawandel, S. 19.

entgegenwirken.[672] Hierzu können etwa im Bebauungsplan Kaltluftschneisen zur besseren Luftzirkulation und Vermeidung von anstauenden Luftmassen (z.B.: Smogbildungen) oder Flächen für die Regenentwässerung festgesetzt werden.[673] Bei zu befürchtenden Überschwemmungen können im Bebauungsplan weiterhin Wasserauffangbecken oder Wasserabflussflächen festgesetzt werden.[674] Zudem dient die Festsetzung zur Schaffung von Grünflächen sowie zur Anpflanzung von Bäumen innerhalb von Siedlungsgebieten dazu, kleine Durchlüftungsbereiche und schattige Plätze zu etablieren, die im Sommer einen Kühlungseffekt erzeugen.[675] Wegen der steigenden Auswirkungen des Klimawandels sind Maßnahmen zur Anpassung an den Klimawandel von zunehmender Bedeutung.[676]

III. Klimabezogene städtebauliche Belange i.S.d. § 1 Abs. 6 BauGB

Die generellen Planungsziele nach § 1 Abs. 5 BauGB werden durch die Planungsleitlinien in § 1 Abs. 6 BauGB inhaltlich konkretisiert. Die in § 1 Abs. 6 BauGB aufgezählten Belange sind nicht als abschließend anzusehen.[677] Dies folgt bereits aus dem Wortlaut des § 1 Abs. 6 BauGB, wonach die Planungsbelange bei der Aufstellung von Bauleitplänen „insbesondere" zu berücksichtigen sind. Nachfolgend werden diejenigen Belange näher betrachtet, die für den Klimaschutz und die Klimaanpassung relevant sind.

1. Umweltbezogene Auswirkungen auf die Schutzgüter des § 1 Abs. 6 Nr. 7 BauGB

Nach § 1 Abs. 6 Nr. 7 BauGB sind die Umweltbelange, einschließlich des Naturschutzes und der Landschaftspflege, bei der Aufstellung von Bauleitplänen zu berücksichtigen. Die Untergliederungen des § 1 Abs. 6 Nr. 7 lit. a) bis i) BauGB bezeichnen einzelne Umweltmedien, die als städtebauliche Belange besonders hervorgehoben werden. Dabei stellt das Baugesetzbuch mit der Bezeichnung „insbesondere" im einleitenden Satzteil des § 1 Abs. 6 Nr. 7 BauGB klar, dass diese Untergliederungen nicht als abschließend zu verstehen sind.

672 Vgl. *Mitschang*, DVBl. 2008, 745 (751).
673 *Bunzel*, ZfBR 2012, 114 (116).
674 *Krautzberger/Wagner*-Ernst/Zinkahn/Bielenberg/Krautzberger, BauGB, 109. Lfg., Jun. 2013, § 1a Rn. 281.
675 *Krautzberger/Wagner*-Ernst/Zinkahn/Bielenberg/Krautzberger, BauGB, 109. Lfg., Juni 2013, § 1a Rn. 281.
676 Vgl. *Mitschang*, DVBl. 2008, 745 (751).
677 *Reidt*-Bracher/ders/Schiller, BauplR, Rn. 647.

a) Der Umweltschutz, § 1 Abs. 6 Nr. 7 lit. a) BauGB i.V.m. § 1a BauGB

Die Planungsleitlinie des § 1 Abs. 6 Nr. 7 lit. a) BauGB lenkt die Aufmerksamkeit des Planungsträgers auf die Belange des Umweltschutzes. Danach sind bei der Aufstellung der Bauleitpläne „die Auswirkungen auf Tiere, Pflanzen, Boden, Wasser, Luft, Klima und das Wirkungsgefüge zwischen ihnen sowie die Landschaft und die biologische Vielfalt" zu berücksichtigen. Die Umweltbelange in § 1 Abs. 6 Nr. 7 lit. a) BauGB werden durch die Bodenschutzklausel (§ 1a Abs. 2 BauGB), die naturschutzrechtliche Eingriffsregelung (§ 1a Abs. 3 BauGB), die Maßgaben der europäischen Fauna-Flora-Habitat-Richtlinie sowie der europäischen Vogelschutzrichtlinie (§ 1a Abs. 4 BauGB) und der Klimaschutzklausel (§ 1a Abs. 5 BauGB) ergänzt.[678] Zusammen bilden § 1 Abs. 6 Nr. 7 lit. a) BauGB und § 1a BauGB den Gegenstand der Umweltprüfung gemäß § 2 Abs. 4 BauGB.[679] Die durch die Bauleitplanung voraussichtlich entstehenden erheblichen Umweltauswirkungen auf die in § 1 Abs. 6 Nr. 7 lit. a) i.V.m. § 1a BauGB benannten Belange sind in der Umweltprüfung zu ermitteln und zu bewerten.[680] Da sich § 1 Abs. 6 Nr. 7 lit. a) BauGB auf „Auswirkungen" der Umweltbelange bezieht, haben die Gemeinden konkret zu erforschen, welchen Einfluss die Bauleitplanung – gegebenenfalls unter Einbeziehung von externen Sachverständen – auf das Klima bzw. die Umwelt haben.[681]

Die Auswirkungen auf die „Luft" sind eher anlagenbezogen. Gemeint sind Auswirkungen auf die Luftreinhaltung[682] durch die Bauleitplanung. Die Auswirkungen auf das „Klima" beziehen sich hingegen auf die klimatologische Faktoren wie z.B.: Temperatur, Sonnenscheindauer, Niederschlag, Luftfeuchtigkeit und Wind.[683] Beispielsweise können Siedlungsstrukturen und topographische Verhältnisse eine unzureichende Durchlüftung (etwa bei der baukörperbedingten Sperrung von Taleinschnitten) hervorrufen und gefährliche Luft- und Abgasstauungen sowie Smogbildungen zur Folge haben.[684]

Vor der Klimaschutz-Novelle 2011 war der Anwendungsbereich des § 1 Abs. 6 Nr. 7 lit. a) BauGB lediglich auf das örtliche „Kleinklima"[685] im Plangebiet begrenzt. Nunmehr sind von dieser Planungsleitlinie tatbestandlich auch die Auswirkungen

678 *Brenner*, Öfftl. BauR, Rn. 359.

679 *Jarass/Kment*, BauGB, § 1 Rn. 55.

680 Vgl. *Schrödter*-Schrödter, BauGB, § 2 Rn. 155.

681 *Dirnberger*-Spannowsky/Uechtritz, BauGB, § 1 Rn. 104.2; *Battis/Kersten/Mitschang/Ingold/Schwarz*, Stadtentwicklung, S. 66.

682 *Söfker*-Ernst/Zinkahn/Bielenberg/Krautzberger, BauGB, 103. Lfg., Jan. 2012, § 1 Rn. 144b.

683 *Söfker*-Ernst/Zinkahn/Bielenberg/Krautzberger, BauGB, 103. Lfg., Jan. 2012, § 1 Rn. 144b.

684 *Battis/Kersten/Mitschang/Ingold/Schwarz*, Stadtentwicklung, S. 67; *Söfker*-Ernst/Zinkahn/Bielenberg/Krautzberger, BauGB, 103. Lfg., Jan. 2012, § 1 Rn. 144b.

685 *Mitschang*, NuR 2008, 601 (604).

auf das globale[686] Klima erfasst. Die Klimaschutzbelange werden durch die Klimaschutzklausel gemäß § 1a Abs. 5 BauGB[687] konkretisiert.

Die klimatischen und lufthygienischen Verhältnisse können durch die städtebaulichen Instrumente verbessert werden. So können etwa die Festsetzung von Grün- oder Waldflächen (vgl. § 9 Abs. 1 Nr. 15, 20 BauGB), von Verwendungsverboten bzw. -beschränkungen bestimmter luftverunreinigender Stoffe (vgl. § 9 Abs. 1 Nr. 23 lit. a) BauGB), von Fassaden- und Dachbegrünungen oder sonstigen Bepflanzungen (vgl. § 9 Abs. 1 Nr. 25 BauGB) oder die Erhaltung von Wasserflächen (§ 9 Abs. 1 Nr. 15 BauGB) in Bebauungsplänen das Klima und die Luft qualitativ aufwerten.[688] Vorsorgend dienen etwa die Festsetzung zur Erzeugung und Nutzung von Anlagen aus erneuerbarer Energien (z.B.: Solarenergie, Windenergie, Wasserkraftenergie, Geothermie) und der Kraft-Wärme-Kopplung (vgl. § 9 Abs. 1 Nr. 23 lit. b) BauGB) dem Klimaschutz, da sie weitere CO_2-Emissionen vermeiden.[689] Insofern überschneiden sich die Belange des § 1 Abs. 6 Nr. 7 lit. a) BauGB mit jenen in § 1 Abs. 6 Nr. 7 lit. f) BauGB (die Nutzung erneuerbarer Energien sowie die sparsame und effiziente Nutzung von Energie).

Neben den Auswirkungen auf das Klima sind auch die Auswirkungen auf die in § 1 Abs. 6 Nr. 7 lit. a), § 1a BauGB weiteren genannten Belange (Tiere, Pflanzen, Boden, Wasser, Luft, Landschaft und biologische Vielfalt) klimarelevant. Derartige Auswirkungen beeinflussen das Klima mittelbar über ihren jeweiligen Umweltfaktor.[690] Beispielsweise sind mittelbare Auswirkungen auf das Klima dann abwägungserheblich, wenn sie Veränderungen im Grundwasserbereich aufweisen.[691]

b) Umweltbezogene Auswirkungen auf den Menschen, die Gesundheit und die Bevölkerung insgesamt, § 1 Abs. 6 Nr. 7 lit. c) BauGB

§ 1 Abs. 6 Nr. 7 lit. c) BauGB erfasst „umweltbezogene Auswirkungen auf den Menschen und seine Gesundheit sowie die Bevölkerung insgesamt". Diese Planungsleitlinie weist den Planungsträger bei der Zusammenstellung des Abwägungsmaterials auf mögliche Beeinträchtigungen der Bevölkerung hin, die durch die städtebauliche Konzeption hervorgerufen werden kann. Mit „umweltbezogene(n) Auswirkungen" sind die durch die Aufstellung von Bauleitplänen zu erwartenden Veränderungen der Umweltfaktoren sowie die Art und Weise, wie diese sich auf den Menschen

686 *Schrödter/Wahlhäuser*-Schrödter, BauGB, § 1 Rn. 400; wohl auch *Battis*-ders/Krautzberger/Löhr, BauGB, § 1 Rn. 65a; a. A.: *Jarass/Kment*, BauGB, § 1 Rn. 56; *Söfker*-Ernst/Zinkahn/Bielenberg/Krautzberger, BauGB, 103. Lfg., Jan. 2012, § 1 Rn. 144b.

687 Hierzu 4. Kap. B. II.

688 Vgl. *Schrödter/Wahlhäuser*-Schrödter, BauGB, § 1 Rn. 399.

689 *Battis*-ders/Krautzberger/Löhr, BauGB, § 1 Rn. 65a.

690 *Mitschang*, NuR 2008, 601 (604).

691 *Mitschang*, NuR 2008, 601 (605).

und seine Gesundheit auswirken, gemeint.[692] Der Bauleitplan kann insbesondere Auswirkungen auf den Schutz vor schädlichen Umwelteinwirkungen im Sinne des BImSchG, den Schutz vor von Bodenverunreinigungen ausgehenden Gefahren haben oder klimatische Veränderungen verursachen.[693] Die praktische Umsetzung der (auch dem Klimaschutz dienenden) Belange des § 1 Abs. 6 Nr. 7 lit. c) BauGB kann im Bebauungsplan z.B. durch Festsetzungen von Verwendungsverboten und -beschränkungen für bestimmte Heizstoffe (vgl. § 9 Abs. 1 Nr. 23 lit. a) BauGB), zur Freihaltung von Flächen zur Luftzirkulation (vgl. § 9 Abs. 1 Nr. 10 BauGB) oder die räumliche Trennung zu schutzbedürftigen Nutzung durch Abstandsflächen (vgl. 9 Abs. 1 Nr. 2, 2a, 3 BauGB) erfolgen.[694]

c) Vermeidung von Emissionen, § 1 Abs. 6 Nr. 7 lit. e) BauGB

Für den Schutz des Klimas ist ferner insbesondere die „Vermeidung von Emissionen" relevant. Diese Planungsleitlinie regelt § 1 Abs. 6 Nr. 7 lit. e) BauGB; sie wird aber auch schon in § 1 Abs. 6 Nr. 7 lit. c) BauGB angesprochen. Leitbild für den Begriff der „Emissionen" ist § 3 Abs. 3 BImSchG. Emissionen in diesem Sinne sind „die von einer Anlage ausgehenden Luftverunreinigungen, Geräusche, Erschütterungen, Licht, Wärme, Strahlen und ähnliche Erscheinungen". Als Emissionen sind nach § 1 Abs. 1 BImSchG auch Einwirkungen auf die Atmosphäre erfasst. Der Begriff der Atmosphäre ist weiter gefasst als jenen der Luft, da er auch Temperatur- und Windverhältnisse sowie weitere Wetterbedingungen, also das Klima, einbezieht.[695] Damit stellen der anthropogene CO_2-Ausstoß und sonstige klimaschädliche Gase „Emissionen" im Sinne des § 1 Abs. 6 Nr. 7 lit. e) BauGB dar.[696]

Der Schutzbereich des § 1 Abs. 6 Nr. 7 lit. e) BauGB überschneidet sich teilweise mit jenem des § 1 Abs. 6 Nr. 7 lit. a) BauGB, wenn die durch die Bauleitplanung voraussichtlich hervorgerufenen Auswirkungen auf das Klima von emissionsrechtlicher Natur sind. Im Gegensatz zu § 1 Abs. 6 Nr. 7 lit. a) BauGB verfolgt § 1 Abs. 6 Nr. 7 lit. e) BauGB primär eine anlagenbezogene[697] Schutzrichtung. Sie zielt darauf ab, zukünftige durch die Bauleitplanung hervorgerufene Emissionen möglichst generell (vorsorgend[698]) zu umgehen. Deshalb ist es für das Vermeidungsgebot des § 1 Abs. 6 Nr. 7 lit. e) BauGB nicht von Bedeutung, ob Grenzwerte nach der TA-Luft überschritten werden oder nicht.[699]

---

692 *Battis*-ders/Krautzberger/Löhr, BauGB, § 1 Rn. 65e.
693 *Battis*-ders/Krautzberger/Löhr, BauGB, § 1 Rn. 65e.
694 *Mitschang*, NuR 2008, 601 (606).
695 *Frenz*-Kotulla, BImSchG, Bd. 1, 3. Lfg., Juli 2004, § 1 Rn. 45.
696 Hierzu im 6. Kap. B. I. 2. l) aa).
697 *Battis/Kersten/Mitschang/Ingold/Schwarz*, Stadtentwicklung, S. 67.
698 *Söfker*-Ernst/Zinkahn/Bielenberg/Krautzberger, BauGB, 103. Lfg., Jan. 2012, § 1 Rn. 147.
699 *Mitschang*, NuR 2008, 601 (606).

d) Nutzung erneuerbarer Energien sowie die sparsame und effiziente Nutzung von Energie, § 1 Abs. 6 Nr. 7 lit. f) BauGB

Von herausragender Bedeutung für den globalen Klimaschutz sind die energiebezogenen Belange des § 1 Abs. 6 Nr. 7 lit. f) BauGB. Danach sind bei der Aufstellung und Änderung von Bauleitplänen „die Nutzung erneuerbarer Energien sowie die sparsame und effiziente Nutzung von Energie" zu berücksichtigen. Die Vorschrift wurde durch die EAG-Bau-Novelle 2004 eingeführt und betont sowie modifiziert die Belange der erneuerbaren Energien sowie der Energieeffizienz.[700]

Die Planungsleitlinie lenkt den Fokus sowohl auf die planerische Steuerung von Standorten zur Energiegewinnung und -nutzung aus regenerativen Energien als auch auf planerische Maßnahmen zur Optimierung der Energieeffizienz. Die Substitution fossiler Energien durch erneuerbare Energien und die Steigerung der Energieeffizienz haben nach § 1 Abs. 6 Nr. 7 lit. f) BauGB auch städtebauliche Dimension. Der Gesetzgeber stärkt mit der tatbestandlichen Ausdehnung[701] der energetischen Belange deren mögliche Beachtung in der Abwägung. Die Gemeinde kann sich in Bezug auf die städtebauliche Rechtfertigung von Planmaßnahmen zum Einsatz von regenerativen Energien sowie zur Optimierung der Energieeffizienz auf die Planungsleitlinie des § 1 Abs. 6 Nr. 7 lit. f) BauGB beziehen. Ihre Argumentationslast wird mit der Statuierung der energetischen Belange als Planungsleitlinie vereinfacht[702].

Durch die Einbeziehung von planerischen Maßnahmen zur „Nutzung" erneuerbarer Energien und zur Optimierung der Energieeffizienz kann der globale Klimaschutz nicht nur in Neubaugebieten planerisch gesteuert werden, sondern gerade auch im bereits bestehenden Baubestand[703], in dem wohl das größte Energieeinsparungspotenzial besteht.

Anlehnend an diesen energiebezogenen Belangen wurden die gemeindlichen Handlungsinstrumente zum Einsatz erneuerbarer Energien und der Kraft-Wärme-Kopplung sowie der Energieeinsparung erheblich erweitert.[704] Hierunter fallen etwa die Festsetzung von baulichen oder bautechnischen Maßnahmen zur Nutzung von erneuerbarer Energien bzw. der Kraft-Wärme-Kopplung (vgl. § 9 Abs. 1 Nr. 23 lit. b) BauGB)[705] oder energetische Sanierungsmaßnahmen (vgl. § 136 Abs. 2 S. 2 Nr. 1, Abs. 3 Nr. 1 lit. h) BauGB)[706]. Darüber hinaus können z.B. die Errichtung und Nutzung von Anlagen zur Wärme-, Kälte- oder Elektrizitätsversorgung in

---

700 Hierzu unter 2. Kap. B. und D.
701 Hierzu unter 2. Kap. A., B., D.
702 *Dreier*, Die normative Steuerung der planerischen Abwägung, S. 197.
703 Zur Begrenzung durch den Verhältnismäßigkeitsgrundsatz, vgl. dazu unter 5. Kap. C.
704 Siehe hierzu im 6. und 7. Kap.
705 Hierzu siehe unter 6. Kap. B. I. 2. m).
706 Hierzu siehe unter 7. Kap. C. I.

städtebaulichen Verträgen (vgl. § 11 Abs. 1 S. 2 Nr. 4 BauGB)[707] vereinbart werden. Für den allgemeinen Klimaschutz sind die Nutzung von erneuerbarer Energien und die Energieeinsparung in der Praxis damit von zentraler Bedeutung.[708]

e) Darstellungen von Landschaftsplänen sowie von sonstigen Plänen, § 1 Abs. 6 Nr. 7 lit. g) BauGB

Mittelbar hat auch die Umsetzung der Planungsleitlinie des § 1 Abs. 6 Nr. 7 lit. g) BauGB positiven Einfluss auf das Klima. Danach sollen bei der Aufstellung von Bauleitplänen die „Darstellungen von Landschaftsplänen sowie von sonstigen Plänen, insbesondere des Wasser-, Abfall- und Immissionsschutzrechts", berücksichtigt werden. Hier greifen klimaschutzbezogene Fachplanungen und Bauleitplanung ineinander. § 1 Abs. 6 Nr. 7 lit. g) BauGB stellt klar, dass umweltschützende Fachplanungen mit räumlichen Bezügen in der Bauleitplanung zu beachten sind.[709] Insbesondere sind Luftreinhalte- und Aktionspläne[710] als immissionsschutzrechtliche Pläne klimarelevant, die in der Bauleitplanung zu berücksichtigen sind. Sie dienen als zentrales Element des Luftqualitätsrechts[711] der Vermeidung bzw. Reduzierung von Luftverunreinigungen, die durch eine immissionsrechtliche Anlage hervorgerufen wird. Luftreinhaltepläne sind gem. § 47 Abs. 1 S. 1 BImSchG immer dann aufzustellen, wenn Immissionsgrenzwerte einschließlich festgelegter Toleranzgrenzen überschritten werden. Bei planungsrechtlichen Festlegungen in Luftreinhaltplänen haben die Gemeinden darüber zu entscheiden, ob und inwieweit die Vorgaben des Luftreinhalte- bzw. Aktionsplans heranzuziehen sind.[712]

f) Erhaltung der bestmöglichen Luftqualität, § 1 Abs. 6 Nr. 7 lit. h) BauGB

Einen vergleichbaren mittelbaren Klimaschutz ergibt sich aus § 1 Abs. 6 Nr. 7 lit. h) BauGB, wonach die bestmögliche Luftqualität erhalten bleiben soll. Danach ist die Erhaltung der bestmöglichen Luftqualität als städtebaulicher Planungsbelang in Gebieten anerkannt, „in denen die durch Rechtsverordnung zur Erfüllung von Rechtsakten der Europäischen Union festgelegten Immissionsgrenzwerte nicht überschritten werden". Mit Rechtsakten der Europäischen Union sind die auf der Grundlage des § 48a BImSchG erlassenen Rechtsverordnungen über Immissionsgrenzwerte angesprochen. Insbesondere gehören hierzu die Verordnung über Immissionswerte für Schadstoffe in der Luft (22. BImSchV)[713] und die Verordnung über Luftqualitätsstandards und Emissionshöchstmengen (39. BImSchV)[714]. Die Belange

707 Hierzu siehe unter 7. Kap. B. I.
708 *Battis/Kersten/Mitschang/Ingold/Schwarz*, Stadtentwicklung, S. 67.
709 *Mitschang*, NuR 2008, 601 (606 f.)
710 M. w. N. *Scheidler*-Schrödter, BauGB, § 1 Rn. 421.
711 *Köck/Lehmann*, ZUR 2013, 67 (68).
712 *Scheidler*-Schrödter, BauGB, § 1 Rn. 426; *Mitschang*, NuR 2008, 601 (607).
713 BGBl. I 2002 S. 3626.
714 BGBl. I 2010 S. 1065.

der Luftreinhaltung wurden durch die Einführung des § 1 Abs. 6 Nr. 7 lit. h) BauGB im Wege des EAG Bau 2004 statuiert.[715] Sie basiert auf der Luftqualitätsrahmenrichtlinie 96/62/EG[716]. Der Schutzbereich der Vorschrift dient der Umweltvorsorge. Deshalb bezieht sich der Regelungscharakter des § 1 Abs. 6 Nr. 7 lit. h) BauGB darauf, die bestmögliche Luftqualität in Gebieten zu erhalten und nicht auf die Einhaltung der nach dem BImSchG festgelegten zulässigen Immissionsgrenzwerte.[717] Zur Erhaltung der Luftqualität sind etwa Festsetzungen im Bebauungsplan von Verwendungsverboten bzw. -beschränkungen luftverunreinigender Stoffe (vgl. § 9 Abs. 1 Nr. 23 lit. a) BauGB) oder bauliche und technische Maßnahmen zum Schutz vor schädlichen Umwelteinwirkungen (vgl. § 9 Abs. 1 Nr. 24 BauGB) planerisch gestaltbar. Ebenso dienen die Schaffung und Erhaltung von Grün- und Wasserflächen (vgl. § 9 Abs. 1 Nrn. 15, 16 BauGB) oder Abstandsflächen (vgl. § 9 Abs. 1 Nr. 2, 2a, 3 BauGB) der Förderung der Luftqualität. Sofern durch die städtebauliche Konzeption Vorhaben zugelassen werden, die Luftverunreinigungen hervorrufen, hat die Gemeinde abzuwägen, welche Festsetzungen getroffen werden können, um die relativ gute Luftqualität zu erhalten.[718]

2. Versorgung mit Energie, § 1 Abs. 6 Nr. 8 lit. e) BauGB

Klimarelevant sind weiterhin die Belange „der Versorgung, insbesondere mit Energie und Wasser, einschließlich der Versorgungssicherheit“ (§ 1 Abs. 6 Nr. 8 lit. e) BauGB), die die Gemeinde als Teil der Daseinsvorsorge bei der Aufstellung von Bauleitplänen zu berücksichtigen hat. Diese Planungsleitlinie betont eine verbrauchernahe[719] Versorgung, insbesondere mit Energie, Wärme und Wasser, durch die planerische Steuerung von Standorten der Versorgungseinrichtungen. In Bezug auf den globalen Klimaschutz interessieren vor allem die Darstellungen und Festsetzungen von Flächen zur Energieversorgung. Die planerische Sicherung von Standorten zur Energiegewinnung und zur Energieumwandlung durch technische Infrastrukturanlagen (z.B.: Flächen für Anlagen der Kraft-Wärme-Kopplung)[720] hat klimaschützenden Bezug. Besondere Sachnähe des § 1 Abs. 6 Nr. 8 lit. e) BauGB besteht zur Planungsleitlinie nach § 1 Abs. 6 Nr. 7 lit. f) BauGB, die die Nutzung erneuerbarer Energien und die Energieeinsparung betrifft. In Kombination mit den Belangen zur Nutzung erneuerbarer Energien und der Energieeinsparung (vgl. § 1 Abs. 6 Nr. 7 lit. f) BauGB) lassen sich z.B. im Bebauungsplan Flächen zur zentralen oder dezentralen Energieversorgung aus erneuerbaren Energien festsetzen (vgl. § 9 Abs. 1 Nr. 12 BauGB).

---

715 *Scheidler*-Schrödter, BauGB, § 1 Rn. 436.

716 RL 96/62/EG des Rates über die Beurteilung und die Kontrolle der Luftqualität vom 27.09.1996, ABl. EG Nr. 296/55, S. 1.

717 *Jarass/Kment*, BauGB, § 1 Rn. 63; *Mitschang*, NuR 2008, 601 (607)

718 *Scheidler*-Schrödter, BauGB, § 1 Rn. 436.

719 *Battis*-ders/Krautzberger/Löhr, BauGB, § 1 Rn. 72.

720 *Mitschang*, NuR 2008, 601 (608).

3. *Sicherung von Rohstoffvorkommen, § 1 Abs. 6 Nr. 8 lit. f) BauGB*

Städtebauliche Belange stellen darüber hinaus die Sicherung von Rohstoffvorkommen (vgl. § 1 Abs. 6 Nr. 8 lit. f) BauGB) dar. Flächen, die sich zum Abbau von Rohstoffen eignen, sollen von anderen Nutzungsansprüchen freigehalten werden.[721] Dieser Planungsbelang betrifft vor allem die Flächen- bzw. Standortsicherung für die Nutzung von mineralischen Rohstoffvorkommen (etwa Braunkohle).[722] Der Nachhaltigkeitsgrundsatz im Sinne des § 1 Abs. 5 BauGB ist auch in dem wirtschaftlich geprägten Belang der Sicherung von Rohstoffvorkommen hineinzulesen. In dem Sicherungsgedanken kommt die intergenerative Verantwortung der Gemeinden zum Ausdruck[723], der sie in der Bauleitplanung Rechnung tragen müssen. Für den Klimaschutz ist daher die Einsparung und Sicherung fossiler Energieträger relevant.

4. *Verkehr, § 1 Abs. 6 Nr. 9 BauGB*

Klimarelevant sind ferner die Belange des Verkehrs gemäß § 1 Abs. 6 Nr. 9 BauGB. Danach sind u.a. „die Belange des Personen- und Güteverkehrs" und „der Mobilität der Bevölkerung" bei der Bauleitplanung zu beachten. Auch hier kommt der Nachhaltigkeitsgrundsatz des § 1 Abs. 5 BauGB zum Ausdruck: Nach § 1 Abs. 6 Nr. 9 BauGB ist die städtebauliche Entwicklung so auszurichten, dass der Verkehr möglichst vermieden und verringert wird. Luftverunreinigungen, Lärm und CO_2-Emissionen werden insbesondere durch den (Nah-)Verkehr verursacht. Für den Klimaschutz spielen nachhaltige Strategien für die Verkehrsplanung daher eine wichtige Rolle. Hierzu zählen Strategien zur klimaverträglichen (Nah-)Mobilität durch kompakte, vielfältige Siedlungsstrukturen mit attraktiven Bedingungen für Fuß- und Radverkehr, die Förderung von Pilotprojekten der Elektromobilität oder die Schließung von Netzlücken im Radverkehr sowie im öffentlichen Verkehr.[724] Die Bauleitplanung soll daher auch zur „Stärkung des Anteils der umweltfreundlichen Verkehrsträger wie Schienenverkehr, öffentlichen Personennahverkehr und Radverkehr"[725] beitragen.

5. *Städtebauliche Konzepte, § 1 Abs. 6 Nr. 11 BauGB*

Nach § 1 Abs. 6 Nr. 11 BauGB sind ferner bei der Aufstellung von städtebaulichen Plankonzepten „die Ergebnisse eines von der Gemeinde beschlossenen städtebaulichen Entwicklungskonzeptes oder einer von ihr beschlossenen sonstigen

721 *Jarass/Kment* ,BauGB, § 1 Rn. 66; *Schrödter/Wahlhäuser*-Schrödter, BauGB, § 1 Rn. 470.

722 *Mitschang*, NuR 2008, 601 (608).

723 *Erbguth*, DVBl. 1999, 1082 (1083); *Mitschang*, DÖV 2000, 14 (21); *ders*, NuR 2008, 601 (608).

724 *Deutscher Städtetag*, Integrierte Stadtentwicklungsplanung und Stadtentwicklungsmanagement, S. 13.

725 BT-Drs. 15/2250, S. 39 f.

städtebaulichen Planung" zu berücksichtigen. Diese Planungsleitlinie betrifft informelle städtebauliche Planungen, also andere gemeindliche Planungen als Bauleitpläne, womit insbesondere Rahmen- und Entwicklungspläne angesprochen sind.[726] In Bezug auf den Klimaschutz sind insbesondere freiwillige konsensuale Klimaschutz- und Energieversorgungskonzepte von Bedeutung.[727]

6. *Hochwasserschutz, § 1 Abs. 6 Nr. 12 BauGB*

Gerade für die Anpassung an den Klimawandel sind die Belange des Hochwasserschutzes nach § 1 Abs. 6 Nr. 12 BauGB von herausragender Bedeutung. Der Hochwasserschutz wird in dem Belangkatalog des § 1 Abs. 6 BauGB durch § 1 Abs. 6 Nr. 12 BauGB neben den allgemein wasserbezogenen Belangen (vgl. § 1 Abs. 6 Nr. 7 lit. a) BauGB, § 1 Abs. 6 Nr. 7 lit. g) BauGB, § 1 Abs. 6 Nr. 8 lit. e) BauGB) akzentuiert. Der Hochwasserschutzbelang wurde aufgrund der Hochwässer in den 90er Jahren, zu denen insbesondere das Elbe-Hochwasser im Sommer 2002 zählt, in das BauGB eingeführt.[728] In erster Linie ist der Hochwasserschutz in den §§ 72–81 WHG[729] fachgesetzlich geregelt. In Bezug auf die Bauleitplanung enthält § 78 WHG ein grundsätzliches Verbot zur Ausweisung neuer Baugebiete und zur Errichtung oder Erweiterung baulicher Anlagen in Überschwemmungsgebieten (vgl. § 76 WHG).[730] Die Planungsleitlinie verdeutlicht, dass zusätzlich das Bauplanungsrecht einen Beitrag zum Hochwasserschutz leisten soll. Dies ist etwa im Bebauungsplan durch Festsetzungen zur Freihaltung von Flächen von der Bebauung (vgl. § 9 Abs. 1 Nr. 10 BauGB) oder von Flächen für Hochwasserschutzanlagen (z.B.: Dämme, Deiche, Kanäle, Gräben[731]) gem. § 9 Abs. 1 Nr. 16 BauGB möglich. Die Hochwasserschutzbelange sind vor allem dann zu berücksichtigen, wenn noch keine Überschwemmungsgebiete oder überschwemmungsgefährdete Gebiete festgesetzt worden sind.[732] Soweit Überschwemmungsgebiet bereits festgesetzt worden sind, sollen diese in Flächennutzungsplänen (vgl. § 5 Abs. 4a BauGB) und Bebauungsplänen (vgl. § 9 Abs. 6a BauGB) nachrichtlich übernommen werden.[733] Die Berücksichtigung von potenziellen Hochwassern einschließlich ihrer nachteiligen Folgen ist zur Anpassung des Städtebaurechts an den Klimawandel notwendig. Dies

726 *Battis*-ders/Krautzberger/Löhr, BauGB, § 1 Rn. 77.

727 BR-Drs. 344/11, S. 12; *Battis*-ders/Krautzberger/Löhr, BauGB, § 1 Rn. 77; *Schrödter/Wahlhäuser*-Schrödter, BauGB, § 1 Rn. 431.

728 BT-Drs. 15/3168, S. 1; Gesetz zur Verbesserung des vorbeugenden Hochwasserschutzes (Hochwasserschutzgesetz – HWSG) vom 03.05.2005 (BGBl. I S. 1224, 1226).

729 Näheres zum Hochwasserschutz in §§ 72–81 WHG und grundsätzlich zur Novellierung des WHG durch das Gesetz v. 31.07.2009 (BGBl. I S. 2585), *Kotulla*, NVwZ 2010, 79 ff.

730 *Kotulla*, NVwZ 2010, 79 (86).

731 *Mitschang/Reidt*-Battis/Krautzberger/Löhr, BauGB, § 9 Rn. 91.

732 *Mitschang*, NuR 2008, 601 (609).

733 *Jarass/Kment*, BauGB, § 1 Rn. 71.

wird durch die eigenständige Stellung der Hochwasserschutzbelange im Katalog des § 1 Abs. 6 BauGB hervorgehoben.

IV. Zwischenergebnis

Es ist nicht zu verkennen, dass das Klimaschutzverständnis im Baugesetzbuch einen Wandel vollzogen hat. Der Gesetzgeber hat sich von seinem früheren Verständnis, den Klimaschutz lediglich als unselbstständigen Annex des allgemeinen Umweltschutzes zu berücksichtigen, abgewandt und nun die Belange des vorbeugenden und anpassenden Klimaschutzes ausdrücklich als Planungsziele der Bauleitplanung in § 1a Abs. 5 S. 1, § 1 Abs. 5 S. 2 BauGB normiert. Neben dem lokalen Klimaschutz haben nunmehr auch der globale Klimaschutz und die Anpassung an den Klimawandel städtebauliche Dimension. Der Belangkatalog des § 1 Abs. 6 BauGB weist neben dem Belang des Klimas in § 1 Abs. 6 Nr. 7 lit. a) BauGB eine Reihe von städtebaulichen Belangen auf, die für den Klimaschutz unmittelbar oder mittelbar von Bedeutung sind. Der kommunale Handlungsspielraum für eine klimaschutzbezogene Bauleitplanung wird insofern konkretisiert.

C. Planerische Steuerung der Belange des Klimaschutzes und der Klimaanpassung in der bauplanungsrechtlichen Abwägung

I. Gewichtung der Klimaschutzbelange in der Abwägung

Die Klimaschutzklausel schreibt in § 1a Abs. 5 S. 2 BauGB den Planungsträgern vor, dass die Belange des Klimaschutzes und der Klimaanpassung in der Abwägung zu berücksichtigen sind. Doch was bedeutet das konkret für die Gewichtung jener Belange in der bauplanungsrechtlichen Abwägung? Sollen die Klimaschutzbelange absolut oder relativ vorrangig gegenüber anderen städtebaulichen Belangen oder doch wie jeder andere Belang in der planerischen Abwägung berücksichtigt werden? Es stellt sich mithin die Frage, wie die Belange des Klimaschutzes in der Abwägung nach § 1 Abs. 7 BauGB zu gewichten sind. Im Folgenden wird die Steuerungskraft der Regelungen des § 1 Abs. 5 S. 2, § 1a Abs. 5 BauGB analysiert.

1. Absoluter Vorrang der Klimaschutzbelange gegenüber anderen städtebaulichen Belangen?

Fragt man danach, ob den Belangen des Klimaschutzes durch die Regelungen der § 1 Abs. 5 S. 2, § 1a Abs. 5 BauGB ein absoluter Vorrang gegenüber anderen städtebaulichen Belangen in der planerischen Abwägung zukommt, wird dies einheitlich[734] beantwortet: Weder § 1a Abs. 5 BauGB noch § 1 Abs. 5 S. 2 BauGB begründen einen abstrakten Vorrang der Klimaschutzbelange gegenüber anderen Belangen im Rahmen der Abwägung. Für eine abstrakte Vorrangigkeit der Klimaschutzbelange ergeben sich aus diesen Vorschriften keine Anhaltspunkte.

Nach dem Wortlaut des § 1 Abs. 5 S. 2 BauGB sollen die Bauleitpläne dazu beitragen, „eine menschwürdige Umwelt zu sichern, die natürlichen Lebensgrundslagen zu schützen und zu entwickeln sowie den Klimaschutz und die Klimaanpassung, insbesondere auch in der Stadtentwicklung, zu fördern, sowie die städtebauliche Gestalt und das Orts- und Landschaftsbild baukulturell zu erhalten und zu entwickeln". Die Norm des § 1a Abs. 5 S. 1 BauGB statuiert, dass den Erfordernissen des Klimaschutzes „sowohl durch Maßnahmen die dem Klimawandel entgegenwirken, als auch durch solche, die der Anpassung an den Klimawandel dienen", Rechnung getragen werden soll. Satz 2 des § 1a Abs. 5 BauGB gibt vor, dass die Belange des mitigativen und adaptiven Klimaschutzes in der bauleitplanerischen Abwägung zu berücksichtigen sind. Expressis verbis weist das Gesetz also nur darauf hin, dass die Belange des Klimaschutzes und der Klimaanpassung „in der Abwägung nach § 1 Abs. 7 BauGB zu berücksichtigen" sind. Dass jene Belange absolut vorrangig gegenüber anderen städtebaulichen Belangen in der planerischen Abwägung einzustellen sind, hat der Gesetzgeber gerade nicht formuliert. Ein abstrakt-genereller Vorrang eines Belangs verändert die Anforderungen, die der Planungsträger in der Abwägung berücksichtigen muss. Soll nach der Intention des Gesetzgebers einem Belang ein generell höheres Gewicht als anderen Belangen in der Abwägung beigemessen werden, so muss sich eine solche abstrakte Gewichtserhöhung auch im Wortlaut der Norm wiederspiegeln.

Auch die systematische, teleologische und historische Auslegung führt nicht zu einer absolut vorrangigen Gewichtung der Klimaschutzbelange. Die Norm des § 1 Abs. 5 S. 2 BauGB beinhaltet neben dem Klimaschutz und der Klimaanpassung weitere Belange, darunter gerade auch nicht umweltschützende Belange, die bei der Aufstellung von Bauleitplänen zu berücksichtigen sind (z.B.: die Erhaltung der städtebaulichen Gestalt sowie des Orts- und Landschaftsbildes). § 1 Abs. 5 S. 2 BauGB folgt unmittelbar nach Satz 1 des § 1 Abs. 5 BauGB, der ebenfalls allgemeine Planungsziele in der Bauleitplanung formuliert, die u.a. das Klima bzw. die Umwelt gerade nachteilig beinträchtigen – wie etwa die wirtschaftlichen Belange. Die mitigativen und adaptiven Klimaschutzbelange reihen sich daher gleichrangig in die Stellung der sonstigen in § 1 Abs. 5 BauGB genannten städtebaulichen Belange ein, ohne dass ihnen abstrakt eine höhere Gewichtung zukommt. Etwas

---

734 BVerwG, ZfBR 2008, 689 (689); *Kment*, DVBl. 2012, 1125 (1126); *Otto*, ZfBR 2013, 434 (436); *Wickel*, UPR 2011, 416 (417); *Mitschang*, DVBl. 2012, 134 (136); *Söfker*-Ernst/Zinkahn/Bielenberg/Krautzberger, BauGB, 109. Lfg., Jun. 2013, § 1 Rn. 105; *Kahl*, ZUR 2010, 395 (395 f.); *Antweiler/Gabler*, BauR 2012, 39 (42); *Battis/Krautzberger/Mitschang/Reidt/Stüer*, NVwZ 2011, 897 (899); *Kopf*, LKRZ 2012, 261 (263); *Wilke*, BauR 2011, 1744 (1746).

anderes ergibt sich auch nicht aus dem systematischen Zusammenhang des § 1a Abs. 5 BauGB („Ergänzende Vorschriften zum Umweltschutz"). Denn den anderen umweltschutzbezogenen Belangen innerhalb des § 1a BauGB (wie etwa dem Bodenschutz nach § 1a Abs. 2 BauGB oder den Naturschutzbelangen nach § 1a Abs. 3 BauGB) kommt ebenfalls keine abstrakt höhere Gewichtung in der Abwägung nach § 1 Abs. 7 BauGB zu.[735] Zudem lässt sich aus der Begründung des Gesetzeswortlauts des § 1a Abs. 5 BauGB keine abstrakte Vorrangigkeit entnehmen[736], da sie auf die Gewichtung der Klimaschutzbelange in der Abwägung in keiner Hinsicht Bezug nimmt. Eine generell vorrangige Gewichtung jener Belange kann daher nicht Anliegen des Gesetzgebers gewesen sein.

2. *Der Schutzauftrag des Umweltschutzes nach Art. 20a GG als optimierende Steuerung der Klimaschutzbelange?*

Den Belangen des Klimaschutzes und der Klimaanpassung könnte aber aufgrund der verfassungsrechtlichen Bedeutung des Umweltschutzes nach Art. 20a GG ein erhebliches Gewicht in der planerischen Abwägung zu Gute kommen. Regelungsinhalt des Art. 20a GG ist der Schutz der natürlichen Lebensgrundlagen. Danach schützt der Staat auch in Verantwortung für die künftigen Generationen die natürlichen Lebensgrundlagen und die Tiere im Rahmen der verfassungsmäßigen Ordnung durch die Gesetzgebung und nach Maßgabe von Gesetz und Recht durch die vollziehende Gewalt und die Rechtsprechung. Der Umweltschutz wird damit zur fundamentalen Staatsaufgabe.[737] Schutzgegenstand des Art. 20a GG sind expressis verbis die natürlichen Lebensgrundlagen des Menschen. Gleichwohl beschränkt sich die natürliche Umwelt nicht nur auf den Schutz, als sie Lebensgrundlage des Menschen ist, sondern wird als eigenständiges Schutzobjekt in ihrem Eigenwert respektiert.[738] Die Umweltmedien sind daher vom Schutzauftrag des Art. 20a GG umfasst.[739] Folglich schützt Art. 20a GG auch das Klima.

In Bezug auf den rechtlichen Stellenwert des Art. 20a GG ist überwiegend[740] anerkannt, dass diesem die Bedeutung eines Optimierungsgebots zuzusprechen ist. Anders formuliert: Bei den Belangen des Art. 20a GG handelt es sich um Zielvorgaben, die zwar im Konfliktfall hinter anderen Zielen zurücktreten können, die aber eine möglichst weitgehende Beachtung und Verwirklichung fordern.[741] Daher stellt sich für eine nachhaltige, klimagerechte Stadtentwicklung die Frage, wie sich die verfassungsrechtliche Direktive des Schutzauftrages nach Art. 20a GG auf die

735 BVerwG, NVwZ 2006, 595 (597).
736 Vgl. BT-Drs. 17/6076, S. 8.
737 BVerwG, NVwZ 2006, 595 (597).
738 *Groß*, ZUR 2009, 364 (367); *Murswiek*, NVwZ 1996, 222 (224).
739 *Bernsdorff*, NuR 1997, 328 (331); *Jarass*-ders./Pieroth, GG, Art. 20a GG, Rn. 1.
740 *Epiney*-v. Mangoldt/Klein/Starck, GG Bd. II, Art. 20a Rn. 62; *Murswiek*-Sachs, GG, Art. 20a Rn. 53; *Schulze-Fielitz*-Dreier, GG, Bd. II, Art. 20a GG Rn. 26.
741 BVerwG, DVBl. 1985, 899 (900); hierzu 4. Kap. A. II. 4.

Gewichtung der Klimaschutzbelange in der bauleitplanerischen Abwägung nach § 1 Abs. 7 BauGB auswirkt. Diese Rechtsfrage ist umstritten.

Einige[742] sind der Meinung, dass sich der Schutzauftrag des Art. 20a GG als Optimierungsgebot auch auf die planerische Abwägung auswirken muss. Dort wo der Umweltschutz, mithin auch der Klimaschutz, im Gesetz lediglich als ein abwägungserheblicher Belang unter anderen ausgewiesen sei, müsse man die Regelung im Lichte des Art. 20a GG künftig im Sinne eines planerischen Optimierungsgebots verstehen.[743]

Dem hat das Bundesverwaltungsgericht[744] zu Recht entgegnet, dass allein aus Art. 20a GG keine Steuerungskraft im Sinne eines Optimierungsgebots für klimaschützende Belange in der bauleitplanerischen Abwägung abgeleitet werden könne. Denn nach dem Wortlaut des Art. 20a GG sind zwar die natürlichen Lebensgrundlagen und damit vor allem die natürliche Umwelt geschützt; eine konkrete Gewichtung der Belange des Umweltschutzes bzw. des Klimaschutzes für die bauleitplanerische Abwägungsentscheidung wird aber nicht vorgegeben. Daran ändert auch der Schutzauftrag des Art. 20a GG nichts. Denn aus Art. 20a GG lässt sich kein Vorrang im Sinne einer bestimmten Vorzugswürdigkeit ableiten, da es weiterhin Aufgabe der Gemeinde ist, sich im Rahmen einer sachgerechten Abwägung selbst darüber schlüssig zu werden, welchen Belangen sie das stärke Gewicht beimessen will.[745] Gleichwohl ist es nicht völlig ausgeschlossen, dass den Belangen des Umweltschutzes durch Art. 20a GG eine optimierende Wirkung zukommen kann. Zwar lässt sich eine solche Steuerungskraft nicht unmittelbar auf Art. 20a GG stützen, dennoch wird die Legislative dazu animiert, umweltschützende Normen zu erlassen, denen durchaus die Stellung eines Optimierungsgebotes beiwohnen kann.[746] Denn Art. 20a GG wendet sich in erster Linie an den Gesetzgeber, den die Verpflichtung trifft, den in dieser Norm enthaltenden Gestaltungsauftrag zu realisieren.[747] Dieser Schutzauftrag beschränkt sich also nicht nur auf die Legislative, sondern bezieht auch die Exekutive und die Rechtsprechung mit ein.[748] Denn bei der Auslegung von unbestimmten Rechtsbegriffen und bei der Betätigung von Ermessen fungiert Art. 20a GG als Auslegungs- und Abwägungshilfe.[749] Durch die Eingliederung der Staatszielbestimmung in die verfassungsmäßige Ordnung und den Vorbehalt von Gesetz und Recht wird klargestellt, dass der Umweltschutz keinen

742 *Murswiek*, NVwZ 1996, 222 (229); *Epiney*-v. Mangoldt/Klein/Starck, GG, Bd. II, Art. 20a Rn. 62; *Bernsdorff*, NuR 1997, 328 (334).
743 *Murswiek*, NVwZ 1996, 222 (229).
744 BVerwG, NVwZ-RR 2003, 171 (171); BVerwG, NVwZ 2006, 595 (597).
745 BVerwG, NVwZ-RR 2003, 171 (171).
746 Vgl. BVerwG, NVwZ 2006, 595 (597).
747 BVerwG, NVwZ 1998, 398 (399); BVerwG, NVwZ 2006, 595 (597); *Gassner*, NuR 2011, 320 (322).
748 BVerwG, NVwZ 2006, 595 (597).
749 BVerwG, NVwZ 2006, 595 (597).

absoluten Vorrang genießt, sondern in Ausgleich mit anderen Verfassungsprinzipien und -rechtsgütern zu bringen ist.[750]

Jenem Schutzauftrag hat auch die Gemeinde als untergesetzliche Normgeberin Rechnung zu tragen, indem sie weder befugt ist, sich unter Berufung auf Art. 20a GG Maßnahmen des Umweltschutzes losgelöst von ihrem Kompetenzbereich an sich zu ziehen noch ihnen einen absoluten Vorrang einzuräumen mit der Konsequenz, dass Grundrechtseinschränkungen im Bereich des Umweltschutzes immer zu tolerieren seien.[751] Vielmehr kann sie sich als Planungsträgerin nur auf den Regelungsbereich berufen, den die jeweilige Norm zum Umwelt- bzw. Klimaschutz hergibt. Diese stellt dann wiederum die konkrete Normgestalt des verfassungsrechtlich verankerten Schutzauftrages dar.

3. *Klimaschutzklausel nach § 1a Abs. 5 BauGB i.V.m. § 1 Abs. 5 S. 2 BauGB als Optimierungsgebot bzw. Abwägungsdirektive?*

Nach den bisherigen Ausführungen stellt sich die Frage, ob und wie der Gesetzgeber durch die § 1 Abs. 5 S. 2, § 1a Abs. 5 BauGB von seinem in Art. 20a GG verfassungsrechtlich verankerten Gestaltungsauftrag zum Umweltschutz Gebrauch gemacht hat. Vor dem Hintergrund, dass im Baugesetzbuch durchaus Optimierungsgebote bzw. Abwägungsdirektiven anerkannt sind, ist der Gedanke, dass die Klimaschutzklausel nach § 1a Abs. 5 i.V.m. § 1 Abs. 5 S. 2 BauGB ein solches darstellt, gerade nicht abwegig. Zu nennen ist hierbei insbesondere die Bodenschutzklausel nach § 1a Abs. 2 S. 1, 1. Halbsatz BauGB, wonach mit Grund und Boden sparsam und schonend umgegangen werden soll. Diese wird überwiegend[752] als Optimierungsgebot verstanden.

Nach einer[753] Auffassung stellt die Regelung des § 1 Abs. 5 S. 2 BauGB ein Optimierungsgebot bzw. eine Abwägungsdirektive dar. Die einfachen Belange des Umweltschutzes, mithin auch des Klimaschutzes, würden über den in § 1 Abs. 5 S. 1 BauGB gebrauchten Begriff der „nachhaltigen Entwicklung“ zu Belangen, „die auch in der Abwägung einen erhöhten Stellenwert im Sinne eines Optimierungsgebotes“ erhielten.[754] Begründet wird diese Auffassung mit dem Argument, dass nach

750 BVerwG, NuR 2006, 500 (501).
751 BVerwG, NuR 2006, 500 (501).
752 *Mager*-Kotulla, BImSchG, Bd. 2, 11. Lfg., Jan. 2007, § 50 Rn. 46; *Stich*, NuR 1988, 221 (221); *Gassner*, UPR 1987, 249 (251); *Blumenberg*, DVBl. 1989, 86 (93); *Waechter*, DVBl. 2009, 997 (998); *Krautzberger*-Battis/ders/Löhr, BauGB, § 1a Rn. 5; *Louis/Wolf*, NuR 2002, 61 (63).
753 *Krautzberger/Stüer*, DVBl. 2004, 914 (924); wohl auch *Wickel*, UPR 2011, 416 (418), der von einer Erhöhung der Argumentationslast ausgeht, die typischerweise eine Rechtsfolge des Optimierungsgebots darstellt, siehe *Grüner*, UPR 2011, 50 (55); *Schrödter*-Schrödter, BauGB, § 1a Rn. 294, der die Klimaschutzklausel nunmehr als Abwägungsdirektive ansieht.
754 *Krautzberger/Stüer*, DVBl. 2004, 914 (924).

den Zielsetzungen der EU-Richtlinie über die Prüfung der Umweltauswirkungen bestimmter Pläne und Programme (Plan-UP-Richtlinie[755]) den Umweltbelangen in der Vorstellung des europäischen Gesetzgebers die Wirkung eines Optimierungsgebots gleichkomme.[756] Hierfür spreche insbesondere, dass nach Art. 1 der Plan-UP-Richtlinie ein hohes Umweltschutzniveau sicher zu stellen ist.[757]

Sofern man für Umweltbelange den Charakter eines Optimierungsgebotes annehmen würde, wäre der Planungsträger nicht nur verpflichtet, die Umwelt- bzw. Klimaschutzbelange in die planerische Abwägung einzubeziehen, sondern müsste ihnen gegenüber anderen städtebaulichen Belangen – wie beispielsweise solchen der Wirtschaft (§ 1 Abs. 6 Nr. 8 lit. a) BauGB) oder den Wohnbedürfnissen der Bevölkerung (§ 1 Abs. 6 Nr. 1 lit. b) BauGB) – ein „besonderes Gewicht"[758] zusprechen. Dabei sei an dieser Stelle dahingestellt, ob die Rechtsprechung die Rechtsfigur des Optimierungsgebots heute noch aufrechterhält oder nur noch von einer Abwägungsdirektive ausgeht.[759] Feststeht, dass bei einem solchen Verständnis den Umweltbelangen ein Gewicht beizumessen wäre, das über die normale Abwägungsbeachtlichkeit hinausgeht. Die Belange des Klimaschutzes und der Klimaanpassung wären zwar dann in der Abwägung noch überwindbar, jedoch bedürften diese einen „erhöhten Begründungsaufwand"[760].

Gegen eine derartig extensive Auslegung wendet sich die herrschende Meinung[761], die weder § 1 Abs. 5 S. 2 BauGB noch § 1a Abs. 5 BauGB als Optimierungsgebot bzw. Abwägungsdirektive ansieht. Diese Ansicht verdient zumindest nach der gelten Fassung dieser Regelungen Zustimmung.

Betrachtet man zunächst den systematischen Zusammenhang dieser Vorschriften, so lässt sich daraus noch keine verlässliche Aussage über die Streitfrage treffen. Einerseits könnte die Vorschrift des § 1a BauGB für die Annahme eines Optimierungsgebots sprechen, da sie die Belange des Umweltschutzes gesondert in § 1a BauGB aufführt. Jene Belange heben sich dadurch nach der systematischen Anordnung des Gesetzes von den anderen städtebaulichen Belangen ab. Dagegen lässt sich jedoch zugleich anführen, dass die Belange des Umweltschutzes in § 1 Abs. 6 Nr. 7

755 Richtlinie 2001/42/EG des Europäischen Parlaments und des Rates vom 27.06.2001 über die Prüfung der Umweltauswirkungen bestimmter Pläne und Programme, ABl. EG L 197, S. 30.

756 *Krautzberger/Stüer*, DVBl. 2004, 914 (924).

757 *Krautzberger/Stüer*, DVBl. 2004, 914 (924).

758 BVerwGE 71, 163 (165).

759 Siehe unter 4. Kap. A. II. 4.

760 *Sendler*, UPR 1995, 41 (45); *Wickel*, UPR 2011, 416 (418).

761 *Antweiler/Gabler*, BauR 2012, 39 (42); *Ingold/Schwarz*, NuR 2010, 153 (155); *Hoppe*, NVwZ 2004, 903 (909); *Kment*, DVBl. 2012, 1125 (1126); *Mitschang*, NuR 2008, 601 (610); *Otto*, ZfBR 2013, 434 (436); *Krautzberger/Wagner*-Ernst/Zinkahn/Bielenberg/Krautzberger, BauGB, Jun. 2013, 109. Lfg., § 1 Rn. 105, § 1a Rn. 282; *Battis*-ders/Krautzberger/Löhr, BauGB, § 1a Rn. 37; *Halama*-Berkemann/Halama, Erstkommentierung zum BauGB 2004, § 1 Rn. 66.

BauGB, also im Katalog der anderen abwägungsbeachtlichen Belange, aufgezählt sind. Dadurch ordnen sich die Umweltbelange im Rang der anderen städtebaulichen Belange wieder ein.

Klarheit schafft der historische Hintergrund des § 1a BauGB: Anders als der Buchstabe „a“ des § 1a BauGB vermuten lässt, sind die Umweltschutzbelange nicht erst durch die Kodifizierung dieser Norm in das Baugesetzbuch eingeführt worden; teilweise waren sie vorher nur woanders verortet.[762] So regelte etwa § 1 Abs. 5 S. 2 Nr. 7 BauGB 1987[763] die Belange des Umweltschutzes sowie des Naturschutzes und der Landschaftspflege, die mit der Einführung des § 1a BauGB 1998[764] präzisiert bzw. erweitert worden sind. Zudem war die Bodenschutzklausel nach § 1a Abs. 1 BauGB 1998 bereits zuvor in § 1 Abs. 5 S. 3 BauGB 1987 geregelt. Durch die nachträgliche Statuierung des § 1a BauGB wurden daher lediglich die Umweltschutzbelange anders verortet und inhaltlich erweitert. Sein Regelungszweck diente aber nicht dazu, den Umweltschutzbelangen die Wirkung eines Optimierungsgebotes zu verleihen.

Darüber hinaus lässt sich aus dem Wortlaut der § 1 Abs. 5 S. 2, § 1a Abs. 5 BauGB kein Optimierungsgebot zu Gunsten der Belange des Klimaschutzes herleiten. Typischerweise bringt der Gesetzgeber für die Rechtsfigur eines Optimierungsgebots zum Ausdruck, dass die Belange in der planerischen Abwägung „möglichst weitestgehend“ zu berücksichtigen sind. Zwar existiert für diese Rechtsfigur keine einheitliche Formulierung. So spricht die Vorschrift des Trennungsgrundsatzes für Störfälle in § 50 BImSchG, die wohl das Musterbeispiel für Optimierungsgebote[765] darstellt, dass die Belange der Norm „so weit wie möglich“ in der planerischen Abwägung zu berücksichtigen sind, während andere Regelungen im vorgenannten Rechtssinne stattdessen wertende Adjektive aufweisen. Beispielsweise soll nach der Bodenschutzklausel gemäß § 1a Abs. 2 S. 1 BauGB mit Grund und Boden „sparsam“ und „schonend“ umgegangen werden. Aus diesen beiden wertenden Adjektiven wird die Einordnung eines Optimierungsgebots abgeleitet.[766]

An vergleichbaren Gewichtsvorgaben oder wertenden Elementen, die auf eine höherrangige Stellung in der Abwägung und damit auf ein Optimierungsgebot bzw. Abwägungsdirektive hindeuten könnten, fehlt es hingegen im Wortlaut der § 1 Abs. 5 S. 2, § 1a Abs. 5 BauGB. Nach § 1a Abs. 5 S. 2 BauGB sind die Maßnahmen zum Klimaschutz und zur Klimaanpassung lediglich „in der Abwägung nach § 1 Abs. 7 BauGB zu berücksichtigen“. Der Wortlaut der Vorschrift deutet weder auf eine möglichst weitgehende Beachtung oder sonstigen höherrangigen Stellung der Belange des Klimaschutzes in der bauleitplanerischen Abwägung hin. Andere wertende Formulierungen, die eine höhere Gewichtung der Klimaschutzbelange begründeten, sind aus dem reinen Wortlaut der vorgenannten Normen nicht

762 Hierzu 2. Kap. A.
763 BGBl. I 1986 S. 2191, 2253.
764 BGBl. I 1997 S. 2081.
765 *Mager*-Kotulla, BImSchG, Bd. 2, 11. Lfg., Jan. 2007, § 50 Rn. 44.
766 Vgl. *Battis*-ders/Krautzberger/Löhr, BauGB, § 1a Rn. 5.

erkennbar. Ferner wird diese Auslegung durch den im Wege der Innenentwicklungsnovelle 2013 eingeführten Satz 3 des § 1 Abs. 5 BauGB bekräftigt. Danach soll die städtebauliche Entwicklung vorrangig[767] durch Maßnahmen der Innenentwicklung erfolgen. Der Gesetzgeber, der das Problem der Gewichtung der Klimaschutzbelange in der planerischen Abwägung kannte, hat durch diese Formulierung zum Ausdruck gebracht[768], dass er den Belangen des Klimaschutzes jedenfalls keine Stellung als Optimierungsgebot einräumen wollte. Ansonsten hätte er dies mit der Innenentwicklungsnovelle 2013 klarstellen können, indem eine optimierende Stellung der Belange des Klimaschutzes ausdrücklich normiert worden wäre.

Etwas anderes ergibt sich auch nicht aus dem Nachhaltigkeitsgrundsatz. Das Argument der erstgenannten Ansicht, es sei ein Optimierungsgebot zugunsten der Umweltbelange wegen des in § 1 Abs. 5 S. 1 BauGB normierten Grundsatzes der „nachhaltige(n) städtebauliche(n) Entwicklung" anzunehmen, lässt sich widerlegen. Denn aus dem Abschlussdokument zu Habitat II folgt, dass nicht nur die Umweltbelange, sondern auch eine wirtschaftliche Entwicklung, Beschäftigungsmöglichkeiten und der soziale Forschritt im Einklang mit der Umwelt zu bringen sind.[769] Das Nachhaltigkeitsgebot im Sinne des § 1 Abs. 5 S. 1 BauGB bezieht sich damit nicht nur auf die Belange des „Klimaschutz(es)" und der „Klimaanpassung" (vgl. § 1 Abs. 5 S. 2 BauGB) bzw. den Umweltschutz (vgl. § 1 Abs. 5 S. 1 BauGB), sondern auch auf die in § 1 Abs. 5 S. 1 BauGB enthaltenen Belange wie der „sozialen" und „wirtschaftlichen" Belange. Wenn man also aus dem Nachhaltigkeitsgebot im Sinne des § 1 Abs. 5 S. 1 BauGB ein Optimierungsgebot ableiten wollte, so müsste sich dieses auf sämtliche in dieser Vorschrift enthaltenen Belange beziehen. Dies ist allerdings zu verneinen. Wollte man alle diese Belange aufgrund des Nachhaltigkeitsgrundsatzes optimieren, so würde dies die Funktion des Optimierungsgebots ad absurdum führen, da die Belange teilweise gegensätzlich sind und kaum noch Belange übrig blieben, die nicht aufgewertet werden würden.[770]

Auch das zweite Argument der erstgenannten Ansicht, dass ein Optimierungsgebot aus der Anwendung der Plan-UP-Richtlinie folge, ist widerlegbar. Dieses Argument widerspricht dem Sinn und Zweck der Norm des § 2 Abs. 4 S. 4 BauGB.[771] Danach ist das Ergebnis der Umweltprüfung in der Abwägung zu berücksichtigen. Der Gesetzgeber hat sich mit Einführung dieser Vorschrift gegen ein generelles Optimierungsgebot der Klimaschutzklausel entschieden, da ihm bei Einführung der Norm das Problem der Bedeutung der Umweltbelange in der bauleitplanerischen Abwägung bereits bewusst war.[772] Darüber hinaus ergibt sich auch aus der

767 Zur Vorrangigkeit im Sinne des § 1 Abs. 5 S. 3 BauGB, siehe nachfolgend unter 4. Kap. C. I. 5.

768 Vgl. *Otto*, ZfBR 2013, 434 (437).

769 Vgl. *Schrödter*-Schrödter, BauGB, 7. Aufl. (2006), § 1 Rn. 124.

770 Vgl. *Waechter*, DVBl. 2006, 465 (470).

771 So auch *Bach*, Die Abwägung nach § 1 Abs. 7 BauGB nach Erlass des EAG Bau, S. 205.

772 Vgl. *Schrödter*-Schrödter, BauGB, 7. Aufl. (2006), § 1 Rn. 124.

Plan-UP-Richtlinie 2001 keine generelle Aufwertung der Umweltbelange, weil es sich bei dieser Richtlinie lediglich um eine verfahrensrechtliche Regelung handelt, die keine materiellen Kriterien für eine Rangordnung von Umweltbelangen begründet.[773]

Folglich kann es nicht dem Anliegen des Gesetzgebers entsprechen, die Normen des § 1 Abs. 5 S. 2, § 1a Abs. 5 BauGB als Optimierungsgebot auszulegen.

4. Relativer Vorrang der Klimaschutzbelange in der bauplanerischen Abwägung?

Eine andere Ansicht[774] vertritt eine vermittelnde Position: Ein Optimierungsgebot zu Gunsten der Belange i.S.d. § 1 Abs. 5 S. 2, § 1a Abs. 5 BauGB sei zwar nicht anzunehmen. Dennoch komme den globalen Klima- bzw. Umweltschutzbelangen eine stärkere Bedeutung in der bauplanerischen Abwägung zu als anderen Planungsbelangen.[775] Demnach bestünde ein relativer Vorrang des globalen Klimaschutzes gegenüber anderen städtebaulichen Belangen in der Abwägung. Zur Begründung wird ebenfalls die europäische Richtlinie über die Prüfung der Umweltauswirkungen bestimmter Pläne und Programme (Plan-UP-Richtlinie[776]) angeführt, die von den Mitgliedsstaaten der Europäischen Union die Anpassung verschiedener Gesetze zur Umsetzung der Umweltprüfung fordere und den umweltschützenden Belangen in der Abwägung eine stärkere Bedeutung gegenüber anderen Belange gewähre.[777] Dies dürfte nach dieser Ansicht auch für den vorsorgenden und anpassenden Klimaschutzes als Umweltmedien gelten.

Ein solches Verständnis ist nach zutreffender überwiegender Ansicht[778] mit Verweis[779] auf den bisherigen Ausführungen ebenfalls abzulehnen. Insbesondere greift der Verweis auf die Plan-UP-Richtlinie zu kurz. Die europäische Richtlinie versteht den Umweltschutz lediglich im verfahrensrechtlichen Sinne, ohne materiell-rechtlich den Umweltschutzbelangen generell einen relativen Vorrang in der Abwägung einzuräumen.[780]

---

773 *Hoppe*, NVwZ 2004, 903 (909); *Schrödter*-Schrödter, BauGB, § 2 Rn. 146.

774 *Everding/Zerweck*, ZNER 2005, 140 (142).

775 *Everding/Zerweck*, ZNER 2005, 140 (142).

776 Richtlinie 2001/42/EG des Europäischen Parlaments und des Rates über die Prüfung der Umweltauswirkungen bestimmter Pläne und Programme v. 21.07.2001 (Plan-UP-Richtlinie), ABl. EG Nr. L 197, S. 30.

777 *Everding/Zerweck*, ZNER 2005, 140 (142).

778 *Otto*, ZfBR 2013, 434 (436); *Ingold/Schwarz*, NuR 2010, 153 (155); *Hoppe*, NVwZ 2004, 903 (909); *Mitschang*, NuR 2008, 601 (610); *Krautzberger/Wagner*-Ernst/Zinkahn/Bielenberg/Krautzberger, Jun. 2013, 109. Lfg., § 1 Rn. 105, § 1a Rn. 282; *Battis*-ders/Krautzberger/Löhr, BauGB, § 1a Rn. 37.

779 Siehe hierzu 4. Kap. C. I. 1, 3.

780 Siehe unter 4. Kap. A. II. 1. e).

5. *„Vorrang" im Sinne des § 1 Abs. 5 S. 3 BauGB*

Zu einer absoluten oder relativen Gewichtserhöhung der Belange des Klimaschutzes und der Klimaanpassung führt auch der durch die Innenentwicklungsnovelle 2013 eingeführte § 1 Abs. 5 S. 3 BauGB nicht. Dieser lautet: „Hierzu soll die städtebauliche Entwicklung vorrangig durch Maßnahmen der Innenentwicklung erfolgen." Die Bezeichnung „hierzu" bezieht sich auf die Planungsziele des § 1 Abs. 5 S. 1 und 2 BauGB. Damit sind nicht allein der mitigative und adaptive Klimaschutz im Sinne des § 1 Abs. 5 S. 2 BauGB angesprochen, sondern gleichzeitig[781] auch die in Satz 1 und 2 erfassten Ziele wie etwa die sozialgerechte Bodennutzung, die menschenwürdige Umwelt oder die wirtschaftlichen Belange. Eine abstrakte Vorrangstellung der Klimaschutzbelange im Rahmen der bauplanerischen Abwägung begründet § 1 Abs. 5 S. 3 BauGB daher nicht.[782] Etwas anderes ergibt sich auch nicht aus dem Wort „vorrangig". Dieses Wort richtet sich nach der Satzstellung an die Innenentwicklung[783], nicht vordergründig an klimaschutzbezogene Maßnahmen.

Die Entstehungsgeschichte des § 1 Abs. 5 S. 3 BauGB bestätigt diese Auslegung. Der Änderungsvorschlag des Bundesrates, der auf einen höheren Stellenwert der Belange des Klimaschutzes und der Klimaanpassung abzielte[784], wurde von der Bundesregierung abgelehnt.[785] Zur Begründung des Vorschlages des Bundesrates wurde angeführt, dass die Regelungstiefe der Soll-Vorschrift nicht ausreichend sei[786]. Die Bundesregierung hat diesen Änderungsvorschlag mit dem Argument abgelehnt, dass die Einräumung eines höheren Wertes der Belange des Klimaschutzes und der Klimaanpassung dem Zweck der Regelungen des § 1 Abs. 5 widersprechen würde und zudem nicht sachgerecht wäre.[787]

Damit führt die Einführung des § 1 Abs. 5 S. 3 BauGB nicht zu einer generellen Gewichtserhöhung der Belange des mitigativen und adaptiven Klimaschutzes gegenüber anderen städtebaulichen Belangen innerhalb der Abwägung nach § 1 Abs. 7 BauGB.

II. Die rechtliche Bedeutung des § 1a Abs. 3 BauGB für eine klimaschutzorientierte Bauleitplanung – Der Grundsatz des Schonungs- und Kompensationsgedankens aus dem BNatSchG

Damit ist die Frage, welchem Gewicht die Belange des Klimaschutzes und der Klimaanpassung in der bauleitplanerischen Abwägung zukommen, noch nicht

781 *Battis/Mitschang/Reidt*, NVwZ 2013, 961 (962).
782 Vgl. *Otto*, ZfBR 2013, 434 (437); *Battis/Mitschang/Reidt*, NVwZ 2013, 961 (962).
783 Vgl. *Otto*, ZfBR 2013, 434 (437); *Battis/Mitschang/Reidt*, NVwZ 2013, 961 (962).
784 BT-Drs. 17/11468, S. 21.
785 BT-Drs. 17/11468, S. 30.
786 BT-Drs. 17/11468, S. 21.
787 BT-Drs. 17/11468, S. 30.

abschließend geklärt. Als Steuerungselement für eine klimagerechte Stadtentwicklung interessiert besonders die Regelung des § 1a Abs. 3 BauGB. Diese Norm stellt die Verbindung zwischen der Bauleitplanung und dem Naturschutz und der Landschaftspflege her. Die Regelung des § 1a Abs. 3 S. 1 BauGB gibt vor, dass auch die Vermeidung und der Ausgleich der voraussichtlich erheblichen Beeinträchtigungen des Landschaftsbildes sowie der Leistungs- und Funktionsfähigkeit des Naturhaushalts in der bauplanerischen Abwägung nach § 1 Abs. 7 BauGB zu berücksichtigen sind. Konkret bezieht sich der Verweis in § 1a Abs. 3 BauGB auf die naturschutzrechtliche Eingriffsregelung im Sinne der §§ 13–19 BNatSchG.

Durch die Vorschrift des § 1a Abs. 3 BauGB steuert der Gesetzgeber die planerische Gestaltungsfreiheit der Gemeinden in Bezug auf das Naturschutzrecht. Da das Klima als Umweltmedium auch zu den geschützten Belangen des Naturschutzes gehört, stellt sich insofern die Frage, welchen Einfluss eine solche Direktive auf die Klimaschutzbelange im Rahmen der bauleitplanerischen Abwägung hat. Zunächst soll jedoch das System der naturschutzrechtlichen Eingriffsregelung sowie deren Einfluss auf die Prüfungsschritte in der Abwägung eingegangen werden.

1. *Die naturschutzrechtliche Eingriffsregelung i.S.d. §§ 13–19 BNatSchG*

Die naturschutzrechtliche Eingriffsregelung ist in §§ 13–19 BNatSchG geregelt. Sie besteht zusammengefasst aus zwei[788] Prüfungsschritten: dem Schonungsgebot und dem Kompensationsgebot.

Im ersten Schritt sind erhebliche Eingriffe in die Natur und Landschaft zu vermeiden bzw. zu minimieren.[789] Dieser Grundsatz wird auch als das sog. Schonungsgebot[790] bezeichnet. Erhebliche Beeinträchtigungen von Natur und Landschaft sind nach § 13 S. 1 BNatSchG vom Verursacher vorrangig zu vermeiden. Vermeidbare Beeinträchtigungen von Natur und Landschaft sind gemäß § 15 Abs. 1 S. 1 BNatSchG zu unterlassen. Dies bedeutet nicht, dass das jeweilige Vorhaben gänzlich unterlassen werden muss.[791] Vermeidbar sind Beeinträchtigungen nach § 15 Abs. 1 S. 2 BNatSchG dann, wenn zumutbare Alternativen möglich sind, den mit dem Eingriff verfolgten Zweck am gleichen Ort ohne oder mit geringeren Beeinträchtigungen von Natur und Landschaft zu erreichen. Die planende Stelle hat also bei ihren Maßnahmen nachteilige Einwirkungen auf Natur und Landschaft zu vermeiden oder als Kehrseite die Planung bei Wahrung der Planungskonzeption so einzurichten, dass sich möglichst geringe nachteilige Auswirkungen auf diese Belange ergeben.[792] Mit der Vermeidung von Beeinträchtigungen ist nicht der völlige Verzicht angesprochen; vielmehr soll festgestellt werden, welche Eingriffe in die Natur und Landschaft im Rahmen der Verwirklichung des Planvorhabens noch vermieden werden

788 *Stüer*, NVwZ 2005, 508 (510).
789 *Louis*, DÖV 1994, 903 (907); *Gassner*, NuR 1993, 252 (253).
790 *Stüer*, NVwZ 2005, 508 (510).
791 Vgl. *Battis*-ders/Krautzberger/Löhr, BauGB, § 1a Rn. 15.
792 *Stüer*, NVwZ 2005, 508 (510).

können.[793] Dieses Vermeidungsgebot wird durch das Minimierungsgebot nach § 17 Abs. 7 BNatSchG ergänzt.[794]

Soweit im Übrigen Eingriffe in die Natur und Landschaft nicht vermieden werden können, ist in einem zweiten Schritt zu prüfen, ob diese ausgeglichen oder in sonstiger Weise kompensiert werden können.[795] Hierbei handelt es sich um das sog. Kompensationsgebot[796]. Nach § 13 S. 2 BNatSchG sind nicht vermeidbare erhebliche Beeinträchtigungen „durch Ausgleich- oder Ersatzmaßnahmen oder, soweit dies nicht möglich ist, durch einen Ersatz in Geld zu kompensieren". Die Gemeinde hat nach § 15 Abs. 2 S. 1 BNatSchG im Rahmen der Abwägung zu prüfen, inwieweit zur Verwirklichung der Ziele des Naturschutzes und der Landschaftspflege Ausgleichs- bzw. Ersatzmaßnahmen erforderlich sind.[797] Dabei schließen Ausgleichsmaßnahmen nicht nur Maßnahmen für eine gleichartige Kompensation der Eingriffsfolgen im räumlichen Zusammenhang mit dem Eingriff ein, sondern auch für eine gleichwertige Kompensation.[798] Das Kompensationsgebot ist fester Bestandteil der naturschutzrechtlichen Eingriffsregelung.[799] Insofern besteht ein wesentlicher Unterschied zur bauplanerischen Abwägung, bei der eine Schonungs- und Kompensationsprüfung zwischen den widerstreitenden städtebaulichen Belangen kein notwendiges Element darstellt.[800] Dies zu Grunde gelegt, stellt sich nunmehr die Frage, welchen Einfluss der Verweis in § 1a Abs. 3 BauGB auf die Vorschriften über die naturschutzrechtliche Eingriffsregelung auf das planerische Abwägungsgebot im Sinne von § 1 Abs. 7 BauGB hat.

2. *Die Bedeutung der naturschutzrechtlichen Eingriffsregelung in der Abwägung nach § 1 Abs. 7 BauGB*

Nach dem Gesagten differieren die materiellen Anforderungen an die Abwägung im Rahmen des BNatSchG und des BauGB. Der Kompensationsgedanke ist also – anders als bei der bauleitplanerischen Abwägung – wesentlicher Bestandteil der naturschutzrechtlichen Abwägung. § 1a Abs. 3 BauGB integriert die naturschutzrechtliche Eingriffsregelung nach dem BNatSchG in die Bauleitplanung. Für die Gemeinde als Planungsträgerin der Bauleitplanung bedeutet das, das einerseits das System der naturschutzrechtlichen Eingriffsregelung nach §§ 13–19 BNatSchG

---

793 *Gassner*, NuR 1993, 252 (255).
794 *Battis*-ders/Krautzberger/Löhr, BauGB, § 1a Rn. 15.
795 *Bunzel*, NuR 1997, 583 (586).
796 *Köck*, NuR 2004, 1 (2).
797 *Schrödter*-Schrödter, BauGB, § 1a Rn. 75; *Battis*-ders/Krautzberger/Löhr, BauGB, § 1a Rn. 20.
798 *Krautzberger/Wagner*-Ernst/Zinkahn/Bielenberg/Krautzberger, BauGB, 109. Lfg., Jun. 2013, § 1a Rn. 72.
799 Vgl. *Stüer*, NVwZ 2005, 508 (510).
800 Vgl. *Stüer*, NVwZ 2005, 508 (510).

abzuarbeiten ist und andererseits die beeinträchtigten Naturschutzbelange im Rahmen der Bauleitplanung abzuwägen sind.[801]

Der Begriff des Eingriffs in die Natur und Landschaft, die Beurteilung der Beeinträchtigung und des angestrebten Ausgleichs richten sich nach §§ 14 ff. BNatSchG, die Rechtsfolgen und der Vollzug der auf Grund der städtebaulichen Plankonzeption zu erwartenden Eingriffe ergeben sich hingegen aus § 1a Abs. 3 BauGB.[802] Die Gemeinde hat nach den allgemeinen Grundsätzen der bauplanungsrechtlichen Abwägung zu ermitteln, ob die Planung einen Eingriff in die Schutzgüter des § 14 Abs. 1 BNatSchG darstellt, wobei an die vorzunehmende Bestandsaufnahme dieser Schutzgüter keine übertriebenen Anforderungen zu stellen sind.[803] Das Ergebnis der Bestandsaufnahme ist anschließend zu bewerten.[804] Bei dieser Bewertung sind die Prinzipien der naturschutzrechtlichen Eingriffsregelung zu berücksichtigen. Zunächst hat der kommunale Planungsträger entsprechend dem naturschutzrechtlichen Vermeidungsgebot zu prüfen, in welchem Umfang die beabsichtigen Darstellungen und Festsetzungen, die Eingriffe zur Folge haben können, zur Verwirklichung der gemeindlichen Planungsabsicht tatsächlich erforderlich sind oder vermieden bzw. minimiert werden können.[805] Anschließend hat die Gemeinde im Rahmen der Abwägung zu prüfen, inwieweit zur Verwirklichung der Ziele des Naturschutzes und der Landschaftspflege Ausgleichsmaßnahmen erforderlich sind.[806] Hierzu finden sich in § 1a Abs. 3 S. 2 bis 5 BauGB Konkretisierungen, die die kommunalen Planungsträger bei ihrer bauleitplanerischen Abwägung zu berücksichtigen haben. Danach hat der Ausgleich durch geeignete Darstellungen (§ 5 BauGB) und Festsetzungen (§ 9 BauGB) als Flächen oder Maßnahmen zum Ausgleich zu erfolgen. Anders als in der Abwägung nach dem BNatSchG können diese Darstellungen und Festsetzungen auch an anderer Stelle als am Ort des Eingriffs erfolgen (vgl. § 1a Abs. 3 S. 3 BauGB). Die Gemeinde hat daher nicht nur die Belange der Natur der Landschaft in der bauleitplanerischen Abwägung nach § 1a Abs. 3 BauGB zu berücksichtigen, sondern ist darüber hinaus auch verpflichtet, im Rahmen der bauplanerischen Abwägung die Prinzipien der naturschutzrechtlichen Eingriffsregelung zu beachten. Eine strikte Bindung an eine volle ersatzweise Kompensation der eingriffsbedingten Beeinträchtigungen wie nach dem bundesnaturschutzrechtlichen Verständnis besteht in der Bauleitplanung hingegen nicht; der Umfang der Kompensationsmaßnahmen bleibt der Abwägung nach § 1 Abs. 7 BauGB vorbehalten.[807]

---

801 *Stüer*, NVwZ 2005, 508 (510).

802 *Krautzberger/Wagner*-Ernst/Zinkahn/Bielenberg/Krautzberger, BauGB, 109. Lfg., Jun. 2013, § 1a Rn. 69.

803 *Schrödter*-Schrödter, BauGB, § 1a Rn. 69.

804 *Battis*-ders/Krautzberger/Löhr, BauGB, § 1a Rn. 19.

805 *Bunzel*, NuR 1997, 583 (586); *Krautzberger/Wagner*-Ernst/Zinkahn/Bielenberg/Krautzberger, BauGB, 109. Lfg., Jun. 2013, § 1a Rn. 71.

806 *Krautzberger/Wagner*-Ernst/Zinkahn/Bielenberg/Krautzberger, BauGB, 109. Lfg., Jun. 2013, § 1a Rn. 71; *Gassner*, NuR 1993, 252 (253).

807 OVG Münster, NVwZ 1996, 274 (275); *Stüer*, NVwZ 2005, 508 (510).

3. *Vorrang der Umweltbelange i.S.d. § 1a Abs. 3 BauGB gegenüber anderen städtebaulichen Belangen?*

Insofern stellt sich die Frage, ob die Belange des Umweltschutzes durch § 1a Abs. 3 BauGB gegenüber anderen städtebaulichen Belangen eine vorrangige Gewichtung in der Abwägung nach § 1 Abs. 7 BauGB erfahren.

a) § 1 Abs. 1 BNatSchG als Optimierungsgebot

Diese Frage stellt sich insbesondere aufgrund der rechtlichen Stellung des § 1 Abs. 1 BNatSchG. Dieser definiert die Ziele des Naturschutzes und der Landschaftspflege. Zum Schutzbereich dieser Vorschrift gehört gemäß § 1 Abs. 3 Nr. 4 BNatSchG freilich auch das Medium des Klimas. Bei § 1 Abs. 1 BNatSchG a. F. handelt es sich nach herrschenden Auffassung[808] um ein Optimierungsgebot. Auch bei der Neufassung des § 1 BNatSchG wird angenommen, dass sie ein Optimierungsgebot darstellt.[809] Unterstützt wird diese Auslegung durch die Regelung des § 2 Abs. 3 BNatSchG, wonach die Ziele des Naturschutzes und der Landschaftspflege zu verwirklichen sind, soweit es im Einzelfall möglich, erforderlich und unter Abwägung aller sich aus § 1 Abs. 1 BNatSchG ergebenden Anforderungen untereinander und gegen die sonstigen Anforderungen der Allgemeinheit an Natur und Landschaft angemessen ist. Die alte Fassung des § 2 Abs. 3 BNatSchG stellte ebenfalls nach der Rechtsprechung des Bundesverwaltungsgerichts[810] ein Optimierungsgebot dar. Daher wird überwiegend[811] angenommen, dass auch die Neufassung einen solchen Charakter aufweist. Im Ergebnis verlangt § 1 Abs. 3 BNatSchG n. F. damit, dass die Belange des Naturschutzes und der Landschaftspflege im Rahmen der naturschutzrechtlichen Abwägung bestmöglich zu verwirklichen sind. Diesen Maßstäben entsprechend, könnten die Klimaschutzbelange als Bestandteil der Belange des Naturschutzes und der Landschaftspflege im Sinne des § 1 Abs. 6 Nr. 7 BauGB eine möglichst weitestgehende Beachtung auch im Rahmen der bauleitplanerischen Abwägung gegenüber anderen städtebaulichen Belangen erlangen.

b) Vorrang der Umweltbelange i.S.d. § 1a Abs. 3 BauGB aufgrund des bundesnaturschutzrechtlichen Umweltverständnisses?

Nach einer[812] Auffassung gehören die Belange des Umweltschutzes zu den „optimierenden Belangen" in der Abwägung. Sie seien im Rahmen der Abwägung nicht

---

808 BVerwGE 71, 163 (165); *Meßerschmidt*, BNatSchG, 96. Lfg., Dez. 2009, § 1 Rn. 6.
809 *Meßerschmidt*, BNatSchG, 96. Lfg., Dez. 2009, § 1 Rn. 6.
810 BVerwGE 71, 163 (165).
811 *Meßerschmidt*, BNatSchG, 96. Lfg., Dez. 2009, § 2 Rn. 37.
812 *Krautzberger/Stüer*, DVBl. 2004, 914 (924); *Felder*, NuR 1994, 53 (62); *Blume*, NVwZ 1993, 941 (941); *Gassner*, NuR 1993, 252 (253).

unüberwindbar, sondern blieben abwägungsdirigiert.[813] Die Regelung des § 1a Abs. 3 BauGB wird daher teilweise[814] als Optimierungsregelung anzusehen sein.

Zu Recht wird nach anderer Auffassung[815] ein vorrangiger Stellenwert der Naturschutzbelange bzw. die Qualifizierung des § 1 a Abs. 3 BauGB als Optimierungsgebot abgelehnt. In der Tat ist das Anliegen des Gesetzgebers ein anderes. Der Verweis in § 1a Abs. 3 S. 1 BauGB auf die Belange des Naturschutzes und der Landschaftsplanung soll den Umweltschutzbelangen keine abstrakte vorrangige Stellung in der Bauleitplanung gegenüber anderen zu berücksichtigenden Belangen verleihen.[816] Auch die Übertragung der normativen Steuerungskraft des § 1 Abs. 1 BNatSchG im Sinne eines Optimierungsgebots auf die Belange des Umwelt- bzw. Klimaschutzes in der planerischen Abwägungsentscheidung nach § 1 Abs. 7 BauGB geht zu weit. Ein solcher Rechtsgedanke widerspricht dem Wortlaut der § 1 Abs. 5 S. 2, § 1a Abs. 5 BauGB, in denen Darstellungen oder Maßnahmen zum Klimaschutz und zur Klimaanpassung als Soll-Vorschriften beschrieben werden.[817] Zudem stellt § 1a Abs. 3 S. 1 BauGB klar, dass über die Belange des Naturschutzes und der Landschaftspflege in der bauplanerischen Abwägung nach § 1 Abs. 7 BauGB und nicht schon nach der naturschutzrechtlichen Abwägung nach § 15 Abs. 5 BauGB.[818] Welches Gewicht den Naturschutzbelangen zukommt, bestimmt sich daher erst in der bauplanerischen Abwägung unter Einbeziehung der städtebaulichen Belange in der konkreten Planungssituation.[819] Demzufolge ist eine höherrangige Gewichtung der Klimaschutz- bzw. Umweltbelange in der Abwägung nach § 1 Abs. 7 BauGB aufgrund des Verweises in § 1a Abs. 3 BauGB abzulehnen.

4. *Analoge Anwendung des Schonungs- und Kompensationsgedankens des § 1a Abs. 3 BauGB i.V.m. §§ 13–19 BNatSchG auf die bauleitplanerische Abwägung?*

Anknüpfend an das Staatsschutzziel des Umweltschutzes in Art. 20a GG könnte die Norm des § 1a Abs. 3 BauGB als Konkretisierungsvorschrift zu verstehen sein. Im Sinne der verfassungskonformen Auslegung ist daher fraglich, ob die Schonungs- und

813 *Krautzberger/Stüer*, DVBl. 2004, 914 (924).

814 *Felder*, NuR 1994, 53 (62); *Krautzberger/Stüer*, DVBl. 2004, 914 (924); *Gassner*, NuR 1993, 252 (253); teilweise wird § 1a Abs. 3 BauGB sogar als Planungsleitsatz angesehen, also als strikt zu beachtendes Recht, das in der Abwägung nicht überwindbar ist, vgl. *Blume*, NVwZ 1993, 941 (941).

815 BVerwGE 104, 68 (72); OVG Münster, NVwZ 1996, 274 (278 f.); VGH Mannheim, NuR 1997, 92 (93 f.); *Schrödter*-Schrödter, BauGB, § 1a Rn. 67; *Battis*-ders/Krautzberger/Löhr, BauGB, § 1a Rn. 22; *Krautzberger/Wagner*-Ernst/Zinkahn/Bielenberg/Krautzberger, BauGB, 109. Lfg., Jun. 2013, § 1a Rn. 81.

816 Vgl. BVerwGE 104, 68 (72).

817 Hierzu unter 4. Kap. C. III. 2. b).

818 BVerwGE 104, 68 (72); *Battis*-ders/Krautzberger/Löhr, BauGB, § 1a Rn. 22.

819 BVerwGE 104, 68 (72); *Battis*-ders/Krautzberger/Löhr, BauGB, § 1a Rn. 22.

Kompensationsmodelle auch über den Regelungsbereich des § 1a Abs. 3 BauGB hinaus Anwendung finden.

Nach einer Meinung[820] komme die bauleitplanerische Abwägung ohne die Prüfung von Kompensationsmaßnahmen im Hinblick auf alle städtebaulichen Belange im Sinne des § 1 Abs. 5 S. 1 BauGB nicht mehr aus. Die Prüfung von Schonungs- und Kompensationsmaßnahmen nach der naturschutzrechtlichen Eingriffsregelung solle daher für die bauplanungsrechtliche Abwägung in Bezug auf die städtebaulichen Belange als Vorbild dienen.[821] Hierzu zwinge das Nachhaltigkeitsgebot des § 1 Abs. 5 S. 1 BauGB.[822] Als Argument wird angeführt, dass die Bauleitplanung nach den Vorgaben in Art. 1 der Plan-UP-Richtlinie eine nachhaltigen Entwicklung und ein hohes Umweltschutzniveau gewährleisten soll und folglich nachteilige Umweltauswirkungen der Planungen nach Möglichkeit minimiert werden sollen.[823]

Ein solch extensives Verständnis ist abzulehnen. Aus dem Vergleich des Wortlauts des § 1a Abs. 3 BauGB und der Klimaschutzklausel des § 1a Abs. 5 BauGB folgt, dass eine analoge Anwendung des Schonungs- und Kompensationsmodells der naturschutzrechtlichen Eingriffsregelung auf die Klimaschutzbelange in die bauplanerischen Abwägung nicht Anliegen des Gesetzgebers sein kann. Im Gegensatz zur Klimaschutzklausel des § 1a Abs. 5 S. 2 BauGB verweist § 1a Abs. 3 S. 1 BauGB ausdrücklich auf die „Eingriffsregelung nach Bundesnaturschutzgesetz“. Der Wortlaut des § 1a Abs. 5 S. 2 BauGB spricht vielmehr davon, dass der Klimaschutz und die Klimaanpassung „in der Abwägung nach § 1 Abs. 7 BauGB“ zu berücksichtigen sind. Der Gesetzgeber hat damit bewusst kein Schonungs- und Kompensationsprinzip in der Klimaschutzklausel des § 1a Abs. 5 BauGB geregelt, so dass es für eine analoge Anwendung desselben an einer dazu notwendigen planwidrigen Regelungslücke fehlt. Für eine bewusste Entscheidung des Gesetzgebers spricht zudem, dass § 1a Abs. 5 BauGB seit der Klimaschutz-Novelle 2011 weder durch die Innenentwicklungsnovelle 2013 noch durch die BauGB-Reform 2014 reformiert worden ist.

Auch zwingen weder die Plan-UP-Richtlinie noch der Nachhaltigkeitsgedanke des § 1 Abs. 5 S. 1 BauGB dazu, das Kompensationsprinzip auf alle städtebauliche Belange zu übertragen.

Aus Art. 1 der Plan-UP-Richtlinie lässt sich keine Verpflichtung von Schonungs- und Kompensationsmaßnahmen herleiten. Diese betrifft nur die verfahrensrechtlichen[824] Prüfungsschritte und kann daher keine materiell-rechtlichen Anforderungen wie die Schonungs- und Kompensationsmodelle nach dem BNatSchG stellen.[825]

Etwas anderes ergibt sich auch nicht aus dem Nachhaltigkeitsgedanken des § 1 Abs. 5 S. 1 BauGB. Dieser stellt ein allgemeines Ziel der Bauleitplanung dar; hat

---

820 *Stüer*, NVwZ 2005, 508 (511).
821 *Stüer*, NVwZ 2005, 508 (511).
822 *Stüer*, NVwZ 2005, 508 (511).
823 *Stüer*, NVwZ 2005, 508 (511).
824 Näheres unter 4. Kap. C. III. 1.
825 So auch – bezogen auf den Umweltschutz allgemein – *Bach*, Die Abwägung nach § 1 Abs. 7 BauGB nach Erlass des EAG Bau, S. 216 f.

aber keinen materiell-rechtlichen Einfluss auf die Prüfungsschritte der Abwägung nach § 1 Abs. 7 BauGB. Im Übrigen spricht gegen eine derartige Auslegung, dass eine über die naturschutzrechtliche Eingriffsregelung hinausgehende umfassende Kompensation aller Umweltbelange bereits Gegenstand des allgemeinen Abwägungsgebots nach § 1 Abs. 7 BauGB ist.[826]

Des Weiteren stellt das BVerwG umfassende Anforderungen[827] an das Prüfungsschema des § 1a Abs. 3 BauGB, wozu in der Regel Sachverständigengutachten eingeholt[828] werden müssen. Die Übertragung des Kompensationsprinzips auf alle städtebaulichen Belange könnte somit den Prüfungsaufwand an die Aufstellung von Bauleitplänen unnötig[829] erhöhen und würde dem Vereinfachungsgedanken widersprechen.[830]

III. Mittelbare Beeinflussung der bauplanerischen Abwägung durch formelle und materiell-rechtliche Aufwertung des Klimaschutzes

Dass die Klimaschutzbelange keinen abstrakten Vorrang gegenüber anderen städtebaulichen Belangen in der bauplanerischen Abwägung nach § 1 Abs. 7 BauGB genießen, lässt nicht den Schluss zu, dass der Klimaschutz keine Aufwertung in der Bauleitplanung erfahren hat. Insbesondere die Neufassung des BauGB durch die EAG-Bau-Reform 2004 und die Klimaschutz-Novelle 2011 haben zu einer Erweiterung des Aufgabenbereichs im Städtebaurecht geführt. § 1 Abs. 5 BauGB und § 1a Abs. 5 BauGB definieren den Klimaschutz und die Anpassung an den Klimawandel als selbstständige städtebauliche Aufgabe. Dieser neuen planungsrechtlichen Zielsetzung haben die Gemeinde durch entsprechende städtebauliche Maßnahmen hinreichend Rechnung zu tragen. Dazu werden ihnen verschiedene planerische Instrumente (Festsetzungen von Planvorgaben nach § 9 BauGB[831], städtebauliche Verträge nach § 11 BauGB[832], Sanierungs- und Stadtumbaumaßnahmen nach §§ 136 ff, §§ 171a ff BauGB[833]) an die Hand gegeben, um diesem anspruchsvollen Ziel wirkungsvoll nachgehen zu können. Der Gesetzgeber hat die Gestaltungsmöglichkeiten

---

826 *BMVBS*, Bericht der Unabhängigen Expertenkommission, Novellierung des Baugesetzbuches, Rn. 074.

827 Im Einzelnen zu den Anforderungen: BVerwGE 104, 68 (78); *Krautzberger/Wagner-Ernst/Zinkahn/Bielenberg/Krautzberger*, BauGB, 109. Lfg., Jun. 2013, § 1a Rn. 83.

828 OVG Lüneburg, NVwZ-RR 2009, 830 (834).

829 Hierzu nachfolgend 4. Kap. C. III.

830 Stellungnahme des Deutschen Städte- und Gemeindebundes vom 28.11.2002, S. 3; *BMVBS*, Bericht der Unabhängigen Expertenkommission, Novellierung des Baugesetzbuches, Rn. 081; *Bach*, Die Abwägung nach § 1 Abs. 7 BauGB nach Erlass des EAG Bau, S. 220.

831 Hierzu 6. Kap. B.

832 Hierzu 7. Kap. B. I.

833 Im Einzelnen hierzu 7. Kap. C. I., II.

dieser Instrumente zu Gunsten des Klimaschutzes teilweise erweitert und teilweise deklaratorisch bestätigt. Dadurch haben die Klimaschutzbelange eine faktische Aufwertung erfahren[834], die sich auch mittelbar auf die bauleitplanerische Abwägung nach § 1 Abs. 7 BauGB auswirkt.

1. Formelle und faktische Aufwertung durch die Umweltprüfung

Der Klimaschutz wird durch die Einführung der Umweltprüfung nach § 2 Abs. 4 BauGB nicht nur formell, sondern auch faktisch aufgewertet. Wie bereits dargestellt[835], statuiert § 2 Abs. 4 BauGB eine Verpflichtung der Gemeinde, eine Umweltprüfung grundsätzlich[836] für alle Bauleitpläne durchzuführen. Mit dem Verweis in § 2 Abs. 4 S. 1 BauGB auf die Belange des Umweltschutzes nach § 1 Abs. 6 Nr. 7 BauGB und § 1a BauGB sind auch die Klimaschutzbelange in die Umweltprüfung einbezogen. Damit sind die Belange des vorsorgenden und anpassenden Klimaschutzes im Rahmen der Umweltprüfung zu ermitteln, in einem Umweltbericht zu beschreiben und zu bewerten (vgl. § 2 Abs. 4 S. 1 BauGB). Das Ergebnis der Umweltprüfung ist in der Abwägung nach § 1 Abs. 7 BauGB zu berücksichtigen (vgl. § 2 Abs. 4 S. 4 BauGB). Auf die materiell-rechtliche Gewichtung der Klimaschutzbelange innerhalb der Abwägung nach § 1 Abs. 7 BauGB hat die Umweltprüfung zwar keinen Einfluss, denn die europäische Richtlinie[837], auf dem § 2 Abs. 4 BauGB basiert, versteht den Umweltschutz eher im verfahrensrechtlichen Sinne. Hierauf weist insbesondere die Begründung der Plan-UP-Richtlinie hin, indem sie sich an „die Festlegung von Verfahren für die Umweltprüfung“[838] richtet und den „Verfahrensaspekt“[839] ausdrücklich erwähnt.

Dennoch erfährt der Klimaschutz durch die verpflichtende Umweltprüfung eine verstärkte Aufwertung im faktischen Sinne: Die Umweltprüfung fokussiert sich nur auf Umweltbelange; andere städtebauliche Belange sind erst Gegenstand in der Abwägung nach § 1 Abs. 7 BauGB. Durch § 2 Abs. 4 BauGB wird die Chance der Durchsetzungskraft der Belange des Klimaschutzes und der Klimaanpassung erhöht[840]. Die fehlerfreie Anwendung der Umweltprüfung (insbesondere die vollständige und richtige Ermittlung und Gewichtung der Umweltbelange) kann das Ergebnis der Abwägung nach § 1 Abs. 7 BauGB konkret beeinflussen und unter

834 So auch *Raschke*, Rechtsfragen kommunaler Klimaschutzmaßnahmen, S. 94.

835 Siehe unter 4. Kap. A. II. 1. e).

836 Ausgenommen sind die Bauleitpläne im vereinfachten Verfahren nach § 13 BauGB; vgl. *Uechtritz*, BauR 2005, 1859 (1861).

837 Richtlinie 2001/42/EG des Europäischen Parlaments und des Rates v. 27.06.2001 über die Prüfung der Umweltauswirkungen bestimmter Pläne und Programme (Plan-UP-Richtline); ABl. EG Nr. L 197, S. 30.

838 5. Grund der Plan-UP-Richtlinie 2001/42/EG, ABl. EG Nr. L 197, S. 30 (30).

839 9. Grund der Plan-UP-Richtlinie 2001/42/EG, ABl. EG Nr. L 197, S. 30 (31).

840 *Uechtritz*, BauR 2005, 1859 (1874); so auch *Bach*, Die Abwägung nach § 1 Abs. 7 BauGB nach Erlass des EAG Bau, S. 211 f.

Umständen zu Gunsten des Klimaschutzes planerisch steuern.[841] Durch die strengen Anforderungen an die Umweltprüfung finden der mitigative und adaptive Klimaschutz folglich mehr Beachtung im Bauplanungsrecht als vor der Einführung des § 2 Abs. 4 BauGB.

2. *Materiell-rechtliche Aufwertung des bauplanerischen Klimaschutzes*

a) *Anerkennung des Klimaschutzes und der Klimaanpassung als städtebauliche Aufgaben und klimaschutzbezogene Erweiterungen des kommunalen Handlungsfeldes*

Die Statuierung als eigenständige städtebauliche Aufgabe in § 1 Abs. 5 S. 2, § 1a Abs. 5 BauGB und die Stellung als Planungsgrundsatz wertet den mitigativen und adaptiven Klimaschutz materiell-rechtlich auf. Planungsgrundsätze sind generelle Leitlinien der Bauleitplanung, die im Zentrum jeder Planung stehen und so grundsätzlich zum Gegenstand der Abwägung gemacht werden.[842] Die Gemeinde hat nun bei ihren Plankonzepten die Erfordernisse des Klimaschutzes und der Klimaanpassung einzubeziehen (vgl. § 1a Abs. 5 S. 1 BauGB). Dies wertet die Klimaschutzbelange normativ auf. Werden die Klimaschutzes und der Klimaanpassung nicht vollständig, richtig ermittelt und gewichtet, so führt dies zu Abwägungsfehlern. Insoweit gilt auch für den mitigativen und adaptiven Klimaschutz: Soweit die Berücksichtigung nach dem Normprogramm möglich ist, ist sie auch notwendig, damit keine Abwägungsfehler entstehen.[843] Damit hat die Verankerung des Klimaschutzes und der Klimaanpassung als städtebauliche Aufgaben des BauGB mittelbar auch Auswirkung auf die in der Abwägung nach § 1 Abs. 7 BauGB einzustellenden Belange.

Zudem erfährt der Klimaschutz eine normative Verstärkung durch die materiell-rechtliche Ausdehnung des kommunalen Handlungsrahmens. So sind etwa die Festsetzungsmöglichkeiten in dem Katalog des § 9 BauGB im Bebauungsplan (z.B.: § 9 Abs. 1 Nrn. 12 und 23 lit. b) BauGB)[844], im Rahmen von Sanierungsmaßnahmen (vgl. § 136 Abs. 2 S. 2 Nr. 1, Abs. 4 S. 2 Nr. 1 BauGB)[845] und des Stadtumbaus (vgl. § 171a Abs. 2, 3 S. 2 Nr. 1 und 6 BauGB) [846] zu Gunsten des Klimaschutzes und der Klimaanpassung erweitert worden. Der Gesetzgeber hat durch die materiell-rechtlichen Erweiterungen bundeseinheitliche Rahmenbedingungen zum bauleitplanerischen Klimaschutz geschaffen, die in der Abwägung zu berücksichtigen sind.

---

841 *Ginzky*, UPR 2002, 47 (52); *Uechtritz*, BauR 2005, 1859 (1874); *Wegener*, ZUR 1996, 324 (325); *Bach*, Die Abwägung nach § 1 Abs. 7 BauGB nach Erlass des EAG Bau, S. 211 f.

842 *Kment*, DVBl. 2012, 1125 (1126).

843 *Attendorn*, NVwZ 2012, 1569 (1573); vgl. *Waechter*, DVBl. 2006, 465 (467).

844 Siehe unter 6. Kap. B. I. 2. e), m).

845 Im Einzelnen siehe hierzu unter 7. Kap. C. I.

846 Siehe unter 7. Kap. C. II.

b) Klimaschutzklausel als Soll-Vorschrift

Eine weitere Verstärkung erlangen die Belange des vorsorgenden und anpassenden Klimaschutzes durch die Formulierung der § 1 Abs. 5 S. 2, § 1a Abs. 5 BauGB als Soll-Vorschriften. Nach § 1 Abs. 5 S. 2 BauGB „sollen" Bauleitpläne unter anderem einen „Beitrag" zur Förderung des Klimaschutzes und der Klimaanpassung leisten. Den Erfordernissen des Klimaschutzes „soll" nach § 1a Abs. 5 BauGB durch Maßnahmen gegen den Klimawandel und solche, die der Anpassung an den Klimawandel dienen, Rechnung getragen werden. Die Bezeichnung „soll(en)" weist auf Soll-Vorschriften der § 1 Abs. 5 S. 2, § 1a Abs. 5 BauGB hin, die materiell-rechtliche Anforderungen an die Aufstellung von Bauleitplänen stellen. Ihre Steuerungswirkung ist daher von normativer Natur[847]. Mit der Formulierung als Soll-Vorschrift wird ein gewisses Maß an Verbindlichkeit erreicht.[848] Die Soll-Vorschrift verpflichtet den Planungsträger, grundsätzlich so zu verfahren, wie es das Gesetz bestimmt.[849] Soll-Vorschriften stehen daher grundsätzlich den „Muss"-Vorschriften gleich, wenn nicht besondere Umstände vorliegen, die den konkreten Anwendungsfall als atypisch erscheinen lassen.[850] Der (allgemeine) Klimaschutz und die Klimaanpassung sind seit der Kodifizierung des § 1 Abs. 5 S. 2, § 1a Abs. 5 BauGB als Soll-Vorschriften zur Pflichtaufgabe der Gemeinden geworden.

IV. Zusammenfassung

Nach alledem ist festzuhalten, dass dem (globalen) Klimaschutz und der Klimaanpassung weder eine absolute noch eine relative Sonderstellung in der Abwägung nach § 1 Abs. 7 BauGB zukommen. Ebenso stellen die Planungsziele nach § 1 Abs. 5 S. 2, § 1a Abs. 5 BauGB nach hiesiger Ansicht keine Optimierungsgebote bzw. Abwägungsdirektive dar. Die Klimaschutzbelange sind vielmehr – wie jeder andere (umweltschützende) Belang auch – gleich in die Abwägung einzustellen.[851] Das bedeutet nicht, dass Klimaschutzbelange nicht auch eine höhere Gewichtung in der bauplanerischen Abwägung einnehmen können. Ihr konkretes Gewicht ergibt sich aber erst aus den konkreten Besonderheiten der jeweiligen Planungssituation.[852] Dabei können Besonderheiten der Planungssituation sich aus klimatologisch relevanten Voraussetzungen (z.B.: Himmelsrichtungen, Topographie, Baumbestände oder Hauptwindrichtung) oder Potenziale für die Nutzung erneuerbarer Energien (z.B.: Geothermie, Wasserkraft oder Solarenergie) sowie einer effizienteren Energieversorgung (z.B.: Blockheizkraftwerke, Nah- und Fernwärmenetze oder Abwärmenutzung) ergeben.[853]

---

847 Vgl. *Waechter*, DVBl. 2006, 465 (467).
848 BT-Drs. 17/13272, S. 8.
849 VG Berlin, GewArch 2009, 495 (496).
850 *Pfeifer*, DVBl. 1989, 337 (342).
851 BT-Drs. 15/2250, S. 37.
852 BT-Drs. 15/2250, S. 37.
853 Deutsches Institut für Urbanistik, Klimaschutz in Kommunen, S. 39.

Mit der Formulierung als Soll-Vorschrift gibt der Gesetzgeber einerseits ein hinreichendes Maß an Verbindlichkeit[854] zur Umsetzung einer klimagerechten Bauleitplanung vor, lässt andererseits der Gemeinde aber noch den nötigen Spielraum für das konzeptionelle Planen. Das Gewichtsmaß, das den Klimaschutzbelangen in der konkreten Bodennutzungssituation beizumessen ist, sollte und wird den Planern nicht abstrakt durch strikte Regelungen vorgeben. Die verschiedenen bodenrechtlichen Nutzungssituationen erfordern vielmehr eine gewisse Flexibilität. Die Abwägung nach § 1 Abs. 7 BauGB stellt ein dafür taugliches und ausreichendes Instrument dar, um einerseits die für den Klimaschutz geeigneten topographischen Verhältnisse auszuschöpfen und andererseits das Maß an wirtschaftlicher Erträglichkeit[855] des Grundstückseigentümers nicht zu übersteigen. Die abstrakte Beimessung eines höheren Gewichts zu Gunsten der Klimaschutzbelange würde die Flexibilität des kommunalen Handlungsrahmens (zumindest) stark einschränken. Für die Durchsetzung des Klimaschutzes in der Bauleitplanung erscheint es effektiver, den gemeindlichen Gestaltungsrahmen an klimaschützenden Maßnahmen durch Gesetzesänderungen zu erweitern und so mittelbar durch die Steuerung der in der Abwägung einzustellenden Belange zu beeinflussen. Hierzu hat der Gesetzgeber durch die Einführung der Umweltprüfung gemäß § 2 Abs. 4 BauGB, den Novellierungen des BauGB im Wege des EAG Bau 2004 und der Klimaschutz-Novelle 2011 bereits einen erheblichen Beitrag geleistet.[856]

Der vorsorgende und anpassende Klimaschutz ist zur kommunalen Planungspflicht gem. § 1 Abs. 3 BauGB geworden. Um diesen anspruchsvollen Planungsauftrag hinreichend Rechnung zu tragen, hat die Gemeinde bei ihren Plankonzeptionen die in Betracht kommenden Maßnahmen zum Klimaschutz und zur Klimaanpassung stets zu berücksichtigen.[857] Hierzu wird es erforderlich sein, die Auswirkungen der Plankonzeptionen auf den Klimaschutz und die Klimaanpassung im Vorfeld hinreichend und sorgfältig zu untersuchen.[858] Mit den materiell-rechtlichen Aufwertungen der Klimaschutzbelange wird damit die Pflicht zur sorgfältigen fehlerfreien Abwägung und Begründung angehoben.[859] Dadurch erhöhen sich zugleich die Chancen, dass die klimaschutzbezogene Belange nicht nur in der Abwägung eingestellt werden, sondern auch das Abwägungsergebnis zu Gunsten des Klimaschutzes ausfällt.

854 BT-Drs. 17/13272, S. 8.
855 Hierzu 5. Kap. C. II. 2.
856 Siehe unter 2. Kap. B. und D.
857 *Kment*, DVBl 2012, 1125 (1127).
858 *Otting*, REE 2011, 125 (126).
859 *Battis/Mitschang/Reidt*, NVwZ 2013, 961 (962).

Fünftes Kapitel: Die Rechtsstellung des Grundstückseigentümers

A. Die Baufreiheit des Grundstückseigentümers

I. Die Baufreiheit als Bestandteil der Eigentumsgarantie des Art. 14 Abs. 1 S. 1 GG?

Unter dem Begriff der sog. „Baufreiheit" wird das Recht des Eigentümers bezeichnet, sein Grundstück im Rahmen der Gesetze baulich zu nutzen.[860] Hierunter gehört insbesondere der subjektiv-öffentliche Anspruch des Bauherrn auf die Erteilung einer Baugenehmigung für ein planungs- und bauordnungsrechtlich zulässiges Vorhaben.[861]

Nach der traditionellen und überwiegenden Auffassung der Literatur[862] und Rechtsprechung[863] wird die Baufreiheit aus dem verfassungsrechtlich geschützten Eigentumsrecht im Sinne des Art. 14 Abs. 1 S. 1 GG hergeleitet. Die Eigentumsgarantie umfasse auch das Recht des Bauherrn, sein Grundstück im Rahmen der Gesetze zu bebauen.[864] Dieses Recht ist letztendlich auf den Rechtsgedanken des § 65 Abs. 1 S. 8 des Preußischen ALR zurückzuführen.[865] Die bauliche Nutzbarkeit des Grundstücks wird demnach als elementarer Bestandteil des verfassungsrechtlich gewährleisteten Grundeigentums nach Art. 14 Abs. 1 S. 1 GG verstanden.[866]

In den 70er Jahren wurde dieses Verständnis vereinzelt kritisiert. Nach den Vertretern der restriktiven Auffassung[867] umfasse die Eigentumsgarantie nach Art. 14 Abs. 1 S. 1 GG nicht die Bebauungsbefugnis an sich. Die Bebauungsbefugnis wird dem Grundstückseigentümer vielmehr durch das Zuteilungssystem der Bauleitplanung eingeräumt.[868] Nach diesem restriktiven Verständnis der Eigentumsgarantie

---

860 BVerfGE 35, 263 (276); *Muckel/Ogorek*, Öfftl. BauR, § 3 Rn. 1.

861 *Depenheuer*-v. Mangoldt/Klein/Starck, GG, Bd. I, Art. 14 Rn. 116; *Battis*, Öff. Bau- und RaumordnungsR, Rn. 150.

862 *Battis*-ders/Krautzberger/Löhr, BauGB, § 1 Rn. 7; *Boecker*, BauR 1998, 441 (441);. *Papier*-Maunz/Dürig, GG, Lfg. 59., Art 14 Rn. 57; *Runkel*, ZUR 2002, 138 (140); *Wendt*-Sachs, GG, Art. 14 Rn. 46; *Just*-Hoppe/Bönker/Grotefels, BauGB, § 2 Rn. 55; *Leisner*, DVBl. 1992, 1065 (1068); *Hahn*, DVBl. 1992, 1408 (1409); *Gehrke/Brehsan*, NVwZ 1999, 932 (933).

863 BGHZ 88, 51 (59); BGH, NVwZ 1998, 1329 (1330); BGH, NVwZ 2002, 124 (125); BVerfGE 35, 263 (276); BVerwGE 48, 271 (273 f.); BVerwG, UPR 2004, 350 (352).

864 BGHZ 88, 51(59).

865 *Leisner*, DVBl. 1992, 1065 (1065).

866 *Papier*-Maunz/Dürig, GG, Lfg., 59., Art. 14 Rn. 57.

867 *Schulte*, DVBl. 1979, 133 (133); *Breuer*-Schrödter, BauGB, § 42 Rn. 8; *Wahl*, DVBl. 1982, 51 (56); *Wieland*-Dreier, GG, Bd. I, Art. 14 Rn. 32.

868 *Schulte*, DVBl. 1979, 133 (133); *Wahl*, DVBl. 1982, 51 (56).

gehört die Bebauungsbefugnis nicht von vornherein zum Schutzbereich des Eigentums nach Art. 14 Abs. 1 GG, sondern wird dem Grundstückseigentümer erst durch die Aufstellung eines Bebauungsplans vom Staat verliehen.[869] Der Gesetzgeber lege durch planungs- und bauordnungsrechtlichen Regelungen erst fest, ob und wie ein Grundstück bebaut werden darf.[870]

Dem ist jedoch entgegenzuhalten, dass die Bebauungsbefugnis zwar durch die Regelungen des Baugesetzbuches als Inhalts- und Schrankenbestimmungen im Sinne des Art. 14 Abs. 1 GG inhaltlich geformt wird; sie begründen die Bebauungsbefugnis des Eigentümers jedoch nicht erst. Art. 14 Abs. 2 S. 2 GG spricht nach seinem Wortlaut gerade von einem „Gebrauchen" des Eigentumsrechts. Zum „Gebrauchen" eines Grundstücks gehört als wesentliche Nutzungsvariante auch die Bebaubarkeit eines Grundstücks; selbst wenn die konkrete Bebaubarkeit des jeweiligen Grundstücks von den öffentlich-rechtlichen Vorschriften abhängt. Denn wenn jene nicht als Grundeigentumsgebrauch anzusehen wäre, würde das Grundeigentum weitestgehend leer laufen.[871] Dies würde einer verfassungsrechtlich gebotenen Auslegung des Art. 14 GG nicht hinreichend gerecht werden.[872] Ferner hat das Bundesverfassungsgericht mit dem Nassauskiesungsbeschluss[873] den verfassungsrechtlichen Begriff des Eigentums präzisiert, aus welchem sich gerade nicht die Baufreiheit als eine öffentlich-rechtliche Verleihung ableiten lässt.[874] Denn zu den Wesensmerkmalen des Eigentumsrechts im Sinne von Art. 14 Abs. 1 GG gehören die Privatnützigkeit und die grundsätzliche Verfügungsbefugnis.[875] Aus beiden Prinzipien der Eigentumsgarantie folgt[876], dass sowohl die Gewährung der baulichen Nutzbarkeit des Grundstücks als auch das Recht des Grundstückseigentümers umfasst ist, sein Grundstück im Rahmen der Gesetze zu bebauen. Der Bebauungsplan stellt eine Inhalts- und Schrankenbestimmung im Sinne des Art. 14 Abs. 1 S. 2 GG dar[877], die selbst wiederum an die verfassungsrechtlichen Schranken gebunden ist, namentlich an die Instituts- und Bestandsgarantie des Art. 14 Abs. 1 S. 1 GG, den Grundsatz der Verhältnismäßigkeit, den Gleichheitsgrundsatz des Art. 3 GG und die Wesensgehaltsgarantie des Art. 19 Abs. 2 GG.[878] Zudem stellt das Eigentumsrecht gem. Art. 14 Abs. 1 S. 1 GG ein Freiheitsgrundrecht dar, so dass dem Grundstückseigentümer auch die Freiheit gewährt werden muss, zwischen den verschiedenen ihm rechtlich zustehenden Nutzungsmöglichkeiten selbstverantwortlich zu wählen.[879]

---

869 *Breuer*, Die Bodennutzung, S. 162 ff.; *Wieland*-Dreier, GG, Bd. I, Art. 14 Rn. 32.
870 *Wieland*-Dreier, GG, Bd. I, Art. 14 Rn. 32.
871 *Leisner*, DVBl. 1992, 1065 (1068).
872 *Leisner*, DVBl. 1992, 1065 (1068).
873 BVerfGE 58, 300.
874 *Battis*, Öff. Bau- und RaumordnungsR., Rn. 151.
875 BVerfGE 37, 132 (140); BVerwGE 88, 191 (194).
876 So auch *Just*-Hoppe/Bönker/Grotefels, BauGB, § 2 Rn. 55.
877 BVerwG, BauR 1999, 608 (610).
878 BVerfGE 50, 290 (341 f.); *Battis*, Öff. Bau- und RaumordnungsR., Rn. 151.
879 *Wendt*-Sachs, GG, Art. 14 Rn. 46.

Daher genießt auch die sich im Rahmen der Gesetze haltende Bebauungsbefugnis des Grundstückseigentümers den Schutz des Art. 14 Abs. 1 S. 1 GG. Ansonsten wären Einschränkungen der Nutzungsbefugnisse des Grundseigentums nicht mehr verfassungsrechtlich überprüfbar und ein Abwehranspruch des Grundstückseigentümers nach Art. 14 Abs. 1 S. 1 GG gegen rechtswidrige beschränkende Planungen nicht gerichtlich durchsetzbar.[880]

II. Rechtsposition des Grundstückseigentümers zwischen Freiheitsausübung und Freiheitsbeschränkung – Die sog. Baufreiheit

Der Begriff der „Baufreiheit“ lässt nach seinem reinen Wortlaut vermuten, dass dem Grundstückseigentümer die Rechtsposition gewährt wird, er könne sein erworbenes Grundstück nach Belieben nutzen und bebauen. Doch allein der zivilrechtliche Erwerb des Grundstücks gewährt dem Eigentümer nicht die grenzenlose Freiheit, jenes ausschließlich nach seinen Vorstellungen baulich zu nutzen und zu bebauen. Die begrifflich suggerierte schrankenlose Freiheitsgewährleistung korreliert mit der tatsächlichen Ausgestaltung der Eigentumssystematik des Art. 14 Abs. 1 Satz 2 GG. Die Freiheitsbetätigung des Eigentümers findet durch die abstrakt-generellen verfassungsmäßigen Gesetze, die sich auf den Inhalt des Eigentums beziehen, ihre Grenze. Ihr zulässiger Rahmen wächst und dezimiert sich nach der jeweiligen konkreten Ausgestaltung des Gesetzgebers. Welche Befugnisse einem Grundstückseigentümer in einem bestimmten Zeitpunkt konkret zu stehen, ergibt sich daher aus der Zusammenschau aller in diesem Zeitpunkt geltenden, die Eigentümerstellung regelnden gesetzlichen Vorschriften.[881] Für den grundstücksbesitzenden Eigentümer sind insbesondere die Vorschriften des Baugesetzbuches und des Bauordnungsrechts als einfach-gesetzliche Formgebung des für den Gesetzgeber anerkannten zulässigen Rahmens der Freiheitsausübung maßgebend. Die Zulässigkeit der Bauverwirklichung hängt von der verwaltungsrechtlichen Entscheidung über den Bauantrag des Grundstückseigentümers ab. Das Erfordernis des Baugenehmigungsverfahrens stellt insofern eine Obliegenheit des Eigentümers dar und bildet ein präventives Verbot mit Erlaubnisvorbehalt.[882]

Der Umfang der Baufreiheit hängt daher nicht nur von der verfassungsrechtlich geschützten Eigentumsgarantie im Sinne des Art. 14 GG ab, sondern auch von der einfach-gesetzlichen Ausgestaltung. Die baurechtlichen Regelungen können somit als Inhalts- und Schrankenregelungen des Art. 14 Abs. 1 GG nicht nur grundrechtsbeschränkend, sondern auch grundrechtsverwirklichend[883] sein. Durch die baurechtlichen Regelungen wird die grundrechtliche geschützte Baufreiheit

880 *Just*-Hoppe/Bönker/Grotefels, BauGB, § 2 Rn. 55.
881 BVerfGE, 58, 300 (336).
882 *Gehrke/Brehsan*, NVwZ 1999, 932 (933).
883 *Battis*, Öff. Bau- und RaumordnungsR., Rn. 150.

erst zugelassen. Die materiell-rechtlichen Regelungen des Baurechts geben damit der Baubehörde einen Rahmen für die noch zu erteilenden Baugenehmigung vor. Denn ein Anspruch auf Erteilung der Baugenehmigung kann nur dort bestehen, wo auch die objektiven Bedingungen für eine Bebaubarkeit bzw. Nutzbarkeit eines Grundstücks (Zuwegung, Verkehrsnetz, öffentliche Versorgung mit Elektrizität, Gas, Wärme, Wasser und öffentliche Entsorgung von Abwässern, etc.) etabliert werden. Durch die Beplanung der Nutzbarkeit von Grund und Boden wird die spätere Freiheitsausübung des Grundstückseigentümers daher erst begründet.

Der Rahmen der einfach-gesetzlichen Gestaltung des Gesetzgebers ist im Verhältnis zum Grundstückseigentümer daher durch ein diametrales Verhältnis geprägt: einerseits beschränkt das Baugesetzbuch als Inhalt- und Schrankenregelung des Art. 14 Abs. 1 S. 2 GG die Freiheitsausübung des Eigentümers, andererseits begründet es seine Freiheitsverwirklichung.

Darüber hinaus weist das Baugesetzbuch aber noch einen weiteren gemeinwohlbezogenen Aspekt auf. Durch die Gebietsbeplanung von Grund und Boden soll nicht nur der Freiheitsgebrauch des Grundstückseigentümers reglementiert werden, sondern auch die Grundlage für ein geordnetes Zusammenleben gewährleistet werden. Denn neben den Wesensmerkmalen der Verfügungsbefugnis und der Privatnützigkeit[884] weist der verfassungsrechtliche Eigentumsbegriff im Gegensatz zum zivilrechtlichen Verständnis im Sinne des § 903 BGB[885], wonach der Eigentümer einer Sache mit dieser nach seinem Belieben verfahren darf, auch eine soziale[886] Komponente auf, namentlich das Gebot der Sozialpflichtigkeit. Die Sozialpflichtigkeit des Eigentums im Sinne von Art. 14 Abs. 1 S. 1 GG findet darin ihre Rechtfertigung, dass Grund und Boden nicht vermehrbar sind und seine Nutzung nicht dem Spiel der freien Kräfte und dem Belieben des Einzelnen überlassen werden dürfen.[887] Vielmehr müssen im Sinne einer gerechten Rechts- und Gesellschaftsordnung die Interessen der Allgemeinheit besonders berücksichtigt werden.[888] Daher dient das Baugesetzbuch als Inhalts- und Schrankenbestimmung im Sinne von Art. 14 Abs. 1 S. 2 GG zugleich dem Ausgleich zwischen dem verfassungsrechtlich garantierten Privateigentum und dem Wohl der Allgemeinheit unter Berücksichtigung der berechtigten Belange Dritter zu dienen hat (Art. 14 Abs. 2 GG).[889]

B. Der Bestandsschutz

Mit dem Begriff des Bestandschutzes verhält es sich ähnlich wie mit jenem der Baufreiheit. Entgegen seiner Bezeichnung gewährt er dem Grundstückseigentümer

884 BVerfGE 37, 132 (140); BVerwGE 88, 191 (194).
885 Bürgerliches Gesetzbuch (BGB) i. d. F. d. Bek. v. 02.01.2002 (BGBl. I S. 42, 2909; 2003 I S. 738), zul. geänd. d. Gesetz v. 22.07.2014 (BGBl. I S. 1218).
886 BVerwGE 88, 191 (194).
887 BVerfGE, 21, 73 (82 f.).
888 BVerfGE, 21, 73 (82 f.).
889 BVerfGE 52, 1 (29), BVerfGE 58, 300 (351).

keinen abstrakt-absoluten Schutz seiner erworbenen Rechtsposition vor späteren Sach- und Rechtsänderungen. Dennoch ist der grundstücksbesitzende Eigentümer nicht schutzlos gestellt. Ihm kommt die begünstigende Wirkung[890] des Bestandsschutzes zu Gute. Korrespondiert eine bestehende bauliche Anlage nicht mehr mit den baugesetzlichen Vorschriften, so wird deren Bestand trotz ihrer zwischenzeitlichen Rechtswidrigkeit geduldet. Im Laufe der Zeit haben sich zwei unterschiedliche Schutzrichtungen des baurechtlichen Bestandsschutzes herausgebildet: der passive und der aktive Bestandsschutz. Diese sollen nachfolgend beleuchtet werden.

I. Der passive Bestandsschutz

1. Bestandsschutz als Schutz des status quo

Hat der Eigentümer in rechtmäßiger Weise „etwas ins Werk gesetzt", so ist dessen Bestand grundsätzlich gegen verändernde einfach-gesetzliche Anforderungen geschützt.[891] Der sog. passive Bestandsschutz hat abwehrenden[892] Charakter. Sein Schutzbereich umfasst den vorhandenen Bestand der baulichen Anlage und dessen bisherige Nutzung.[893] Er gewährt also nicht nur Schutz in Bezug auf die Substanz der baulichen Anlage, sondern auch im Hinblick auf deren subjektiv-individuelle Nutzungsausübung vor nachträglichen Änderungen des materiellen Rechts. Die Behörde muss die seinerzeit rechtmäßig errichtete bauliche Anlage bzw. Nutzung derselben dulden, auch wenn sie retrospektiv durch Änderung der Rechtslage nicht mehr den Vorschriften des Baurechts entspricht.

Dennoch ist nicht jeder bauliche Freiheitsgebrauch von dem passiven Bestandsschutz erfasst. Notwendige Voraussetzung für den Schutz des Bestandes der baulichen Anlage ist, dass sie legal, das heißt formell oder materiell rechtmäßig, errichtet worden ist.[894] Formell rechtmäßig ist eine bauliche Anlage dann, wenn sie zum Zeitpunkt der Errichtung rechtswirksam baurechtlich genehmigt worden ist.[895] Fehlt die Baugenehmigung bei einer genehmigungsbedürftigen Anlage, ist sie formell illegal. Grundsätzlich erwächst an einer formell illegalen Anlage kein Bestandsschutz. Dies gilt jedoch ausnahmsweise dann nicht, wenn die bauliche Anlage entweder zur Zeit der Errichtung oder nach der Errichtung längere Zeit den materiell-rechtlichen Baurechtsregelungen entsprach (sog. materielle Legalität[896]); in solchen Fällen genießt die formell illegale, aber materiell legale bauliche Anlage ebenfalls Bestandsschutz.[897]

890 *Battis*, Öff. Bau- und RaumordnungsR., Rn. 152.
891 BVerwGE 94, 1 (13).
892 *Sieckmann*, NVwZ 1997, 853 (855).
893 BVerwGE 25, 161 (162 f.); BVerwGE 27, 341 (343 f.); BVerwGE 36, 296 (300).
894 *Gehrke/Brehsan*, NVwZ 1999, 932 (933).
895 Vgl. *Gehrke/Brehsan*, NVwZ 1999, 932 (933).
896 *Papier*-Maunz/Dürig, GG, Lfg. 59., Art. 14 Rn. 84.
897 Vgl. *Gehrke/Brehsan*, NVwZ 1999, 932 (933).

2. Umfang des passiven Bestandsschutzes

Ist die legal geschaffene Substanz oder Nutzung eines Grundstückes ganz oder teilweise nicht mehr vorhanden[898], so endet der passive Bestandsschutz. Für den Verlust der geschützten Rechtstellung ist maßgebend, dass die Funktionstauglichkeit der baulichen Anlage nicht mehr gegeben ist.[899] Die Substanz des Gebäudes muss also so sehr beeinträchtigt sein, dass sie funktionslos wird.[900] Ist der Bestandsschutz für die reine Nutzung verloren gegangen und ist die vorhandene bauliche Substanz unter keinem rechtlichen Gesichtspunkt nutzbar, hat demnach das Bauwerk seine Funktion ganz und gar verloren, so wird das betroffene Grundstück als unbebaut im Rechtssinne angesehen.[901] In diesem Zusammenhang ist es unerheblich, ob der Eigentümer durch Vernachlässigung von Erhaltungsmaßnahmen oder aus anderen Gründen den Verfall des Grundstücks selbst verursacht hat.[902] Auch eine Zurechnung eines solchen Verhaltens durch Dritte ist für den Verlust des Bestandsschutzes ohne Belang.[903] Der Rechtsgrund für eine solche objektive Betrachtungsweise[904] findet sich in der Ordnungsaufgabe des Bauleitplanungsrechts.

In Bezug auf die bauliche Nutzung entfällt der Bestandsschutz, wenn die Nutzung endgültig aufgegeben wird.[905] Was nun unter einer endgültigen Nutzungsaufgabe zu verstehen ist, hängt von den Umständen des Einzelfalles und der Verkehrsauffassung ab.[906] Eine genauere Definition hat die Rechtsprechung bisher offen gelassen. Jedenfalls wird eine endgültige Nutzungsaufgabe dann angenommen, wenn der Eigentümer von seinem Bestandsschutz erkennbar keinen Gebrauch mehr machen will.[907] Wird die Nutzungsintensität der baulichen Anlage nur vorübergehend geändert, wenn auch über mehrere Jahre verringert, so entfällt der Bestandsschutz in der Regel nicht.[908] Der passive Bestandsschutz erlischt auch dann, wenn die bisherige bauliche Nutzung derart geändert wird, dass sie selbst genehmigungsbedürftig im Sinne des Baugesetzbuches wird.[909] Manifestiert sich die Nutzungsänderung aus Sicht eines Dritten, wird dies nach der Verkehrsauffassung jedenfalls als Aufgabe der bisherigen Nutzungsänderung angesehen.[910] Nutzt der Eigentümer sein Grundstück nicht mehr oder ist die geänderte Nutzung der baulichen Anlage

---

898 BVerwG, BauR 1970, 96 (97); BVerwG, BauR 1972, 152 (152); *Papier*-Maunz/Dürig, GG, Lfg. 59, Art. 14 Rn. 84.
899 OVG Greifswald, BRS 57 Nr. 118, 194 (295).
900 Vgl. *Goldschmidt*, DVBl. 2011, 591 (595).
901 BVerwG, DVBl. 1997, 432 (433); *Goldschmidt*, DVBl. 2011, 591 (595).
902 *Goldschmidt*, DVBl. 2011, 591 (596).
903 *Gehrke/Brehsan*, NVwZ 1999, 932 (934).
904 BVerwG, NVwZ 1989, 667 (669).
905 BVerwG, BauR 1990, 582 (586), BVerwG, BauR 2001, 610 (610).
906 *Gehrke/Brehsan*, NVwZ 1999, 932 (934).
907 BVerwG, NVwZ 1989, 667 (668).
908 BVerwG, ZfBR 2008, 52 (52); BVerwG, BauR 1990, 582 (586).
909 *Decker*, BayVBl. 2011, 517 (523); *Goldschmidt*, DVBl. 2011, 591 (593).
910 BVerwG, NVwZ 1991, 264 (265).

genehmigungsbedürftig im Sinne des Baurechts, so erlischt die erteilt Baugenehmigung gem. § 43 Abs. 2 VwVfG[911], mithin auch der ihr zugrunde liegende passive Bestandsschutz.[912]

II. Bestandsschutz als Erweiterung des Rechtskreises des Grundstückseigentümers – Der sog. aktive Bestandsschutz

Beschränkt sich das Rechtsinteresse des Grundstückseigentümers nicht nur auf den Schutz des getätigten Vertrauens, sondern begehrt er darüber hinaus eine bauliche Veränderung bzw. Nutzungsänderung, so kommt der sog. aktive Bestandsschutz in Betracht. Insofern differieren zwei Fallgruppen: der einfach-aktive Bestandsschutz und der qualifiziert-aktive Bestandsschutz.

1. *Einfach-aktiver Bestandsschutz*

Der einfach-aktive[913] Bestandsschutz sichert Maßnahmen zum Erhalt der baulichen Anlage und deren bisherigen Nutzung. Erfasst sind z.B. Reparatur- und Instandsetzungsarbeiten, also solche Maßnahmen, die notwendig sind, um die Substanz oder Funktion des Bauwerks zu erhalten.[914] Der Bestandsschutz nach Art. 14 Abs. 1 GG erfasst daher nicht nur den Bestand als solchen (passiver Bestandsschutz), sondern auch bauliche Maßnahmen, die eine Nutzbarkeit des Bestands ermöglichen (einfach-aktiver Bestandsschutz). Ansonsten würde der passive Bestandsschutz allein durch den Wegfall der Nutzbarkeit des Bestandes enden.[915] Dies wäre mit dem aus Art. 19 GG hergeleiteten Grundsatz des Vertrauensschutzes verfassungsrechtlich nicht mehr vereinbar. Gleichwohl muss die Identität[916] des geschützten Bestandes gewahrt bleiben. Von dem einfach-aktiven Bestandsschutz sind wesentliche Änderungen der baulichen Anlage oder dessen Nutzung hingegen nicht mehr erfasst.[917] Die mitunter schwierige Abgrenzung zwischen Maßnahmen, die noch der Erhaltung des Bestandes dienen und solchen, die bereits eine wesentliche[918] Veränderung der Bausubstanz bzw. baulichen Nutzung darstellen, hängt von den jeweiligen Umständen des Einzelfalls ab. Von einer dem Bestandsschutz

---

911 Verwaltungsverfahrensgesetz (VwVfG), i. d. F. d. Bek. v. 23.01.2003 (BGBl. I S. 102), zul. geänd. durch Gesetz vom 25.07.2013 (BGBl. I S. 2749).

912 *Goldschmidt*, DVBl. 2011, 591 (592).

913 *Gehrke/Brehsan*, NVwZ 1999, 932 (935); *Lieder*, ThürVBl. 2004, 81 (84); Andere ordnen diesen Schutz noch dem passiven Bestandsschutz zu, vgl. *Just*-Hoppe/Bönker/Grotefels, BauGB, § 2 Rn. 62; *Söfker*-Ernst/Zinkahn/Bielenberg/Krautzberger, BauGB, 97. Lfg., Sept. 2010, § 35 Rn. 181.

914 *Papier*-Maunz/Dürig, GG, Lfg. 59, Art. 14 Rn. 84.

915 *Muckel/Ogorek*, Öfftl. BauR, § 3 Rn. 6; *Gehrke/Brehsan*, NVwZ 1999, 932 (935).

916 BVerwG, BauR 1975, 114 (115); BVerwG ZfBR 1981, 90 (91).

917 BVerwG, NVwZ-RR 1995, 68 (69); vgl. *Goldschmidt*, DVBl. 2011, 591 (595).

918 BVerwG, ZfBR 1981, 90 (91); BVerwG, BauR 1977, 253 (255).

unterliegenden Erhaltungsmaßnahme der baulichen Anlage kann jedenfalls dann gesprochen werden, wenn sich der Standort, das Bauvolumen und die Zweckrichtung nicht ändern.[919] Die Beseitigung von Mängeln bzw. Schäden oder das Wiederherstellen zerstörter oder schadhafter Bauteile durch Maßnahmen, die den bisherigen Zustand im Wesentlichen unverändert lassen oder diesen wieder herstellen und erhalten, fallen damit unter Instandhaltungsarbeiten.[920] Kommen die Reparatur- und Instandsetzungsarbeiten hingegen einem Neubau gleich oder bezwecken sie eine Bestandserweiterung, so sind jene Maßnahmen nicht mehr vom einfach-aktiven Bestandsschutz erfasst.[921] Auch darf sich die Frage nach der statischen Konstruktion des gesamten Bauwerkes nicht neu stellen.[922] Um bauliche Erhaltungsmaßnahmen handelt es sich also nicht mehr, wenn wesentliche Bauteile vollständig ausgetauscht werden oder gar das gesamte Gebäude derart ausgekernt wird, dass dies einer Neuerrichtung gleichkommt.[923] Durch solche identitätsverändernde Maßnahmen verliert daher das rechtmäßig errichtete Gebäude den Bestandsschutz.[924]

2. *Qualifziert-aktiver Bestandsschutz*

Bezweckt der Eigentümer dagegen eine Änderung oder Erweiterung der bisherigen baulichen Nutzung bzw. des Baubestandes, so hat die Rechtsprechung unverkennbar einen Wandel durchzogen. Während das Bundesverwaltungsgericht in den 70er Jahren unmittelbar aus Art. 14 Abs. 1 GG nicht nur Maßnahmen zur Erhaltung des Baubestandes, sondern auch Änderungs- oder Erweiterungsmaßnahmen des Gebäudebestandes bzw. dessen baulichen Nutzung ableitete, hat der Bestandsschutz heute eine deutlich restringierendere Bedeutung.

a) *Der Wandel vom verfassungsunmittelbaren zum einfach-gesetzlichen aktiven Bestandsschutz*

Nach der früheren Rechtsprechung des Bundesverwaltungsgerichts[925] wurden aus Art. 14 Abs. 1 GG nicht nur passive Bestandsschutz und Maßnahmen zur Erhaltung des Bauwerks (einfach-aktiver Bestandsschutz) verfassungsunmittelbar abgeleitet, sondern auch Änderungs- und Erweiterungsmaßnahmen.[926] Letztere bezeichnen den „überwirkenden Bestandsschutz“[927].

---

919 BVerwG, NJW 1986, 2126 (2126).
920 *Decker*, BayVBl. 2011, 517 (523).
921 BVerwG, NVwZ 2002, 92 (92); BVerwG, BauR 1972, 152 (152 f.).
922 BVerwGE 47, 126 (128 f.); *Decker*, BayVBl. 2011, 517 (523).
923 VGH München, BRS 59, Nr. 212, 627 (627); *Stühler*, BauR. 2002, 1488 (1488).
924 Vgl. *Goldschmidt*, DVBl. 2011, 591 (595).
925 BVerwGE 49, 365 (370).
926 *Aichele/Herr*, NVwZ 2003, 415 (415); *Sieckmann*, NVwZ 1997, 853 (853).
927 BVerwGE 49, 365 (370).

Den überwirkenden Bestandsschutz entwickelte das Bundesverwaltungsgericht in einem Urteil[928] in den 70iger Jahren. Danach konnte der Bestandsschutz „überwirken, wenn zwischen dem vorhandenen Bestand und den seinem Schutz dienenden Maßnahmen ein untrennbarer Funktionszusammenhang (bestand) und wenn infolge dieses Funktionszusammenhangs der Schutz des gegebenen Bestandes ohne die Zubilligung der Änderungs- oder gar Erhaltungsmaßnahmen schlechterdings gegenstandslos würde"[929] Der „überwirkende" Bestandsschutz konnte somit einen Rechtsanspruch auf die Errichtung eines zusätzlichen baulichen Vorhabens begründen.[930]

Des Weiteren konstruierte das Bundesverwaltungsgericht die Rechtsfigur der „eigentumskräftig verfestigten Anspruchsposition" [931], die aus Art. 14 Abs. 1 GG unmittelbar abgeleitet wurde. Diese Rechtsfigur sicherte unter engen Grenzen eine bestimmte Bebaubarkeit des Grundstücks ab[932]. Sie knüpft an die Grundstücksqualität, nicht an die Bauwerke an.[933] Die eigentumskräftig verfestigte Anspruchsposition setzte voraus, dass überhaupt irgendwann ein Anspruch auf Zulassung der Bebauung bestand, und dass dieser Anspruch nach Art. 14 Abs. 1 GG gegen eine entschädigungslose Entziehung geschützt war.[934] Damit waren besondere Sachverhalte angesprochen – wie z.B. die Zerstörung eines Gebäudes durch ein Naturereignis (etwa durch einen Brand).[935] In jenen Fällen war der Wiederaufbau des Gebäudes weder vom passiven Bestandsschutz gedeckt, da dieser sich nur auf vorhandene Gebäude bezieht und mit der Zerstörung des Bauwerkes wegfällt, noch konnte sich der Eigentümer auf den einfach-aktiven Bestandsschutz berufen, denn dieser erfasst nur Erhaltungsmaßnahmen des vorhandenen Gebäudes, nicht jedoch dessen Neuerrichtung. Die eigentumskräftig verfestigte Anspruchsposition gewährte dem Eigentümer in solchen besonderen Sachverhalten einen eigenständigen Anspruch auf Genehmigung der baulichen Nutzung bzw. des Bauvorhabens, soweit sich die Angemessenheit des Wiederaufbaus aufdrängte.[936]

Die Rechtsprechung zum „übergesetzlichen" Bestandschutz sowie zur „eigentumskräftig verfestigte Anspruchsposition" hat das Bundesverwaltungsgericht inzwischen aufgegeben. Der Wandel der Rechtsprechung begann mit dem Nassauskiesungsbeschluss[937] des Bundesverfassungsgerichts, das den Eigentumsbegriff im Sinne des Art. 14 Abs. 1 GG neu prägte. Das Bundesverfassungsgericht führte aus, dass sich die Befugnisse eines Eigentümers in einem bestimmten Zeitpunkt aus

928 BVerwG, Urt. v. 14.11.1975 – IV C 2.74, BVerwGE 49, 365 ff.
929 BVerwGE 49, 365 (370).
930 *Stühler*, BauR 2002, 1488 (1489).
931 BVerwGE 26, 111 (117); BVerwGE 47, 126 (130 f.).
932 *Stühler*, BauR 2002, 1488 (1491).
933 *Decker*, BayVBl. 2011, 517 (523).
934 BVerwGE 47, 126 (131).
935 BVerwGE 47, 126 (131).
936 BVerwGE 26, 111 (117).
937 BVerfGE 58, 300.

der Zusammenschau aller in diesem Zeitpunkt geltenden, die Eigentümerstellung regelnden gesetzlichen Vorschriften ergebe.[938] Soweit sich aus der Gesamtheit der verfassungsmäßigen Gesetze, die den Gegenstand und Umfang des Eigentums bestimmen, eine bestimmte Befugnis des Eigentümers nicht ergebe, so gehöre diese auch nicht zu seinem Eigentumsrecht.[939]

Die Rechtsprechung des Bundesverfassungsgerichts führte zu Unsicherheiten bei den Instanzgerichten und wurde zunächst nicht von allen Fachgerichten umgesetzt.[940] Auch das Bundesverwaltungsgericht zögerte mit der Umsetzung der Rechtsprechung des Bundesverfassungsrechts.[941]

Mit Urteil vom 15.02.1990[942] hat das Bundesverwaltungsgericht zunächst die Rechtskonstruktion des „übergesetzlichen" Bestandschutzes und danach mit Urteil vom 10.08.1990[943] die Rechtsfigur der „eigentumskräftig verfestigte Anspruchsposition" abgelegt. Die Aufgabe des verfassungsunmittelbaren aktiven Bestandsschutzes hat das Bundesverwaltungsgericht sodann spätestens mit dem Urteil vom 12.03.1998[944] bestätigt, indem es ausführte: „Der Senat hat in Abkehr von seiner früheren Rechtsprechung, die von der Vorstellung geprägt war, daß sich unmittelbar aus Art. 14 Abs. 1 Satz 1 GG Anspruchspositionen ableiten lassen, wiederholt bekräftigt, daß es einen Anspruch auf Zulassung eines Vorhabens aus eigentumsrechtlichem Bestandsschutz außerhalb der gesetzlichen Regelungen nicht gibt"[945]. Dem Eigentümer steht daher über die einfach-gesetzlichen Regelungen des BauGB hinaus kein unmittelbar aus Art. 14 Abs. 1 S. 1 GG abgeleiteter Anspruch auf Zulassung von Veränderungen oder Erweiterungen von baulichen Anlagen mehr zu. Solche Ansprüche sind nunmehr im Baugesetzbuch als Inhalts- und Schrankebestimmung des Eigentums im Sinne des Art. 14 Abs. 1 S. 2 GG abschließend[946] geregelt. Dies gilt auch für die Rechtsfigur der eigentumskräftig verfestigten Anspruchsposition. Insofern betonte das Bundesverwaltungsgericht: „Die Fallgruppen, für die der Anspruch aus „eigentumskräftig verfestigter Anspruchsposition" ursprünglich gedacht war, hat der Gesetzgeber inzwischen normiert. Das gilt insbesondere für den Fall des Wiederaufbaus nach Brandzerstörung (vgl. § 35 Abs. 4 Satz 1 Nr. 3 BauGB). Fälle nicht ausgenutzter Bauqualität von Grundstücken sind vom Planschadensrecht (nunmehr §§ 39 ff. BauGB) erfaßt; weitergehende Ansprüche bestehen nicht. Im übrigen lassen sich im beplanten und unbeplanten Innenbereich mit Hilfe der §§ 31, 34 Abs. 2 und 3 BauGB angemessene Ergebnisse erreichen"[947].

938 BVerfGE 58, 300 (336).
939 BVerfGE 58, 300 (336).
940 *Weidemann/Krappel*, NVwZ 2009, 1207 (1208); *Decker*, BayVBl. 2011, 517 (518).
941 *Decker*, BayVBl. 2011, 517 (518).
942 BVerwGE 84, 322 (334).
943 BVerwG, UPR 1991, 68 (70).
944 BVerwGE 106, 228 (234).
945 BVerwGE 106, 228 (234).
946 *Papier*-Maunz/Dürig, GG, Lfg. 59, Juli 2010, Art. 14 Rn. 86.
947 BVerwG, DVBl. 1990, 1182 (1184).

Das Bundesverfassungsgericht bekräftigte die Sichtweise des Bundesverwaltungsgerichtes und stellte klar, dass sich der Bestandsschutz aus verfassungsrechtlicher Sicht nur auf den genehmigten Bestand und die genehmigte Funktion erstrecke.[948]

b) *Qualifziert-aktiver Bestandsschutz nach dem Baugesetzbuch*

Ein qualifiziert-aktiver Bestandsschutz wird demnach nicht mehr verfassungsunmittelbar nach Art. 14 Abs. 1 GG gewahrt, sondern nur noch nach der einfachgesetzlichen Ausgestaltung. Im Baugesetzbuch ist der aktive Bestandsschutz im unbeplanten Innenbereich und im Außenbereich geregelt.

aa) § 34 Abs. 3a BauGB

Die Norm des § 34 Abs. 3a BauGB regelt den aktiven Bestandschutz im unbeplanten Innenbereich für bestimmte Vorhaben. Der unbeplante Innenbereich wird als zusammenhängende Bebauung definiert, wobei einzelne Baulücken nach der Verkehrsauffassung unbeachtlich sind, solange der Eindruck einer geschlossenen und zusammengehörigen Siedlungsstruktur vermittelt wird.[949]

Ersatzbauten, Änderungen oder Nutzungsänderungen sind im unbeplanten Innenbereich grundsätzlich genehmigungsbedürftig und müssen nach § 34 Abs. 1 BauGB genehmigungsfähig sein, sich also in die Eigenart der näheren Umgebung der Baugebiete einfügen. Soweit sich das Vorhaben nicht im Sinne des § 34 Abs. 1 BauGB in die nähere Umgebung einfügt, ist es bauplanungsrechtlich grundsätzlich unzulässig. Von dem Erfordernis des „Einfügens" in die Eigenart der näheren Umgebung im Sinne des § 34 Abs. 1 S. 1 BauGB eröffnet nun § 34 Abs. 3a BauGB Abweichungsmöglichkeiten. Nach § 34 Abs. 3a BauGB kann im Einzelfall die Abweichung von dem Einfügungserfordernis als zulässig angesehen werden, wenn die in § 34 Abs. 3a S. 1 Nr. 1 BauGB genannten Vorhaben städtebaulich vertretbar sind und auch unter Würdigung nachbarlicher Interessen mit den öffentlichen Belangen vereinbar sind. Tatbestandlich erfasst § 34 Abs. 3a S. 1 Nr. 1 BauGB die Erweiterung, Änderung, Nutzungsänderung oder Erneuerung eines zulässigerweise errichteten Gewerbe- oder Handwerksbetriebs, einschließlich der Nutzungsänderung zu Wohnzwecken, oder der Erweiterung, Änderung oder Erneuerung einer zulässigerweise errichteten, zu Wohnzwecken dienenden baulichen Anlage. Nur für jene Vorhaben ist der Bestandsschutz im unbeplanten Innenbereich geregelt.

Der aktive Bestandsschutz nach § 34 Abs. 3a BauGB setzt voraus, dass die bauliche Anlage legal[950] errichtet worden ist. Darauf weist der Wortlaut in § 34 Abs. 3a BauGB mit der Formulierung „in zulässigerweise errichteten" baulichen Anlage hin. Nach der Rechtsprechung des Bundesverwaltungsgerichts wurde eine bauliche

948 BVerfG, NVwZ-RR 1996, 483 (483).
949 BVerwG, ZfBR 2000, 428 (428).
950 BVerwGE 107, 264 (266); *Söfker*-Ernst/Zinkahn/Bielenberg/Krautzberger, BauGB, 111. Lfg., Sept. 2013, § 34 Rn. 88.

Anlage in zulässigerweise errichtet, wenn sie entweder in Übereinstimmung mit dem materiellen Recht erricht oder wenn – trotz materieller Illegalität – eine Baugenehmigung erteilt worden ist.[951] § 34 Abs. 3a BauGB dürfte als abschließende einfach-gesetzliche Ausgestaltung des aktiven Bestandsschutzes für dessen Anwendungsbereich zu verstehen sein.[952] Liegen die Voraussetzungen des § 34 Abs. 3a S. 1 BauGB kumulativ vor, hat der Bauherr ein Anspruch auf eine ermessensfehlerfreie Entscheidung.[953]

bb) § 35 Abs. 4 BauGB

Im Außenbereich dürfte § 35 Abs. 4 BauGB den qualitativ-aktiven Bestandsschutz abschließend regeln.[954] Der Eigentümer kann nach dem Wandel der Rechtsprechung des Bundesverfassungsgerichts darüber hinaus keine unmittelbar auf Art. 14 GG gestützte Ansprüche in Bezug auf den aktiven Bestandsschutz herleiten.[955] Angesichts des Ausnahmecharakters ist § 35 Abs. 4 BauGB eng auszulegen.[956]

Im Außenbereich stehen sonstigen (nicht nach § 35 Abs. 1 BauGB privilegierten) Vorhaben i.S.d. § 35 Abs. 2 BauGB in der Regel die Tatbestandsvoraussetzungen des § 35 Abs. 2 und 3 BauGB entgegen, da sich die Legalisierungswirkung der Baugenehmigung und der passive Bestandsschutz nur auf die bestehende Bausubstanz sowie der ausgeübten Nutzung begrenzt[957] und im Übrigen der Außenbereich grundsätzlich von einer Bebauung freizuhalten ist. Um den Strukturwandel der Landwirtschaft Rechnung zu tragen, um kulturell wertvolle Gebäude vor dem Verfall zu bewahren, um gewerblichen Entwicklungschancen zu geben sowie unbillige Härtefälle zu

---

951 BVerwGE 107, 264 (266); *Rieger*-Schrödter, BauGB, § 34 Rn. 97; *Gehrke/Brehsan*, NVwZ 1999, 932 (933); a. A. *Decker*, BayVBl. 2011, 517 (527), der für das Tatbestandsmerkmal „in zulässigerweise errichtet“ ausschließlich auf den Zeitpunkt der Errichtung der baulichen Anlage abstellt, so dass die bauliche Anlage nur dann aktiven Bestandsschutz genießt, wenn sie entweder zum Zeitpunkt ihrer Errichtung genehmigungsbedürftig war und bauaufsichtlich genehmigt worden ist oder nicht genehmigungsbedürftig war und damals dem materiellen Recht entsprochen hat.

952 BVerwGE 106, 228 (234); *Papier*-Maunz/Dürig, GG, Lfg. 59, Juli 2010, Art. 14 Rn. 86; *Schmidt-Eichstaedt/Weyrauch/Zemke*, Städtebaurecht, S. 320; wohl auch *Söfker*-Ernst/Zinkahn/Bielenberg/Krautzberger, BauGB, 111. Lfg., Sept. 2013, § 34 Rn. 87d; *Jäde*, BayVBl. 2007, 641 (641 f.).

953 *Rieger*-Schrödter, BauGB, § 34 Rn. 100.

954 BVerwGE 106, 228 (235 f.); *Bracher*-ders/Reidt/Schiller, BauplR, Rn. 2398; *Jäde*, BayVBl. 2007, 641 (642); *Rieger*-Schrödter, BauGB, § 35 Rn. 171; a. A.: *Sieckmann*, NVwZ 1997, 853 (856).

955 BVerwGE 85, 289 (294).

956 BVerwGE 107, 264 (269); BVerwG, NVwZ 1999, 297 (298); OVG Hamburg, NVwZ-RR 2001, 86 (87).

957 *Jarass/Kment*, BauGB, § 35 Rn. 81.

vermeiden (etwa Zerstörung eines Gebäudes durch ein Naturereignis)[958], hat der Gesetzgeber in Abs. 4 des § 35 BauGB für sonstige Vorhaben i.S.d. § 35 Abs. 2 BauGB in einigen Fällen den aktiven Bestandsschutz geregelt.

Den in § 35 Abs. 4 BauGB genannten Vorhaben kann der Widerspruch zu den Darstellungen des Flächennutzungsplans oder Landschaftsplans, die Beeinträchtigung der natürlichen Eigenart der Landschaft oder die befürchtete Entstehung, Verfestigung oder Erweiterung einer Splittersiedlung nicht entgegengehalten werden, soweit sie im Übrigen außenbereichsverträglich nach § 35 Abs. 3 S. 3 BauGB sind.[959] Damit wird im Außenbereich dem Planbetroffenen ein aktiver Bestandsschutz für sonstige nicht privilegierte Vorhaben hinsichtlich der Nutzungsänderung von Gebäuden, die einem land- oder forstwirtschaftlichen Betrieb dienen (§ 35 Abs. 4 S. 1 Nr. 1 BauGB), hinsichtlich des Ersatzbaus für mangelhafte Wohngebäude (§ 35 Abs. 4 S. 1 Nr. 2 BauGB), des Ersatzbaus für zerstörte Gebäude (§ 35 Abs. 4 S. 1 Nr. 3 BauGB), der Änderung oder Nutzungsänderung erhaltenswerter Gebäude (§ 35 Abs. 4 S. 1 Nr. 4 BauGB), der Erweiterung von bestimmten Wohngebäuden (§ 35 Abs. 4 S. 1 Nr. 5 BauGB) und der Erweiterung von gewerblichen Betrieben (§ 35 Abs. 4 S. 1 Nr. 6 BauGB) gewährt.[960]

Der aktive Bestandsschutz gilt für die in § 35 Abs. 4 BauGB genannten Vorhaben – wie bei § 34 Abs. 3a BauGB – nur für „in zulässigerweise errichtete“[961] bauliche Anlagen.

III. Bestandsschutz im Rahmen der bauplanerischen Abwägung

Bei der Aufstellung von Bauleitplänen sind die privaten und öffentlichen Belange gerecht abzuwägen (vgl. § 1 Abs. 7 BauGB). Die klimaschutzorientierte Neu- oder Umplanung der bodenrechtlichen Nutzbarkeit berührt dabei grundsätzlich die subjektiv-individuellen eigentumsrechtlichen Interessen des Planungsbetroffenen. Gerade bei der Umplanung eines bebauten Gebiets wird die Gemeinde regelmäßig mit dem Bestandsschutz des Eigentümers als materiell-rechtliche Grenze ihrer Planung konfrontiert sein. Denn der passive Bestandsschutz hat Auswirkungen auf den Vollzug[962] der Festsetzungen im Bebauungsplan und kann abwehrenden Charakter gegenüber der von der Gemeinde angeordneten Planvorgabe entfalten. Die Gemeinde hat daher die bestandsgeschützten Anlagen bzw. Nutzungen und

---

958 *Battis*, Öff. Bau- und RaumordnungsR., Rn. 415.

959 *Battis*, Öff. Bau- und RaumordnungsR., Rn. 416.

960 *Bracher*-ders/Reidt/Schiller, BauGB, Rn. 2395.

961 vgl. § 35 Abs. 4 S. 1 Nr. 1 lit. d), Nr. 2 lit. a), Nr. 3, Nr. 5 lit. a), Nr. 6 BauGB (BGBl. I S. 1748); ausgenommen sind gem. § 35 Abs. 4 S. 1 Nr. 4 BauGB Änderungen oder Nutzungsänderungen erhaltenswerter Gebäude, da es hier maßgeblich auf den kulturellen Erhalt von Gebäuden ankommt, im Übrigen siehe unter 5. Kap. B. II. 2. b) aa).

962 BVerwG, ZfBR 1989, 74 (76).

deren Belange zu ermitteln, in die Abwägung einzustellen und zu gewichten.[963] Eine nicht hinreichende Beachtung des Bestandsschutzes kann zu einem Verstoß gegen das Abwägungsgebot führen. Dies ist beispielsweise der Fall, wenn die Gemeinde die bestandsschutzbezogenen Belange nicht ausreichend ermittelt hat oder sie von falschen Tatsachen ausgeht, indem sie etwa irrtümlicherweise den tatsächlich bestehenden Bestandsschutz verneint.[964] Allgemein lässt sich formulieren, dass an den Abwägungsvorgang der Gemeinde grundsätzlich erhöhte Anforderungen stellen sind, wenn der Bebauungsplan in den bestehenden Baubestand eingreift und den im Plangebiet befindlichen Anlagen Bestandsschutz zustehen.[965] Der passive Bestandsschutz begründet daher keinen abstrakt-absoluten Schutz gegen nachteilige städtebauliche Planungskonzeptionen. Das getätigte Vertrauen des Eigentümers in die Grundstücksnutzung ist im Rahmen der Abwägung überwindbar.[966] Das in der Abwägung zukommende Gewicht des Bestandsschutzes des Planbetroffenen bemisst sich nach der jeweiligen Planungssituation.[967]

1. *Städtebauliche Maßnahmen*

Die Durchsetzungskraft von klimaschützenden Planmaßnahmen gegenüber den eigentumsrechtlichen Interessen des Betroffenen hängt vordringlich von dem Inhalt der jeweiligen einfach-gesetzlichen Regelung, ihrer Verfassungsmäßigkeit sowie der Eingriffstiefe in das durch Art. 14 Abs. 1 S. 1 GG gewährleistete Eigentumsrecht einschließlich der Wahrung des Verhältnismäßigkeitsgrundsatzes ab. Die für den Eigentümer bindenden[968] städtebaulichen Maßnahmen gestalten den Inhalt und die Reichweite des Bestandschutzes als Inhalts- und Schrankenbestimmung im Sinne des Art. 14 Abs. 1 S. 2 GG aus. Dabei gilt grundsätzlich, dass das in der Abwägung einzustellende Gewicht des Bestandsschutzes mit der zunehmenden Eingriffsintensität in die vorhandene Bausubstanz und die vorhandene Nutzung des Grundstücks steigt.

Dem geschützten Vertrauen des Grundstückseigentümers kann nur insoweit in der Abwägung Rechnung getragen werden, soweit der Umfang des Bestandsschutzes reicht. Positiv formuliert, schützt der passive Bestandsschutz den vorhandenen

---

963 *Stühler*, BauR 2002, 1488 (1496); *Decker*, BayVBl. 2011, 517 (525).

964 *Decker*, BayVBl. 2011, 517 (525).

965 *Stüer*, Handbuch des Bau- und Fachplanungsrechts, Rn. 1637; *Decker*, BayVBl. 2011, 517 (525).

966 OVG Nordrhein-Westfalen, Urt. v. 18.02.2013–2 D 38/12.NE, juris Rn. 109.

967 BVerwG, DVBl. 1971, 746 (750); OVG Nordrhein-Westfalen, Urt. v. 18.02.2013–2 D 38/12.NE, juris Rn. 64.

968 Bindend sind für den Eigentümer in erster Linie die Festsetzungen im Bebauungsplan nach § 9 BauGB. Die Darstellungen im Flächennutzungsplan nach § 5 BauGB sind als vorbereitender Bauleitplan grundsätzlich nicht bindend, ausgenommen sind jedoch die standortbezogenen Steuerungsmöglichkeiten von Windkraftanlagen – ihnen kommt eine bindende Außenwirkung zu; siehe hierzu 6. Kap. A.

baulichen Bestand und die vorhandene bauliche Nutzung, wenn die bauliche Anlage in zulässiger Weise errichtet worden ist. Im Umkehrschluss sind also Neubauten oder zukünftige Erweiterungen der baulichen Anlage nicht mehr von dem passiven Bestandsschutz erfasst. Das getätigte Vertrauen des Eigentümers kann daher dort keine Berücksichtigung in der Abwägung finden, wo von vornherein kein Bestandsschutz besteht. Dies ist etwa der Fall, wenn die Gemeinde Verwendungsverbote bzw. -beschränkungen von Kohle und Öl zu Heizzwecken in bereits bebauten Gebieten in Bezug auf die *Neuerrichtung, Erweiterung oder den Umbau* von Verbrennungsanlagen festsetzt.[969] Ebenso ist das Bestandsschutzinteresse des Eigentümers nicht berührt, wenn die städtebauliche Konzeption aus Gründen der Klimaverträglichkeit die vorhandenen privat genutzten Grünflächen in ihrem Bestand sichert und zusätzliche Neubauten oder sonstige bauliche Erweiterungen nicht zulässt, die für das Klima bedeutsame Kaltluftströmungen behindern.[970]

Anders verhält es sich, wenn die Festsetzungen im Bebauungsplan die eigentumsrechtlichen Interessen des Planbetroffenen derart nachteilig belasten, dass sie einer (Teil-)Enteignung gleichkommen. Werden in Bebauungsplänen durch gemeindliche Festsetzungen dem Eigentümer normativ bestehende Baurechte entzogen, kommt ihnen im Rahmen der Abwägung eine „ganz erhebliche Bedeutung" zu.[971] Dies ist etwa dann der Fall, wenn die Gemeinde nach § 9 Abs. 1 Nr. 15 BauGB eine private Grünfläche eines bislang unbebauten Privatgrundstücks mit der Konkretisierung „Parkanlage" festsetzt.[972] Dabei ist in der Abwägung Rechnung zu tragen, dass sich der Eigentumsinhalt, der sich wesentlich durch den Entzug der bisherigen baulichen Nutzungsmöglichkeiten für den betroffenen Grundstückseigentümer bestimmt, wie eine teilweise Enteignung auswirkt.[973] Führt eine Gesamtbetrachtung der jeweiligen Umstände dazu, dass jede eigene wirtschaftliche Nutzungsmöglichkeit dem Eigentümer entzogen wird und ihm Unterhaltungslasten zur Beförderung öffentlicher Interessen des Natur- und Landschaftsschutzes aufgebürdet werden, sein Eigentum an dem Baugrundstück also nur noch einer „formale(n) Hülle" gleicht, kann dem Bestandsinteresse des Planbetroffenen ein den von Art. 14 Abs. 3 GG erfassten Fällen vergleichbares Gewicht zukommen.[974] Ein solches Gewicht ist jedoch nicht bei jeder Entziehung der bisher zulässigen baulichen Nutzung durch Festsetzungen anzunehmen. Ein gemeindliches Plankonzept, dass ein vorhandenes Wohngebiet in der Weise überplant, dass die Flächen bereits vorhandener Bebauung als überbaubare Flächen, im Übrigen die bisher unbebauten Grundstücksbereiche als private Gärten

969 Vgl. BVerwG, ZfBR 1989, 74 (76).

970 Vgl. BVerwG, ZfBR 2012, 477 (477).

971 VGH München, Urt. v. 14.07.2006–1 N 04.582, juris Rn. 29; OVG Greifswald, Urt. v. 25.08.2004–3 K 3/02, juris Rn. 45; OVG Saarlouis, BauR 2010, 576 (579)

972 OVG Saarlouis, BauR 2010, 576 (579).

973 OVG Saarlouis, BauR 2010, 576 (579).

974 BVerfG, NVwZ 2003, 727 (728); BVerfG, Beschl. v. 19.12.2002–1 BvR 1402/01, BRS 65 Nr. 6, 28 (30); BVerfG, NVwZ 1999, 979 (980); OVG Greifswald, Urt. v. 07.02.2007–3 K 4/04, juris Rn. 38; OVG Saarlouis, BauR 2010, 576 (578 f.).

und damit als nicht überbaubare Flächen ausweist, kann zulässig sein.[975] Dies setzt allerdings voraus, dass die normative Entziehung der bislang zulässigen baulichen Nutzung in der Abwägung ordnungsgemäß ermittelt und gewichtet worden ist.[976] Die Gemeinde hat sich über den aktuellen baulichen Bestand und die mögliche bauliche Ausnutzbarkeit der Grundstücke im Plangebiet sorgfältig zu informieren, um fehlerfrei zu beurteilen, in welchem Umfang bestehende bauliche Nutzungsmöglichkeiten eingeschränkt oder weitere eröffnet werden.[977]

2. *Klimaschutzbezogene Nachrüstungspflichten durch städtebauliche Gebote?*

Nach dem Gesagten schützt der Bestandsschutz den tatsächlichen und rechtlichen Status-quo-Zustand des baulichen Bestands sowie dessen Nutzung, der bei der Errichtung der baulichen Anlage vorlag. Dies gilt auch für energetische Nachrüstungspflichten. Da die konkrete Reichweite des Bestandsschutzes von der einfach-gesetzlichen Ausgestaltung abhängt, kann die getätigte Vertrauensposition des Grundstückseigentümers aber durchbrochen werden. Durchbrechungen des Bestandsschutzes können nicht nur durch das landesrechtlich ausgestaltete Bauordnungsrecht aus gefahrenabwehrrechtlichen Gesichtspunkten erfolgen, sondern auch durch das Bauplanungsrecht.

Der von Art. 14 Abs. 1 S. 1 GG gewährte passive Bestandsschutz kann durch städtebauliche Gebote nach §§ 175 ff. BauGB durchbrochen werden. Die Gemeinde kann grundsätzlich solche Gebote auch gegen eine bestandsgeschützte Anlage rechtmäßig anordnen und durchsetzen.[978] Zwar sind die Regelungen des §§ 175 ff. BauGB in der Praxis bislang eher von geringer[979] Bedeutung. Ihre praktische Relevanz könnte aber durch die klimaschutzbezogenen BauGB-Novellen, gerade in Bezug auf die Energieeinsparung und Nutzung von regenerativen Energien, zukünftig aktiviert werden. Denn im bereits vorhandenen Gebäudebestand besteht das meiste Energieeinsparungspotenzial.[980] Vor diesem Hintergrund stellt sich die Frage, ob die Gemeinde durch städtebauliche Gebote den Eigentümer zu energetischen Nachrüstungen seines Gebäudes verpflichten kann. In Betracht kommen diesbezüglich vor allem Modernisierungs- und Instandsetzungsgebote nach § 175, § 177 BauGB.

---

975 OVG Greifswald, Urt. v. 07.02.2007–3 K 4/04, juris Rn. 35 f; OVG Greifswald, Urt. v. 25.08.2004–3 K 3/02, juris Rn. 45.

976 OVG Greifswald, Urt. v. 07.02.2007–3 K 4/04, juris Rn. 39.

977 OVG Greifswald, Urt. v. 25.08.2004–3 K 3/02, juris Rn. 52; OVG Greifswald, Urt. v. 07.02.2007–3 K 4/04 -, juris Rn. 39.

978 *Decker*, BayVBl. 2011, 517 (525).

979 *Lege*, NVwZ 2005, 880 (881); *Jarass/Kment*, BauGB, § 175 Rn. 2.

980 *Wickel*, UPR 2011, 416 (420).

a) *Modernisierungs- und Instandsetzungsgebote aus Gründen des Klimaschutzes?*

Gemäß § 177 BauGB kann die Gemeinde die Beseitigung der Missstände durch ein Modernisierungsgebot und die Behebung der Mängel durch ein Instandsetzungsgebot anordnen, wenn die bauliche Anlage nach ihrer inneren oder äußeren Beschaffenheit Missstände oder Mängel aufweist, deren Beseitigung oder Behebung durch Modernisierung oder Instandsetzung möglich ist. Die Gemeinde kann den Eigentümer also grundsätzlich nach § 177, § 175 BauGB positiv zu Modernisierungs- und Instandsetzungsmaßnahmen verpflichten. Für energetische Nachrüstungspflichten interessiert besonders der Begriff des „Missstandes" im Sinne des § 177 BauGB.

aa) Der Begriff des „Missstandes" im Sinne des § 177 BauGB – Parallele zu § 136 BauGB?

Der Begriff des „Missstandes" wird in § 177 BauGB mit Ausnahme in Absatz 2 nicht näher definiert. Energetische Defizite werden im Wortlaut des § 177 Abs. 2 BauGB nicht ausdrücklich erwähnt. Nach § 177 Abs. 2 BauGB liegt ein Missstand „insbesondere" dann vor, „wenn die bauliche Anlage nicht den allgemeinen Anforderungen an gesunde Wohn- und Arbeitsverhältnisse entsprechen". Im Baugesetzbuch findet sich jedoch eine nähere Beschreibung des Begriffs des „Missstandes". In den Vorschriften über städtebauliche Sanierungsmaßnahmen existiert ein Beispielskatalog für den Begriff des „Missstandes", der städtebauliche Sanierungsmaßnahmen auslösen kann. Ob die Belange des Klimaschutzes und der Klimaanpassung städtebauliche Sanierungsmaßnahmen rechtfertigen können, war zweifelhaft. Dieses Problem hat der Gesetzgeber durch die Innenentwicklungsnovelle 2013[981] erst jüngst beseitigt.[982] Nach § 136 Abs. 2 S. 2 Nr. 1 BauGB liegen nun auch städtebauliche Missstände vor, wenn „das Gebiet nach seiner vorhandenen Bebauung oder nach seiner sonstigen Beschaffenheit den allgemeinen Anforderungen an gesunde Wohn- und Arbeitsverhältnisse oder an die Sicherheit der in ihm wohnenden oder arbeitenden Menschen auch unter Berücksichtigung der Belange des Klimaschutzes oder der Klimaanpassung nicht entspricht". Bei der Beurteilung, ob ein städtebaulicher Missstand eines Gebiets vorliegt, sind nach § 136 Abs. 3 Nr. 1 lit. h) BauGB „die energetische Beschaffenheit, die Gesamtenergieeffizienz der vorhandenen Bebauung und der Versorgungseinrichtungen des Gebiets unter Berücksichtigung der allgemeinen Anforderungen an den Klimaschutz und die Klimaanpassung" einzubeziehen. Zudem sollen nunmehr städtebauliche Sanierungsmaßnahmen gemäß § 136 Abs. 4 S. 2 Nr. 1 BauGB dazu beitragen, dass die bauliche Struktur „nach den allgemeinen Anforderungen an den Klimaschutz und die Klimaanpassung entwickelt wird". Im Rahmen von städtebaulichen Sanierungsmaßnahmen können Defizite in der zeitgemäßen energetischen Erneuerung (etwa aufgrund der unzureichenden Gebäudesubstanz

981 BGBl. I 2013 S. 1548.
982 Hierzu 7. Kap. C. I.

oder unzureichenden energetischen Infrastruktur) städtebauliche Missstände begründen.[983]

Man könnte daher erwägen, das sanierungsbezogene Verständnis des „Missstandes" im Sinne des § 136 Abs. 2 S. 2 Nr. 1, Abs. 3 Nr. 1 lit. h), Abs. 4 S. 2 Nr. 1 BauGB auf den Missstandsbegriff im Sinne des § 177 Abs. 1 und 2 BauGB zu übertragen.[984] Der Missstandsbegriff des § 136 BauGB ist zwar auf ein ganzes Gemeindegebiet bezogen, während § 177 BauGB den Eigentümer adressiert und damit einzelne oder mehrere bauliche Anlagen betrifft.[985] Es besteht jedoch ein enger sachlicher Zusammenhang zwischen diesen planungsrechtlichen Instrumenten: Soweit die Gemeinde nach §§ 136 ff. BauGB ein Gebiet als Sanierungsgebiet festlegt, können die Vorschriften über die städtebaulichen Modernisierungs- und Instandsetzungsgebote bei der Umsetzung der Sanierungsmaßnahmen bedeutsam sein.[986] Zudem können die Gründe, die zur Festlegung eines Sanierungsgebiets führen können, auch als städtebaulicher Grund für den Erlass eines städtebaulichen Modernisierungs- und Instandsetzungsgebotes herangezogen werden.[987] Dies spricht ebenfalls für ein mit § 136 BauGB vergleichbares Verständnis des Missstandsbegriffs in § 177 BauGB im Sinne des Klimaschutzes. Zur praxistauglichen Anwendung wäre allerdings eine Modifizierung durch den Gesetzgeber wünschenswert.

bb) Städtebauliche Erforderlichkeit

Für den Erlass von Modernisierungs- und Instandsetzungsgeboten setzt § 175 Abs. 2, § 177 BauGB voraus, dass „die alsbaldige Durchführung der Maßnahmen aus städtebaulichen Gründen erforderlich" ist. Eine sparsame und effiziente Energienutzung sowie die Verwendung von erneuerbaren Energien (§ 1 Abs. 6 Nr. 7 lit. f) BauGB) und der vorsorgende sowie anpassende Klimaschutz (§ 1a Abs. 5 S. 1, § 1 Abs. 5 S. 2 BauGB) können städtebauliche Gründe rechtfertigen. Die Anpassung der Defizite in der energetischen Beschaffenheit im Baubestand an die Erfordernisse des Klimaschutzes kann daher städtebauliche erforderlich sein.[988] Hierzu erscheint die Erstellung eines Klimaschutzkonzepts sinnvoll, um den Grundsatz der Gleichbehandlung im Sinne des Art. 3 Abs. 1 GG zu wahren.[989] Im Übrigen können, wie erwähnt, die Gründe, die für ein Sanierungsgebiet nach §§ 136 ff.

---

983 *Krautzberger*, UPR 2012, 99 (101).

984 So auch *Böhm/Schwarz*, NVwZ 2012, 129 (134), die dies (vor den klimaschutzbezogenen Erweiterungen des Missstandsbegriffs in § 136 BauGB durch die Innenentwicklungsnovelle 2013) im Ergebnis allerdings ablehnen und eine explizite Nennung der „Erfordernisse der klimagerechten Stadtentwicklung" in § 177 Abs. 2 BauGB fordern.

985 *Köhler/Fieseler*-Schrödter, BauGB, § 177 Rn. 17; *Mitschang*-Battis/Krautzberger/Löhr, BauGB, § 177 Rn. 4.

986 Vgl. *Mitschang*-Battis/Krautzberger/Löhr, BauGB, § 177 Rn. 21.

987 *Mitschang*-Battis/Krautzberger/Löhr, BauGB, § 177 Rn. 16.

988 So auch *Böhm/Schwarz*, NVwZ 2012, 129 (134).

989 *Mitschang*, ZfBR 2010, 534 (537); *Böhm/Schwarz*, NVwZ 2012, 129 (134).

BauGB herangezogen werden können, auch städtebauliche Modernisierungs- und Instandsetzungsgebote begründen.[990]

cc) Schranken

Maßnahmen, die eine erhebliche Änderung des Gebäudes darstellen würden (etwa der Ausbau, Umbau oder Erweiterung des Gebäudes), sind von Modernisierungs- und Instandsetzungsgeboten des § 177 BauGB nicht erfasst.[991]

Des Weiteren setzt § 177 BauGB voraus, dass die Beseitigung oder Behebung von Missständen und Mängeln durch Modernisierung und Instandsetzung überhaupt möglich ist.[992] Ansonsten wäre der Erlass eines Modernisierungs- oder Instandsetzungsgebot unverhältnismäßig. Möglich ist die Beseitigung oder Behebung dann, wenn die erforderlichen Bauarbeiten objektiv technisch machbar und baurechtlich zulässig sind.[993]

Zudem ist die Gemeinde vor Erlass von städtebaulichen Geboten gem. § 175 Abs. 1 S. 1 BauGB verpflichtet, die Maßnahme mit dem Betroffenen zu erörtern. Sie soll den Betroffenen im Rahmen ihrer Möglichkeiten beraten, wie die Maßnahme durchgeführt werden kann und welche Finanzierungsmöglichkeiten aus öffentlichen Kassen bestehen (vgl. § 175 Abs. 1 S. 2 BauGB). Dabei ist gem. § 177 Abs. 4 BauGB auch die subjektive finanzielle und soziale Zumutbarkeit eines Modernisierungs- und Instandsetzungsgebotes zu berücksichtigen.[994] Die wirtschaftliche Zumutbarkeit ist anders als beim Baugebot nach § 176 BauGB bei Modernisierungs- und Instandsetzungsgeboten keine Anordnungsvoraussetzung.[995] Deshalb regelt § 177 Abs. 4 und 5 BauGB, dass der Eigentümer die Kosten für die Sanierungsmaßnahmen bis zu Grenze der Rentabilität und im Übrigen die Gemeinde die (nicht zumutbaren) Kosten zu tragen hat.[996] Besondere Bedeutung hat daher die Beratungspflicht der Gemeinde über Finanzierungsmöglichkeiten aus öffentlichen Kassen (etwa steuerliche Vergünstigungen oder staatliche Subventionen), vgl. § 175 Abs. 1 S. 2 BauGB. Die Anordnung von Modernisierungs- und Instandsetzungsgeboten muss den Grundsatz der Verhältnismäßigkeit[997] wahren und kommt nur als

---

990 *Köhler/Fieseler*-Schrödter, BauGB, § 177 Rn. 11; *Mitschang*-Battis/Krautzberger/Löhr, BauGB, § 177 Rn. 16.

991 BVerwG, Beschl. v. 27.08.1996–8 B 165/96, juris Rn. 2; *Stock*-Ernst/Zinkahn/Bielenberg/Krautzberger, BauGB, 104. Lfg., April 2012, § 177 Rn. 16.

992 *Bönker*-Hoppe/Bönker/Grotefels, BauGB, § 14 Rn. 168; *Dirnberger*-Jäde/ders/Weiß, BauGB, § 177 Rn. 3.

993 *Stock*-Ernst/Zinkahn/Bielenberg/Krautzberger, BauGB, 104. Lfg., April 2012, § 177 Rn. 26; *Bönker*-Hoppe/ders/Grotefels, BauGB, § 14 Rn. 168.

994 *Mitschang*-Battis/Krautzberger/Löhr, BauGB, § 175 Rn. 3.

995 BVerwG, NVwZ 1992, 164 (164); *Bracher*-ders/Reidt/Schiller, BauplR, Rn. 2802.

996 *Schröder*, Die Verwaltung 46 (2013), 183 (201); *Lege*, NVwZ 2005, 880 (883).

997 Näheres hierzu 5. Kap. C.

ultima ratio[998] in Betracht. Die Erörterungs- und Beratungspflichten der Gemeinde zeigen, dass ein den Planbetroffenen verpflichtendes städtebauliches Gebot nicht notwendigerweise erlassen werden muss, selbst wenn die Voraussetzungen hierfür vorliegen.[999] Vielmehr steht die freiwillige Umsetzung im Vordergrund.[1000]

b) Reformvorschlag

Nach dem Wortlaut des § 177 Abs. 1 und 2 BauGB werden klimaschützende bzw. speziell energetische Missstände im Gesetz nicht definiert. Man könnte das sanierungsbezogene Verständnis des „Missstandes" in § 136 Abs. 2, 3 und 4 BauGB in den baugebotsbezogenen Missstandsbegriff des § 177 BauGB hineinlesen. Angesichts der praktischen Notwendigkeit der Energieeinsparung – gerade – im bestehenden Baubestand und der wohl bei den Gemeinden herrschenden Unsicherheiten bezüglich der Reichweite von energetischen Modernisierungs- und Instandsetzungsgeboten wäre empfehlenswert[1001], den Begriff des „Missstandes" in § 177 Abs. 1 und 2 BauGB auf klimaschützende bzw. energetische städtebauliche Missstände zu erweitern. Hierzu könnte man sich an dem sanierungsbezogenen Begriff des „Misstandes" in § 136 Abs. 2 S. 2 Nr. 1, Abs. 3 Nr. 1 lit. h), Abs. 4 S. 2 Nr. 1 BauGB orientieren. Damit wäre eine energetische Aufwertung – neben den städtebaulichen Maßnahmen im Bereich des Sanierungsrechts und des Stadtumbaus[1002] – in bereits vorhandenen Altbaugebieten möglich und würden nicht ungenutzt bleiben.

Ob der Erlass von Modernisierungs- und Instandsetzungsgeboten im Einzelfall verhältnismäßig und damit auch in der Praxis realisierbar ist, ist eine andere Frage, auf die nachfolgend näher eingegangen wird. Selbst wenn es zukünftig bei dem zurückhaltenden Gebrauch von städtebaulichen Geboten in der Praxis bleiben sollte, so könnte eine Erweiterung des § 177 BauGB in Bezug auf energetische Nachrüstungsverpflichtungen zumindest Anreize für den Abschluss städtebaulicher Verträge mit klimaschutzbezogenen Verpflichtungen schaffen.[1003]

C. Der Verhältnismäßigkeitsgrundsatz als materiell-rechtliche Grenze

Die Durchsetzung von klimaschützenden und klimaanpassenden Planvorstellungen wird durch den verfassungsrechtlich garantierten Grundsatz der Verhältnismäßigkeit begrenzt. Klimaschützende Planvorgaben, die die Veränderung der baulichen Nutzbarkeit von Grundstücken nach sich ziehen, stehen typischerweise im

998 *Dirnberger*-Jäde/ders/Weiß, BauGB, § 175 Rn. 3; *Mitschang*-Battis/Krautzberger/Löhr, BauGB, § 175 Rn. 4.

999 *Mitschang*-Battis/Krautzberger/Löhr, BauGB, § 175 Rn. 4.

1000 *Mitschang*-Battis/Krautzberger/Löhr, BauGB, § 175 Rn. 4.

1001 So auch *Böhm/Schwarz*, NVwZ 2012, 129 (134).

1002 Dazu 7. Kap. C. I., II.

1003 So auch *Böhm/Schwarz*, NVwZ 2012, 129 (135).

Spannungsverhältnis mit den von Art. 14 Abs. 1 GG geschützten[1004] Eigentumsrechten des Grundstückseigentümers. Die bauplanungsrechtlichen Vorschriften formen als Inhalts- und Schrankenbestimmungen (Art. 14 Abs. 1 S. 2 GG) den Gegenstand und die Reichweite des verfassungsrechtlich geschützten Gebäude- und Grundstückseigentums. Die Bauleitplanung hat daher eine eigentumsverteilende Wirkung.[1005] Die städtebaulichen Maßnahmen müssen wiederum ihrerseits den Anforderungen des Verhältnismäßigkeitsgrundsatzes genügen. Sie müssen geeignet sowie erforderlich sein, um die Klimaschutzzwecke zu erreichen, und dürfen den Planbetroffenen nicht unangemessen belasten.

I. Legitimer Zweck, Geeignetheit, Erforderlichkeit klimaschützender Plananordnungen

Der Klimaschutz und die Klimaanpassung stellen legitime Ziele dar, denen nach Art. 20a GG Verfassungsrang zukommt.[1006] Legitim sind auch städtebauliche Maßnahmen zum globalen Klimaschutz.[1007] Auf eine unmittelbar örtliche klimatische Verbesserung der klimaschutzbezogenen Planvorgabe kommt es hingegen nicht an, sie darf auch von mittelbarer (vorsorgender) Natur sein.[1008] Die städtebaulichen Festsetzungen müssen geeignet sowie erforderlich sein, um die Klimaschutzzwecke zu erreichen. Die Vermeidung und Reduzierung von CO_2-Emissionen in Gebäudebereichen tragen dazu bei, dem Klimawandel entgegenzuwirken.[1009] Klimaanpassende Planmaßnahmen müssen geeignet sein, sich den Auswirkungen des Klimawandels anzugleichen. Ungeeignet wären demnach klimaschutzbezogene Maßnahmen, die nicht mehr klimaschädliche Stoffe einsparen würden, als sie nach ihrer Gesamtbetrachtung (z.B.: Lebensdauer, Entstehung und Entsorgung der verwendeten Baustoffe etwa bei Dämmmaterialen und Solaranlagen) verursachen würden.[1010] Erst recht wären Planvorgaben zum Klimaschutz oder zur Klimaanpassung ungeeignet, wenn sie nach den technischen Möglichkeiten tatsächlich gar nicht realisierbar sind.[1011] Erforderlich erscheint die zum Klimaschutz angeordnete städtebauliche Maßnahme jedenfalls dann nicht, wenn gleich wirksame, aber mildere Mittel zur Verfügung stehen. Dies wäre etwa der Fall, wenn dem Eigentümer ein Anschluss- und Benutzungszwang zugunsten erneuerbarer Energien für Fernwärme auferlegt wird, obwohl er bereits durch eigene bauliche Vorrichtungen die Energie aus regenerativen Energieträgern nutzt (z.B.: durch Solaranlagen).[1012] In der Regel dürften

1004 Hierzu *Battis/Gusy*, Staatsrecht, § 12 Rn. 575.
1005 *Schrödter/Wahlhäuser*-Schrödter, BauGB, § 1 Rn. 1.
1006 *Manten/Elbel*, LKV 2009, 1 (8).
1007 *Groß*, NVwZ 2011, 129 (130); *Böhm/Schwarz*, DVBl. 2012, 540 (544).
1008 Siehe hierzu 4. Kap. B. I., II.
1009 *Koch*, NVwZ 2011, 641 (642).
1010 *Böhm/Schwarz*, NVwZ 2012, 129 (130 f.).
1011 *Schröder*, Die Verwaltung 46 (2013), 183 (203).
1012 *Battis/Kersten/Mitschang/Ingold/Schwarz*, Stadtentwicklung, S. 61.

bei der Geeignetheit und Erforderlichkeit klimaschützender und klimaanpassender Planvorgaben keine Bedenken bestehen.

II. Angemessenheit klimaschützender Plananordnungen

Der Schwerpunkt der Verhältnismäßigkeitsprüfung wird somit überwiegend im Element der Angemessenheit liegen. Ob und welche Gestaltungsvarianten den kommunalen Trägern unter Wahrung des Verhältnismäßigkeitsgrundsatzes zur Verfügung stehen, hängt wesentlich von der konkreten Planungssituation und den jeweiligen Umständen des Einzelfalls ab.[1013]

1. *Zweck-Mittel-Relation*

Die städtebauliche Maßnahme darf nicht außer Verhältnis zum mit ihr verfolgten Klimaschutzzweck stehen. Das Mittel (städtebauliche Plananordnung) muss in Bezug auf den anvisierten Zweck (Klimaschutz und Klimaanpassung) angemessen sein. Der Aufwand für die planerische Anordnung (etwa die Errichtung von baulichen Anlagen zur Energienutzung aus regenerativen Energien oder Kraft-Wärme-Kopplung) muss in einem angemessen Verhältnis zum beabsichtigen Klimaschutzzweck (z.B.: der Energieeinsparung) stehen. Im Umkehrschluss bedeutet das, dass besonders kostenintensive Bagatellmaßnahmen, die zum Klimaschutz, beispielsweise zur Energieeffizienz,[1014] oder zur Klimaanpassung nur unerheblich beitragen können, nicht angemessen sind. Die Zweck-Mittel-Relation[1015] stellt daher eine Grenze für klimaschutzbezogene städtebauliche Maßnahmen dar.

2. *Wirtschaftliche Zumutbarkeit*

Besondere Bedeutung im Rahmen der Angemessenheitsprüfung erlangt die wirtschaftliche Zumutbarkeit der klimaschutzbezogenen bzw. klimaanpassenden Plananordnung. Die Errichtung von Anlagen zur Energienutzung erneuerbarer Energien oder der Kraft-Wärme-Kopplung sind in der Regel mit hohen Investitionskosten verbunden. Dies gilt gerade für eine energetische Umstellung auf regenerative Energieträger im bereits vorhandenen Gebäudebestand, bei dem in der Regel zusätzlich der Bestandsschutz entgegensteht.

In Bezug auf die Zumutbarkeit von eigentumsbeschränkenden Regelungen hat das Bundesverfassungsgericht dem Eigentum im Sinne des Art. 14 Abs. 1 GG eine soziale[1016] Komponente zugewiesen. Zwar genieße das Eigentum einen besonders ausgeprägten Schutz, sofern es die persönliche Freiheit des Einzelnen im vermögensrechtlichen Bereich sichert; dennoch ist der gesetzgeberische Gestaltungsrahmen

1013 *Schmidt*, NVwZ 2006, 1354 (1358).
1014 *Schröder*, Die Verwaltung 46 (2013), 183 (205).
1015 *Manten/Elbel*, LKV 2009, 1 (8).
1016 BVerfGE 52, 1 (29); BVerfG, DVBl. 1999, 1498 (1499).

umso größer, je stärker der soziale Bezug des Eigentums reicht.[1017] Ein sozialer Bezug des Grundeigentums kann sich auch aus den Auswirkungen der bodenrechtlichen Nutzung des Grundeigentums auf Umweltrechtsgüter ergeben.[1018] Dies schließt Auswirkungen auf den Klimaschutz und der Klimaanpassung als Umweltmedien mit ein. Denn die Nutzung des Gebäudeeigentums erlischt regelmäßig nicht an der Grundstücksgrenze.[1019] Allein die Beheizung[1020] oder Kühlung (z.B.: durch Klimaanlagen) von Gebäuden erzeugt typischerweise CO_2-Emissionen[1021], so dass Auswirkungen auf das (globale) Klima durch die Nutzung des Gebäudeeigentums nicht abgesprochen werden kann.

Nichtsdestotrotz dürfen die städtebaulichen Maßnahmen zum Klimaschutz den Planbetroffenen „nicht übermäßig belasten“[1022], um die Grenze der Zumutbarkeit nicht zu überschreiten. Deshalb müssen die mit der klimaschützenden Plananordnung verbundenen Investitionen für den Eigentümer rentabel[1023] sein. Dabei ist nicht erforderlich, dass die klimaschutzbezogene Planvorgabe (etwa zur Errichtung von baulichen Anlagen regenerativen Energieträgern) die rentabelste energetische Lösung darstellt.[1024] Nach der Rechtsprechung des Bundesverfassungsgerichts hat es der Eigentümer grundsätzlich hinzunehmen, dass ihm möglicherweise eine rentablere Nutzung des Grundstücks verwehrt bleibt.[1025] Dies folgt wiederum aus dem sozialen Bezug des Eigentums im Sinne des Art. 14 Abs. 1 GG. Die verfassungsrechtlich gewährte Eigentumsgarantie schützt daher nicht die einträglichste Nutzung des Grundeigentums.[1026] Demgegenüber würde die nahezu vollständige Aufhebung der Privatnützigkeit des Eigentums dem Eigentümer nicht mehr zumutbar sein.[1027]

Bei der Ermittlung der Investitionsrentabilität ist zugunsten des Eigentümers die Wertsteigerung des Eigentums zu beachten.[1028] Des Weiteren ist das Einsparungspotenzial an Energiekosten (etwa bei der Beheizung eines Gebäudes) durch die klimaschützende Maßnahme (z.B.: durch den Einbau von Solaranlagen) zu berücksichtigen.[1029] Die Amortisation der Investitionskosten muss also tatsächlich eintreten können.[1030]

1017 BVerfGE 53, 257 (292); BVerfG, DVBl. 1999, 1498 (1499).
1018 *Schröder*, Die Verwaltung 46 (2013), 183 (205).
1019 *Sendler*, UPR 1983, 33 (41).
1020 *Otto*, ZfBR 2008, 550 (550).
1021 Vgl. *Schröder*, Die Verwaltung 46 (2013), 183 (205).
1022 BVerfGE 21, 150 (155).
1023 *Sendler*, UPR 1983, 33 (41).
1024 BVerfG, DVBl. 1999, 1498 (1499); *Schröder*, Die Verwaltung 46 (2013), 183 (206).
1025 BVerwG, BauR 2003, 1165 (1170); BVerfG, DVBl. 1999, 1498 (1499).
1026 BVerfG, DVBl. 1999, 1498 (1499); *Schröder*, Die Verwaltung 46 (2013), 183 (206).
1027 BVerfG, DVBl. 1999, 1498 (1499 f.).
1028 *Fischer/Klinski*, ZUR 2007, 8 (11).
1029 Vgl. *Böhm/Schwarz*, NVwZ 2012, 129 (132); *Fischer/Klinski*, ZUR 2007, 8 (11).
1030 *Mantel/Elbel*, LKV 2009, 1 (8); *Böhm/Schwarz*, NVwZ 2012, 129 (132); *Fischer/Klinski*, ZUR 2007, 8 (11).

In Bezug auf die Zumutbarkeit von bauplanerischen Maßnahmen stellen sich im bereits vorhandenen Baubestand und in Neubaugebieten unterschiedliche Anforderungen an die Verhältnismäßigkeit. Diese sollen nachfolgend näher betrachtet werden.

a) Klimaschützende Maßnahmen in Neubaugebieten

Grundsätzlich dürfte die Verhältnismäßigkeit klimaschützender Bauleitplanung bei erst entstehenden Neubauten unproblematisch sein, solange keine unwirtschaftlichen und mit zugleich unverhältnismäßigen Planungsvorgaben gemacht werden.[1031] So belasten städtebauliche Maßnahmen hinsichtlich einer klimagerechten, luftaustauschbegünstigenden Siedlungsstruktur den Eigentümer verhältnismäßig gering. Bauplanerische Vorgaben etwa zur Höhe von baulichen Anlagen und nicht überbaubaren Grundstücksflächen, um den Luftsaustausch durch lokale Windsysteme zu fördern und somit zugleich die Belastung durch eine mangelnde Frischluftzufuhr (z.B.: Immissionsbelastung, Hitzestau, Nebelhäufigkeit) zu verringern[1032], stellen einen verhältnismäßig geringen Eingriff in die normative Bebauungsbefugnis des Eigentümers dar. Gleiches gilt für klimaschützende Festsetzungen im Bebauungsplan zu einer energiesparenden Stellung des Bauköpers, der Bauweise oder der Dachform bzw. Dachneigung (etwa zur Sicherung der Möglichkeit von Solarenergie). Das damit verbundene Einsparungspotenzial an Wärmeenergie ist bei den Zumutbarkeitserwägungen positiv zu berücksichtigen.[1033] Ebenso belasten die Festsetzung von Abstandsflächen zur Vermeidung von Verschattungen oder einer Höhenstaffelung von Gebäuden zur Ausnutzung der Sonneneinstrahlung (etwa in Hanggebieten)[1034] den Eigentümer in seinem normativen Recht zur Bebauung nicht unverhältnismäßig. Zudem ist zu berücksichtigen, dass die planerischen Vorgaben zum Klimaschutz nicht nur freiheitseinschränkend, sondern auch freiheitsermöglichend in Bezug auf eine nachhaltige Umwelt wirken.[1035]

Bedenken gegen einen Anschluss- und Benutzungszwang an ein Fernwärmenetz aufgrund des (globalen) Klimaschutzes in Neubaugebieten, der gem. § 9 Abs. 6 BauGB im Bebauungsplan nachrichtlich übernommen werden kann, dürften sich in der Regel nicht stellen, da regelmäßig geringere Energiekosten als bei einer individuellen Wärmeversorgung anfallen.[1036] Die Belastungsgrenze des Grundstückseigentümers orientiert sich maßgeblich an dem Grundsatz der Wirtschaftlichkeit.[1037] Dabei sind zu Gunsten klimaschützender Planungsvorgaben (beispielsweise bei erneuerbarer Energiegewinnung durch Solartechnik oder Energieeffizienz durch

1031 *Battis/Kersten/Mitschang*, ZG 2010, 246 (253).
1032 *Bunzel/Hinzen/Ohligschläger*, Umweltschutz in der Bauleitplanung, S. 104.
1033 *Mantel/Elbel*, LKV 2009, 1 (8); *Böhm/Schwarz*, NVwZ 2012, 129 (131).
1034 *Bunzel/Hinzen/Ohligschläger*, Umweltschutz in der Bauleitplanung, S. 107 f.
1035 *Ekardt/Schenderlein*, WuM 2008, 179 (181).
1036 *Böhm/Schwarz*, NVwZ 2012, 540 (545).
1037 *Söfker*, UPR 2009, 81 (84).

Wärmedämmung) die damit verbundenen Energiekostenersparnisse zu berücksichtigen, die selbst bei kostenintensiven Anfangsinvestitionen regelmäßig eine wirtschaftliche Amortisation erwarten lassen.[1038]

Die Sicherung von Standorten und Flächen für Versorgungsflächen zur dezentralen Energieversorgung erneuerbarer Energien oder der Kraft-Wärme-Kopplung nach § 9 Abs. 1 Nr. 12 BauGB[1039] stellt einen Eingriff in die Baufreiheit des Einzelnen dar, der das Betreten seines Grundstücks gegen eine angemessen Entschädigung zum Betrieb der Anlagen dulden muss.[1040] Neben den öffentlichen Klimaschutzbelangen können private Interessen benachbarter Eigentümer etwa an der Festsetzung einer oder mehreren Anlagen zur Wärmeerzeugung aus erneuerbaren Energien (z.B. weil sie nach § 3 EEWärmeG bei der Errichtung von baulichen Anlagen zum Einsatz von regenerativen verpflichtet sind) in den Zumutbarkeitserwägungen zu berücksichtigen sein[1041], die in der Regel gegenüber der Beschränkung der Baufreiheit des Einzelnen überwiegen dürften. Denn die Baufreiheit gewährt bei Neubauten nur dahingehend eine äußere Schranke, dass die Bebauung des Grundstücks wirtschaftlich möglich bleiben muss.[1042] In Zweifelsfällen könnte durch die Einbeziehung alternativer Klimaschutzgestaltungen oder durch Ausnahme- und Befreiungsmöglichkeiten ein verhältnismäßiger Ausgleich geschaffen werden.[1043]

b) Klimaschützende Maßnahmen in bereits bebauten Gebieten

Anders als in Neubaugebieten sind klimaschützende und klimaanpassende städtebauliche Maßnahmen in bereits vorhandenen Baugebieten nur im begrenzten Umfang möglich. Gerade dort, wo besonderer Handlungsbedarf für eine energieeffiziente Gebäudesanierung besteht[1044], gelten höhere Anforderungen an die Verhältnismäßigkeit der klimaschützenden Vorgaben.

aa) Städtebauliche Planmaßnahmen

Die Verhältnismäßigkeit der städtebaulichen Plananordnung hängt insbesondere von dem Inhalt und der Reichweite der Festsetzungsregelung, der Intensität des Eingriffs in die Eigentumsgarantie des Art. 14 Abs. 1 S. 1 GG, der wirtschaftlichen Zumutbarkeit sowie den Umständen des Einzelfalls ab.

Handelt es sich bei der klimaschützenden Festsetzungsregelung um eine besonders einschneidende Inhalts- und Schrankenbestimmung des Eigentums im Sinne des Art. 14 Abs. 1 S. 2 GG, so muss die Gemeinde dies im Rahmen der Abwägung

---

1038 *Battis/Kersten/Mitschang*, ZG 2010, 246 (254); *Mantel/Elbel*, LKV 2009, 1 (8).
1039 Hierzu unter 6. Kap. B. I. 2. e).
1040 *Söfker*, UPR 2009, 81 (86).
1041 *Söfker*, UPR 2009, 81 (86).
1042 *Böhm/Schwarz*, NVwZ 2012, 540 (545).
1043 *Battis/Kersten/Mitschang/Ingold/Schwarz*, Stadtentwicklung, S. 34; *Rojahn*-Mitschang, Klimaschutz und Energieeinsparung, S. 67 (78).
1044 *Battis/Kersten/Mitschang*, ZG 2010, 246 (254).

berücksichtigen.[1045] Eine solche besonders eigentumsbeschränkende Inhalts- und Schrankenbestimmung stellt etwa die Regelung nach § 9 Abs. 1 Nr. 15 BauGB[1046] dar[1047], wonach unter anderem private Grünflächen auf privaten Grundstücksflächen festgesetzt werden können. Hat der Eigentümer ein Recht zur Bebauung seines Grundstücks und wird ihm dieses durch die planerische Festsetzung normativ entzogen, so kommt dem Entzug der baulichen Nutzbarkeiten in der Abwägung eine erhebliche Bedeutung zu.[1048] Führt die planerische Maßnahme für den Eigentümer dazu, dass jegliche Bebauung seines Grundstücks ausgeschlossen wird, so wahrt diese nur dann den Grundsatz der Verhältnismäßigkeit, wenn gewichtige städtebauliche Allgemeinbelange vorliegen und diese die entgegenstehenden Eigentumsbelange überwiegen.[1049] Dabei müssen die städtebaulichen Allgemeinbelange umso gewichtiger sein, je stärker die Festsetzungen eines Bebauungsplans die Privatnützigkeit von Grundstücken beschränken oder gar ausschließen.[1050] Der Umwelt- bzw. Klimaschutz rechtfertigt einen gewichtigen öffentlichen Belang jedenfalls dann nicht, wenn durch die Festsetzung sogar jegliche private Nutzung des Grundstücks, nicht nur dessen Bebaubarkeit beseitigt wird.[1051] Bei derartigen fremdnützigen planerischen Festsetzungen finden §§ 39 ff. BauGB Anwendung[1052], wonach der Eigentümer grundsätzlich zu entschädigen ist. Die Gemeinde kann diese Entschädigungspflicht allerdings nicht dadurch umgehen, indem sie die beabsichtigte fremdnützige Festsetzung unter den Deckmantel einer privaten Grünfläche deklariert.[1053]

Die eigentumsrechtlichen Nutzungsrechte des Eigentümers verlieren im Rahmen der Abwägung hingegen an Gewicht, wenn die klimaschutzbezogene Festsetzung die Bebaubarkeit nicht vollständig ausschließt, sondern nur teilweise[1054] oder in einem nicht erheblichen Umfang. Die Einschränkung der Bebaubarkeit eines Grundstücks belastet den Eigentümers z.B. dann nicht unverhältnismäßig, wenn in einem bereits bebauten Gebiet die Flächen mit vorhandenen Gebäuden als überbaubare Flächen und im Übrigen die bislang unbebauten Flächen als Grünfläche und damit nicht überbaubare Flächen im Bebauungsplan festgesetzt werden.[1055]

1045 Hessischer VGH, BauR 2011, 795 (797).
1046 Im Einzelnen hierzu unter 6. Kap. B. I. 2. h).
1047 OVG Koblenz, DVBl. 2012, 1304 (1307).
1048 OVG Saarland, BauR 2010, 576 (579).
1049 Hessischer VGH, BauR 2011, 795 (797); VGH München, ZfBR 2006, 691 (693).
1050 OVG Saarland, Urt. v. 26.02.2013–2 C 424/11, juris Rn. 64.
1051 Vgl. OVG Saarland, Urt. v. 26.02.2013–2 C 424/11, juris Rn. 64.
1052 BVerwG, NuR 2004, 310 (310); OVG Saarland, Urt. v. 26.02.2013–2 C 424/11, juris Rn. 65.
1053 Vgl. OVG Saarland, Urt. v. 26.02.2013–2 C 424/11, juris Rn. 65.
1054 OVG Rheinland-Pfalz, DVBl. 2012, 1304 (1308).
1055 OVG Mecklenburg-Vorpommern, Urt. v. 07.02.2007–3 K 4/04, juris Rn. 44; OVG Rheinland-Pfalz, DVBl. 2012, 1304 (1306 f.).

Belasten die klimaschützenden Planvorgaben die Nutzungsrechte des Eigentümers hingegen nur geringfügig oder gar nicht, so bleibt der Verhältnismäßigkeitsgrundsatz grundsätzlich gewahrt.[1056] Dies kann etwa bei der Festsetzung von Verwendungsverboten bzw. -beschränkungen für bestimmte luftverunreinigende Stoffe zu Heizzwecken nach § 9 Abs. 1 Nr. 23 lit. a) BauGB der Fall sein. Die Rechtsprechung[1057] stellt diesbezüglich „keine hohen Anforderungen" an die Rechtfertigung solcher Festsetzungen, da der Grundstückseigentümer nur geringfügig belastet werde und jene Festsetzung auch dem vorbeugenden[1058] Umwelt- bzw. Klimaschutz dienen soll. Für die Verhältnismäßigkeit der städtebaulichen Maßnahme zum Klimaschutz sind allerdings die Umstände der jeweiligen Planungssituation zu beachten. So wäre zwar z.B. die Festsetzung eines Verwendungsverbots für Heizöl in einem Gebiet, in dem durchgängig mit Heizöl geheizt wird, als unverhältnismäßig anzusehen.[1059] Gleichwohl könnten entweder Verwendungsbeschränkungen für Holz oder Kohle festgesetzt werden, soweit diese nur zusätzliche Heizquellen in dem an sich mit Heizöl geheizten Gebiet sind, oder Wärmedämmungsvorgaben festgesetzt werden.[1060]

bb) Städtebauliche Maßnahmen zur Anpassung an den Klimawandel

Bei den klimaschutzbezogenen Festsetzungsmöglichkeiten[1061] im Bebauungsplan geht es nach den bisherigen Darstellungen nicht nur um die Reduzierung von anthropogen verursachten CO_2-Emissionen bzw. sonstigen klimaschädlichen Gasen, sondern vor allem auch um die Anpassung an den Klimawandel. Die zunehmenden Auswirkungen des Klimawandels (z.B.: Zunahme von Niederschlagsmengen sowie häufigeren Starkniederschlägen und damit verbundene steigende Hochwassergefahr, Zunahme des Hitzestresses in Wohn- und Arbeitsstätten durch höhere Temperaturen und enge Bebauung sowie Flächenversiegelung[1062]) auf den Gebäudebestand erfordern eine städtebauliche Angleichung an die örtlichen klimatischen Bedingungen. Hieran muss sich auch der Verhältnismäßigkeitsgrundsatz orientieren. Die Festsetzung von Anlagen zum Hochwasserschutz (z.B. Wasserrückhaltebecken[1063]) oder Grünflächen können daher angesichts der drohenden Schäden (z.B.: überlastete Entwässerungssysteme bei Starkregen, Senkungsprozesse des Bodens durch sinkende Grundwasserspiegel, Schäden durch Hochwasser wie Fäulnisschäden[1064]) die

1056 *Schmidt*, NVwZ 2006, 1354 (1358).
1057 BVerwG, NVwZ 1989, 664 (665); OVG Münster, NVwZ-RR 1999, 110 (111).
1058 Vgl. BVerwG, NVwZ 1989, 664 (665).
1059 *Battis/Kersten/Mitschang*, ZG 2010, 246 (254).
1060 *Battis/Kersten/Mitschang*, ZG 2010, 246 (254).
1061 Hierzu unter 6. Kap. B. 2.
1062 *Umweltbundesamt*, Der Weg zum klimaneutralen Gebäudebestand, S. 7.
1063 *Krautzberger/Wagner*-Ernst/Zinkahn/Bielenberg/Krautzberger, BauGB, 109. Lfg., Jun. 2013, § 1a Rn. 281.
1064 *Umweltbundesamt*, Der Weg zum klimaneutralen Gebäudebestand, S. 7.

Inanspruchnahme der baulichen Nutzbarkeit des Planbetroffenen unter Wahrung des Verhältnismäßigkeitsgrundsatzes rechtfertigen. Als verhältnismäßig erweisen sich beispielsweise Festsetzungen von bisher noch unbebauten Flächen als Grünflächen (etwa mit der Konkretisierung als Streuobstwiese[1065] oder Hausgärten[1066]), um für das Gebiet klimatisch wichtige Kaltluftschneisen zu erhalten. Die Vernetzung von Grünsystemen durch Kalt- und Frischluftschneisen bilden ein wichtiges Element für den Abbau des Hitzestresses.[1067] Dem öffentlichen Belang des anpassenden Klimaschutzes kann gerade in bebauten Siedlungsstrukturen daher ein besonderes Gewicht im Rahmen der Verhältnismäßigkeitsprüfung zukommen. Auch eignen sich die Festsetzungen von Dach- und Fassadenbegrünungen[1068] zur Abkühlung, die den Grundstückseigentümer verhältnismäßig geringfügig belasten.

c) Sanierungsmaßnahmen, Stadtumbaumaßnahmen, städtebauliche Gebote

Grundsätzlich kann der Eigentümer eines legal geschaffenen Gebäudes darauf vertrauen, dass er durch nachträgliche Änderung der Sach- oder Rechtslage von städtebaulichen Sanierungsmaßnahmen nicht betroffen ist. Einen absoluten Schutz des positiven Vertrauens in die Kontinuität der gewährten Rechtsposition gibt es aber nicht.[1069] Ein abstrakter Schutz des Einzelnen, vor neuen Regelungen solange verschont zu bleiben, bis sich die geleisteten Investitionen vollständig amortisiert haben, existiert nicht.[1070] Denn bloße Chancen oder Erwartungen in den Fortbestand sind von Art. 14 Abs. 1 GG grundsätzlich nicht erfasst.[1071] Dies gilt auch für die Erwartung einer Amortisation.[1072] Auf der anderen Seite soll die Nutzung des Grundstücks, die mit hohen Investitionskosten verbunden war, „nicht abrupt und ohne Überleitung" versagt werden.[1073] Im bereits bestehenden Gebäudebestand gelten daher typischerweise höhere[1074] Anforderungen als bei noch unbebauten Flächen. Soweit in die Bausubstanz durch Sanierungsmaßnahmen nach §§ 136 ff. BauGB oder städtebauliche Gebote nach §§ 175 ff. BauGB eingegriffen wird, müssen strengere Anforderungen gelten als bei nicht substanzbezogenen städtebaulichen Maßnahmen.[1075] Denn nachträgliche energetische Erneuerungen werden in der Regel mit höheren Kosten verbunden sein als bei der erstmaligen Errichtung. So ist

---

1065 BVerwG, ZfBR 1999, 159 (160).

1066 *Mitschang/Reidt*-Battis/Krautzberger/Löhr, BauGB, § 9 Rn. 83.

1067 *Krautzberger*, UPR 2012, 99 (101).

1068 Vgl. § 9 Abs. 1 Nr. 25 BauGB; *Mitschang/Reidt*-Battis/Krautzberger/Löhr, BauGB, § 9 Rn. 150.

1069 *Sendler*, UPR 1983, 33 (45); *Schröder*, Die Verwaltung 46 (2013), 183 (211).

1070 BVerwG, NVwZ 2009, 1441 (1443); BVerfG, NVwZ 2010, 771 (777).

1071 BVerfGE 105, 252 (277 f.); BVerfG, NJW 1985, 1385 (1389).

1072 *Schröder*, Die Verwaltung 46 (2013), 183 (213).

1073 BVerwG, NVwZ 2009, 1441 (1443).

1074 *Krautzberger/Wagner*-Ernst/Zinkahn/Bielenberg/Krautzberger, BauGB, 109. Lfg. Jun. 2013, § 1a Rn. 269.

1075 *Schröder*, Die Verwaltung 46 (2013), 183 (214).

etwa die Erneuerung bzw. der Austausch von bereits vorhandenen Heizungsanlagen oder die nachträgliche Anbringung von Solarkollektoren regelmäßig wesentlich kostenintensiver als bei Neubauten.[1076] Insofern würde etwa eine Austauschverpflichtung bereits bestehender Anlagen einen wesentlich intensiveren Substanzeingriff darstellen, als wenn die Art der Wärmeerzeugung bei erstmaliger Installation vorgegeben wird.[1077]

Verhältnismäßig sind klimaschützende Planmaßnahmen demzufolge dann, wenn der in bestehenden Baugebieten erhöhte Vertrauensschutz des Eigentümers aus „gewichtigen öffentlichen Belangen"[1078] eingeschränkt werden darf. Die Belange des Klimaschutz und der Klimaanpassung können gewichtige öffentliche Belange darstellen.[1079] Der Eingriff in die Bausubstanz erfordert aber ein gravierendes Bestandsdefizit.[1080] Diesem Erfordernis wird dadurch Rechnung getragen, indem Sanierungsmaßnahmen einen „städtebaulichen Missstand" (vgl. § 136 Abs. 2, 4 und 4 BauGB) voraussetzen. Defizite in der energetischen Beschaffenheit, der Gesamtenergieeffizienz der vorhandenen Bebauung und der Versorgungseinrichtungen des Plangebiets unter Berücksichtigung der allgemeinen Anforderungen an den Klimaschutz und der Klimaanpassung können neuerdings städtebauliche Missständen darstellen (vgl. § 136 Abs. 2 S. 2 Nr. 1, Abs. 3 Nr. 1 lit. h), Abs. 4 S. 2 Nr. 1 BauGB).[1081] Energetische Defizite können sich sowohl etwa wegen der unzureichenden Gebäudesubstanz oder wegen einer unzureichenden energetischen Infrastruktur (z.B. Blockheizkraftwerke und deren Anschluss an die Gebäude) ergeben.[1082]

Zudem müssen die besonderen Vertrauensschutzaspekte des Eigentümers im Einzelfall beachtet werden. So würde etwa eine städtebauliche Sanierungsanordnung unverhältnismäßig sein, wenn der Eigentümer den energetischen Missstand gerade erst durch Modernisierungsmaßnahmen beseitigt hat oder das Gebäude erst vor kurzem errichtet worden ist.[1083] In derartigen Fällen dürfte allerdings in der Regel das Tatbestandsmerkmal des städtebaulichen Missstandes in § 136 BauGB bereits nicht erfüllt sein. Ebenso wäre es unzumutbar, wenn der Grundstückseigentümer dazu verpflichtet werden würde, eine noch intakte oder gerade erneuerte konventionelle Heizungsanlage wieder auszutauschen.[1084]

Um die Zumutbarkeit von städtebaulichen Sanierungsmaßnahmen zu erhöhen, erscheinen anlassbezogene[1085] Maßnahmen sinnvoll. So könnten etwa Sanierungsmaßnahmen nach §§ 136 ff. BauGB oder Modernisierungs- und Instandsetzungsgebote

---

1076 *Mantel/Elbel*, LKV 2009, 1 (8).
1077 *Mantel/Elbel*, LKV 2009, 1 (8).
1078 BVerfG, NVwZ 2010, 771 (774 f.).
1079 *Groß*, NVwZ 2011, 129 (130); *Schröder*, Die Verwaltung 46 (2013), 183 (203).
1080 *Schröder*, Die Verwaltung 46 (2013), 183 (214).
1081 Siehe hierzu 7. Kap. C. I.
1082 *Krautzberger*, UPR 2012, 99 (101).
1083 *Schröder*, Die Verwaltung 46 (2013), 183 (214).
1084 *Schröder*, Die Verwaltung 46 (2013), 183 (214).
1085 Vgl. auch *Manten/Elbel*, LKV 2009, 1 (8).

nach §§ 177, 175 BauGB an den Anlass geknüpft werden, dass der Eigentümer ohnehin sein Gebäude modernisieren, um- oder ausbauen möchte. Soweit die städtebaulichen Nachrüstungsmaßnahmen über den Charakter der Angebotsplanung[1086] hinausgehen – wie es etwa bei den den Eigentümer positiv verpflichtenden Modernisierungs- und Instandsetzungsgeboten nach § 177, § 175 BauGB der Fall ist -, dürfte die wirtschaftliche Unzumutbarkeit des Einzelnen in der Regel wohl nur durch finanzielle staatliche Kompensationen[1087] abgewendet werden. Insbesondere in bereits bestehenden Baugebieten sollten daher im Übrigen Ausnahme- oder Befreiungsmöglichkeiten in Betracht gezogen werden[1088], um keine Ansprüche nach dem Planungsschadensrecht gem. §§ 39 ff. BauGB zu auszulösen.

d) Duldungspflichten

Aus den klimaschützenden Maßnahmen können sich spezielle Duldungspflichten des Planbetroffenen ergeben. Angesprochen sind damit beispielsweise ein kommunaler Anschluss- und Benutzungszwang an ein Netz der öffentlichen Nah- und Fernwärmeversorgung zum (globalen) Klimaschutz. Derartige Maßnahmen beruhen auf § 16 EEWärmeG i.V.m. der jeweiligen landesrechtlichen Ermächtigung, die im Bebauungsplan nach § 9 Abs. 6 BauGB nachrichtlich übernommen werden können. Als unverhältnismäßig kann sich ein Anschluss- und Benutzungszwang zur Wärmeversorgung aus erneuerbaren Energieträgern für den Gebäudeeigentümer unabhängig von der wirtschaftlichen Unzumutbarkeit[1089] erweisen, wenn dadurch die isolierte Nutzung eigener Versorgungsanlagen von (anderen) erneuerbaren Energien verwehrt wird.[1090] Der Unverhältnismäßigkeit von solchen Maßnahmen kann durch entsprechende Ausnahme- und Befreiungsmöglichkeiten[1091] entgegengewirkt werden.

Zudem können Duldungspflichten des Eigentümers bei der Festsetzung von Versorgungsflächen zur Erzeugung und Nutzung von erneuerbarer Energien sowie der Kraft-Wärme-Kopplung nach § 9 Abs. 1 Nr. 12 BauGB entstehen. Um deren Umsetzung zu ermöglichen, kann die Inanspruchnahme von Zu- und Abgangsleitungen sowie von Leitungsrechten nach § 9 Abs. 1 Nr. 21 BauGB erforderlich sein, die den Planbetroffenen verhältnismäßig regelmäßig gering beeinträchtigen dürften.

Ferner können sich Duldungspflichten des benachbarten Eigentümers aus Abstandsregelungen ergeben. Die Festsetzung von Abstandsflächen nach § 9

1086 *Battis/Kersten/Mitschang/Ingold/Schwarz*, Stadtentwicklung, S. 55.

1087 So auch *Battis/Kersten/Mitschang/Ingold/Schwarz*, Stadtentwicklung, S. 59; *Böhm/Schwarz*, NVwZ 2012, 129 (133).

1088 *Manten/Elbel*, LKV 2009, 1 (9).

1089 Siehe unter 5. Kap. C. 2.

1090 Vgl. *Pielow/Finger*, JURA 2007, 189 (198 f.); *Battis/Kersten/Mitschang/Ingold/Schwarz*, Stadtentwicklung, S. 61.

1091 *Kahl*, ZUR 2010, 395 (400).

Abs. 1 Nr. 2 BauGB[1092] kann erforderlich sein, um die Stellung von baulichen Anlagen klimagünstig (etwa wegen der optimalen Besonnung und Durchlüftung) zu beeinflussen.

D. Zusammenfassung

Die Verhältnismäßigkeit von bauplanerischen Regelungen zum (globalen) Klimaschutz und zur Klimaanpassung hängt insbesondere von der Reichweite der Festsetzungsnorm, der Intensität des Eingriffs in die Eigentumsrechte sowie von der wirtschaftlichen Zumutbarkeit ab. Des Weiteren stellen sich in bereits bebauten Gebieten in der Regel höhere Anforderungen in der Abwägung als in unbebauten Gebieten. Denn bei der Überplanung eines bereits bebauten Gebiets wird in das Eigentumsrecht des Planbetroffenen typischerweise intensiver eingegriffen als in Neubaugebieten. In bereits bebauten Gebieten wird die Gemeinde daher regelmäßig mit dem passiven Bestandsschutzinteresse des Grundstückseigentümers konfrontiert sein. Der Planungsträger muss das Bestandsschutzinteresse des Planbetroffenen hinreichend ermitteln und gewichten. Das in der Abwägung einzustellende Gewicht des Bestandsschutzes bemisst sich nach der jeweiligen Planungssituation. Dabei wird die wirtschaftliche Zumutbarkeit von städtebaulichen Planvorgaben zum (globalen) Klimaschutz und zur Klimaanpassung in der Regel einen Schwerpunkt in der Verhältnismäßigkeitsprüfung darstellen.

Das Bestandsschutzinteresse kann durch städtebauliche Gebote gem. § 175 BauGB durchbrochen werden. Insofern kommen für eine energetische Aufwertung im bereits bestehenden Baubestand insbesondere städtebauliche Modernisierungs- und Instandsetzungsgebote nach § 175, § 177 BauGB in Betracht. Ob auch Modernisierungs- und Instandsetzungsgebote aufgrund energetischer Defizite erlassen können, ist zweifelhaft. Nach hiesiger Ansicht ergibt die Auslegung des Missstandsbegriffs im Sinne des § 177 Abs. 2 BauGB, dass energetische Nachrüstungspflichten nach § 175, § 177 BauGB erlassen werden können. Allerdings wäre eine Klarstellung durch den Gesetzgeber empfehlenswert. Insofern könnte man sich hinsichtlich des Begriffs des „Missstandes" im Sinne des § 177 Abs. 1, 2 BauGB an den Begriff des „Missstandes" im städtebaulichen Sanierungsrecht gem. § 136 Abs. 2 S. 2 Nr. 1, Abs. 3 Nr. 1 lit. h), Abs. 4 S. 2 Nr. 1 BauGB orientieren, der nach seinem Wortlaut ausdrücklich auch die allgemeinen Anforderungen an den Klimaschutz und die Klimaanpassung umfasst.

1092 Hierzu 6. Kap. B. I. 2. b).

Sechstes Kapitel: Bauleitung als Instrument des vorsorgenden und anpassenden Klimaschutzes

A. Klimaschutz und Klimaanpassung im Flächennutzungsplan

Gemäß § 1 Abs. 2 BauGB ist der Flächennutzungsplan der vorbereitende Bauleitplan. Aus dem Flächennutzungsplan ist der Bebauungsplan zu entwickeln, soweit der Bebauungsplan nicht selbst ausreicht, um die städtebauliche Entwicklung zu ordnen (vgl. § 8 Abs. 2 S. 1 und 2 BauGB). Der Flächennutzungsplan ist für das gesamte Gemeindegebiet in den Grundzügen darzustellen, wobei sich die darzustellende Art der Bodennutzung anhand der beabsichtigen städtebaulichen Entwicklung und den voraussehbaren gemeindlichen Bedürfnissen orientiert (vgl. § 5 Abs. 1 S. 1 BauGB). Damit ist die grobmaschige[1093] Beplanung der bodenrechtlichen Nutzung angesprochen. Den Darstellungen im Flächennutzungsplan kommt zwar grundsätzlich[1094] keine rechtsverbindliche, sondern nur eine gemeindeinterne Wirkung zu; dennoch haben sie über das Entwicklungsgebot des § 8 Abs. 2 bis 4 BauGB einen bindenden Einfluss auf die Bauleitplanung.[1095] Die Gemeinde legt die konkreten Darstellungen des Flächennutzungsplans selbst fest (vgl. § 2 Abs. 1 S. 1 BauGB). Dies ist Ausfluss ihrer planerischen Gestaltungsfreiheit. Maßgebend für die möglichen Inhalte des Flächennutzungsplans ist § 5 BauGB. Dieser enthält einen Katalog an Darstellungsmöglichkeiten. Die Gemeinde ist dabei jedoch nicht auf die in § 5 BauGB aufgeführten Darstellungsoptionen beschränkt. § 5 Abs. 2 bis 2b BauGB enthält keinen abschließenden Darstellungskatalog[1096], was sich unmittelbar aus dem Gesetz durch den Begriff „insbesondere“ im ersten Satzteil des § 5 Abs. 2 BauGB ableiten lässt. Die planerischen Steuerungsmöglichkeiten im Flächennutzungsplan wurden insbesondere durch die Klimaschutz-Novelle 2011 zu Gunsten des Klimaschutzes reformiert.

1093 BVerwGE 48, 70 (73); *Mitschang*, ZfBR 2010, 534 (535).

1094 Ausnahmsweise hat der Flächennutzungsplan rechtsverbindliche Wirkung bei der Darstellung von Konzentrationsflächen für Windenergieanlagen im Außenbereich, vgl. § 35 Abs. 3 S. 3 BauGB; BVerwGE 128, 382 (386 f.), *Mitschang*, ZfBR 2008, 227 (236 f.).

1095 *Jäde*-ders/Dirnberger/Weiß, BauGB, § 5 Rn. 3; *Battis/Kersten/Mitschang/Ingold/Schwarz*, Stadtentwicklung, S. 69.

1096 *Wickel*, UPR 2011, 416 (418).

I. § 5 Abs. 2 Nr. 1 BauGB

Im Flächennutzungsplan können nach § 5 Abs. 2 Nr. 1 BauGB unter anderem „die für die Bebauung vorgesehenen Flächen nach der allgemeinen Art ihrer baulichen Nutzung (Bauflächen), nach der besonderen Art ihrer baulichen Nutzung (Baugebiete) sowie nach dem allgemeinen Maß der baulichen Nutzung" dargestellt werden. Der Begriff der „Bauflächen" und jener der „Baugebiete" richten sich nach § 1 BauNVO. Nach dieser Darstellungsvariante können zur Durchsetzung von Klimaschutzzielen insbesondere kompakte, energieeinsparende Siedlungsstrukturen[1097] planerisch gestaltet werden. Des Weiteren können hiernach bereits im Flächennutzungsplan Planungsvorgaben zur Höhe der baulichen Nutzung[1098] (z.B.: zur Geschossflächenzahl) dargestellt werden, um die Energieeffizienz in noch zu errichtenden Gebäuden zu erhöhen. § 5 Abs. 2 Nr. 1 BauGB eignet sich zudem für Darstellungen von Höhenbegrenzungen von Windenergieanlagen.[1099]

II. § 5 Abs. 2 Nr. 2 lit. b), c), d) BauGB

Von besonderer Bedeutung für die Durchsetzung von vorsorgenden und anpassenden Klimaschutzzielen nach § 1 Abs. 5 S. 2, § 1a Abs. 5 BauGB sind die Darstellungsmöglichkeiten zur Ausstattung des Gemeindegebiets nach § 5 Abs. 2 Nr. 2 BauGB. Interessant für den Klimaschutz sind insbesondere die Untergliederungen b) bis d) des § 5 Abs. 2 Nr. 2 BauGB. Nach § 5 Abs. 2 Nr. 2 lit. b) BauGB können für ein gesamtes Gemeindegebiet im Flächennutzungsplan „Anlagen, Einrichtungen und sonstige Maßnahmen" dargestellt werden, „die dem Klimawandel entgegenwirken, insbesondere zur dezentralen und zentralen Erzeugung, Verteilung, Nutzung oder Speicherung von Strom, Wärme oder Kälte aus erneuerbaren Energien oder Kraft-Wärme-Kopplung". Gemäß § 5 Abs. 2 Nr. 2 lit. c) BauGB werden „Anlagen, Einrichtungen und sonstigen Maßnahmen, die der Anpassung an den Klimawandel dienen" ausdrücklich als Darstellungsoptionen hervorgehoben. Um diese beiden Untergliederungen wurde der Darstellungskatalog des in § 5 Abs. 2 Nr. 2 BauGB durch die Klimaschutz-Novelle 2011[1100] zu Gunsten des Klimaschutzes ergänzt. Um neue klimaschützende Steuerungsmöglichkeiten im Rahmen des Flächennutzungsplans handelt es sich hierbei zwar nicht.[1101] Sie haben nur eine klarstellende Bedeutung, denn die Darstellungsoptionen im Katalog des § 5 Abs. 2 BauGB sind nur beispielhaft aufgeführt. Gleichwohl verstärkt der Gesetzgeber damit den Klimaschutz in der Bauleitplanung und konkretisiert die Planungsziele des vorsorgenden und anpassenden Klimaschutzes (vgl. § 1 Abs. 5 S. 2, § 1a Abs. 5 BauGB) und der Nutzung erneuerbarer Energien sowie der Erhöhung der Energieeffizienz (vgl. § 1 Abs. 6

1097 *Mitschang*, ZfBR 2010, 534 (535).
1098 *Mitschang*, ZfBR 2010, 534 (535).
1099 OVG Lüneburg, Urteil v. 16.11.2009–12 LC 181/07, juris 32.
1100 BGBl. I 2011 S. 1509.
1101 *Kment*, DVBl. 2012, 1125 (1127).

Nr. 7 lit. f) BauGB). Darüber hinaus soll die Neufassung des § 5 Abs. 2 Nr. 2 BauGB dazu beitragen, das Potenzial der Koordinierungs- und Steuerungsfunktion des Flächennutzungsplans zu Gunsten des Klimaschutzes und der Ressourcenschonung besser zu nutzen[1102] und zudem eventuelle Zweifel an derartigen Darstellungsmöglichkeiten beim Planungsträger beseitigen.

Der Flächennutzungsplan hat zwar grundsätzlich keine außenverbindlichen Wirkungen; seine Darstellungen wirken sich jedoch wesentlich auf den Inhalt des Bebauungsplans aus. Nach § 8 Abs. 2 S. 2 BauGB ist auf der nachfolgenden Ebene der Bebauungsplan aus dem Flächennutzungsplan zu erstellen. Die rechtsverbindlichen Festsetzungen des Bebauungsplans können daher noch wesentlich intensiver durch klimaschützende oder energieeinsparungsorientierte Darstellungen im Flächennutzungsplan als durch Klimaschutz- oder Energiekonzepte beeinflusst werden.[1103] Kommunale Klimaschutz- und Energiekonzepte im Sinne des § 1 Abs. 6 Nr. 11 BauGB sind dennoch für die Anpassung an der Klimawandel notwendig; sie können nach § 5 Abs. 2 Nr. 2 lit. b) und c) BauGB in den Flächennutzungsplan informell integriert werden.[1104] Klimaschutz- und Energiekonzepte ermöglichen die Bündelung der vielfältigen Anlagen, Einrichtungen und Maßnahmen zum Klimaschutz innerhalb des gesamten Gemeindegebiets und geben hierfür einen planerischen Rahmen vor.[1105]

Die Begriffe „Anlagen, Einrichtungen und sonstigen Maßnahmen“ im Sinne des § 5 Abs. 2 Nr. 2 lit. b) und c) BauGB sind weit[1106] auszulegen. Insbesondere sind hiervon sämtliche Anlagen, Einrichtungen und sonstigen Maßnahmen im Sinne des Energiefachrechts, also vor allem des EEWärmeG und des KWKG, erfasst.[1107] Zweckentsprechende Planvorgaben sind nicht auf die rein lokale Relevanz beschränkt. Vielmehr können die Maßnahmen im Sinne des § 5 Abs. 2 Nr. 2 lit. b) und c) BauGB sowohl von örtlicher als auch von überörtlicher Bedeutung sein.[1108]

Nach § 5 Abs. 2 Nr. 2 lit. d) BauGB können Darstellungen zu zentralen Versorgungsbereichen im Gemeindegebiet erfolgen. Diese Untergliederung wurde in § 5 Abs. 2 Nr. 2 BauGB erst mit der Innenentwicklungsnovelle 2013[1109] eingeführt und hat aufgrund des nicht abschließenden Kataloges ebenfalls nur eine deklaratorische Bedeutung. Sie dient vor allem der Energieversorgung und der städtebaulichen Ordnung sowie Entwicklung. Zu diesem Zweck bezieht sich diese Darstellungsmöglichkeit sowohl auf die Erhaltung von bereits vorhandenen

---

1102 BT-Drs. 17/6076, S. 9; *Stüer/Stüer*, DVBl. 2011, 1117 (1120).

1103 *Antweiler/Gabler*, BauR 2012, 39 (42).

1104 BT-Drs. 17/6076, S. 9; *Battis/Krautzberger/Mitschang/Reidt/Stüer*, NVwZ 2011, 897 (899); *Mitschang*-Battis/Krautzberger/Löhr, BauGB, § 5 Rn. 17a; *Stüer/Stüer*, DVBl. 2011, 1117 (1120); *Schrödter*-Schrödter, BauGB, § 5 Rn. 35.

1105 *Mitschang*-Battis/Krautzberger/Löhr, BauGB, § 5 Rn. 17a.

1106 *Jarass/Kment*, BauGB, § 5 Rn. 20; *Schrödter*-Schrödter, BauGB, § 5 Rn. 36.

1107 *Mitschang*-Battis/Krautzberger/Löhr, BauGB, § 5 Rn. 17b.

1108 *Mitschang*-Battis/Krautzberger/Löhr, BauGB, § 5 Rn. 17b.

1109 BGBl. I 2013 S. 1548.

zentralen Versorgungsbereichen als auch auf die Entwicklung von zukünftigen zentralen Versorgungsbereichen im Gemeindegebiet.[1110]

III. § 5 Abs. 2b BauGB

Besondere Bedeutung für den Klimaschutz hat § 5 Abs. 2b BauGB. Danach können für die Zwecke des § 35 Abs. 3 S. 3 BauGB sachliche Teilflächennutzungspläne[1111] aufgestellt werden. Sachliche Teilflächennutzungspläne ermöglichen insbesondere die Schaffung von Konzentrationszonen im Außenbereich nach § 35 Abs. 3 S. 3 BauGB.[1112] Dies betrifft vor allem die planerische Steuerung von Windenergieanlagen oder Biomasseanlagen im Außenbereich.[1113] Nach § 35 Abs. 3 S. 3 BauGB stehen einem privilegierten Vorhaben i.S.d. § 35 Abs. 1 Nr. 2 bis 6 BauGB öffentliche Belange in der Regel auch dann u.a. entgegen, soweit hierfür durch Darstellungen im Flächennutzungsplan eine Ausweisung an anderer Stelle erfolgt ist. Die Gemeinde kann im Flächennutzungsplan an einer oder mehreren Fläche(n) Standorte von Windkraftenergieanlagen positiv ausweisen und andere Flächen von der Darstellung von Windenergieanlagen sperren.[1114] Dies erfordert allerdings ein „schlüssiges gesamträumliches Planungskonzept“[1115]. Um diesem geschlossenen Gesamtkonzept hinreichend Rechnung zu tragen, ist eine lückenlose Überprüfung des gesamten Plangebiets nach Ausschluss- und Abwägungskriterien erforderlich.[1116] Des Weiteren muss bei der Steuerung von Konzentrationszonen für privilegierte Außenbereichsvorhaben sichergestellt sein, dass deren substanzielle Nutzung gewahrt bleibt.[1117] Soweit den Planungsträgern hierbei Fehler bei der Aufstellung des Gesamtkonzeptes, insbesondere bei den Ausschluss- oder Abwägungskriterien, unterlaufen sind, hatte dies zur Folge, dass die Ausschlusswirkungen hinfällig wurden.[1118] Die Neufassung des § 5 Abs. 2b BauGB vereinfacht die planerische Steuerung von Konzentrationszonen für privilegierte Außenbereichsvorhaben im Sinne des § 35 Abs. 1 Nr. 2 bis 6 BauGB. Da nunmehr die Darstellungen auf einen Teil des Gemeindegebiets begrenzt werden können, entfällt mithin die zuvor erforderliche lückenlose Kontrolle des gesamten Gemeindegebiets in Bezug auf Ausschluss- und Abwägungskriterien.[1119] § 5 Abs. 2b BauGB stellt nun klar, dass die Gemeinden etwa besonders schutzwürdige Bereiche aus dem Planungsraum für

1110 *Krautzberger/Stüer*, DVBl. 2013, 805 (809 f.).
1111 *Mitschang*, ZfBR 2008, 227 (237 f.).
1112 *Wickel*, UPR 2011, 416 (418).
1113 *Wickel*, UPR 2011, 416 (418).
1114 *Antweiler/Gabler*, BauR 2012, 39 (44).
1115 BVerwGE 117, 287 (298); BVerwGE 118, 33 (37).
1116 *Stüer/Stüer*, DVBl. 2011, 1117 (1120).
1117 BVerwG, BauR 2005, 503 (505); BVerwG, BauR 2003, 1165 (1169).
1118 *Stüer/Stüer*, DVBl. 2011, 1117 (1120).
1119 *Stüer/Stüer*, DVBl. 2011, 1117 (1120).

privilegierte Vorhaben teilweise ausschließen können.[1120] Es muss jedoch weiterhin sichergestellt werden, dass die substanzielle Nutzung der privilegierten Vorhaben gewährleistet ist.[1121]

Mit dem ausdrücklichen Hinweis in der Neufassung des § 5 Abs. 2b BauGB durch die Klimaschutz-Novelle 2011 sind Teilflächennutzungspläne auch für nur „Teile des Gemeindegebiets" zulässig. Damit hat der Gesetzgeber eine Klarstellung erreicht, dass die Teilflächennutzungspläne nicht notwendigerweise für ein gesamtes Gemeindegebiet, sondern eben auch für nur Teile des Gemeindegebiets dargestellt werden können. Dies war zuvor umstritten[1122].

IV. § 249 BauGB

Im Zusammenhang mit der Neufassung des § 5 Abs. 2b BauGB wurde die Regelung des § 249 BauGB durch die Klimaschutz-Novelle 2011[1123] in das BauGB eingeführt. § 249 BauGB fördert die planerische Steuerung von Standorten zur Nutzung von Windkraftenergie sowie dem Repowering von Windkraftenergieanlagen im Außenbereich. Als „Repowering" wird das Ersetzen älterer Anlagen durch moderne und leistungsfähigere Anlagen bezeichnet.[1124] Ausnahmsweise sind die Darstellungen von Konzentrationszonen zur Steuerung von privilegierten Vorhaben im Außenbereich rechtsverbindlich[1125]. Nach der Auslegungsregel des § 249 Abs. 1 S. 1 BauGB folgt aus der Darstellung von zusätzlichen Flächen für die Nutzung von Windenergie im Flächennutzungsplan nicht, dass die bereits vorhandenen Darstellungen des Flächennutzungsplans zur Erzielung der Rechtswirkungen des § 35 Abs. 3 S. 3 BauGB nicht ausreichend seien. Der Gesetzgeber weist durch diese Regelung darauf hin, dass bei der Ausweisung von zusätzlichen Konzentrationsflächen von Windenergieanlagen die Rechtswirkungen bereits vorhandener Darstellungen von Flächen für Windenergieanlagen nicht beeinflussen.[1126] Dies erleichtert die planerische Steuerung von zusätzlichen Konzentrationszonen für Windkraftenergieanlagen im Außenbereich, da sich ansonsten Probleme mit den Rechtswirkungen von bereits vorhandenen Konzentrationszonen für Windenergieanlagen i.S.d. § 35 Abs. 3 S. 3 BauGB stellen würden.[1127]

§ 249 Abs. 2 S. 1 BauGB i.V.m. § 9 Abs. 2 S. 1 Nr. 2 BauGB ermöglicht den Gemeinden festzusetzen, dass die im Bebauungsplan festgesetzten Windenergieanlagen

---

1120 *Stüer/Stüer*, DVBl. 2011, 1117 (1120).

1121 *Kment*, DVBl. 2012, 1125 (1127); *Stüer/Stüer*, DVBl. 2011, 1117 (1120).

1122 Bejahend: *Söfker*-Ernst/Zinkahn/Bielenberg/Krautzberger, BauGB, 102. Lfg., Nov. 2011, § 5 Rn. 62 h; *Mitschang*, LKV 2007, 102 (107); *Jung*-Schrödter, BauGB, 7. Aufl. (2006), § 5 Rn. 42 f; verneinend: *von Nicolai*, ZfBR 2005, 529 (531).

1123 BGBl. I 2011 S. 1509.

1124 BR-Drs. 344/11, S. 12.

1125 BVerwG, BauR 2003, 1165 (1167).

1126 *Wickel*, UPR 2011, 416 (419); *Kment*, DVBl. 2012, 115 (1128).

1127 *Kment*, DVBl. 2012, 115 (1128).

nur zulässig sind, wenn sichergestellt ist, dass nach der Errichtung der im Bebauungsplan festgesetzten Windenergieanlagen andere im Bebauungsplan bezeichnete Windenergieanlagen innerhalb einer im Bebauungsplan zu bestimmenden angemessenen Frist zurückgebaut werden. Die Regelung des § 249 Abs. 2 S. 3 BauGB stellt weiterhin klar, dass eine solche Bedingungen zum Rückabbau von älteren Windenergieanlagen sowie die Anknüpfung an Umsetzungsfristen (sog. „Baurecht auf Zeit") auch für Darstellungen im Flächennutzungsplan erlassen werden können, die die Rechtswirkungen des § 35 Abs. 3 S. 3 BauGB haben. Die Zulässigkeit von solchen bedingten Darstellungen war zuvor zweifelhaft, da § 9 Abs. 2 S. 1 Nr. 2 BauGB nur für Bebauungspläne, aber nicht für Flächennutzungspläne unmittelbare Anwendung findet.[1128]

Mit der Klimaschutz-Novelle 2011[1129] hat der Gesetzgeber des Weiteren Klarheit zu den räumlichen Anforderungen für den Abbau von älteren Windenergieanlagen geschaffen. Konkret wurde in der Literatur diskutiert[1130], ob die Standorte für die zurückbauenden Windenergieanlagen auch außerhalb des Plangebiets bzw. Gemeindegebiets liegen dürfen. Der Gesetzgeber hat mit der Einführung des § 249 Abs. 2 S. 2 BauGB insofern bestätigt, dass es auf einen rein lokalen Bezugspunkt der zu entfernenden Anlagen nicht ankommt, sondern der Standort der zurückzubauenden Windenergieanlagen auch außerhalb des Gemeindegebiets liegen darf. Denn nach § 249 Abs. 2 S. 2 BauGB können die Standorte der zurückzubauenden Windenergieanlagen auch außerhalb des Bebauungsplangebiets oder außerhalb des Gemeindegebiets liegen.

Die Erweiterungen zur Nutzung von Windenergieanlagen sind für die Förderung zur Energienutzung erneuerbaren Energien besonders begrüßenswert. Insbesondere die Regelungen zum Repowering von Windenergieanlagen sind dazu essentiell, da die Vakanz von neuen Standortflächen für Windenergieanlagen räumlich begrenzt ist.

B. Klimaschutz und Klimaanpassung im Bebauungsplan

I. Festsetzungen nach § 9 BauGB

Die Gemeinde bestimmt als Ausdruck ihrer planerischen Gestaltungsfreiheit den konkreten Inhalt des Bebauungsplans selbst. Zur Durchsetzung ihrer Planungskonzeption kann sie gegenüber dem Grundstückseigentümer nach § 9 BauGB rechtsverbindliche[1131] Festsetzungen zur baulichen und sonstigen Nutzung von Grundstücken treffen. Diese setzen allerdings „städtebauliche Gründe" voraus (vgl. § 1 Abs. 3 S. 1,

1128 *Wickel*, UPR 2011, 416 (419); *Battis/Krautzberger/Mitschang/Reidt/Stüer*, NVwZ 2011, 897 (903 f.); *Krautzberger/Stüer*, BauR 2011, 1416 (1422 f.).

1129 BGBl. I 2011 S. 1509.

1130 Bejahend: *Söfker*, ZfBR 2008, 14 (17); zweifelnd: *Köck*, ZUR 2010, 507 (511 f.).

1131 *Schrödter*-Schrödter, BauGB, § 9 Rn. 5.

§ 9 Abs. 1 BauGB). § 9 Abs. 1 BauGB enthalt einen abschließenden[1132] Katalog über mögliche Festsetzungen im Bebauungsplan. Die Gemeinde ist dabei grundsätzlich[1133] an diesen Festsetzungskatalog gebunden. Ein darüber hinausgehendes „Festsetzungserfindungsrecht" steht ihr nicht zu.[1134] Dies lässt nicht den Schluss zu, dass die Gemeinde über die Festsetzungsmöglichkeiten nach § 9 BauGB hinaus keine Konkretisierungen treffen dürfen; hierzu ist sie nicht nur berechtigt, sondern teilweise sogar verpflichtet.[1135] Der Umfang der Festsetzungen richtet sich nach der Planungskonzeption, die die Gemeinde selbst aufstellt.[1136] Zudem können die in § 9 Abs. 6 und 6a BauGB benannten anderweitigen Festsetzungen im Bebauungsplan nachrichtlich übernommen werden.[1137]

Die Festsetzungen müssen hinreichend bestimmt sein.[1138] Der Grund hierfür liegt in der Funktion des Bebauungsplans: Durch den Erlass von Festsetzungen bestimmt die Gemeinde nicht nur den Inhalt des Bebauungsplans, sondern setzt auch die Planungsziele und -aufgaben mit Außenverbindlichkeit um. Der Bebauungsplan hat damit gegenüber dem betroffenen Grundstückseigentümer Vollzugswirkung.[1139] Als Inhalts- und Schrankenbestimmungen im Sinne des Art. 14 Abs. 1 S. 2 GG modifizieren die Festsetzungen die Eigentumsrechte des Grundstückseigentümers.[1140] Damit der Grundstückseigentümer die festgesetzten Maßnahmen umsetzen kann, ist es notwendig, dass deren Inhalt hinreichend transparent und unmissverständlich formuliert ist.[1141]

1. *Der städtebauliche Grund im Sinne des § 9 BauGB*

Die Festsetzungen im Bebauungsplan müssen auf „städtebaulichen Gründen" beruhen, worauf das Gesetz im einleitenden Satz des § 9 Abs. 1 BauGB hinweist. Der Begriff des „städtebaulichen Grundes" wurde in § 9 Abs. 1 BauGB mit dem Erlass des BauROG 1998[1142] eingeführt. Eine Definition dieses unbestimmten Rechtsbegriffes gibt das BauGB nicht her. Die Implementierung des zuvor ungeschriebenen

1132 *Mitschang/Reidt*-Battis/Krautzberger/Löhr, BauGB, § 9 Rn. 2.
1133 Bei einem vorhabenbezogenen Bebauungsplan nach § 12 BauGB sind die Gemeinden nicht an die Festsetzungen nach § 9 BauGB gebunden, vgl. § 12 Abs. 3 S. 2 BauGB. Zum vorhabenbezogenen Bebauungsplan, siehe unter 7. Kap. A.
1134 BVerwGE 115, 77 (80); BVerwG, NVwZ 1995, 696 (697).
1135 *Mitschang/Reidt*-Battis/Krautzberger/Löhr, BauGB, § 9 Rn. 2.
1136 BVerwGE 92, 231 (235).
1137 Vgl. *Mitschang/Reidt*-Battis/Krautzberger/Löhr, BauGB, § 9 Rn. 1.
1138 BVerwG, NVwZ 1994, 684 (684).
1139 *Schrödter*-Schrödter, BauGB, § 9 Rn. 5.
1140 BVerwGE 92, 231 (235), BVerwG, NVwZ 1995, 696 (697).
1141 BVerwG, NVwZ 1994, 684 (684).
1142 Gesetz zur Änderung des Baugesetzbuches und zur Neuregelung des Rechts der Raumordnung (Bau- und Raumordnungsgesetz 1998 – BauROG) vom 18.08.1997 (BGBl. I 1997 S. 2081).

Tatbestandsmerkmals hatte nur eine klarstellende[1143] Funktion; die materiell-rechtlichen Anforderungen an die Festsetzungsmöglichkeiten nach § 9 Abs. 1 BauGB änderten sich nicht. Der Begriff des „städtebaulichen Grundes" richtet sich den Planungszielen, die in § 1 Abs. 5, 6, § 1a BauGB nicht abschließend aufgeführt sind.[1144]

Der Begriff des „städtebaulichen Grundes" ist zwar dem Begriff des „Bodenrechts" im Sinne des Art. 74 Abs. 1 Nr. 18 GG ähnlich, mit ihm aber nicht identisch.[1145] Der Grund hierfür liegt darin, dass das Baugesetzbuch nicht allein dem Kompetenztitel des Bodenrechts zuzuordnen ist. Mit Verweis[1146] auf die bisherigen Darstellungen lassen sich bauplanungsrechtlichen Regelungen darüber hinaus auch auf die Kompetenztitel der Energiewirtschaft (Art. 74 Abs. 1 Nr. 11 GG), der Luftreinhaltung (Art. 74 Abs. 1 Nr. 24 GG) und des Naturschutzes (Art. 74 Abs. 1 Nr. 29 GG) stützen. Der Begriff des „städtebaulichen Grundes" geht daher inhaltlich über die Bedeutung des „Bodenrechts" hinaus[1147], was sich auch aus dem nicht abschließenden Katalog der Planungsbelange in § 1 Abs. 6 BauGB und des § 1a BauGB ableiten lässt. Die Grenze der gemeindlichen Gestaltungsfreiheit nach § 9 BauGB richtet sich folglich danach, ob die Festsetzung auf einem städtebaulichen Grund beruht, wobei sich dieser neben dem bodenrechtlichen Bezug auch auf weitere Sachbereiche wie etwa der Energiewirtschaft (Art. 74 Abs. 1 Nr. 11 GG) beziehen kann. Umgekehrt muss die jeweilige Ermächtigungsgrundlage der Festsetzung ihrerseits auf einen Kompetenztitel des GG zurückzuführen sein.[1148] Der Begriff des städtebaulichen Grundes ist weit[1149] auszulegen.

2. *Festsetzungsmöglichkeiten nach § 9 BauGB*

a) § 9 Abs. 1 Nr. 1 BauGB

Nach § 9 Abs. 1 Nr. 1 BauGB können die Gemeinden Art und Maß der baulichen Nutzung im Bebauungsplan festsetzen. Für klimaschützende Maßnahmen interessiert insbesondere das Maß der baulichen Nutzung. Die Förderung von Kalt- und Frischluftströmungen kann durch eine klimaschützende Bebauungsstruktur erhöht werden. So können etwa die Höhe der baulichen Anlagen gem. § 9 Abs. 1 Nr. 1 BauGB i.V.m. § 16, § 18 BauNVO planerisch vorgegeben werden. Mit solchen Planmaßnahmen können einem Stau von Kaltluftmassen an Bebauungshindernissen und einem geringen Luftaustausch (z.B.: Frostgefahr, Nebelhäufigkeit, Immissionsbelastung)

1143 BVerwGE 114, 247 (249).

1144 *Koch*, Die Verwaltung 37 (2004), 537 (543).

1145 *Mitschang/Reidt*-Battis/Krautzberger/Löhr, BauGB, § 9 Rn. 9; *Reidt*, BauR 2010, 2025 (2027).

1146 Siehe unter 3. Kap. A.

1147 Vgl. OVG Münster, NVwZ 1999, 432 (432 f.); *Reidt*, BauR 2010, 2025 (2027); *Mitschang/Reidt*-Battis/Krautzberger/Löhr, BauGB, § 9 Rn. 9.

1148 *Reidt*, BauR 2010, 2025 (2028); *Mitschang/Reidt*-Battis/Krautzberger/Löhr, BauGB, § 9 Rn. 9.

1149 *Mitschang/Reidt*-Battis/Krautzberger/Löhr, BauGB, § 9 Rn. 9.

entgegengewirkt werden.[1150] Zudem dient die Niedrigenergiebauweise dem baulichen Wärmeschutz.[1151] Des Weiteren kann beispielsweise durch die Vorgabe von Höhenbegrenzungen und Höhenstaffelungen (z.B.: in Hanggebieten) die Gebäudebesonnung effektiviert werden, um Wärmeverluste zu vermeiden.[1152]

b) § 9 Abs. 1 Nrn. 2, 2a und 3 BauGB

Besonders klimaschutzrelevant sind die Festsetzungsmöglichkeiten nach § 9 Abs. 1 Nrn. 2, 2a BauGB. Nach § 9 Abs. 1 Nr. 2 BauGB können im Bebauungsplan die Bauweise, die überbaubaren und die nicht überbaubaren Grundstücksflächen sowie die Stellung der baulichen Anlagen festgesetzt werden. Eine energiesparende Bauweise und Stellung des Baukörpers zielt darauf ab, Wärmeverluste zu vermeiden und die Solarwärmegewinnung zu effektivieren.[1153] Zur Energieeinsparung kann der Baukörper so gestellt werden, dass die am meisten genutzten Aufenthaltsräume nach Süden gerichtet und die weniger heizungsintensiven Räume nach Norden orientiert sind.[1154] Die Räume könnten mit einer großflächigen Verglasung an den Südseiten und mit kleineren Fenstern an der Nordseite besetzt sein[1155], um die solare Wärmegewinnung optimal auszunutzen. Die Baukörperstellung kann auch für die passive Solarenergienutzung relevant sein. Neben der aktiven Solarenergienutzung durch die Vorgabe der Hauptfirstrichtung können beispielsweise Wintergärten am Gebäude die passive Solarenergienutzung fördern.[1156] Zusätzlich könnten am Gebäude Solarkollektoren auf den Dachflächen nach § 9 Abs. 1 Nr. 23 lit. b) BauGB festgesetzt werden.

Um die Wärmeverluste zu minimieren, ist auch eine geschlossene Bauweise festsetzbar. Bei einer geschlossenen Bauweise sind die Häuser bis zu den seitlichen Grundstücksgrenzen aneinandergebaut.[1157] Aber auch eine offene Bauweise kann zur Energieeinsparung beitragen, indem Reihenhäuser oder Hausgruppen[1158] erstellt werden. Um eine optimale Sonneneinstrahlung zu bewirken, können die planerischen Maßnahmen zur Baukörperstellung auch dahingehend erfolgen, dass eine Verschattung durch ein Nachbargebäude vermieden wird.[1159] Zu diesem Zweck kann die Gemeinde zusätzlich nach § 9 Abs. 1 Nr. 15 und 25 BauGB planerisch vorgeben, dass nur eine verschattungsfreie Vegetation angepflanzt werden darf.

1150 *Bunzel/Hinzen/Ohligschläger*, Umweltschutz in der Bauleitplanung, S. 104.
1151 *Umweltbundesamt*, Klimaschutz in der räumlichen Planung, S. 8 f.
1152 *Bunzel/Hinzen/Ohligschläger*, Umweltschutz in der Bauleitplanung, S. 108.
1153 *Bunzel/Hinzen/Ohligschläger*, Umweltschutz in der Bauleitplanung, S. 106.
1154 *Bunzel/Hinzen/Ohligschläger*, Umweltschutz in der Bauleitplanung, S. 107.
1155 *Bunzel/Hinzen/Ohligschläger*, Umweltschutz in der Bauleitplanung, S. 107.
1156 *Bunzel/Hinzen/Ohligschläger*, Umweltschutz in der Bauleitplanung, S. 107.
1157 BVerwG, NVwZ-RR 1995, 310 (311).
1158 *Mitschang/Reidt*-Battis/Krautzberger/Löhr, BauGB, § 9 Rn. 25.
1159 Vgl. *Klinski/Longo*, ZNER 2007, 41 (43).

Zum Klimaschutz kann ferner die Dachneigung, die Dachform oder die Dachfirstrichtung nach § 9 Abs. 1 Nr. 2 BauGB planerisch festgelegt werden.[1160] Die Gebäudeform spielt energetisch ebenfalls eine maßgebende Rolle. So fördert etwa eine kompakte Gebäudeform ohne Dachgauben, Erkern und Vorsprüngen in der Gebäudehülle die energetisch Optimierung.[1161]

Die Festsetzungen nach § 9 Abs. 1 Nr. 2 BauGB sind mit jenen nach § 9 Abs. 1 Nr. 2a BauGB kombinierbar. Danach können vom Bauordnungsrecht abweichende Maße der Tiefe der Abstandsflächen städtebaulich festgesetzt werden. Planungsvorgaben zu Abstandsregelungen von Gebäuden können die Stellung von baulichen Anlagen klimagünstig beeinflussen.[1162] Des Weiteren können Planmaßnahmen zur Höhe, Breite und Tiefe von Gebäuden der Nutzung von solarer Energie und der Luftzirkulation dienen. Solche Planvorgaben sind nach § 9 Abs. 1 Nr. 3 BauGB festsetzbar.

c) § 9 Abs. 1 Nr. 9 BauGB

Für den Klimaschutz kann ferner die Festsetzungsmöglichkeit nach § 9 Abs. 1 Nr. 9 BauGB relevant sein, wonach ein besonderer Nutzungszweck für Flächen im Bebauungsplan festgesetzt werden kann. Da die Festsetzungsmöglichkeiten im Katalog des § 9 Abs. 1 BauGB abschließend aufgezählt sind, können nach § 9 Abs. 1 Nr. 9 BauGB bestimmte Flächen für besondere Nutzungen im Bebauungsplan festgesetzt werden. Ein „besonderer städtebaulicher Grund" ist hierfür nicht mehr[1163] erforderlich; es genügt, wenn der besondere Nutzungszweck städtebaulich begründet wird.[1164] Allerdings eröffnet § 9 Abs. 1 Nr. 9 BauGB nicht die Möglichkeit, jede sonstige Planvorstellungen der Gemeinde zu rechtfertigen.[1165] Die Vorschrift kann zwar subsidiär für Festsetzungen im Bebauungsplan herangezogen werden, soweit der beabsichtigte Nutzungszweck nicht schon auf andere Festsetzungsmöglichkeiten nach § 9 Abs. 1 BauGB gestützt werden kann. Denn diese gehen dann gegenüber § 9 Abs. 1 Nr. 9 BauGB als lex specialis vor.[1166] Gleichwohl kann nicht jede Planungskonzeption ohne Einschränkungen des Anwendungsbereichs auf § 9 Abs. 1 Nr. 9 BauGB gestützt werden. Die Festsetzungsvorschrift ist daher restriktiv[1167] auszulegen.

1160 *Mitschang/Reidt*-Battis/Krautzberger/Löhr, BauGB, § 9 Rn. 30.

1161 *Umweltbundesamt*, Klimaschutz in der räumlichen Planung, S. 10.

1162 *Battis/Kersten/Mitschang/Ingold/Schwarz*, Stadtentwicklung, S. 77.

1163 Nach dem früheren Recht war für Festsetzungen von Flächen als besondere Nutzungszwecke „besondere städtebauliche Gründe" erforderlich, vgl. § 9 Abs. 1 Nr. 9 BBauG 1976 (BGBl. I S. 2221, 2225).

1164 *Schrödter*-Schrödter, BauGB, § 9 Rn. 61.

1165 *Söfker*-Ernst/Zinkahn/Bielenberg/Krautzberger, BauGB, 105. Lfg., Juni 2012, § 9 Rn. 86.

1166 *Mitschang/Reidt*-Battis/Krautzberger/Löhr, BauGB, § 9 Rn. 53.

1167 *Schrödter*-Schrödter, BauGB, § 9 Rn. 61.

Die tatbestandliche Begrenzung wird durch den „besonderen Nutzungszweck" einer Fläche[1168] hergestellt, nicht durch die Besonderheit des städtebaulichen Grundes. Deshalb bestimmt sich der besondere Nutzungszweck nach dem konkreten Standort.[1169] Grundsätzlich kommen alle Nutzungszwecke in Betracht, soweit sie Besonderheiten aufweisen.[1170] Die Besonderheit eines Nutzungszweckes an der betreffenden Stelle kann sich zum einen aus der Besonderheit im Verhältnis zu vorhandenen oder beabsichtigten städtebaulichen Situation in der Umgebung ergeben und zum anderen aus einem städtebaulich gewollten, besonderen Nutzungszweck, der wegen seiner Besonderheiten einen besonderen Standort erfordert.[1171] Ein solcher besonderer Nutzungsweck kann zum Beispiel bei der Festsetzung von Flächen für Raststätten an Autobahnen[1172] oder Kurhäuser[1173] vorliegen. In Bezug auf den Klimaschutz könnte sich ein besonderer Nutzungszweck des jeweiligen Standortes aufgrund der Anpassung an den Klimawandel ergeben. So könnten etwa besonders empfindliche Gebiete (z.B.: Kurhäuser, Pflegeeinrichtungen) mit hoher Vulnerabilität (insbesondere im Sommer wegen langanhaltender Hitzewellen) Anlass zur Festsetzung von Grünflächen geben, um schattige Plätze sowie Frischluftschneisen zu schaffen. Soweit sich der beabsichtigte Nutzungszweck mit anderen Festsetzungen nach § 9 Abs. 1 BauGB überschneiden, findet – wie bereits erwähnt – § 9 Abs. 1 Nr. 9 BauGB allerdings nur subsidiäre Anwendung.

d) § 9 Abs. 1 Nr. 10 BauGB

Gemäß § 9 Abs. 1 Nr. 10 BauGB können im Bebauungsplan Flächen festgesetzt werden, die von der Bebauung freizuhalten sind. Der Begriff der „Freihaltung" von Flächen ist restriktiv zu verstehen. Der Gesetzgeber meint den vollständigen[1174] Ausschluss der Bebauung von Flächen, nicht nur eine teilweise Flächenfreihaltung wie es etwa bei Grünflächen (§ 9 Abs. 1 Nr. 15 BauGB) der Fall ist. Nach § 9 Abs. 1 Nr. 10 BauGB können etwa Rasenflächen[1175] oder naturbelassene Flächen zur Sicherung von luftzirkulierenden Kaltluftschneisen[1176] städtebaulich ausgewiesen werden, die von einer Bebauung zu verschonen sind. § 9 Abs. 1 Nr. 10 BauGB ist nicht nur negativ im Sinne des Unterlassens von baulichen Nutzungen zu verstehen.[1177] Denn

1168 *Söfker*-Ernst/Zinkahn/Bielenberg/Krautzberger, BauGB, 105. Lfg., Juni 2012, § 9 Rn. 86.
1169 *Mitschang/Reidt*-Battis/Krautzberger/Löhr, BauGB, § 9 Rn. 52.
1170 *Söfker*-Ernst/Zinkahn/Bielenberg/Krautzberger, BauGB, 105. Lfg., Juni 2012, § 9 Rn. 88.
1171 *Söfker*-Ernst/Zinkahn/Bielenberg/Krautzberger, BauGB, 105. Lfg., Juni 2012, § 9 Rn. 89.
1172 *Schrödter*-Schrödter, BauGB, § 9 Rn. 61.
1173 *Mitschang/Reidt*-Battis/Krautzberger/Löhr, BauGB, § 9 Rn. 52.
1174 BVerwG, ZfBR 2011, 275 (276).
1175 *Bracher*-ders/Reidt/Schiller, BauplR, Rn. 300.
1176 BVerwG, NVwZ 1999, 878 (878).
1177 BVerwG, ZfBR 2011, 275 (276).

sein rechtlicher Gehalt beschränkt sich nicht nur auf die Ausweisung von Flächen, die von der Bebauung freizuhalten sind und demnach eine bauliche Nutzung zu unterlassen ist. Diese Festsetzungsvorschrift umfasst auch positive[1178] Planmaßnahmen, die eine konkrete Nutzungsregelung zum Gegenstand haben. Dies ist zum Beispiel der Fall, wenn die Festsetzung mit der Sicherung von Versorgungsleitungen[1179] städtebaulich gerechtfertigt wird. Insoweit kann die Festsetzung von Versorgungsflächen nach § 9 Abs. 1 Nr. 12 BauGB mit der Festsetzung nach § 9 Abs. 1 Nr. 10 BauGB ergänzt werden.

e) § 9 Abs. 1 Nrn. 12, 21 BauGB

Nach § 9 Abs. 1 Nr. 12 BauGB können die Gemeinden Versorgungsflächen im Bebauungsplan festsetzen. Der Gesetzgeber hat durch die Klimaschutznovelle 2011[1180] die Vorschrift klarstellend erweitert. Gemäß § 9 Abs. 1 Nr. 12 BauGB sind nunmehr Versorgungsflächen, „einschließlich der Flächen für Anlagen und Einrichtungen zur dezentralen und zentralen Erzeugung, Verteilung, Nutzung oder Speicherung von Strom, Wärme oder Kälte aus erneuerbaren Energien oder Kraft-Wärme-Kopplung“, festsetzbar. Unter „Anlagen und Einrichtungen“ fallen insbesondere solche nach dem Energiefachrecht, speziell nach dem EEWärmeG und des KWKG.[1181] Unter dem Begriff der „Versorgungsflächen“ sind vor allem die Versorgung der Bevölkerung mit Wasser, Gas, Elektrizität, Fernwärme, Telekommunikationsdienstleistungen und den entsprechend erforderlichen Nebenanlagen zu verstehen.[1182] Hiervon sind z.B.: Kohle-, Gas- und Wasserkraftwerke, Heizkraftwerke für Fernwärme, Blockheizkraftwerke, Wasserwerke, Photovoltaikanlagen, Windkraftanlagen, Pumpwerke, Brunnen, Wassertürme erfasst.[1183] Auf den Örtlichkeitsbezug der konkreten Versorgungsanlage kommt es hingegen nicht[1184] an. Eine Differenzierung zwischen örtlichen und überörtlichen Energieversorgungsanlagen bzw. -einrichtungen würde dem Zweck einer homogenen, möglichst dezentralen Energieversorgung aus erneuerbaren Energien widersprechen.[1185] Bei der Festsetzung von Versorgungsflächen nach § 9 Abs. 1 Nr. 12 BauGB sind in der Regel die Inanspruchnahme von Zu- und Abgangsleitungen bzw. von Geh-, Fahr- und Leitungsrechten notwendig, die nach § 9 Abs. 1 Nr. 21 BauGB festgesetzt werden können.

1178 BVerwG, ZfBR 2011, 275 (276).

1179 Vgl. BVerwG, ZfBR 2011, 275 (276).

1180 BGBl. I 2011 S. 1509.

1181 *Bracher*-ders/Reidt/Schiller, BauplR, Rn. 310; *Schrödter*-Schrödter, BauGB, § 9 Rn. 79.

1182 *Mitschang*, DVBl. 2012, 134 (138).

1183 *Schrödter*-Schrödter, BauGB, § 9 Rn. 79; *Mitschang/Reidt*-Battis/Krautzberger/Löhr, BauGB, § 9 Rn. 69.

1184 *Mitschang*, DVBl. 2012, 134 (138).

1185 Vgl. ebenso *Mitschang/Reidt*-Battis/Krautzberger/Löhr, BauGB, § 9 Rn. 70; *Mitschang*, DVBl. 2012, 134 (138); *Schrödter*-Schrödter, BauGB, § 9 Rn. 80; a. A.: *Kment*, DVBl. 2012, 1125 (1129).

f) § 9 Abs. 1 Nr. 13 BauGB

Einer dezentralen, möglichst flächendeckenden Energieversorgung dient auch § 9 Abs. 1 Nr. 13 BauGB. Danach können Flächen zur „Führung von oberirdischen oder unterirdischen Versorgungsanlagen und -leistungen“ festgesetzt werden. Die Gemeinde kann nach dieser Vorschrift z.B.: Abwasser- bzw. Wasserleitungen, Fernwärmenetze, Stromleitungen oder Gasleitungen festsetzen.[1186] Die Festsetzungsmöglichkeiten nach § 9 Abs. 1 Nr. 13 BauGB sind daher mit den Festsetzungen nach § 9 Abs. 1 Nr. 12 BauGB kombinierbar.

g) § 9 Abs. 1 Nr. 14 BauGB

Auch die Festsetzungsmöglichkeiten nach § 9 Abs. 1 Nr. 14 BauGB sind für die Anpassung des Klimawandels relevant. Danach können im Bebauungsplan Flächen für die Abfall- und Abwasserbeseitigung, einschließlich der Rückhaltung und Versickerung von Niederschlagswasser, sowie für Ablagerungen festgesetzt werden. Für den adaptiven Klimaschutz ist vor allem die Steuerung von Niederschlagswasserversickerung relevant. Durch das Versickern von Niederschlagswasser oder durch das Eindringen von Uferfiltrat aus Oberflächengewässern in den Erdboden entsteht Grundwasser.[1187] Anders als bei unbebauten Flächen kann das Niederschlagswasser gerade in bebauten bzw. versiegelten Gebieten nicht in den Erboden versickern und zur Neubildung des Grundwassers beitragen. Ein dauerhafter Entzug von Grundwasser führt zu einem Absinken des Grundwasserspiegels und folglich zur Austrocknung der oberen Bodenschichten.[1188] Bei Regen können dadurch kleinere Gewässer bzw. Flüsse durch die Zuführung von gesammeltem Regenwasser überflutet werden. Deshalb hat die planerische Steuerung von einer dezentralen Niederschlagswasserversickerung hohe Praxisrelevanz.[1189] Zweckbezogene Festsetzungen können dazu beitragen, dass die Hochwassergefahr minimiert wird und die Regenwasserkanäle entlastet werden. Dies führt wiederum zu einer Verbesserung und Erhaltung der Flora und Fauna[1190], die den CO_2 in der Atmosphäre binden können. Die Festsetzung zur Niederschlagswasserversickerung ist auch auf privaten Grundstücken zulässig.[1191] Dagegen bleibt zweifelhaft, ob die Gemeinde auch eine Trinkwassersubstitution festsetzen darf. Hierbei handelt es sich um eine Maßnahme zur Regenwasserrückführung, bei der das gesammelte Niederschlagswasser zur Gartenbewässerung oder für den Haushalt zu verwenden ist.[1192] Eine

1186 *Jarass/Kment*, BauGB, § 9 Rn. 80; *Schrödter*-Schrödter, BauGB, § 9 Rn. 82.
1187 *Kotulla*, Rechtliche Instrumente des Grundwasserschutzes, S. 15 f.
1188 *Kotulla*, Rechtliche Instrumente des Grundwasserschutzes, S. 31.
1189 *Mitschang/Reidt*-Battis/Krautzberger/Löhr, BauGB, § 9 Rn. 79.
1190 *Kotulla*, Rechtliche Instrumente des Grundwasserschutzes, S. 17.
1191 BVerwGE 115, 77 (82 f.); OVG Nordrhein-Westfalen, Urt. v. 18.02.2013–2 D 38/12. NE, juris Rn. 163.
1192 *Rojahn*-Mitschang, Klimaschutz und Energieeinsparung, S. 67 (67).

solche Planmaßnahme hat der 4. Senat des BVerwG 2001[1193] für unzulässig erklärt. Allerdings dürfte eine solche Festsetzung aufgrund der Kodifizierung des mitigativen und adaptiven Klimaschutzes durch die Klimaschutznovelle 2011 zulässig[1194] sein. Zudem wird der Grundstückseigentümer in seinen Rechten aus Art. 14 Abs. 1 GG verhältnismäßig gering beeinträchtigt.

h) § 9 Abs. 1 Nr. 15 BauGB

Die Gemeinden können nach § 9 Abs. 1 Nr. 15 BauGB im Bebauungsplan öffentliche und private Grünflächen festsetzen. Der Begriff der Grünfläche beschränkt sich nicht auf die Ausweisung von Flächen, die vollständig oder überwiegend[1195] begrünt sind (z.B.: Rasenflächen). Dieser Begriff ist vielmehr einer weiten[1196] Auslegung zugänglich. Es genügt mithin, wenn nach der Gesamtbetrachtung der Charakter einer Grünfläche erhalten bleibt.[1197] Deshalb erstreckt sich der Begriff „Grünfläche" auch auf bauliche Anlagen oder sonstige Einrichtungen (z.B.: Sport- und Spielanlagen[1198], Parkbänke), solange sie der Grünfläche funktional zugeordnet werden können.[1199] Allgemein können Grünflächen als Flächen definiert werden, die in der Regel frei von fester Bebauung sind und durch naturbelassene oder angelegte, mit Pflanzen bewachsene oder zumindest dem Aufenthalt im Freien dienende Flächen charakterisiert sind.[1200] Das Gesetz benennt in § 9 Abs. 1 Nr. 15 BauGB als Grünflächen ausdrücklich „wie Parkanlagen, Dauerkleingärten, Sport-, Spiel-, Zelt- und Badeplätze, Friedhöfe". Das Wort „wie" weist darauf hin, dass es sich bei diesen Nutzungsbestimmungen nicht um eine enumerative Aufzählung handelt, sondern lediglich um Beispiele. Insbesondere nach der Ökologisierung des BauGB können die Festsetzungen nach § 9 Abs. 1 Nr. 15 BauGB grundsätzlich aufgrund des Klimaschutzes motiviert sein. Festsetzungen von Grünflächen dienen vor allem dem adaptiven Klimaschutz i.S.d. § 1 Abs. 5 S. 2, § 1a Abs. 5 S. 1 BauGB. Durch ihre Bindungsfähigkeit von Kohlendioxid können sie zu einer Harmonisierung der Luftqualität beitragen. Zudem fördern sie die Kaltluftströmungen und dienen dem Abbau von Hitzestress.

i) § 9 Abs. 1 Nr. 16 BauGB

Klimarelevant sind darüber hinaus die Festsetzungen nach § 9 Abs. 1 Nr. 16 BauGB. Danach können „Wasserflächen sowie die Flächen für die Wasserwirtschaft, für Hochwasserschutzanlagen und für die Regelung des Wasserabflusses" getroffen

1193 BVerwG, Urt. v. 30.08.2001–4 CN 9.00, BVerwGE 115, 77 (83).
1194 So auch *Mitschang/Reidt*-Battis/Krautzberger/Löhr, BauGB, § 9 Rn. 115.
1195 *Mitschang/Reidt*-Battis/Krautzberger/Löhr, BauGB, § 9 Rn. 85.
1196 OVG Münster, BauR 2013, 195 (196).
1197 OVG Münster, BauR 2013, 195 (196).
1198 OVG Münster, BauR 2012, 1750 (1751).
1199 OVG Münster, BauR 2013, 195 (196).
1200 OVG Münster, BauR 2012, 1750 (1751 f).

werden. Für den adaptiven Klimaschutz sind vor allem die Bewässerung und der Hochwasserschutz von Bedeutung. Nach § 9 Abs. 1 Nr. 16 BauGB sind neben sonstigen Regelungen zum Hochwasserschutz, insbesondere den §§ 72 ff. WHG[1201], zusätzliche Maßnahmen für den Hochwasserschutz festsetzbar. Der Wortlaut umfasst ausdrücklich Planvorgaben für Hochwasserschutzanlagen.[1202] Hierunter fallen Dämme, Deiche, Kanäle, Gräben und sonstige Anlagen sowie Einrichtungen, die zum Hochwasserschutz geeignet sind.[1203] Mit derartigen Festsetzungen können vor allem Maßnahmen erlassen werden, die der Anpassung an den Klimawandel dienen. Der Anwendungsvorrang[1204] von überörtlichen Fachplanungen für Vorhaben von überörtlicher Bedeutung gem. § 38 BauGB gilt auch hier. Hierunter fallen insbesondere Planfeststellungsverfahren nach dem WHG. Gleichwohl folgt aus dem actus contrarius des § 38 BauGB, dass sich der Regelungsbereich des § 9 Abs. 1 Nr. 16 BauGB auf kleinere Wasserflächen ohne besondere wasserverkehrliche oder wasserwirtschaftliche Bedeutung[1205] bezieht.

j) § 9 Abs. 1 Nr. 18 BauGB

Für den Klimaschutz sind darüber hinaus die Festsetzungsmöglichkeiten nach § 9 Abs. 1 Nr. 18 BauGB von Bedeutung. Nach dieser Regelung kann die Gemeinde „Flächen für die Landwirtschaft" (§ 9 Abs. 1 Nr. 18 lit. a) BauGB) und für „Wald" (§ 9 Abs. 1 Nr. 18 lit. b) BauGB) festsetzen. Derartige Festsetzungen regulieren die Mirkrokonzentration der Luft. Bekanntlich können Bäume und sonstige Pflanzen sowie der Boden das klimaschädliche CO_2 in der Luftzusammensetzung binden und dadurch zum Klimaschutz beitragen. Ferner erreichen derartige Planvorgaben den Effekt von Kalt- oder Frischluftschneisen.[1206] In der Regel handelt es sich hierbei um Festsetzungen im Außenbereich.[1207] Der städtebauliche Grund kann beispielsweise mit einem Naherholungsgebiet[1208] oder allgemein mit dem Umweltschutz[1209] begründet werden.

k) § 9 Abs. 1 Nr. 20 BauGB

Klimaschutzrelevant sind ferner Festsetzungen nach § 9 Abs. 1 Nr. 20 BauGB. Den Planungsträgern obliegt danach die Option, „Flächen oder Maßnahmen zum Schutz,

---

1201 Gesetz zur Ordnung des Wasserhaushalts (Wasserhaushaltsgesetz – WHG), i. d. F. d. Bek. v. 31.07.2009 (BGBl. I S. 2585), zul. geänd. d. Gesetz v. 15.11.2014 (BGBl. I S. 1724); m. w. N.: *Kotulla*, WHG, § 72 Rn. 1 ff.

1202 *Mitschang/Reidt*-Battis/Krautzberger/Löhr, BauGB, § 9 Rn. 91.

1203 *Mitschang/Reidt*-Battis/Krautzberger/Löhr, BauGB, § 9 Rn. 91.

1204 *Jarass/Kment*, BauGB, § 38 Rn. 3.

1205 Vgl. *Battis/Kersten/Mitschang/Ingold/Schwarz*, Stadtentwicklung, S. 78.

1206 Vgl. *Ingold/Schwarz*, NuR 2010, 153 (157).

1207 *Mitschang/Reidt*-Battis/Krautzberger/Löhr, BauGB, § 9 Rn. 100.

1208 OVG Berlin, NuR 2013, 45 (46).

1209 BVerwG, NuR 2004, 310 (310). BVerwG, ZfBR 1999, 159 (160).

zur Pflege und zur Entwicklung von Boden, Natur und Landschaft" festzusetzen. Diese Norm dient dazu, die Landschaftspläne in den Bebauungsplan zu integrieren.[1210] Die Darstellung von Landschaftsplänen sind gem. § 1 Abs. 6 Nr. 7 lit. g) BauGB im Rahmen der bauplanerischen Abwägung zu berücksichtigen. Der städtebauliche Grund darf sich dabei nicht nur auf rein ökologische Ziele beziehen. § 9 Abs. 1 Nr. 20 BauGB stellt „keine ökologische Generalklausel"[1211] dar. Die Planungsanordnung, landwirtschaftliche Flächen einmal jährlich zu mähen oder mit einer Großvieheinheit zu beweiden[1212], genügt folglich nicht den Anforderungen an den bodenrechtlichen Bezug. Hingegen dürfte nach der Klimaschutz-Novelle 2011 die Festsetzung, wonach Niederschlagswasser für die Gärten- oder Haushaltsbewässerung zur Klimaanpassung zu sammeln ist, einen hinreichenden städtebaulichen Bezug darstellen.[1213] Mit einer solchen den Klimawandel anpassenden Maßnahme kann die Austrocknung des Bodens gehemmt werden.[1214]

l) § 9 Abs. 1 Nr. 23 lit. a) BauGB

aa) Anwendungsbereich von Verwendungsbeschränkungen oder -verboten

Steuerungsmöglichkeiten zum planerischen Klimaschutz bietet insbesondere § 9 Abs. 1 Nr. 23 lit. a) BauGB. Danach können im Bebauungsplan aus städtebaulichen Gründen Gebiete festgesetzt werden, in denen zum Schutz vor schädlichen Umwelteinwirkungen im Sinne des Bundesimmissionsschutzgesetzes bestimmte luftverunreinigende Stoffe nicht oder nur beschränkt verwendet werden dürfen. Eingeführt wurde diese Vorschrift, wie bereits dargestellt[1215], im Wege der BBauG-Novelle 1976[1216], in der auch erstmals der Umweltschutz als Planungsziel in § 1 Abs. 5 BauGB (damals: § 1 Abs. 6 BBauG 1976) in das Städtebaurecht aufgenommen worden ist. Schon damals entsprach es dem Anliegen des Gesetzgebers, dass auf der Grundlage des § 9 Abs. 1 Nr. 23 lit. a) BauGB (damals: § 9 Abs. 1 Nr. 23 BBauG 1976) auch Regelungen für die Wärmeversorgung von Baugebieten getroffen werden können.[1217] Dies war vor der Inkorporierung dieser Vorschrift in das Städtebaurecht im Übrigen etwa bauordnungsrechtlich durch den Erlass eines Heizstoffverwendungsverbotes nach landesrechtlichen Bauvorschriften oder immissionsschutzrechtlich nach § 49 BImSchG durch den Erlass von Rechtsverordnungen der Landesregierungen bereits möglich.[1218] Nach dem BVerwG[1219] ist ein „Konzept, das mit der Festsetzung

1210 *Bracher*-ders/Reidt/Schiller, BauplR, Rn. 349.
1211 VSH München, Urt. v. 07.02.2013–1 N 11.1854, BeckRS 2013, 50667, Rn. 24.
1212 OVG Münster, ZfBR 2000, 208 (213).
1213 *Mitschang/Reidt*-Battis/Krautzberger/Löhr, BauGB, § 9 Rn. 115.
1214 *Mitschang/Reidt*-Battis/Krautzberger/Löhr, BauGB, § 9 Rn. 115.
1215 Hierzu 2. Kap. A.
1216 BGBl. I 1976 S. 2221.
1217 BT-Drs. 7/2496, S. 40.
1218 *Stich*, DÖV 1981, 645 (647 ff.); BVerwG, NVwZ 1989, 664 (664).
1219 BVerwG, DVBl. 1989, 369 (370).

von Verbrennungsverboten bezweckt, nach und nach im gesamten Stadtgebiet die Gebäudeheizung auf Fernwärme, Strom oder Gas umzustellen", zulässig.

Der Anwendungsbereich des § 9 Abs. 1 Nr. 23 lit. a) BauGB wurde daher auch mit der Maßgabe eingeführt, dem Umweltschutz in der Bauleitplanung mehr Beachtung beizumessen, als er zuvor Berücksichtigung fand.[1220] Zu diesem Zweck beschränkt sich der Regelungsbereich dieser Festsetzungsvorschrift nicht nur auf die Abwehr einer bereits vorhandenen schädlichen Umwelteinwirkung nach § 3 BImSchG, sondern knüpft schon eine Stufe früher an. Die planerische Konzeption darf vielmehr darauf angelegt sein, die schädigenden Umwelteinwirkungen erst gar nicht entstehen zu lassen.[1221] Der vorbeugende Umweltschutz spiegelt sich auch im Wortlaut der Norm wieder, indem sie bereits an den „Schutz vor schädlichen Umwelteinwirkungen" anknüpft. Die Schutzrichtung des § 9 Abs. 1 Nr. 23 lit. a) BauGB richtet sich daher nicht nach dem Schutzgrundsatz des § 5 Abs. 1 Nr. 1 BImSchG, sondern nach dem Vorsorgeprinzip des § 5 Abs. 1 Nr. 2 BImSchG.[1222] Dieser Vorsorgeschutz begrenzt sich nicht nur auf den lokalen Bereich.[1223] Das BVerwG hat in dem Fall zum Heidelberger Fernheizkraftwerk dem immissionsschutzrechtlichen Vorsorgegebot eine überörtliche Ausdehnung attestiert, indem es Vorsorgemaßnahmen gegen einen weiträumigen Schadstoffferntrangsport zur Vermeidung von Luftverunreinigungen anerkennt.[1224]

Der Begriff der „luftverunreinigenden Stoffe" richtet sich nach dem Begriff der Luftverunreinigung im Sinne des § 3 Abs. 4 BImSchG. Danach werden Luftverunreinigungen als Veränderungen der natürlichen Luftzusammensetzung definiert, wozu insbesondere Veränderungen durch Rauch, Ruß, Staub, Gase, Aerosole, Dämpfe oder Stoffe gehören. § 3 Abs. 4 BImSchG ist grundsätzlich weit[1225] auszulegen. Zum Schutzgut des BImSchG gehört auch die Atmosphäre und somit auch das Klima.[1226] Als Luftverunreinigung ist praktisch jede anthropogene Veränderung der natürlichen Luftzusammensetzung zu verstehen.[1227] Durch die Verbrennung von fossilen Brennstoffen entsteht eine nicht unerhebliche Menge an CO_2, die die natürliche Luftzusammensetzung verändert, so dass auch CO_2-Emissionen als Luftverunreinigung anzusehen sind.[1228] Im Übrigen werden bei der Verbrennung von fossilen Brennstoffen nicht nur eine erhöhte Menge an CO_2-Emissionen freigesetzt, sondern auch andere klimaschädliche Stoffe, insbesondere Abgase (z.B. Stickoxyde), die

---

1220 BVerwG, ZfBR 1989, 74 (75).

1221 BVerwG, NVwZ 1989, 664 (664).

1222 BVerwG, ZfBR 1989, 74 (75).

1223 BVerwGE 69, 37 (42).

1224 BVerwGE 69, 37 (42 f.).

1225 *Jarass*, BImSchG, § 1 Rn. 18.

1226 *Frenz*-Kotulla, BImSchG, Bd. 1, 3. Lfg., Juli 2004, § 1 Rn. 45.

1227 *Thiel*-Landmann/Rohmer, Bd. III, BImSchG, 71. Lfg., Jan. 2014, § 3, Rn. 81; *Battis/Kersten/Mitschang/Ingold/Schwarz*, Stadtentwicklung, S. 80.

1228 *Battis/Kersten/Mitschang/Ingold/Schwarz*, Stadtentwicklung, S. 80; *Ekardt/Schmitz/Schmidtke*, ZNER 2008, 334 (339).

ohnehin als Luftverunreinigung i.S.d. § 3 Abs. 4 BImSchG anzusehen sind, was bereits der Sinn und Zweck der 1. BImSchV[1229] zeigt.[1230]

Tatbestandlich erstreckt sich § 9 Abs. 1 Nr. 23 lit. a) BauGB grundsätzlich nicht auf einzelne Grundstücke bzw. Flächen, sondern auf Gebiete. Dies ergibt sich bereits aus dem Sinn und Zweck der Regelung. Der Schutz vor schädlichen Luftverunreinigungen kann nur dann erzielt werden, wenn die Verwendungsverbote bzw. -beschränkungen auf bestimmte Gebiete und nicht nur auf vereinzelte Grundstücke festgesetzt werden. Die Gemeinde kann die Festsetzungsoptionen des § 9 Abs. 1 Nr. 23 lit. a) BauGB daher entweder für den gesamten Geltungsbereich des Bebauungsplans oder nur für bestimmte Gebiete erlassen.[1231] Dabei können auch einzelne Grundstücke von den Verwendungsverboten bzw. -beschränkungen unberührt bleiben, um beispielsweise die Erzeugung der notwendigen Wärme für die übrigen Grundstücke des Gebietes zu bewirken.[1232]

bb) Reichweite von Verwendungsbeschränkungen oder -verboten

In der Praxis werden nach § 9 Abs. 1 Nr. 23 lit. a) BauGB hauptsächlich im Bebauungsplan Verwendungsverbote bzw. -beschränkungen für bestimmte Brennstoffe, wie z.B. von Kohle, Holz oder Heizöl, festgesetzt.[1233] Tatbestandlich sind nur stoffbezogene, nicht anlagenbezogene, Festsetzungen umfasst.[1234] Ein Verbot zur Errichtung von Rauchquellen an Gebäuden (Schornsteine, Kachelöfen, Kaminen usw.) sind nicht vom Tatbestand erfasst, da es sich hierbei um anlagenbezogene Festsetzungen handelt.[1235]

Trotz des angesprochenen vorsorgenden umweltschützenden Schutzzwecks des § 9 Abs. 1 Nr. 23 lit. a) BauGB genügte nach der früheren Rechtsprechung der allgemeine Klimaschutz für ein Verwendungsverbot von luftverunreinigenden Stoffen als städtebauliche Rechtfertigung nicht aus. Das OVG Lüneburg[1236] führte insofern aus, dass der globale Klimaschutz „mangels bodenrechtlichen Bezugs" für ein Verwendungsverbot nicht ausreiche. Die Begründung der BauGB-Reform 1998 unterstütze ein solches restriktives Verständnis dieser Festsetzungsvorschrift. Denn danach konnte die städtebauliche Rechtfertigung für Festsetzungen nach § 9 Abs. 1

1229 Erste Verordnung zur Durchführung des Bundes-Immissionsschutzgesetzes (Verordnung über kleine und mittlere Feuerungsanlagen – 1. BImSchV) vom 26.01.2010 (BGBl. I S. 38).
1230 *Ekardt/Schmitz/Schmidtke*, ZNER 2008, 334 (339); *Stich*, DÖV 1981, 645 (650).
1231 *Schrödter*-Schrödter, BauGB, § 9 Rn. 153.
1232 BVerwG, ZfBR 1989, 74 (77).
1233 *Jarass/Kment*, BauGB, § 9 Rn. 87.
1234 OVG Münster, BauR 1997, 269 (270).
1235 OVG Münster, NVwZ-RR 1995, 134 (135).
1236 OVG Lüneburg, NVwZ-RR 2003, 174 (175).

Nr. 23 BauGB 1998 nicht auf „ausschließlich immissionsbezogene Festsetzungen etwa zugunsten eines allgemeinen Klimaschutzes“ [1237] gestützt werden.

Die Steuerungsmöglichkeiten nach § 9 Abs. 1 Nr. 23 lit. a) BauGB haben insoweit insbesondere durch die BauGB-Reformen 2004 und 2011 eine Erweiterung zu Gunsten des globalen Klimaschutzes erfahren. Nunmehr kann die vorbeugende Vermeidung von klimaschädlichen CO_2-Emissionen, die vor allem bei fossilen Heizstoffen entstehen, ein hinreichend städtebaulicher Anlass sein[1238], damit eine lufthygienische Belastung in bestimmten Gebieten erst gar nicht entsteht. Die Begründung zum BauGB-Entwurf 1998 ist daher seit der EAG-Bau Reform 2004 als überholt anzusehen.[1239] Hierfür spricht auch, dass von § 9 Abs. 1 Nr. 23 lit. a) BauGB tatbestandlich nicht vorausgesetzt wird, dass die Verwendungsverbote und -beschränkungen eine unmittelbare lokale luftverbessernde Wirkung im Planungsgebiet hervorrufen sollen.[1240] Das Bundesverwaltungsgericht hat in jüngeren Entscheidungen[1241] klargestellt, dass sich städtebauliche Maßnahmen auch auf den allgemeinen Klimaschutz stützen lassen, solange sie einen bodenrechtlichen Bezug aufweisen. Die Gemeinden bliebe es „unbenommen, im Rahmen der gesamträumlichen und der städtebaulichen Entwicklung und Ordnung mit ihrem planungsrechtlichen Instrumentarium Klimaschutzpolitik zu betreiben“[1242]. Hierzu könne die Gemeinde auch die Zielvorgaben für die Reduktion von klimaschädlichen Treibhausgasen (z.B.: des Kyoto-Protokolls) bei der städtebaulichen Planung einbeziehen.[1243] Ein solches Verständnis bekräftigt nunmehr auch die Festschreibung des (allgemeinen) Klimaschutzes und der Anpassung an den Klimawandel in § 1a Abs. 5 S. 1, § 1 Abs. 5 S. 2 BauGB. Der bodenrechtliche Bezug wird – wie bereits

---

1237 BT-Drs. 13/6392, S. 49.

1238 Vgl. OVG Münster, NVwZ-RR 1995, 134 (134 f); OVG Lüneburg, NVwZ-RR 2003, 174 (175 f.); *Ekardt/Schmitz/Schmidtke*, ZNER 2008, 334 (339); *Ingold/Schwarz*, NuR 2010, 153 (157); *Mitschang/Reidt*-Battis/Krautzberger/Löhr, BauGB, § 9 Rn. 127; *Kahl*, ZUR 2010, 395 (396); *Battis/Kersten/Mitschang/Ingold/Schwarz*, Stadtentwicklung, S. 83; *Spannowsky/Baumann*-Spannowsky/Uechtritz, BauGB, *Schrödter*-Schrödter, BauGB, § 9 Rn. 154; § 9 Rn. 92.; a. A.: *Jäde*-ders/Dirnberger/Weiß, BauGB, § 9 Rn. 70.

1239 *Ekardt/Schmitz/Schmidtke*, ZNER 2008, 334 (339); *Koch/Mengel*, DVBl. 2000, 953 (959); *Battis/Kersten/Mitschang/Ingold/Schwarz*, Stadtentwicklung, S. 83; a. A.: *Kraft*, DVBl. 1998, 1049 (1049 f.).

1240 Vgl. *Ekardt/Schmitz/Schmidtke*, ZNER 2008, 334 (339 f.); *Ingold/Schwarz*, NuR 2010, 153 (158); *Mitschang/Reidt*- Battis/Krautzberger/Löhr, BauGB, § 9 Rn. 127; *Kahl*, ZUR 2010, 395 (396); *Spannowsky/Baumann*-Spannowsky/Uechtritz, BauGB, § 9 Rn. 93.

1241 BVerwG (8. Senat), NVwZ 2006, 690 (693); BVerwG (4. Senat), NVwZ 2003, 738 (740).

1242 BVerwG, NVwZ 2003, 738 (740).

1243 BVerwG, NVwZ 2003, 738 (740).

dargestellt[1244] – über die Anknüpfung an die örtliche Bodennutzung, nicht über den möglichen klimaverbessernden Wirkungskreis gewahrt.

An eine spezifisch ortsklimatische Belastungssituation, wie es etwa bei Smoggebieten der Fall ist, knüpft die Norm daher nicht an.[1245] Eine lufthygienische Vorbelastung eines Gebietes kann zwar die Festsetzung eines Verwendungsverbotes bzw. -beschränkung von luftverunreinigenden Stoffen städtebaulich rechtfertigen.[1246] So kann sich beispielsweise die Untersagung oder Beschränkung luftverunreinigender Stoffe aufgrund topographischer Besonderheiten (Hang- und Tallagen oder Smoggebiete[1247]) oder aus dem bodenrechtlichen Nutzungszweck (z.B.: Kurgebiet oder Naherholungsgebiet[1248]) aufdrängen. Eine klimatische Vorbelastung eines Gebiets ist gleichwohl keine notwendige Voraussetzung für § 9 Abs. 1 Nr. 23 lit. a) BauGB.[1249] Die planerische Untersagung oder Beschränkung, luftverunreinigender Stoffe in einem bestimmten Gebiet zu verwenden, kann deshalb auch in bisher unbelasteten[1250] Gebieten festgesetzt werden. Mithin lassen sich auf § 9 Abs. 1 Nr. 23 lit. a) BauGB auch auf Festsetzungen stützen, die ein bestimmtes Gebiet vor zukünftigen lufthygienischen Belastungen vorbeugend schützen sollen, womit der vorsorgende[1251] Klimaschutz angesprochen ist.

Ebenso kann deshalb der städtebauliche Grund auch in der Förderung von kommunaler Fernwärmeversorgung liegen.[1252] Für die klimaschützende Bauleitplanung ist vor allem die indirekte Förderung der kommunalen Fernwärme in Verbindung mit Kraft-Wärme-Kopplungs-Anlagen von Bedeutung. Dadurch wird die klimatische Situation vor Ort zwar nicht unmittelbar verbessert, aber vorbeugend vor weiteren CO_2-Emissionen durch fossile Energieträger geschützt. Die mit der Festsetzung beabsichtigte umweltschützende Wirkung darf sich auch außerhalb der Grenzen des gemeindlichen Planungsgebietes erstrecken.[1253] In Neubaugebieten kann zur

1244 Hierzu B. III. 4. b).
1245 *Ingold/Schwarz*, NuR 2010, 153 (158); *Kahl*, ZUR 2010, 395 (396).
1246 BVerwG, ZfBR 1989, 74 (75).
1247 *Schrödter*-Schrödter, BauGB, § 9 Rn. 159.
1248 *Mitschang/Reidt*-Battis/Krautzberger/Löhr, BauGB, § 9 Rn. 129.
1249 *Mitschang/Reidt*-Battis/Krautzberger/Löhr, BauGB, § 9 Rn. 129
1250 OVG Münster, NVwZ-RR 1995, 134 (134 f.); OVG Lüneburg, NVwZ-RR 2003, 174 (175); *Kahl*, ZUR 2010, 395 (396); *Ekardt/Schmitz/Schmidtke*, ZNER 2008, 334 (339); *Schrödter*-Schrödter, BauGB, § 9 Rn. 160.
1251 OVG Münster, NVwZ-RR 1995, 134 (134 f.); OVG Lüneburg, NVwZ-RR 2003, 174 (175); *Kahl*, ZUR 2010, 395 (396); *Ekardt/Schmitz/Schmidtke*, ZNER 2008, 334 (339); *Schrödter*-Schrödter, BauGB, § 9 Rn. 162; *Battis/Kersten/Mitschang/Ingold/Schwarz*, Stadtentwicklung, S. 83; *Ingold/Schwarz*, NuR 2010, 153 (157); a. A.: *Jäde*-ders/Dirnberger/Weiß, BauGB, § 9 Rn. 70, der eine konkrete klimatisch schutzbedürftige städtebauliche Situation für die Festsetzung von Verwendungsverboten bzw. -beschränkungen luftverunreinigender Stoffe fordert wie z.B.: Kurgebiete.
1252 *Ingold/Schwarz*, NuR 2010, 153 (158); *Kahl*, ZUR 2010, 395 (396).
1253 *Jäde*-ders/Dirnberger/Weiß, BauGB, § 9 Rn. 69; *Mitschang/Reidt*-Battis/Krautzberger/Löhr, BauGB, § 9 Rn. 127; *Stich*, DÖV 1981, 645 (651 f.).

Energieeffizienz ein Anschluss- und Benutzungszwang für die Verwendung von Fernwärme und u. U. auch für die Nutzung von Strom aus kommunalen Kraftwerken dem Grundstücksnutzer verpflichtend aufgegeben werden.[1254] Die kommunalen Kraftwerke werden in der Regel mit Kraft-Wärme-Kopplung betrieben.[1255] Unterstützend könnten nach § 9 Abs. 1 Nr. 23 lit. a) BauGB die Verwendung von bestimmten, erheblich CO_2-Emissionen verursachenden, fossilen Brennstoffen wie Kohle, Gas oder Heizöl in bestimmten Gebieten verboten bzw. beschränkt werden, um Öl-, Kohle- oder Gasheizanlagen auszuschließen und stattdessen den Grundstückseigentümer – zumindest hinsichtlich der Wärmeversorgung – an den Anschluss der kommunalen Kraft-Wärme-Kopplungs-Energieversorgungsanlage planerisch zu zwingen.[1256]

cc) Abgrenzung zum BImSchG

Soweit Heizstoffverwendungsverbote festgesetzt werden, stellen sich Abgrenzungsprobleme mit dem Immissionsschutzrecht, konkret mit der Rechtsverordnung gem. § 48 BImSchG i. V. m. der Kleinfeuerungsanlagenverordnung[1257]. Die KleinfeuerungsanlagenVO regelt abschließend[1258] in § 3 Abs. 1 die zulässigen Brennstoffe für Heizmaterial für Kleinfeuerungsanlagen in privaten Haushalten. Anwendung findet die KleinfeuerungsanlagenVO nach § 1 Abs. 1 für Kleinfeuerungsanlagen, die nicht nach § 4 BImSchG genehmigungspflichtig sind. Die in dieser Verordnung nicht aufgeführten Brennstoffe sind daher bereits nach dem Immissionsrecht verboten.[1259] Insofern ist fraglich, ob der Anwendungsbereich des § 9 Abs. 1 Nr. 23 lit. a) BauGB in Bezug auf die Zulässigkeit von Brennstoffen weiter reicht als nach der KleinfeuerungsanlagenVO. Dies wird in der Literatur[1260] zu Recht bejaht, da die Regelungszwecke des Bauplanungs- und Immissionsschutzrecht nicht identisch sind. Während das Immissionsschutzrecht nur schadstoffbezogene Verbote erfasst, können nach § 9 Abs. 1 Nr. 23 lit. a) BauGB Verwendungsverbote von heizungstechnischen, luftverunreinigenden Brennstoffen darüber hinaus aus städtebaulichen Gründen festgesetzt werden.[1261] Ansonsten würde der Regelungsbereich des § 9 Abs. 1 Nr. 23 lit. a) BauGB weitestgehend leer laufen, wenn sich die inhaltliche

---

1254 *Koch/Mengel*, DVBl. 2000, 953 (958).

1255 *Koch/Mengel*, DVBl. 2000, 953 (958).

1256 *Ekardt/Schmitz/Schmidtke*, ZNER 2008, 334 (338); *Kahl*, ZUR 2010, 395 (396); *Koch/Mengel*, DVBl. 2000, 953 (958).

1257 Erste Verordnung zur Durchführung des Bundes-Immissionsschutzgesetzes (Verordnung über kleine und mittlere Feuerungsanlagen – 1. BImSchV) v. 26.01.2010 (BGBl. I S. 38), im Folgenden: KleinfeuerungsanlagenVO.

1258 *Schrödter*-Schrödter, BauGB, § 9 Rn. 158.

1259 *Schrödter*-Schrödter, BauGB, § 9 Rn. 158.

1260 *Ekardt/Schmitz/Schmidtke*, ZNER 2008, 334 (339); *Schrödter*-Schrödter, BauGB, § 9 Rn. 158; *Battis/Kersten/Mitschang/Ingold/Schwarz*, Stadtentwicklung, S. 81.

1261 Vgl. *Schrödter*-Schrödter, BauGB, § 9 Rn. 158; *Battis/Kersten/Mitschang/Ingold/Schwarz*, Stadtentwicklung, S. 81.

Tragweite nur auf solche Brennstoffe als Heizmaterial erstreckte, die ohnehin nach der KleinfeuerungsanlagenVO unzulässig sind.[1262] Im Umkehrschluss finden die Festsetzungsmöglichkeiten nach § 9 Abs. 1 Nr. 23 lit. a) BauGB Anwendung, soweit die heiztechnischen Brennstoffe nicht schon nach der KleinfeuerungsanlagenVO verboten werden können.[1263]

dd) Vereinbarkeit mit dem Europarecht

Darüber hinaus wird teilweise ein Verstoß bei Festsetzungen von Gasöl gegen die Richtlinie 93/12/EWG[1264] über den Schwefelgehalt bestimmter flüssiger Brennstoffe erwogen. Insoweit führten die bisherigen BauGB-Novellen zu keiner Klarstellung. Diskutiert wird, ob die Untersagung von Heizquellen in bestimmten Gebieten gegen die Richtlinie 93/12/EWG über den Schwefelgehalt bestimmter flüssiger Brennstoffe verstößt. Nach Art. 3 der Richtlinie darf das Inverkehrbringen von Gasölen nicht aus Gründen seines Schwefelgehaltes untersagt, eingeschränkt oder behindert werden, wenn diese Gasöle im Übrigen den Erfordernissen dieser Richtlinie entsprechen. Während eine Meinung[1265] daraus schließt, dass Heizöl allein aufgrund seines Schwefelgehalts nicht oder aus allgemein umweltschützenden Gründen nach § 9 Abs. 1 Nr. 23 lit. a) BauGB städtebaulich untersagt werden darf, sieht die überwiegende Ansicht[1266] darin keine europarechtlichen Verstöße. Gegen ein Verstoß nach Art. 3 der RL 93/12/EWG spricht zu Recht zum einen, dass Verwendungsverbote für Heizöl sich nicht unmittelbar gegen das „Inverkehrbringen" von Heizöl richten und die Richtlinie nicht darauf abzielt, einen Absatzmarkt für Gasöle bestimmter Qualitäten in EU-Staaten zu schaffen.[1267] Zum anderen werden städtebauliche Verwendungsverbote von Heizöl nicht allein wegen des Schwefelgehalts bezweckt, sondern darüber hinaus wegen der allgemein bei der Verbrennung von Heizöl entstehenden schlechteren Schadstoffemissionen (z.B.: Stickoxyde, Rauch, Kohlenmonoxyde oder CO_2-Emissionen) als bei der Verbrennung von anderen Energiearten (z.B.: von Gas).[1268] Die städtebauliche Festsetzung von Verwendungsverboten

1262 Vgl. *Battis/Kersten/Mitschang/Ingold/Schwarz*, Stadtentwicklung, S. 81.

1263 Vgl. *Battis/Kersten/Mitschang/Ingold/Schwarz*, Stadtentwicklung, S. 81; *Schrödter*-Schrödter, BauGB, § 9 Rn. 158; *Ekardt/Schmitz/Schmidtke*, ZNER 2008, 334 (339); *Ingold/Schwarz*, NuR 2010, 153 (158).

1264 Richtlinie 93/12/EWG des Rates vom 23.03.1993 über den Schwefelgehalt bestimmter flüssiger Brennstoffe, ABl. EG Nr. L 74 v. 27.03.1993, S. 81.

1265 *Jäde*-ders/Dirnberger/Weiß, BauGB, § 9 Rn. 72.

1266 VGH Mannheim, NVwZ-RR 1998, 554 (556); *Söfker*-Ernst/Zinkahn/Bielenberg/Krautzberger, BauGB, 105. Lfg., Jun. 2012, § 9 Rn. 189; *Battis/Kersten/Mitschang/Ingold/Schwarz*, Stadtentwicklung, S. 82; *Schrödter*-Schrödter, BauGB, § 9 Rn. 157.

1267 *Schrödter*-Schrödter, BauGB, § 9 Rn. 157.

1268 *Battis/Kersten/Mitschang/Ingold/Schwarz*, Stadtentwicklung, S. 82; *Schrödter*-Schrödter, BauGB, § 9 Rn. 157; VGH Mannheim, NVwZ-RR 1998, 554 (556); *Söfker*-Ernst/Zinkahn/Bielenberg/Krautzberger, BauGB, 105. Lfg., Juni 2012, § 9 Rn. 189.

bzw. -beschränkungen von Heizöl nach § 9 Abs. 1 Nr. 23 lit. a) BauGB verstößt mithin nicht gegen die RL 93/12/EWG.

m) § 9 Abs. 1 Nr. 23 lit. b) BauGB

aa) Anwendungsbereich

Besondere Bedeutung für den Klimaschutz erlangen die Festsetzungsvarianten nach § 9 Abs. 1 Nr. 23 lit. b) BauGB. Diese ermöglichen den Gemeinden Regelungen zum Einsatz von erneuerbaren Energien sowie zur Kraft-Wärme-Kopplung festzusetzen. Nach § 9 Abs. 1 Nr. 23 lit. b) BauGB können Gebiete ausgewiesen werden, in denen „bei der Errichtung von Gebäuden oder sonstigen baulichen Anlagen bestimmte bauliche und sonstige technische Maßnahmen für die Erzeugung, Nutzung oder Speicherung von Strom, Wärme oder Kälte aus erneuerbaren Energien oder Kraft-Wärme-Kopplung getroffen werden müssen". Die planerischen Steuerungsoptionen zum Klimaschutz wurden durch die Klimaschutz-Novelle 2011 erheblich ausgedehnt. So beschränkte sich die durch das EAG Bau 2004 eingeführte Vorgängernorm[1269] noch ausschließlich auf die „Errichtung von Gebäuden" sowie auf „bestimmte bauliche Maßnahmen für den Einsatz erneuerbaren Energien wie insbesondere Solarenergie". Durch die Klimaschutz-Novelle wurde der Anwendungsbereich des § 9 Abs. 1 Nr. 23 lit. b) BauGB in dreierlei Hinsicht zu Gunsten des Klimaschutzes erweitert:

Erstens sind nun nicht nur Gebäude vom Regelungsbereich erfasst, sondern auch „sonstige bauliche Anlagen". Unter „sonstige bauliche Anlagen" fallen alle baulichen Anlagen, die keine Gebäude sind (z.B.: Mauern) und für bauliche und sonstige technische Maßnahmen zum Einsatz von erneuerbaren Energien und zur Kraft-Wärme-Kopplung verwendet werden können.[1270] Weiterhin sind nicht nur „bauliche Maßnahmen", sondern auch „sonstige technische Maßnahmen" festsetzbar. Damit kann nunmehr z.B. eine verpflichtende Installation von Anlagen und Einrichtungen zur Nutzung erneuerbaren Energien festgesetzt werden.[1271] Die Frage, ob die Festsetzungsvorschrift auch technische Maßnahmen zum Einsatz regenerativer Energien ermögliche, war vor der Klimaschutz-Novelle 2011 kontrovers diskutiert[1272] worden. Nach den Vertretern der restriktiven Auslegung waren auf der Grundlage des § 9 Abs. 1 Nr. 23 lit. b) BauGB a. F. lediglich Festsetzungen für bauliche *vorbereitende*

1269 BGBl. I 2004 S. 2414.

1270 *Battis/Krautzberger/Mitschang/Reidt/ Stüer*, NVwZ 2011, 897 (900).

1271 *Stüer/Stüer*, DVBl. 2011, 1117 (1120); *Wickel*, UPR 2011, 416 (419).

1272 Vor der Klimaschutznovelle 2011 bereits bejahend: *Schmidt*, NVwZ 2006, 1354 (1360); *Schrödter*-Schrödter, BauGB, 7. Aufl. (2006), § 9 Rn. 138b; *Ekardt/Schmitz/Schmidtke*, ZNER 2008, 334 (337); *Wustlich*, ZUR 2008, 113 (115); *Klinski/Longo*, ZNER 2007, 41 (43); *Kahl*, ZUR 2010, 395 (396 f.); zweifelnd: *Sparwasser/Mock*, ZUR 2008, 469 (470); *Battis/Kersten/Mitschang/Ingold/Schwarz*, Stadtentwicklung, S. 87; verneinend: *Berkemann*-Berkemann/Halama, Erstkommentierung zum BauGB 2004, § 9 Rn. 21.

bauliche Maßnahmen bzw. Vorkehrungen zum Einsatz für erneuerbare Energien möglich (etwa die Ausrichtung bzw. Konstruktion eines Gebäudes zur Solarenergienutzung), nicht jedoch die verpflichtende *Installation* von Anlagen regenerativen Energien (z.B.: Solaranlage oder Einbau eines Energieaggregats).[1273] Im Übrigen können nach § 9 Abs. 1 Nr. 23 lit. b) BauGB – wie schon zuvor – die Ausrichtung eines Gebäudes zur sonnenintensiven Lage oder ein Satteldach zur optimalen Nutzung von Solarenergie festgesetzt werden.[1274] Auch sind statische Planungsvorgaben wie etwa höhere Dachlasten für Solaranlagen oder Vorgaben für Leistungsschächte bzw. Blindleitungen von der Festsetzungsmöglichkeit erfasst.[1275]

Zweitens beschränkt sich der inhaltliche Regelungsbereich des § 9 Abs. 1 Nr. 23 lit. b) BauGB nicht mehr nur auf bauliche Maßnahmen für „erneuerbare Energien“, sondern erstreckt sich auch auf solche der „Kraft-Wärme-Kopplung“. Damit kann nach der Neufassung der Vorschrift selbst etwa die Nutzung einer Kraft-Wärme-Kopplungs-Anlage (z.B. eines Blockheizkraftwerks) planerisch vorgegeben werden.[1276]

Drittens erfasst § 9 Abs. 1 Nr. 23 lit. b) BauGB nicht mehr nur den „Einsatz“ regenerativer Energien, sondern umfasst die „Erzeugung, Nutzung oder Speicherung von Strom, Wärme oder Kälte“. Nunmehr kann also auch die Benutzung einer bereits eingebauten baulichen Anlage verpflichtend vorgegeben werden (z.B. die Nutzung einer Solarenergieanlage).[1277] Für die kommunale Anordnung einer Nutzungsverpflichtung spricht zudem, dass das BauGB in § 1 Abs. 6 Nr. 7 lit. f) BauGB ausdrücklich die „Nutzung erneuerbarer Energien sowie die sparsame und effiziente Nutzung von Energie“ als städtebaulichen Belang vorsieht. Insoweit konkretisiert § 9 Abs. 1 Nr. 23 lit. b) BauGB das Planungsziel der sparsamen und effizienten Nutzung regenerativer Energien. In der Praxis wird sich die Frage einer den Grundstückseigentümer verpflichtenden Nutzungsvorgabe wohl kaum stellen. Wenn die Gemeinde den Eigentümer dazu verpflichtet hat, eine Solaranlage zu installieren, so wird er höchstwahrscheinlich diese dann auch benutzen.[1278]

bb) Abgrenzung zum Energiefachrecht

In diesem Zusammenhang stellen sich jedoch Abgrenzungsfragen mit dem Regelungsbereich des EEWärmeG, soweit die Gemeinde in Neubaugebieten

---

1273 *Jäde*-ders/Dirnberger/Weiß, BauGB, § 9 Rn. 75.

1274 *Ekardt/Schmitz/Schmidtke*, ZNER 2008, 334 (337).

1275 *Sparwasser/Mock*, ZUR 2008, 469 (470).

1276 *Wickel*, UPR 2011, 416 (419).

1277 *Wickel*, UPR 2011, 416 (419); *Stüer/Stüer*, DVBl. 2011, 1117 (1120); a. A.: *Mitschang*, DVBl. 2012, 134 (139); bereits vor der Klimaschutz-Novelle 2011 bejahend: *Klinski/Longo*, ZNER 2007, 41 (43); *Kahl*, ZUR 2010, 395 (396 f.); *Wustlich*, ZUR 2008, 113 (115), seinerzeit verneinend: *Schrödter*-Schrödter, BauGB, 7. Aufl. (2006), § 9 Rn. 138b; *Söfker*, UPR 2009, 81 (87); *Jäde*-ders/Dirnberger/Weiß, BauGB, 5. Aufl. (2007), § 9 Rn. 75.

1278 *Ekardt/Schmitz/Schmidtke*, ZNER 2008, 334 (338).

Nutzungsverpflichtungen für den erneuerbaren Wärmesektor festsetzt. Denn das EEWärmeG regelt fachspezifisch in § 3 Abs. 1 die Nutzungspflichten des Eigentümers für regenerative Energien in Neubaugebieten. Nach § 3 Abs. 2 EEWärmeG können durch Landesrecht Nutzungspflichten auch für den Gebäudebestand erlassen werden. Das Gesetz bezweckt nach § 1 Abs. 1 EEWärmeG „insbesondere im Interesse des Klimaschutzes, der Schonung fossiler Ressourcen und Minderung der Abhängigkeit von Energieimporten, eine nachhaltige Entwicklung der Energieversorgung zu ermöglichen und die Weiterentwicklung von Technologien zur Erzeugung von Wärme und Kälte aus Erneuerbaren Energien zu fördern". Das EEWärmeG regelt also die Nutzungspflichten für erneuerbare Energien im Wärmesektor für Neubauten[1279] bundeseinheitlich und abschließend[1280]. Dies führt dazu, dass gegenüber dem Grundstückseigentümer keine identischen oder über die Anforderungen des EEWärmeG hinausgehenden Nutzungsverpflichtungen für erneuerbare Energien im Wärmebereich bei Neubauten städtebaulich festgesetzt werden können.[1281] Entsprechende Öffnungsklauseln für derartige städtebauliche Festsetzungen sieht das EEWärmeG nicht vor.[1282] In der Begründung des EEWärmeG wird angeführt, das der Bundesgesetzgeber von seinem Kompetenztitel nach Art. 74 Abs. 1 Nr. 2 GG abschließend Gebrauch gemacht hat.[1283] Darüber hinaus sieht das EEWärmeG nach § 7 Ersatzmaßnahmen für den Eigentümer vor, die er anstatt seiner Nutzungsverpflichtung i.S.v. § 3 Abs. 1 EEWärmeG treffen kann. Mit städtebaulichen Festsetzungen über Nutzungspflichtungen für regenerative Wärmeenergien in Neubaugebieten würden diese alternativen Ersatzmaßnahmen nach dem EEWärmeG umgangen werden.[1284]

Im Umkehrschluss sind mithin bauplanungsrechtliche Festsetzungen dann möglich, soweit die spezielleren Regelungen des EEWärmeG nicht anwendbar sind.[1285] Dies gilt vordringlich für (nutzungs-)verpflichtende städtebauliche Maßnahmen im Bereich der Stromversorgung aus regenerativen Energieträgern und der Kraft-Wärme-Kopplung[1286], da sich das EEWärmeG nur auf den Wärme- und Kältesektor der energetischen Gebäudeversorgung bezieht. Zudem sind sämtliche Festsetzungen nach § 9 Abs. 1 Nr. 23 lit. b) BauGB möglich, die der Umsetzung der Zielvorgaben

1279 Die Nutzungspflichten nach § 3 EEWärmeG finden auf neu zu errichtende Gebäude mit einer Nutzfläche von mehr als 50 m² Anwendung, vgl. § 4 EEWärmeG.

1280 BT-Drs. 16/8149, S. 13, 22; BR-Drs. 9/08, S. 19 f.; *Wustlich*, NVwZ 2008, 1041 (1046); *Kahl*, ZUR 2010, 395 (397).

1281 Vgl. *Ingold/Schwarz*, NuR 2010, 308 (312); *Wustlich*, NVwZ 2008, 1041 (1046).

1282 Vgl. *Wustlich*, NVwZ 2008, 1041 (1046); offen lassend: *Söfker*, UPR 2009, 81 (87).

1283 Mit Ausnahme von § 3 Abs. 2 i. V. m. § 5 Abs. 1 S. 2 EEWärmeG, BT-Drs. 16/8149, S. 13, 22.

1284 *Wustlich*, ZUR 2008, 113 (118); ders, NVwZ 2008, 1041 (1046); m. w. N. *Braun*, Kommunalisierung von Umweltaufgaben, S. 179 ff.

1285 Vgl. *Wustlich*, ZUR 2008, 113 (118); ders, NVwZ 2008, 1041 (1046 f.).

1286 So auch *Braun*, Kommunalisierung von Umweltaufgaben, S. 181.

des EEWärmeG dienen.[1287] Hierzu sind alle städtebaulichen Maßnahmen zu verstehen, die eine Nutzungsverpflichtung nach dem EEWärmeG erst ermöglichen (wie etwa die verpflichtende Anordnung zur Installation einer Solaranlage).[1288] Zusätzlich können Nutzungsverpflichtungen für erneuerbare Energien im Wärmebereich in städtebaulichen Verträgen[1289] nach § 11 BauGB freiwillig vereinbart werden.

cc) Grenzen des Anwendungsbereichs

Die Regelung des § 9 Abs. 1 Nr. 23 lit. b) BauGB bietet folglich ein umfassendes Spektrum an Festsetzungsmöglichkeiten zur Errichtung und Nutzung von baulichen Anlagen und technischen Maßnahmen zur Wärmenutzung und Stromerzeugung aus erneuerbaren Energien und zur Kraft-Wärme-Kopplung. Genauso wie § 9 Abs. 1 Nr. 23 lit. a) BauGB setzen die Festsetzungen nach § 9 Abs. 1 Nr. 23 lit. b) BauGB im Übrigen nicht voraus, dass das Plangebiet eine lokale klimatische Schädigung oder Vorbelastung aufweist.[1290]

Nicht umfasst von den Festsetzungsmöglichkeiten des § 9 Abs. 1 Nr. 23 lit. b) BauGB ist ein Anschluss- und Benutzungszwang an ein Netz der öffentlichen Fernwärme- oder Fernkälteversorgung.[1291] Ermächtigungsrundlage hierfür ist vielmehr § 16 EEWärmeG i.V.m. der jeweiligen Gemeindeordnung der Länder.[1292] Darüber hinaus ist eine Kombination von klimaschutzbezogenen Festsetzungen nach § 9 Abs. 1 Nr. 23 lit. b) BauGB und nach § 9 Abs. 1 Nr. 24 BauGB möglich, so dass z.B. an oder auf Gebäuden oder Lärmschutzanlagen eine Anbringung von Photovoltaikanlagen kombinierbar ist.

Allerdings erfahren die Steuerungsmöglichkeiten zum Klimaschutz dahingehend eine Einschränkung, dass sich § 9 Abs. 1 Nr. 23 lit. b) BauGB tatbestandlich nach wie vor nur auf die „Errichtung“ von Gebäuden bzw. sonstigen baulichen Anlagen bezieht. Damit sind diese Festsetzungsmöglichkeiten auf bereits bestehende Gebäude oder sonstige bereits vorhandene bauliche Anlagen nicht anwendbar.[1293] Gebäudesanierungen oder Nutzungsänderungen bzw. sonstige Änderungen von Gebäuden oder baulichen Anlagen sind von den Festsetzungsvarianten des § 9 Abs. 1 Nr. 23 lit. b) BauGB mithin nicht umfasst.[1294] Gerade im bereits bestehenden Gebäudebestand besteht jedoch das größte Energieeinsparungspotenzial.[1295]

1287 *Stüer/Stüer*, DVBl. 2011, 1117 (1120).

1288 Vgl. *Ingold/Schwarz*, NuR 2010, 308 (312).

1289 Zu klimaschützenden Gestaltungsmöglichkeiten in städtebaulichen Verträgen nach § 11 BauGB im 7. Kap. B. I.

1290 Vgl. *Schrödter*-Schrödter, BauGB, 7. Aufl. (2006), § 9 Rn. 138 c.

1291 *Kahl*, ZUR 2010, 395 (399); *Koch*, NVwZ 2011, 641 (653); *Mitschang/Reidt*-Battis/Krautzberger/Löhr, BauGB, § 9 Rn. 138; *Söfker*, ZfBR 2011, 541 (544).

1292 *Kahl*, ZUR 2010, 395 (399); *Söfker*, ZfBR 2011, 541 (544).

1293 Vgl. *Mitschang/Reidt*-Battis/Krautzberger/Löhr, BauGB, § 9 Rn. 134.

1294 Vgl. *Söfker*, ZfBR 2011, 541 (544); *Wickel*, UPR 2011, 416 (419).

1295 *Wickel*, UPR 2011, 416 (419).

Um die klimaschützenden Gestaltungsmöglichkeiten zu erweitern, könnte erwogen werden, den Tatbestand des § 9 Abs. 1 Nr. 23 lit. b) BauGB auf bestehende Anlagen auszudehnen, indem z.B. auch die Umbauten, Gebäudesanierungen oder Nutzungsänderungen tatbestandlich erfasst werden. So könnte auch in bereits bebauten Gebieten die Energieeinsparung erhöht werden und durch Anlagen zur Energienutzung aus erneuerbaren Energien ausgebaut werden.

n) § 9 Abs. 1 Nr. 24 BauGB

aa) Anwendungsbereich

Eine wesentliche Rolle für den Klimaschutz spielen ferner die Festsetzungsmöglichkeiten nach § 9 Abs. 1 Nr. 24 BauGB. Danach können „die von der Bebauung freizuhaltenden Schutzflächen und ihre Nutzung, die Flächen für besondere Anlagen und Vorkehrungen zum Schutz vor schädlichen Umwelteinwirkungen und sonstigen Gefahren im Sinne des Bundes-Immissionsschutzgesetzes sowie die zum Schutz vor solchen Einwirkungen oder zur Vermeidung oder Minderung solcher Einwirkungen zu treffenden baulichen und sonstigen technischen Vorkehrungen" festgesetzt werden. Für den Klimaschutz ist insbesondere die dritte Tatbestandsvariante von Bedeutung. Sie bezweckt zum einen den Schutz baulicher Anlagen vor schädlichen Umwelteinwirkungen und zum anderen die Beseitigung bzw. Minimierung die von einer Anlage ausgehenden schädlichen Umwelteinwirkungen.[1296] Wann eine „schädliche Umwelteinwirkung" oder „sonstige Gefahr" vorliegt, richtet sich nach § 3 BImSchG. Im Unterschied zu § 9 Abs. 1 Nr. 23 lit. a) BauGB umfasst § 9 Abs. 1 Nr. 24 BauGB nicht nur den Schutz vor luftverunreinigenden Stoffen, sondern insgesamt den Schutz vor schädlichen Umwelteinwirkungen und sonstigen Gefahren im Sinne des BImSchG. Von „baulichen Vorkehrungen" sind vor allem passive Lärmschutzmaßnahmen und die Ausgestaltung von Außenwänden, Dächern und Türen erfasst.[1297] Der Begriff der „sonstige technische Vorkehrungen" bezieht sich dabei auf bautechnische Vorkehrungen, nicht auf produktionstechnische Maßnahmen (z.B.: zulässige Materialen, die Abfallbehandlung).[1298] Bautechnischen Vorkehrungen sind etwa solche gegen Geruchsbelästigungen (z.B.: Filterungsanlagen).[1299]

bb) Zulässigkeit von sog. Wärmedurchgangskoeffizienten

Nach wie vor umstritten ist, ob nach § 9 Abs. 1 Nr. 24 Var. 3 BauGB auch Festsetzungen zur Wärmedämmung in Gebäuden erfolgen können. Konkret geht es um die Vorgabe von Energiekennzahlen (sog. Wärmedurchgangskoeffizienten). Nach

1296 *Ekardt/Schmitz/Schmidtke*, ZNER 2008, 334 (338).
1297 BVerwG, DVBl. 1995, 1010 (1010); *Schrödter*-Schrödter, BauGB, § 9 Rn. 174.
1298 *Schrödter*-Schrödter, BauGB, 7. Aufl. (2006), § 9 Rn. 144.
1299 OVG Lüneburg, NVwZ-RR 2001, 218 (218).

den Vertretern der extensiven[1300] Auslegung sind Festsetzungen zur Wärmedämmung in Gebäuden zum globalen Klimaschutz zu Recht nach § 9 Abs. 1 Nr. 24 Var. 3 BauGB zulässig.

Einigkeit besteht insofern darüber, dass die fachgesetzlichen Regelungen des Energieeinsparungsgesetzes[1301] derartige städtebaulichen Festsetzungen nicht sperren. Das EnEG dient zwar nach § 1 Abs. 1 der Einsparung von Energie und Nutzung von erneuerbaren Energien in Gebäuden, regelt diese aber nicht abschließend. Denn nach § 1 Abs. 3, § 2 Abs. 4, § 3 Abs. 3 EnEG bleiben „höhere Anforderungen an den baulichen Wärmeschutz" durch andere Rechtsvorschriften unberührt.

Die Vertreter der restriktiven[1302] Auslegung wenden gegen Festsetzungen zur Wärmedämmung ein, dass allein der Energieverbrauch von fossilen Energieträgern selbst noch keine schädlichen Umwelteinwirkungen oder sonstigen Gefahren im Sinne des § 3 BImSchG darstellen würde und sich der Regelungszweck des § 9 Abs. 1 Nr. 24 BauGB nur auf den „unmittelbaren" Schutz vor schädlichen Umwelteinwirkungen im Sinne des BImSchG beziehe.

Dagegen lässt sich jedoch anführen, dass die mit dem Energieverbrauch von fossilen Energieträgern verbundene erhöhte Freisetzung von klimaschädlichen CO_2 – wie bereits dargestellt[1303] – schädliche Umwelteinwirkungen im Sinne des § 3 BImSchG darstellen.[1304] Gemäß § 1 Abs. 1 BImSchG wird auch die Atomsphäre[1305] und folglich auch das globale[1306] Klima erfasst. Auch das Argument, dass die Festsetzungen zur Wärmedämmung nicht „unmittelbar" dem Schutz vor schädlichen Umwelteinwirkungen im Sinne des BImSchG dienen, überzeugt letztendlich nicht. Zwar nimmt § 9 Abs. 1 Nr. 24 BauGB Bezug auf das BImSchG und ist daher immissionsrechtlich orientiert; eine „unmittelbare" (lokale) Verbesserung der klimatischen Verhältnisse setzt diese Vorschrift aber nicht[1307] voraus. Auch der Verweis auf das BImSchG rechtfertigt ein solches Erfordernis nicht. Dem BImSchG ist der vorsorgende Schutz vor umweltschädlichen Emissionen nicht fremd. Denn das BImSchG kennt nicht nur aktive Schutzpflichten zur unmittelbaren Minimierung von schädlichen Umwelteinwirkungen nach § 5 Abs. 1 Nr. 1 BImSchG, sondern auch vorsorgende Schutzpflichten nach § 5 Abs. 1 Nr. 2 BImSchG. Die Vorsorgepflicht im

1300 *Schmidt*, NVwZ 2006, 1354 (1360 f.); *Denny/Spangenberger*, UPR 1999, 331 (333); *Roller*, BauR 1995, 185 (187); *Schrödter*-Schrödter, BauGB, § 9 Rn. 196.

1301 Gesetz zur Einsparung von Energie in Gebäuden (Energieeinsparungsgesetz – EnEG) i. d. F. d. Bek. v. 01.09.2005 (BGBl. I S. 2684), zul. geänd. durch Gesetz vom 04.07.2013 (BGBl. I S. 2197).

1302 *Schmidt-Eichstaedt*-Mitschang, Klimaschutz und Energieeinsparung, S. 167 (177); *Söfker*, UPR 2009, 81 (86); *Spannowsky/Baumann*-Spannowsky/Uechtritz, BauGB, § 9 Rn. 107.

1303 Siehe 6. Kap B. I. 2. 1) aa).

1304 *Schmidt*, NVwZ 2006, 1354 (1360); *Ekardt/Schmitz/Schmidtke*, ZNER 2008, 334 (338).

1305 *Frenz*-Kotulla, BImSchG, 3. Lfg., Juli 2004, § 1 Rn. 45.

1306 *Winkler*, ZUR 2003, 395 (395); *Sailer*, NVwZ 2011, 718 (719).

1307 So auch *Braun*, Kommunalisierung von Umweltaufgaben, S. 174.

Sinne des § 5 Abs. 1 Nr. 2 BImSchG ist nicht eng auszulegen[1308] und umfasst wegen des integrativen Ansatzes auch Energiesparsamkeits- und Effizienzgebote[1309]. Dies zeigt auch § 5 Abs. 1 Nr. 4 BImSchG, der dazu verpflichtet, „Energie sparsam und effizient" zu verwenden. Insofern dimensionieren auch Klimaschutzgesichtspunkte den Umfang der anlagenbezogenen Grundpflichten.[1310] Einen „unmittelbaren" Wirkungskreis setzt die Vorsorgepflicht des § 5 Abs. 1 Nr. 2 BImSchG wegen der fehlenden „räumlich-zeitlichen Nahwirkung"[1311] von Treibhausgasen nicht voraus. Die emissionsverringernde Wirkung muss nicht an der emittierenden Anlage selbst, sondern kann auch andernorts[1312] eintreten. Nach § 9 Abs. 1 Nr. 24 BauGB sind daher auch Festsetzungen von Wärmedurchgangskoeffizienten in Gebäuden zur Verringerung von klimaschädlichen CO_2-Austößen möglich. Für ein solches Verständnis spricht zudem, dass der vorsorgende und anpassende Klimaschutz in § 1 Abs. 5 S. 2, § 1a Abs. 5 S. 1 BauGB und die Energienutzung erneuerbarer Energien sowie die sparsame und effiziente Energienutzung in § 1 Abs. 6 Nr. 7 lit. f) BauGB mittlerweile als schützenswerte Belange ausdrücklich normiert sind. Eine Klarstellung des Gesetzeswortlautes wäre insofern allerdings wünschenswert.

cc) Zulässigkeit des passiven Schutzes vor schädlichen Umwelteinwirkungen

Die Argumentation zur Festsetzung von Wärmedämmmaßnahmen in Gebäuden lässt sich auf die diskutierte Frage übertragen, ob – neben § 9 Abs. 1 Nr. 23 lit. b) BauGB – auch nach § 9 Abs. 1 Nr. 24 Var. 3 BauGB Vorkehrungen zur Nutzung von Solarenergieanlagen (z.B.: Dachform zur Nutzung von Solarenergie) an Gebäuden festgesetzt werden dürfen. Damit ist der sog. passive Schutz[1313] vor schädlichen Umwelteinwirkungen angesprochen. Nach den Vertretern der extensiven[1314] Auslegung sind Festsetzungen zur Nutzung von Solarenergieanlagen aufgrund des globalen Klimaschutzes zu Recht nach § 9 Abs. 1 Nr. 24 Var. 3 BauGB zulässig. Auch hier greift der Einwand des unmittelbaren Schutzzweckes des BImSchG der restriktiven[1315] Vertreter zu kurz, da dieser auch Vorsorgemaßnahmen erfasst, die schädliche Umwelteinwirkungen nicht unmittelbar verringern, sondern solche von vornherein

---

1308 *Koch/Mengel*, DVBl. 2000, 953 (957); *Braun*, Kommunalisierung von Umweltaufgaben, S. 174.

1309 *Kotulla*, Umweltrecht, 3. Teil Rn. 20.

1310 *Kotulla*, Umweltrecht, 3. Teil Rn. 20.

1311 *Sailer*, NVwZ 2011, 718 (719).

1312 BVerwGE 69, 37 (42 f.); *Koch/Wieneke*, DVBl. 2001, 1085 (1089); *Kotulla*-Kotulla, BImSchG, Bd. 1, 4. Lfg., Nov. 2004, § 5 Rn. 22, 63.

1313 BVerwGE 80, 184 (186); BVerwG, ZfBR 2012, 578 (578).

1314 *Schmidt*, NVwZ 2006, 1354 (1360 f.); *Ekardt/Schmitz/Schmidtke*, ZNER 2008, 334 (338); *Roller*, BauR 1995, 185 (187); *Schrödter*-Schrödter, BauGB, § 9 Rn. 196.

1315 *Schmidt-Eichstaedt*-Mitschang, Klimaschutz und Energieeinsparung, S. 167 (177); *Söfker*, UPR 2009, 81 (86); *Spannowsky/Baumann*-Spannowsky/Uechtritz, BauGB, § 9 Rn. 107.

(mittelbar) vermeiden sollen. Nach den obigen Ausführungen[1316] sind demnach nach § 9 Abs. 1 Nr. 24 BauGB auch Festsetzungen zur Nutzung von Solarenergieanlagen nach § 9 Abs. 1 Nr. 24 Var. 3 BauGB zulässig. Im Übrigen dürfte sich dieses Problem in der Praxis nicht auswirken. Denn Festsetzungen zu Solarenergieanlagen sind ohnehin nach § 9 Abs. 1 Nr. 23 lit. b) BauGB[1317] möglich.

o) § 9 Abs. 1 Nr. 25 BauGB

Die Regelung des § 9 Abs. 1 Nr. 25 BauGB bietet Möglichkeiten zur Bepflanzung von Gebieten oder auch einzelnen Flächen. Tatbestandlich ist auch die Erhaltung von Pflanzen sowie Gewässern erfasst. Insbesondere in luftbelasteten Gebieten (z.B.: in Smoggebieten, Gemengenlagen) eignen sich die Festsetzungen von Grün- und Wasserflächen, um die klimaschädlichen CO_2-Emissionen zu binden und eine ausgeglichene Luftkonzentration wiederherzustellen. Interessant für eine klimaschützende Bauleitplanung sind vor allem Planmaßnahmen zur Gebäudebegrünung. Die Gemeinden könnten aus städtebaulichen Gründen nach § 9 Abs. 1 Nr. 25 lit. a) BauGB – vor allem auch im Gebäudebestand – die Begrünung von Mauern, Hauswänden und Dächern anordnen.[1318] Diese Planungsoption eignet sich zudem in dicht besiedelten Gebieten, in denen die Kapazitäten für rauminanspruchnehmende Flächen zur Bepflanzung fehlen.

Allerdings darf sich der städtebauliche Grund nicht allein auf die Gestaltung eines Ortbildes[1319] reduzieren, denn diese Materie ist materiell-rechtlich dem Bauordnungsrecht der jeweiligen Länder zuzuordnen. Deshalb können beispielsweise Vorgaben zur Gestaltung einzelner Vorgärten[1320] können nicht nach § 9 Abs. 1 Nr. 25 BauGB im Bebauungsplan festgesetzt werden. Hingegen betreffen die Vorgabe von bestimmten Pflanzenarten, eine bestimmte Mischung oder eine bestimmte Dichte der Bepflanzung[1321] materiell-rechtlich das Bauplanungsrecht und können dem Grundstückseigentümer nach § 9 Abs. 1 Nr. 25 BauGB verpflichtend vorgegeben werden. Vom Tatbestand des § 9 Abs. 1 Nr. 25 BauGB ausdrücklich ausgenommen, sind die Ausweisung von Flächen zur landwirtschaftlichen Nutzung oder Wald. Allerdings können auch solche Flächen auf die Regelung des § 9 Abs. 1 Nr. 25 BauGB subsidiär gestützt werden, soweit eine Festsetzung weder nach § 9 Abs. 1 Nr. 18 BauGB erfolgt noch geplant ist.[1322]

Des Weiteren steht Planvorgaben zur Bepflanzung nicht entgegen, dass sie sich nur auf ein Teil einer baulichen Anlage bezieht und nicht auf ganzes Gebäude.

1316 Siehe unter 6. Kap. B. I. 2. n) bb).
1317 Siehe unter 6. Kap. B. I. 2. m).
1318 *Chilla/Stephan/Röger/Radtke*, ZUR 2002, 249 (251 f.).
1319 *Chilla/Stephan/Röger/*Radtke, ZUR 2002, 249 (252).
1320 OVG Berlin, UPR 1991, 357 (358).
1321 BVerwG, NVwZ 1991, 877 (878); OVG Lüneburg, NVwZ-RR 2009, 830 (832).
1322 VGH München, UPR 2013, 149 (151); *Mitschang/Reidt*-Battis/Krautzberger/Löhr, BauGB, § 9 Rn. 152.

Denn der Anwendungsbereich des § 9 Abs. 1 Nr. 25 BauGB beschränkt sich gerade nicht auf ein ganzes Gemeindegebiet, sondern umfasst auch Teile von baulichen Anlagen.[1323] Die Planungsoptionen nach § 9 Abs. 1 BauGB können deshalb mit § 9 Abs. 1 Nr. 25 BauGB kombiniert und ergänzt werden. So können etwa nach § 9 Abs. 1 Nr. 23 b) BauGB die Vorkehrungen zur Nutzung von Solarenergie und nach § 9 Abs. 1 Nr. 25 BauGB die verschattungsvermeidbare Begrenzung von Bepflanzungen festgesetzt werden.[1324] Der städtebauliche Grund kann allgemein mit dem Umweltschutz begründet werden.[1325] Mit Verweis[1326] auf die bisherigen Ausführungen kann die städtebauliche Rechtfertigung von Festsetzungen nach § 9 Abs. 1 Nr. 25 BauGB mithin auch auf den allgemeinen Klimaschutz bzw. die Klimaanpassung gestützt werden. Zudem dürften zugleich weitere städtebauliche Belange gemäß § 1 Abs. 6 BauGB erfüllt sein. Beispielsweise berühren Vorgaben zur Gebäude- oder Straßenbegrünung in der Regel auch die allgemeine Anforderungen an gesunde Wohn- und Arbeitsverhältnisse nach § 1 Abs. 6 Nr. 1 BauGB.

II. Zusammenfassung

Der kommunale Gestaltungsspielraum für bauplanungsrechtliche Maßnahmen wurde zum (allgemeinen) Klimaschutz und zur Anpassung an den Klimawandel in den letzten Jahren erweitert und präzisiert. Dies gilt sowohl für die Möglichkeiten von Darstellungen im Flächennutzungsplan als auch für Festsetzungen im Bebauungsplan. In Bezug auf die Festsetzungsmöglichkeiten nach § 9 Abs. 1 Nrn. 14, 20, 23 lit. a) und b), 24 BauGB bestehen allerdings Zweifel an deren Regelungsreichweite. Insofern besteht Novellierungsbedarf seitens des Gesetzgebers.

Für den Klimaschutz und die Klimaanpassung sind insbesondere Maßnahmen zur Wärme- und Stromversorgung aus erneuerbarer Energien und der Kraft-Wärme-Kopplung von Bedeutung. Hierzu bietet die § 9 Abs. 1 Nr. 23 lit. b) BauGB bereits verschiedene Gestaltungsmöglichkeiten. Allerdings beschränkt sich dessen Anwendungsbereich nur auf die „Errichtung“ von baulichen Anlagen. Um eine energetische Aufwertung im bereits bestehenden Baubestand zu fördern, könnte erwogen werden, den Tatbestand des § 9 Abs. 1 Nr. 23 lit. b) BauGB auf Sanierungen von Gebäuden bzw. Nutzungsänderungen auszuweiten. Zudem wäre eine Klarstellung des Gesetzgebers dahingehend wünschenswert, ob nach § 9 Abs. 1 Nr. 24 BauGB auch Maßnahmen zur Wärmedämmung in Gebäuden bzw. Vorkehrungen zur Nutzung von Solarenergieanlagen festgesetzt werden dürfen.

1323 *Mitschang/Reidt*-Battis/Krautzberger/Löhr, BauGB, § 9 Rn. 151.

1324 *Battis/Kersten/Mitschang/Ingold/Schwarz*, Stadtentwicklung, S. 93.

1325 BVerwG, NVwZ 1991, 877 (878).

1326 Siehe 4. Kap. B. I., II.

Siebtes Kapitel: Weitere Instrumente zum vorsorgenden und anpassenden Klimaschutz in der Bauleitplanung

A. Klimaschutz und Klimaanpassung im Rahmen des vorhabenbezogenen Bebauungsplans

Der vorhabenbezogene Bebauungsplan nach § 12 BauGB stellt ein weiteres Planungsinstrument dar, um den Klimaschutz und die Anpassung an den Klimawandel in der Bauleitplanung zu integrieren. Nach § 12 Abs. 1 S. 1 BauGB kann die Gemeinde „durch einen vorhabenbezogenen Bebauungsplan die Zulässigkeit von Vorhaben bestimmen, wenn der Vorhabenträger auf der Grundlage eines mit der Gemeinde abgestimmten Plans zur Durchführung der Vorhaben und der Erschließungsmaßnahmen (Vorhaben- und Erschließungsplan) bereit und in der Lage ist und sich zur Durchführung innerhalb einer bestimmten Frist und zur Tragung der Planungs- und Erschließungskosten ganz oder teilweise vor dem Beschluss nach § 10 Abs. 1 verpflichtet (Durchführungsvertrag)“. Die Vorschrift stellt klar, dass sich der vorhabenbezogene Bebauungsplan – wie seine Bezeichnung bereits vermuten lässt – auf ein konkretes Vorhaben bezieht. Seine Funktion liegt darin, die rechtlichen Voraussetzungen für ein bestimmtes Planvorhaben eines Investors herzustellen.[1327]

Er besteht aus planerischen, vertraglichen und normativen Elementen[1328], die miteinander koordiniert werden müssen und sich in mehreren Schritten vollziehen: im Unterschied zum normalen Bebauungsplan konzipiert der Vorhabenträger (Investor) selbst einen Vorhaben- und Erschließungsplan, allerdings in Abstimmung mit der Gemeinde.[1329] Anschließend verpflichtet sich der Vorhabenträger in einem mit der Gemeinde zu schließenden Durchführungsvertrag das Vorhaben und die Erschließung auch tatsächlich zu realisieren.[1330] Zuletzt erlässt die Gemeinde für das konkrete Projekt den vorhabenbezogenen Bebauungsplan und schafft damit die Voraussetzung für die noch zu erteilende Baugenehmigung.[1331]

Der Vorteil für die Gemeinde ist, dass der Vorhabenträger die Planungs- und Erschließungskosten ganz oder teilweise übernimmt (vgl. § 12 Abs. 1 S. 1 BauGB).

1327 *Mitschang*, ZfBR 2010, 534 (546); *Jarass/Kment*, BauGB, § 12 Rn. 2.

1328 Vgl. OVG Münster, ZfBR 2006, 490 (492); *Jarass/Kment*, BauGB, § 12 Rn. 3.

1329 *Mitschang*-Battis/Krautzberger/Löhr, BauGB, § 12 Rn. 3; *Jäde*-ders/Dirnberger/Weiß, BauGB, § 12 Rn. 3.

1330 *Kukk*-Schrödter, BauGB, § 12 Rn. 21; *Jarass/Kment*, BauGB, § 12 Rn. 3; *Mitschang*-Battis/Krautzberger/Löhr, BauGB, § 12 Rn. 13.

1331 *Mitschang*-Battis/Krautzberger/Löhr, BauGB, § 12 Rn. 3; *Jarass/Kment*, BauGB, § 12 Rn. 3.

Zudem zeichnet sich teilweise eine sich ändernde Plankultur ab, die sich im Gegensatz von der Angebotsplanung des „normalen" Bebauungsplans auf die Planung eines konkreten Projekts bezieht[1332], für welche der vorhabenbezogenen Bebauungsplan ein taugliches Planungsinstrument darstellt.

Die Gemeinde kann im vorhabenbezogenen Bebauungsplan sämtliche klimabezogenen Planmaßnahmen im Sinne des § 9 Abs. 1 BauGB[1333] erlassen. Sie ist hierbei indes nicht auf den abschließenden Festsetzungskatalog des § 9 Abs. 1 BauGB beschränkt (vgl. § 12 Abs. 3 S. 2 BauGB), sondern kann aufgrund der ausgeprägten Kooperation mit dem Privatinvestor auch darüber hinausgehende Regelungen mit klimabezogenen Vorgaben treffen.[1334] Für die Gemeinde besteht im Rahmen des vorhabenbezogenen Bebauungsplans daher ein weiterer Gestaltungsspielraum als bei einem normalen Bebauungsplan. Die Voraussetzung des städtebaulichen Grundes muss indes freilich gewahrt bleiben.[1335]

Die Gemeinde kann durch das Instrument des vorhabenbezogenen Bebauungsplans auf ein bestimmtes Vorhaben konkret eingehen und die Möglichkeiten an klimaschutzbezogenen Verpflichtungen – im Einvernehmen des Investors – ausschöpfen. So können etwa erhöhte[1336] Wärmeschutzanforderungen durch Niedrigenergiehaus-Standards festgelegt werden. Ebenso lassen sich beispielsweise die energetische Ausführung des Vorhabens (z.B.: Baugestaltung)[1337], Stoffverwendungsverbote bzw. -beschränkungen oder die von der Gemeinde favorisierte Energieversorgungsart (z.B.: Solarthermie oder Anschluss an ein Blockheizkraftwerk)[1338] vertraglich vereinbaren. Der breite Gestaltungsrahmen des vorhabenbezogenen Bebauungsplans bietet auch vielfältige Möglichkeiten an klimaschutz- und energieeinsparungsbezogenen Regelungen in Bezug auf die konkrete Anlage und damit auch flexible Handlungsstrategien für die Gemeinde.

B. Klimaschutz und Klimaanpassung im Rahmen von städtebaulichen Verträgen

I. Der städtebauliche Vertrag, § 11 BauGB

Ein weiteres Steuerungsinstrument für den vorsorgenden und adaptiven Klimaschutz ermöglicht § 11 BauGB. Danach kann die Gemeinde zur Durchsetzung ihrer städtebaulichen Planungsziele mit Personen des Privatrechts städtebauliche

1332 *Jarass/Kment*, BauGB, § 11 Rn. 2.
1333 Hierzu 6. Kap. B. I. 2. a).
1334 *Koch/Mengel*, DVBl. 2000, 953 (959); *Mitschang*, ZfBR 2010, 534 (546).
1335 *Menke*, NVwZ 1998, 577 (579).
1336 *Koch/Mengel*, DVBl. 2000, 953 (959).
1337 *Denny/Sprangenberger*, UPR 1999, 331 (335).
1338 *Zeiss/Longo*, UPR 1998, 217 (218); *Koch/Mengel*, DVBl. 2000, 953 (960).

Verträge schließen. In der jüngeren Literatur[1339] wird die Bedeutung der städtebaulichen Verträge für klimaschützende Gestaltungsmöglichkeiten kontinuierlich hervorgehoben.

1. Rechtsnatur und Grundzüge des städtebaulichen Vertrages

Der städtebauliche Vertrag ist nach seiner Rechtsnatur ein öffentlich-rechtlicher Vertrag im Sinne des §§ 54 ff. VwVfG. Es sind aber auch privatrechtliche oder die Mischung von öffentlich-rechtlichen und privatrechtlichen Vertragsbestandteilen zulässig.[1340] Er dient der Kooperation mit Privaten. Vertragspartner können insbesondere alle natürlichen und juristischen Personen des Privatrechts sein; darunter zählen Grundstückseigentümer, Bauwillige und Investoren.[1341] Der private Bauherr strebt in der Regel eine schnelle Verwirklichung seines Bauvorhabens an, um die Kosten – insbesondere bei einer Drittfinanzierung – so weit wie möglichst gering zu halten. Durch den städtebaulichen Vertrag kann die Bereitstellung, Erschließung sowie die Bebaubarkeit des Bauvorhabens beschleunigt werden.[1342] Der Vorteil für die Gemeinde liegt darin, dass sie von (Erschließungs-)Kosten sowie von gemeindlichen Eigenbeteiligungen entlastet wird und ihre Planungshoheit mit den Bauabsichten des Eigentümers korrespondiert.[1343] Nach § 11 Abs. 1 S. 3 BauGB können juristische Personen Vertragspartner sein, an denen die Gemeinde beteiligt ist. Die Gemeinde kann auch mit Körperschaften, Anstalten und Stiftung des öffentlichen Rechts oder einer anderen Gemeinde städtebauliche Verträge schließen – für derartige Verträge gilt allerdings § 11 Abs. 4 BauGB.[1344] § 11 Abs. 4 BauGB stellt klar, dass die „Zulässigkeit anderer städtebaulicher Verträge unberührt bleibt".

Städtebaulichen Charakter hat der Vertrag dann, wenn er nach seinem Schwerpunkt Regelungen oder Maßnahmen des Städtebaurechts betrifft.[1345] Für den städtebaulichen Vertrag mit öffentlich-rechtlicher Natur gilt § 11 BauGB, der als Spezialregelung gegenüber §§ 54 ff. VwVfG vorgeht. Im Übrigen finden die allgemeinen Vorschriften des öffentlich-rechtlichen Vertrages nach §§ 54 ff. VwVfG[1346]

1339 *Stüer/Stüer*, DVBl. 2011, 1117 (1121); *Klinski/Longo*, ZNER 2007, 41 (44); *Mitschang*, ZfBR 2010, 534 (546); *Ekardt/Schmitz/Schmidtke*, ZNER 2009, 334 (341 f.).

1340 *Krautzberger*-Ernst/Zinkahn/Bielenberg/ders, BauGB, 110. Lfg., Aug. 2013, § 11 Rn. 188; *Quaas/Kukk*-Schrödter, BauGB, § 11 Rn. 6.

1341 BT-Drs. 12/3944, S. 23 f.; *Jarass/Kment*, BauGB, § 11 Rn. 2; *Dirnberger*-Jäde/ders/Weiß, BauGB, § 11 Rn. 11.

1342 *Reidt*-Bracher/ders/Schiller, BauplR, Rn. 1048; *Jarass/Kment*, BauGB, § 11 Rn. 2.

1343 BT-Drs. 12/3944, S. 24; *Grziwotz*-Ernst/Zinkahn/Bielenberg/Krautzberger, BauGB, 110. Lfg., Aug. 2013, § 11 Rn. 339.

1344 *Quaas/Kukk*-Schrödter, BauGB, § 11 Abs. 5.

1345 *Reidt*-Battis/Krautzberger/Löhr, BauGB, § 11 Rn. 9; *Quaas/Kukk*-Schrödter, BauGB, § 11 Abs. 6.

1346 Hierzu m. w. N.: *Gusy*, DVBl. 1983, 1222 ff.

Anwendung. Zu seiner Wirksamkeit bedarf er – wie bei sonstigen öffentlich-rechtlichen Verträgen – der Schriftform nach § 11 Abs. 3 BauGB.

2. *Gestaltungsmöglichkeiten zum Klimaschutz*

Der Regelungsspielraum für klimaschutzbezogene Verpflichtungen in städtebaulichen Verträgen ist weit[1347] gestaltbar. Das BauGB bestimmt zum möglichen Vertragsinhalt kaum Zielvorgaben. § 11 BauGB enthält lediglich in Abs. 1 S. 2 einen Katalog an vertraglichen Ausgestaltungen, der jedoch nicht als abschließend zu verstehen ist.[1348] Hierauf weist der Einleitungssatz in § 11 Abs. 1 S. 2 BauGB mit dem Wort „insbesondere" zweifelsfrei hin. Die Gemeinde ist somit nicht an den Katalog des § 11 Abs. 1 S. 2 BauGB gebunden. Sie ist auch nicht auf die Festsetzungsmöglichkeiten nach § 9 Abs. 1 BauGB beschränkt. Vielmehr sind sämtliche Vertragsgestaltungen zum vorsorgenden und anpassenden Klimaschutz möglich, solange sie einen städtebaulichen Bezug haben (z.B. im Zusammenhang mit der Ausweisung eines Baugebietes oder der Durchführung einer städtebaulichen Maßnahme wie Sanierungs- und Entwicklungsmaßnahmen).[1349] Das Instrument des städtebaulichen Vertrages ermöglicht insbesondere auch im Baubestand verpflichtende Vorgaben für eine sparsame Energienutzung sowie der Nutzung von Anlagen erneuerbarer Energien oder Anlagen der Kraft-Wärme-Kopplung (z.B.: Mini-KWK-Anlage[1350] im Mehrfamilienhaus) zu treffen. Auch sind Vereinbarungen zur Erhöhung der Energieeffizienz von baulichen Anlagen (z.B.: Ausformung und Stellung des Baukörpers, Gestaltung der Dachflächen oder Fassadengestaltung)[1351] möglich.

a) *§ 11 Abs. 1 S. 2 Nr. 4 BauGB*

Besonders zu begrüßen ist die Regelung des § 11 Abs. 1 S. 2 Nr. 4 BauGB. Danach können vertragliche Vereinbarungen „entsprechend den mit den städtebaulichen Planungen und Maßnahmen verfolgten Zielen und Zwecken die Errichtung und Nutzung von Anlagen und Einrichtungen zur dezentralen und zentralen Erzeugung, Verteilung, Nutzung oder Speicherung von Strom, Wärme oder Kälte aus erneuerbaren Energien oder Kraft-Wärme-Kopplung" sein. Die Vorschrift ist inhaltlich sehr an den Wortlaut der Festsetzungsmöglichkeit nach § 9 Abs. 1 Nr. 23 lit. b) BauGB und § 5 Abs. 2 Nr. 2 lit. b) BauGB angelehnt; ist aber auf diese Regelungsinhalte aufgrund des nicht abschließenden Beispielskataloges des § 11 Abs. 1 S. 2

1347 *Jarass/Kment*, BauGB, § 11 Rn. 2.
1348 *Krautzberger*-Ernst/Zinkahn/Bielenberg/ders, BauGB, Lfg. 110, Aug. 2013, § 11 Rn. 108.
1349 BT-Drs. 17/6076, S. 9; *Reidt*-Battis/Krautzberger/Löhr, BauGB, § 11 Rn. 62.
1350 Zum System einer Mini-Kraft-Wärme-Kopplungs-Anlage: *Bundesindustrieverband Deutschland, Haus-, Energie- Umwelttechnik e. V.*, Effiziente Systeme und erneuerbare Energien, S. 44.
1351 *Denny/Spangenberger*, UPR 1999, 331 (334).

BauGB nicht beschränkt. Aus dem gleichen Grund handelt es sich auch nicht um eine neue Gestaltungsmöglichkeit für städtebauliche Verträge. Der Gesetzgeber hat mit der Erweiterung des Kataloges um § 11 Abs. 1 S. 2 Nr. 4 BauGB im Rahmen der Klimaschutz-Novelle 2011 dennoch mit Blick auf die bisher zurückhaltende Rechtsprechung eine Klarstellung erreicht[1352] und die diesbezüglich praxisnahen Unsicherheiten beseitigt. Die Vorgängernorm, die durch die EAG Bau 2004 eingeführt wurde, beschränkte sich noch auf die „Nutzung von Netzen und Anlagen der Kraft-Wärme-Kopplung sowie von Solaranlagen für die Wärme-, Kälte- und Elektrizitätsversorgung“[1353]. Nunmehr sind klarstellend „sämtliche Anlagen und Einrichtungen“, die für die Erzeugung, Speicherung und Nutzung erneuerbarer Energien, Anlagen und Einrichtungen der Fern- und Nahwärmeversorgung sowie der Kraft-Wärme-Kopplung geeignet sind[1354], einbezogen. Mit den Erweiterungen dieser Vorschrift werden der Klimaschutz und die Nutzung effizienter Energiesysteme sowie die Verwendung von erneuerbaren Energien als Aufgaben der Bauleitplanung (vgl. § 1 Abs. 5 S. 2, § 1a Abs. 5, § 1 Abs. 6 Nr. 7 lit. f) BauGB) präzisiert.

Auf der Grundlage des städtebaulichen Vertrages können etwa sämtliche bauliche oder sonstige technische Maßnahmen, die auch nach § 9 Abs. 1 Nr. 23 lit. b) BauGB festgesetzt werden können[1355], vereinbart werden. Zur Erweiterung des Klimaschutzes sind derartige städtebauliche Maßnahmen auch im Baubestand möglich. Zu beachten wäre insoweit allerdings, das das Angemessenheitsprinzip des § 11 Abs. 2 S. 1 BauGB gewahrt bleiben muss. Damit kann etwa ein Anschluss- und Benutzungszwang an (bestehende) Anlagen zur Nah- und Fernwärme (z.B.: über Blockheizkraftwerk oder Siedlungs-Kraft-Wärme-Kopplungsanlagen) vertraglich vereinbart werden.[1356]

b) § 11 Abs. 1 S. 2 Nr. 5 BauGB

Darüber hinaus hat der Beispielskatalog des § 11 Abs. 1 S. 2 BauGB mit der Untergliederung Nr. 5 BauGB eine weitere Erweiterung erfahren. Danach kann in städtebaulichen Verträgen „entsprechend den mit den städtebaulichen Planungen und Maßnahmen verfolgten Zielen und Zwecken die Anforderungen an die energetische Qualität von Gebäuden“ vereinbart werden. Durch die Regelung wird klargestellt, dass in städtebaulichen Verträgen auch effiziente Energiesysteme und die Nutzung von regenerativen Energien sowie der Kraft-Wärme-Kopplung disponibel sind. So kann etwa ein erhöhter Wärmeschutz (etwa sog. Niedrigenergiehaus-Standards) verbindlich vereinbart werden, z.B.: durch maximal zulässige Energiekennzahlen

---

1352 *Stüer/Stüer*, DVBl. 2011, 1117 (1121).
1353 BGBl. I. 2004 S. 1359.
1354 *Krautzberger*, UPR 2011, 361 (363).
1355 *Quaas/Kukk*-Schrödter, BauGB, § 11 Rn. 59.
1356 *Quaas/Kukk*-Schrödter, BauGB, § 11 Rn. 59; *Reidt*-Battis/Krautzberger/Löhr, BauGB, § 11 Rn. 61.

bzw. Wärmebedarfswerte.[1357] Ferner kann verpflichtend festgeschrieben werden, dass nur bestimmte Brennstoffe für Heizanlagen verwendet werden.[1358]

Als Maßstab können die Vorschriften des Energiefachrechts, insbesondere des EEWärmeG, EEG, EnEV, herangezogen werden. Die Gemeinde und die Privatinvestoren sind aber nicht auf die fachgesetzlichen Anforderungen des Energiefachrechts beschränkt. Sie können im städtebaulichen Vertrag vielmehr über die fachgesetzlichen Energieanforderungen hinausgehende Vereinbarungen treffen.[1359]

c) § 11 Abs. 1 S. 2 Nrn. 1 bis 3 BauGB

Des Weiteren lassen sich nach § 11 Abs. 1 S. 2 Nrn. 1 bis 3 BauGB zusammenfassend Verpflichtungen vereinbaren, die unmittelbar oder mittelbar für den Klimaschutz relevant sind. Nach § 11 Abs. 1 S. 2 Nr. 1 BauGB kann Vertragsinhalt die Vorbereitung und die Durchführung städtebaulicher Maßnahmen durch den Vertragspartner auf eigene Kosten sein. Die Übertragung von Vorbereitungs- und Durchführungsmaßnahmen auf Dritte kann der Mediation und Konfliktvermeidung dienen, die für die Realisierung von klimaschützenden Bauvorhaben relevant sein können.[1360]

Zudem sind Vereinbarungen zur „Förderung und Sicherung der mit der Bauleitplanung verfolgten Ziele" möglich (vgl. § 11 Abs. 1 S. 2 Nr. 2 BauGB). Als Anwendungsbeispiele nennt § 11 Abs. 1 S. 2 Nr. 2 BauGB beispielsweise die Befristung oder die Bedingung sowie die Durchführung des Ausgleichs im Sinne des § 1a Abs. 3 BauGB, die verpflichtend vereinbart werden können. Die Realisierung eines Bauvorhabens kann damit an die Verpflichtung geknüpft werden, innerhalb einer bestimmten, angemessenen Frist mit dem geplanten Vorhaben zu beginnen. Auch kann die bodenrechtliche Nutzung nur für einen bestimmten Zeitraum oder bis zum Eintritt bestimmter Umstände abhängig gemacht (sog. Baurecht auf Zeit) werden.[1361] Denkbar ist zum Beispiel eine befristete Nutzung von Brachflächen für Solarenergieanlagen.[1362] Zudem können verpflichtende Bedingungen zum Rückbau von baulichen Anlagen oder die Beseitigung von Bodenversiegelungen vertraglich vereinbart werden.[1363]

Gemäß § 11 Abs. 1 S. 2 Nr. 3 BauGB können „die Übernahme von Kosten oder sonstigen Aufwendungen, die der Gemeinde für städtebauliche Maßnahmen entstehen oder entstanden sind und die Voraussetzung oder Folge des geplanten Vorhabens sind" Vertragsgegenstand sein. Im Hinblick auf eine klimaschützende Bodennutzungssteuerung sind insofern die Übernahme von Kosten für die Errichtung von Versorgungsnetzen oder Anlagen erneuerbarer Energien (z.B.: Solaranlagen für

---

1357 *Denny/Spangenberger*, UPR 1999, 331 (334).
1358 *Battis/Kersten/Mitschang/Ingold/Schwarz*, Stadtentwicklung, S. 99 f.
1359 *Spannowky*, UPR 2009, 201 (206 f.); *Stüer/Stüer*, DVBl. 2011, 1117 (1121).
1360 *Krautzberger*, DVBl. 2008, 737 (740).
1361 *Kirchmeier*-Ferner/Kröninger/Aschke, BauGB, § 11 Rn. 4c.
1362 *Battis/Kersten/Mitschang/Ingold/Schwarz*, Stadtentwicklung, S. 98.
1363 *Krautzberger*, DVBl. 2008, 737 (741).

die Wärme- und Elektrizitätsversorgung) oder Anlagen der Kraft-Wärme-Kopplung relevant.[1364] Dies erfordert jedoch einen kausalen Zusammenhang zwischen dem Bauvorhaben und den Kosten.[1365] Die Gemeinde kann demnach nur solche Kosten auf den Privaten abwälzen, die auf das Bauvorhaben oder den seiner Zulässigkeit zu Grunde liegenden Bebauungsplan zurückzuführen sind.[1366]

3. *Grenzen der vertraglichen Gestaltungsfreiheit*

Die Grenzen der Vertragsgestaltung finden sich in § 11 Abs. 2 BauGB. § 11 Abs. 2 S. 1 BauGB schreibt vor, dass die vereinbarten Leistungen den gesamten Umständen nach angemessen sein müssen. Die vereinbarten Leistungen und Gegenleistungen müssen mithin unter Berücksichtigung der Gesamtumstände in einem ausgewogenen Verhältnis zueinander stehen.[1367] Insbesondere darf die Gemeinde ihre Monopolstellung als Herrin der Bauleitplanung nicht missbrauchen.[1368] Bei der Beurteilung der Angemessenheit sind u.a. die anfallenden Kosten, die Nutzungsvorteile und Gewinnerwartungen des Eigentümers sowie die künftigen Umweltbelastungen zu berücksichtigen[1369], wobei die Gesamtbelastung für den Einzelnen beachtet werden muss.[1370] Hingegen ist es nach § 11 Abs. 2 S. 3 BauGB nicht als unangemessen anzusehen, wenn der Privatinvestor die Kosten und sonstige Aufwendungen ohne eine Eigenbeteiligung der Gemeinde übernimmt.

Eine weitere Grenze der Vertragsgestaltung regelt § 11 Abs. 2 S. 2 BauGB. Danach ist eine Vereinbarung einer vom Vertragspartner zu erbringenden Leistung dann unzulässig, wenn er auch ohne sie einen Anspruch auf die Gegenleistung hätte. Die Leistungen des Privaten müssen daher im sachlichen Zusammenhang mit der gemeindlichen Leistung stehen.[1371] Ansonsten verstößt die Gemeinde gegen das Kopplungsverbot des § 11 Abs. 2 S. 2 BauGB. Im Umkehrschluss folgt daraus, dass die Gemeinde nur über solche Regelungsbereiche disponieren kann, in denen ihr ein Ermessensspielraum zusteht.[1372] Ein Verstoß gegen das Kopplungsverbot liegt beispielsweise dann vor, wenn die Sanierung eines Gebäudes in einer Baugebietsausweisung vereinbart wird, das nicht im Zusammenhang mit dem Baugebiet steht.[1373] Zudem muss der städtebauliche Grund für eine bestimmte vertragliche Verpflichtung des Privaten unmittelbar im sachlichen Zusammenhang mit dem konkreten Bauvorhaben stehen. Es genügt nicht, dass die

---

1364 *Battis/Kersten/Mitschang/Ingold/Schwarz*, Stadtentwicklung, S. 98.
1365 BVerwG, NVwZ 2009, 1109 (1112).
1366 *Quaas/Kukk*-Schrödter, BauGB, § 11 Rn. 51.
1367 BVerwG, NVwZ 2011, 1132 (1134).
1368 *Jarass/Kment*, BauGB, § 11 Rn. 14.
1369 *Klinski/Longo*, ZNER 2007, 41 (45); *Jarass/Kment*, BauGB, § 11 Rn. 14.
1370 BVerwG, NVwZ 2009, 1109 (1113).
1371 BVerwG, NVwZ 1994, 485 (485).
1372 BVerwGE 111, 162 (169); *Jarass/Kment*, BauGB, § 11 Rn. 16.
1373 BVerwG, NVwZ 2000, 1285 (1288 f.); VGH München, NVwZ-RR 2005, 781 (782 f.).

Gemeinde überhaupt (irgend)einen städtebaulichen Grund für die vereinbarte Leistung hat.[1374] Demzufolge ist etwa die Vereinbarung unzulässig, wenn abstrakte Leistungs- und Zahlungspflichten für einen beliebigen, nicht konkretisierten, städtebaulichen Zweck vereinbart werden, selbst wenn dieser dem Grunde nach eine legitime öffentliche Aufgabe darstellt.[1375]

II. Klimaschützende Verpflichtungen im Rahmen von zivilrechtlichen Verträgen

Neben dem vorhabenbezogenen Bebauungsplan und dem städtebaulichen Vertrag sind auch zivilrechtliche Verträge geeignet, um Klimaschutzziele der Gemeinde durchzusetzen. Dies betrifft insbesondere den Fall, wenn die Gemeinde Grundstückseigentümerin ist. In privatrechtlich ausgestalteten Verträgen können klimaschützende Verpflichtungen des Vertragspartners vereinbart werden. So können in Grundstückskauf- oder Pachtverträgen energetische Zielsetzungen oder Qualitätsstandards (z.B.: erhöhte Wärmeschutzanforderungen durch Niedrigenergiehaus-Standards) vertraglich vereinbart werden.[1376] Für den Fall der Nichterfüllung der vereinbarten klimaschützenden Verpflichtungen bietet sich die Vereinbarung von Vertragsstrafen an.[1377] Zudem können die Verwendung von bestimmten Energiearten oder der Anschluss an ein Fernwärmenetz verpflichtend geregelt werden.[1378]

C. Klimaschutz und Klimaanpassung im Rahmen des besonderen Städtebaurechts

Das besondere Städtebaurecht im Zweiten Kapitel des Baugesetzbuches weist weitere Instrumente für die Integration des adaptiven und mitigativen Klimaschutzes in der Bauleitplanung auf. Hierzu zählen insbesondere städtebauliche Sanierungsmaßnahmen (§§ 136 ff. BauGB), die Vorschriften zum Stadtumbau (§§ 171a ff. BauGB) und die privaten Initiativen zur Stadtentwicklung (§ 171f BauGB). Die Handlungsstrategien zum Klimaschutz und zur Anpassung an die Klimaveränderungen wurden in diesen Bereichen durch die Klimaschutznovelle 2011 und der Innenentwicklungsnovelle 2013 erweitert. Dies ist besonders zu begrüßen, da durch die Neuerungen eine energetische Sanierung gerade im bereits bestehenden Baubestand gefördert werden kann, in denen das meiste Energieeinsparungspotenzial steckt. Die Möglichkeiten der klimaschützenden Steuerungsdirektiven im besonderen Städtebaurecht werden nachfolgend skizziert.

1374 *Reidt*-Batts/Krautzberger/Löhr, BauGB, § 11 Rn. 74.
1375 BVerwGE 111, 162 (169 f.).
1376 *Denny/Spangenberger*, UPR 1999, 331 (335).
1377 *Denny/Spangenberger*, UPR 1999, 331 (335).
1378 *Sparwasser/Mock*, ZUR 2008, 469 (474).

I. Städtebauliche Sanierungsmaßnahmen, §§ 136 ff. BauGB

Nach § 136 Abs. 1 BauGB können städtebauliche Sanierungsmaßnahmen in Stadt und Land durchgeführt werden. Es handelt sich dabei um solche Maßnahmen, durch die ein Gebiet zur Behebung städtebaulicher Missstände wesentlich verbessert oder umgestaltet wird (vgl. § 136 Abs. 2 S. 1 BauGB). Städtebauliche Missstände liegen dann vor, wenn ein physischer Missstand im Sinne von § 136 Abs. 2 S. 2 Nr. 1 BauGB oder ein funktioneller Missstand im Sinne von § 136 Abs. 2 S. 2 Nr. 2 BauGB vorliegt. Zugunsten des Klimaschutzes und der Anpassung an den Klimawandel wurde der städtebauliche Sanierungsbegriff im Sinne des § 136 Abs. 2 BauGB durch die Innenentwicklungsnovelle 2013[1379] erheblich erweitert. Nach § 136 Abs. 2 S. 2 Nr. 1 BauGB ist ein physischer städtebaulicher Missstand dann gegeben, wenn „das Gebiet nach seiner vorhandenen Bebauung oder nach seiner sonstigen Beschaffenheit den allgemeinen Anforderungen an gesunde Wohn- und Arbeitsverhältnisse oder an die Sicherheit der in ihm wohnenden oder arbeitenden Menschen auch unter Berücksichtigung der Belange des Klimaschutzes und der Klimaanpassung nicht entspricht“. Schon im Rahmen der Klimaschutz-Novelle 2011 wurde vorgeschlagen[1380], den städtebaulichen Misstandsbegriff auch auf solche Gebiete auszuweiten, die den Erfordernissen einer klimagerechten Stadtentwicklung nicht entsprechen. Der Regierungsentwurf[1381] zur Klimaschutz-Novelle 2011 sah diese Erweiterungen zunächst auch vor; sie konnten sich aber in der endgültigen Fassung des Reformgesetzes nicht durchsetzen[1382]. Die dadurch bedingten Unsicherheiten bei den Gemeinden in Bezug auf die Ausführung von klimaschutzbezogenen Sanierungsaufgaben wurden nun durch die Neufassung des § 136 Abs. 2 S. 2 Nr. 1 BauGB im Rahmen der Innenentwicklungsnovelle 2013 beseitigt. Demzufolge können auch energetisch unzureichende Verhältnisse oder die Auswirkungen des Klimawandels städtebauliche Missstände darstellen und Sanierungsmaßnahmen auslösen. Insbesondere können energetisch unzureichende Verhältnisse oder die Anpassung an den Klimawandel in Betracht kommen wegen steigender Energiekosten für Gebäude, wegen hoher Treibhausgasemissionen, wegen zunehmender Hitze, Schwüle, Dürre im Sommer (etwa durch fehlende Frischluftschneisen und Vegetation zur Beeinflussung des Mikroklimas), wegen starker Kälteeinbrüche im Winter oder wegen Starkregen und Hochwassergefahren sowie Hochwasserschäden (z.B. wegen zu starker Versiegelung oder Überlastung technischer Infrastruktur).[1383] Zu diesem Zweck hat der Gesetzgeber weiterhin klargestellt, dass städtebauliche Sanierungsmaßnahmen dazu beitragen sollen, die bauliche Struktur nach den allgemeinen Anforderungen an den Klimaschutz und die Klimaanpassung zu entwickeln (§ 136 Abs. 4 S. 2 Nr. 1 BauGB).

1379 BGBl. I 2013 S. 1548; siehe 2. Kap. E.

1380 Auf Antrag des Landes Nordrhein-Westfalen, BR-Drs. 396/1/11, S. 1 ff; vgl. *Schneider*, Auswirkungen des Klimawandels auf das Bauplanungsrecht, S. 115 f.

1381 Gesetzesentwurf v. 06.06.2011, BT-Drs. 17/6076, S. 4.

1382 BT-Drs. 17/6357, S. 9.

1383 BT-Drs. 17/6076, S. 10; *Krautzberger*, DVBl. 2012, 69 (70).

Zur Durchsetzung der Klimaschutzziele des BauGB wurden die Sanierungsmaßnahmen nach § 148 BauGB entsprechend bereits durch die Klimaschutz-Novelle 2011 erweitert. Als Baumaßnahmen gelten nunmehr auch die Errichtung oder die Erweiterung von Anlagen und Einrichtungen zur dezentralen und zentralen Erzeugung, Verteilung, Nutzung oder Speicherung von Strom, Wärme oder Kälte aus erneuerbaren Energien oder Kraft-Wärme-Kopplung (vgl. § 148 Abs. 2 S. 1 Nr. 5 BauGB). Durch städtebauliche Sanierungsmaßnahmen kann somit vor allem der technische Bestand in Altbaugebieten energetisch angehoben werden und Maßnahmen zur Nutzung von erneuerbaren Energien und Kraft-Wärme-Kopplung sowie die Effektivität der Energienutzung gesteigert werden. Dazu können erweiternd – über die Anforderungen des Energiefachrechts hinausgehende – verpflichtende Vorgaben in städtebaulichen Verträgen vereinbart werden.[1384]

II. Stadtumbau, §§ 171a ff. BauGB

Gerade die Maßnahmen des Stadtumbaus bieten Potenziale für klimaschützende Strategien. Zu den Stadtumbaugebieten zählen nicht nur (etwa aufgrund des demographischen Wandels entstandene) Leerstandsgebiete, sondern vielmehr auch prosperierende Viertel, Einfamilienhausgebiete und potenzielle oder tatsächliche Stadterneuerungs- und Sanierungsgebiete.[1385] Stadtumbaumaßnahmen sind solche, durch die in von erheblichen städtebaulichen Funktionsverlusten betroffenen Gebieten Anpassungen zur Herstellung nachhaltiger städtebaulicher Strukturen vorgenommen werden (vgl. § 171a Abs. 2 S. 1 BauGB). Erhebliche städtebauliche Funktionsverluste sind insbesondere dann gegeben, wenn ein dauerhaftes Überangebot an baulichen Anlagen für bestimmte Nutzungen, etwa zu Wohnzwecken, besteht oder zu erwarten ist (vgl. § 171a Abs. 2 S. 2 Var. 1 BauGB).

Bereits vor der Klimaschutz-Novelle 2011 sollten Stadtumbaumaßnahmen u.a. zunächst auch der Verbesserung der Umwelt (§ 171a Abs. 3 S. 2 Nr. 2 BauGB 2004[1386]) dienen. Mit der Neufassung des § 171a Abs. 2 S. 2 BauGB 2011[1387] wurde der planerische Umweltschutz nun konkretisiert und der Anwendungsbereich für Stadtumbaumaßnahmen zu Gunsten des vorsorgenden und anpassenden Klimaschutzes erweitert. § 171a Abs. 2 S. 2 Var. 2 BauGB definiert nun auch die Nichterfüllung der allgemeinen Anforderungen an den Klimaschutz und die Klimaanpassung als erhebliche städtebauliche Verluste. Hervorgehoben wird der adaptive und mitigative Klimaschutz weiter durch § 171a Abs. 3 S. 2 BauGB, wonach Stadtumbaumaßnahmen insbesondere dazu beitragen sollen, die Siedlungsstruktur „den allgemeinen Anforderungen an den Klimaschutz und die Klimaanpassung" anzupassen (Nr. 1), „brachliegende oder freigelegte Flächen einer nachhaltigen, insbesondere dem Klimaschutz und der Klimaanpassung dienenden städtebaulichen Entwicklung oder

---

1384 Vgl. *Stüer/Stüer*, DVBl. 2011, 1117 (1125).
1385 *Krautzberger*, DVBl. 2012, 69 (72).
1386 BGBl. I 2004 S. 2414.
1387 BGBl. I 2011 S. 1509.

einer mit dieser verträglichen Zwischennutzung" zuzuführen (Nr. 6) und „innerstädtische Altbaubestände nachhaltig" zu erhalten (Nr. 7).

Zum Aufgabenfeld des Stadtumbaus zählen mithin nicht nur Maßnahmen, die die Funktionsfähigkeit von Gebieten wiederherstellen, sondern auch solche, die einem städtebaulichen Funktionsverlust entgegenwirken (z.B.: Wärmeversorgung auf Stadtquartiersebene, Errichtung und gemeinsame Nutzung von Anlagen und Einrichtungen der gebäudeübergreifenden Wärmeversorgung).[1388] In diesem Zusammenhang sind vordringlich Maßnahmen zur Anpassung an den Klimawandel angesprochen. Deshalb können etwa zunehmende Hitze, Dürre und Schwüle im Sommer (z.B.: durch fehlende Frischluftschneisen oder Vegetation) oder eine Starkregen- und Hochwassergefährdung eines Gebietes eine städtebauliche Funktionslosigkeit begründen.[1389] Ebenso können energetisch unzureichende Verhältnisse (wie etwa steigende Energiekosten für Gebäude)[1390] Maßnahmen gegen einen städtebaulichen Funktionsverlust auslösen. Zu den maßgebenden Faktoren zur Beurteilung der allgemeinen Anforderungen einer klimagerechten Stadtentwicklung im Sinne des § 171a Abs. 3 S. 2 Nr. 1 BauGB zählen etwa die energetische Ausgangslage eines Gebiets bezüglich des Gebäudebestandes und der energetischen Infrastruktur, das Ausmaß der Versiegelung, die Kompaktheit der Bebauung, Frischluftschneisen oder auch die Auswirkungen des Klimawandels auf die Energie- und Infrastruktureinrichtungen.[1391]

Potenziale für eine nachhaltige, klimagerechte Stadtkultur ermöglichen dabei vor allem brachliegende oder freigelegte Flächen. Diese können – ohne die zusätzliche Inanspruchnahme von Flächen – etwa für die Anlagen zur Erzeugung von erneuerbarer Energien (z.B.: Solaranlagen, Biomasseanlagen) oder zur Verringerung der Schadstoffbelastung (z.B.: durch Grünflächen) genutzt werden.[1392]

Darüber hinaus sind zusätzlich städtebauliche Maßnahmen zur Errichtung und Nutzung von Anlagen und Einrichtungen erneuerbarer Energien und der Kraft-Wärme-Kopplung im Sinne von § 11 Abs. 1 S. 2 Nr. 4 BauGB oder zur energetischen Qualität von Gebäuden nach dem Verständnis des § 11 Abs. 1 S. 2 Nr. 5 BauGB möglich. Diese können in Stadtumbauverträgen nach § 171c BauGB mit Privaten vertraglich vereinbart werden. Auf solche klimaschützende Maßnahmen wird durch den Verweis auf § 11 BauGB in § 171c S. 1 BauGB ausdrücklich Bezug genommen. Deshalb kann etwa zudem eine befristete Nutzung von brachliegenden Flächen zur Gewinnung von regenerativen Energien oder Rückbauverpflichtungen nach Aufgabe der baulichen Nutzung in städtebaulichen Verträgen vereinbart werden.[1393]

1388 *Krautzberger*, DVBl. 2012, 69 (73).
1389 BT-Drs. 17/6076, S. 11.
1390 BT-Drs. 17/6076, S. 11.
1391 *Krautzberger*, DVBl. 2012, 69 (73).
1392 BT-Drs. 17/6076, S. 11.
1393 Siehe 7. Kap. B. I. 2. c).

III. Private Initiativen zur Stadtentwicklung, § 171f BauGB

Das BauGB bietet in § 171f S. 1 BauGB die Möglichkeit, dass private Initiativen zu einer klimagerechten und nachhaltigen Stadtentwicklung beitragen. Danach können nach Maßgabe des Landesrechts Gebiete festgelegt werden, in denen in privater Verantwortung standortbezogene Maßnahmen durchgeführt werden, die auf der Grundlage eines mit den städtebaulichen Zielen der Gemeinde abgestimmten Konzepts der Stärkung oder Entwicklung von Bereichen der Innenstädte, Stadtteilzentren, Wohnquartiere und Gewerbezentren sowie von sonstigen für die städtebauliche Entwicklung bedeutsamen Bereichen dienen. § 171f S. 2 BauGB bestimmt, dass zur Finanzierung der Maßnahmen und gerechten Verteilung des damit verbundenen Aufwands durch Landesrecht Regelungen getroffen werden können. Die Vorschrift des § 171f BauGB wurde durch die BauGB-Reform 2007[1394] in das BauGB eingeführt. Die Modelle der privaten Initiativen zur Stadtentwicklung beruhen auf sog. Urban Improvement Districts (insbesondere den Modellen: Business Improvement Districts (BID), Neighbourhood Improvement Districts (NID) und Housing Improvement Districts (HID)), die in Nordamerika Ende der 1970er Jahre entstanden sind.[1395] In Deutschland werden solche Modelle der privaten Initiativen bereits praktiziert. Davon sind einige[1396] Modelle der privaten Initiativen zur Stadtentwicklung eher dem Business Improvement Districts angelehnt, die vor allem der Aufwertung von Geschäftsstraßen und Einkaufgebieten dienen. Es gibt aber auch Modelle[1397], die über das Modell des BID hinausgehen und auch Bezüge zu Neighbourhood und Housing Improvement Districts aufweisen, bei denen die Stärkung von Wohnungsquartieren angestrebt wird.

Private Initiativen zur Stadtentwicklung eignen sich auch zur Durchsetzung von klimaschützenden Maßnahmen. Denkbar sind beispielsweise quartiersbezogene Maßnahmen zur Energieerzeugung aus erneuerbaren Energien (z.B.: Blockheizkraftwerke in Mehrfamilienhäusern).[1398] Die Regelung des § 171f BauGB eröffnet den Landesgesetzgebern die Möglichkeit, Gebiete festzulegen, in denen aufgrund privater Initiativen nicht nur Maßnahmen zur Aufwertung von Wohnquartieren

---

1394 BGBl. I 2006, S. 3316, in Kraft getreten am 01.01.2007, hierzu 2. Kap. A.

1395 Allgemein zur Entstehung der Urban Improvement Districts: *Kersten*, UPR 2007, 121 ff.

1396 So z.B. in den Bundesländern Hamburg (GVBl. 2007, S. 393); Nordrhein-Westfalen (GVBl. 2008, S. 231), Bremen (GVBl. Nr. 41 2006, 350), Hessen (GVBl. I 2005 S. 867) und Schleswig-Holstein (GVBl. 2006, 158).

1397 Hamburger „Gesetz zur Stärkung von Wohnquartieren durch private Initiativen" vom 20.11.2007, GVBl. 2007, S. 393.

1398 *Battis/Kersten/Mitschang/Ingold/Schwarz*, Stadtentwicklung, S. 107.

(z.B.: durch die Sanierung von Einkaufszentren oder Gewerbestandorten), sondern auch zur Entwicklung und Förderung einer klimagerechten Stadtentwicklung durchgeführt werden können. So könnten die bereits bestehenden Modelle von privaten Initiativen im Sinne des Klimaschutzes zu einem Climate Improvement Districts (CID) weiterentwickelt werden.[1399]

1399 *Battis/Kersten/Mitschang/Ingold/Schwarz*, Stadtentwicklung, S. 107.

Achtes Kapitel: Zusammenfassung

A. Raumrelevanz des Klimas und Novellierungen des BauGB zum Klimaschutz und zur Klimaanpassung

1. Der vorsorgende und anpassende Klimaschutz stellt eine Herausforderung unseres Jahrhunderts dar. Die Inanspruchnahme des Bodens beeinträchtigt das Klima. Umgekehrt wirken sich die Folgen des Klimawandels auf die örtliche Bodennutzung aus. Der (globale) Klimaschutz und die Anpassung der Bodennutzungsstrukturen an den Klimawandel haben Raumrelevanz und gehören als gegenwärtige und zukünftige Bodennutzungskonflikte zum Aufgabenbereich der Bauleitplanung.
2. Die Entwicklungsgeschichte des Baugesetzbuches verdeutlicht, dass das städtebauliche Leitbild einen Wandel vollzogen hat. Der Gesetzgeber hat die Notwendigkeit einer klimagerechten Bodennutzung erkannt und die kommunalen Handlungsmöglichkeiten zum allgemeinen Klimaschutz sowie zur Anpassung an den Klimawandel im Rahmen der Bauleitplanung modifiziert und erweitert. Insbesondere das Europarechtsanpassungsgesetz Bau 2004 sowie die Klimaschutz-Novelle 2011 führten zu einer Erweiterung des kommunalen Handlungsfeldes in Bezug auf eine klimaschützende Bauleitplanung. Das europäische Umweltverständnis hat den Klimaschutzbegriff im Baugesetzbuch geprägt. Der (globale) Klimaschutz und die Klimaanpassung dürften eine dauerhafte Gegenwarts- und Zukunftsaufgabe der Gemeinden in der Bauleitplanung darstellen.

B. Gesetzgebungskompetenzen und ihre verfassungsrechtlichen Auswirkungen

I. Gesetzgebungskompetenzen

1. Nach der Auslegung des grundgesetzlichen Kompetenzverteilungsplans steht dem Bund die Gesetzgebungskompetenz für eine klimaschutzbezogene Bauleitplanung abschließend zu. Seine Zuständigkeit beruht nicht nur auf dem Kompetenztitel für das Bodenrecht nach Art. 74 Abs. 1 Nr. 18 GG, sondern ergibt sich darüber hinaus kumulativ insbesondere aus den Kompetenztiteln für die Energiewirtschaft nach Art. 74 Abs. 1 Nr. 11 GG, die Luftreinhaltung nach Art. 74 Abs. 1 Nr. 24 GG und den Naturschutz sowie der Landschaftspflege nach Art. 74 Abs. 1 Nr. 29 GG. Der Bund leitet seine Gesetzgebungszuständigkeit für eine (global) klimaschützende Bauleitplanung daher aus einer Art Querschnittskompetenz ab. Dies ist zulässig, solange sich die jeweilige Regelung den einzelnen Kompetenztiteln zuordnen lässt. Die Zuordnung der klimaschützenden

Planregelung zu einem bzw. mehreren Kompetenztiteln vollzieht sich anhand einer typisierenden Betrachtungsweise.

2. Die Gesetzgebungskompetenz des Bundes für eine klimaschützende Bauleitplanung ist von der Materie des Klimaschutzrechts im umfassenden Sinne abzugrenzen. Das Klimaschutzrecht im rechtsgebietsübergreifenden Sinne lässt sich den Kompetenztiteln der Luftreinhaltung nach Art. 74 Abs. 1 Nr. 24 GG, der Energiewirtschaft nach Art. 74 Abs. 1 Nr. 11 GG und auch teilweise der Raumordnung nach Art. 74 Abs. 1 Nr. 31 GG zuteilen, welche der konkurrierenden Gesetzgebung unterliegen. Im Gegensatz zur klimaschützenden örtlichen Bodenplanung hat der Bund auf dem Gebiet des umfassenden Klimaschutzrechts nicht abschließend von seiner Gesetzgebungskompetenz Gebrauch gemacht. Die Länder können folglich im Bereich des allgemeinen Klimaschutzrechts, das über die Bauleitplanung hinausgeht, ergänzende Regelungen erlassen.

II. Verfassungsrechtliche Vereinbarkeit einer auch global klimaschützenden Bauleitplanung mit der kommunalen Selbstverwaltungskompetenz i.S.d Art. 28 Abs. 2 GG

1. Den Gemeinden wird in Art. 28 Abs. 2 S. 1 GG verfassungsrechtlich garantiert, alle Angelegenheiten der örtlichen Gemeinschaft im Rahmen der Gesetze in eigener Verantwortung zu regeln. Das räumliche Kriterium der „Angelegenheiten der örtlichen Gemeinschaft“ begründet und begrenzt den kommunalen Handlungsrahmen. Die Bauleitplanung gehört als Steuerungsinstrument der bodenrechtlichen Nutzungsverhältnisse mit relevanten örtlichen Bezügen zu den Angelegenheiten der örtlichen Gemeinschaft im Sinne des Art. 28 Abs. 2 S. 1 GG.
2. Auch eine Bauleitplanung zum globalen Klimaschutz ist nach hiesiger Auffassung als kommunale Selbstverwaltungsangelegenheit einzuordnen. Die Zuständigkeitsnorm (§ 2 Abs. 1 S. 1 BauGB), die Form des Handlungsinstruments der Bauleitplanung als Satzung, der Aufgabencharakter, der Vergleich mit anderen Umweltaufgaben im Sinne des § 1a BauGB sowie der historische Zuständigkeitsbereich sprechen dafür, dass die Bauleitplanung zum globalen Klimaschutz keine Aufgabe im übertragenen Wirkungskreis, sondern eine pflichtige Selbstverwaltungsaufgabe der Gemeinden darstellt. Insbesondere werden bauplanerische Maßnahmen zum allgemeinen Klimaschutz nicht aufgrund der beabsichtigten überörtlichen Wirkung zu einer überörtlichen Aufgabe im Sinne des Art. 28 Abs. 2 GG.
3. Das Klima ist durch einen ständigen Austausch von Luftmassen geprägt. Der Ort der klimaschädigenden Schadensbeiträge und der räumliche Wirkbereich der klimatischen Belastung fallen deshalb typischerweise auseinander. Die klimaschädigende Wirkung kann auch weit entfernt vom konkreten Schadensbeitrag eintreten oder sie entsteht erst durch die Kumulation von mehreren Verursachungsbeiträgen. Der fehlende Ursachen- und Wirkungszusammenhang bei den

Klimaveränderungen erschwert die Bestimmbarkeit der kommunalen Zuständigkeitsbereiche. Die Verringerung der Auswirkungen des Klimawandels auf die Bodennutzungssituationen stellt ein in der Gemeinde wurzelndes Interesse dar. Der Begriff der „Angelegenheiten der örtlichen Gemeinschaft" bedarf einer modernen und sich den globalen Klimaveränderungen anpassbaren Interpretation. Das Örtlichkeitsmerkmal des Art. 28 Abs. 2 GG erlaubt es, die Auswirkungen des globalen Klimawandels auf kommunaler Ebene zu berücksichtigen und sich damit den aktuellen Herausforderungen der Umweltbedingungen zu stellen.

4. Die Möglichkeiten und Grenzen des kommunalen Gestaltungsspielraums zum globalen Klimaschutz sind umstritten. Sie bestimmen sich nach dem Örtlichkeitskriterium des Art. 28 Abs. 2 GG. Dass städtebauliche Planungsvorgaben zur Verbesserung des lokalen Klimas „örtliche Angelegenheiten der Gemeinde" darstellen, liegt auf der Hand. Bei der Wahrnehmung von planungsbezogenen Klimaschutzaufgaben mit örtlichen und überörtlichen Bezügen stellen sich allerdings typischerweise Schwierigkeiten bei der Bestimmung der Kompetenzbereiche, da ihre auch global klimaschützende Wirkung sich nicht an den Gebietsgrenzen der Gemeinde begrenzen lässt. Kontrovers diskutiert wird daher der kompetenzrechtliche Rahmen der Gemeinde für bauleitplanerische Maßnahmen zum globalen Klimaschutz. Die herrschende Meinung grenzt zu Recht anhand des bodenrechtlichen Bezuges der Planvorgabe ab. Der bodenrechtliche Bezug zum Gemeindegebiet wird bei bauleitplanerischen Maßnahmen zum allgemeinen Klimaschutz dann gewahrt, solange die örtliche Bodennutzung in der Gemeinde geregelt wird und die Nutzungsmöglichkeiten aus dem vorsorgenden und anpassenden Klimaschutzinteresse, das in der Gemeinde wurzelt, konkretisiert oder beschränkt werden. Die vereinzelt vertretene Auffassung, dass für die kompetenzrechtliche Abgrenzung neben dem bodenrechtlichen Bezug der Planvorgabe zusätzlich eine örtliche Klimabeeinträchtigung und ein unmittelbarer Wirkungszusammenhang der bauplanerischen Vorgaben erforderlich sind, überzeugt nicht. Beide Merkmale lassen sich aufgrund des fehlenden zeitlich-räumlichen Zusammenhangs des Klimas nicht auf ein bestimmtes Gemeindegebiet im Sinne des Art. 28 Abs. 2 GG begrenzen. Das Merkmal der bodenrechtlichen Anknüpfung wird vielmehr auch bei Planungsmöglichkeiten zum allgemeinen Klimaschutz nicht aufgegeben.

5. Ein in der Gemeinde wurzelndes Interesse für klimaschützende Festsetzungen kann sich dabei insbesondere aufgrund der besonderen lokal-topographischen Besonderheiten (z.B. optimale Bedingungen für Solarthermie wegen überdurchschnittlicher Sonnenstundenanzahl), der jeweiligen sozialen Siedlungsstruktur oder der konkreten vorhandenen Nutzungsstruktur ergeben. Der räumliche Bezug der städtebaulichen Maßnahme muss daher an die vorhandene oder beabsichtigte bodenrechtliche Nutzungsstruktur im Plangebiet der Gemeinde anknüpfen. Dabei muss sich die klimaschützende planerische Anordnung nicht notwendigerweise ausschließlich unmittelbar vor Ort auswirken (lokaler Klimaschutz), indem sie die ortsspezifische Klimasituation in tatsächlicher Hinsicht verbessert, sondern es genügt, wenn die klimaschützende Wirkung

vor Ort von mittelbarer Natur (globaler Klimaschutz) ist, indem sie das örtliche Klimaverhältnis lediglich vor weiteren klimaschädlichen Emissionen schützt. Der Wirkungsradius der planerischen Festsetzungen darf sich daher auch auf den globalen Klimaschutz beziehen, selbst wenn der lokale Klimaschutz dabei nur vorsorgend erfolgt.

6. Ergänzend kann für die Abgrenzung der Kompetenzbereiche in Bezug auf eine Bauleitplanung zum globalen Klimaschutz auf die funktionelle Betrachtungsweise zurückgegriffen werden, falls die Abgrenzung anhand der bodenrechtlichen Anknüpfung des Planvorhabens zum Gemeindegebiet Zweifel entstehen lassen sollte. Die Reichweite an Planungsmöglichkeiten bestimmt sich nach der funktionsbezogenen Perspektive danach, innerhalb welcher Grenzen die Aufgabe des bauleitplanerischen Klimaschutzes schwerpunktmäßig anfällt, nicht hingegen wo sie sich auswirkt.
7. Der kommunale Aufgabenbestand wird unter dem Vorbehalt „im Rahmen der Gesetze“ geschützt (vgl. Art. 28 Abs. 2 GG). Nach der Rechtsprechung des Bundesverfassungsgerichts kann nicht nur ein Aufgabenentzug, sondern auch eine Aufgabenzuweisung einen Eingriff in das kommunale Selbstverwaltungsrecht darstellen. Übertragen auf die Ausdehnung der bauplanungsrechtlichen Aufgaben der Gemeinde zum globalen Klimaschutz sind die Grenzen im kompetenzrechtlichen Sinne dort gezogen, wo eine ordnungsgemäße Aufgabenerfüllung einer (anderen) Gemeinde nicht mehr gewährleistet werden kann.

III. Verfassungsrechtliche Vereinbarkeit einer (global) klimaschützenden Bauleitplanung mit dem föderalen Durchgriffsverbot i.S.d. Art. 84 Abs. 1 S. 7 GG

1. Eine Bauleitplanung zum (allgemeinen) Klimaschutz verstößt nicht gegen das föderale Durchgriffsverbot gemäß Art. 84 Abs. 1 S. 7 GG. Danach dürfen den Gemeinden und Gemeindenverbänden keine Aufgaben durch ein Bundesgesetz übertragen werden. Der Aufgabenbereich der Bauleitplanung wurde bereits durch die EAG-Bau-Reform 2004 um den allgemeinen Klimaschutz erweitert. Das föderale Durchgriffsverbot trat dagegen erst durch die Föderalismusreform I im Jahr 2006 in Kraft. Die Aufgabenerweiterung der Bauleitplanung in Bezug auf den globalen Klimaschutz erfüllt mithin bereits nicht den zeitlichen Anwendungsbereich des Art. 84 Abs. 1 S. 7 GG.
2. Ferner können die Länder auch keine abweichende Regelungen nach Art. 125a Abs. 1 GG treffen, da der sachliche Anwendungsbereich des Art. 84 Abs. 1 S. 7 GG nicht in Bezug auf Regelungen zum (globalen) Klimaschutz nach dem Baugesetzbuch eröffnet ist.

C. Vorsorgender und anpassender Klimaschutz im Rahmen der bauplanungsrechtlichen Abwägung

1. Die Gestaltung der Bodennutzungsverhältnisse unterliegt dem gemeindlichen Planungsermessen. Der planerische Gestaltungsspielraum wird durch planungssteuernde Prinzipien bzw. Regelungen eingeschränkt. Hierzu gehören insbesondere das Abwägungsgebot, die Planungsleitsätze, die generellen Planungsziele, die konkreten Planungsleitlinien, die Optimierungsgebote und allgemeine Planungsgrundsätze. Das Abwägungsgebot nach § 1 Abs. 7 BauGB ist das zentrale Wesensmerkmal rechtsstaatlicher Planung.
2. In der Literatur wurde vor der Novellierung des BauGB durch das Europarechtspassungsgesetz Bau 2004 (EAG Bau 2004) kontrovers diskutiert, ob auch der globale Klimaschutz Anlass städtebaulicher Planung sein kann. Dies verneinte die herrschende Meinung. Mit der Reformierung des BauGB durch das EAG Bau 2004 normierte der Gesetzgeber den allgemeinen Klimaschutz in § 1 Abs. 5 S. 2 BauGB als generelles Planungsziel. Dennoch wurde von einigen kritischen Stimmen in der Literatur die Zulässigkeit einer Bauleitplanung zum allgemeinen Klimaschutz verneint. Klarheit schaffte der Gesetzgeber mit der Klimaschutznovelle 2011. Der (allgemeine) Klimaschutz und die Klimaanpassung wurden als Planungsziele in § 1 Abs. 5 S. 2 BauGB und in § 1a Abs. 5 BauGB (sog. Klimaschutzklausel) kodifiziert.
3. Zudem ist in dem Belangkatalog des § 1 Abs. 6 BauGB nicht nur der Umweltschutz nach § 1 Abs. 6 Nr. 7 BauGB klimarelevant, der unter lit. a) das Klima explizit aufzählt. Für den allgemeinen Klimaschutz und die Klimaanpassung sind ferner die weiteren Untergliederungen des § 1 Abs. 6 Nr. 7 BauGB bedeutsam. Insbesondere gehören hierzu die umweltbezogenen Auswirkungen auf den Menschen, die Gesundheit und die Bevölkerung (§ 1 Abs. 6 Nr. 7 lit. c) BauGB), die Vermeidung von Emissionen (§ 1 Abs. 6 Nr. 7 lit. e) BauGB), die Nutzung erneuerbarer Energien sowie die sparsame und effiziente Energienutzung (§ 1 Abs. 6 Nr. 7 lit. f) BauGB), die Darstellung von Landschaftsplänen (§ 1 Abs. 6 Nr. 7 lit. g) BauGB) sowie die Erhaltung der bestmöglichen Luftqualität (§ 1 Abs. 6 Nr. 7 lit. h) BauGB). Zudem sind die Belange der Energieversorgung nach § 1 Abs. 6 Nr. 8 lit. e) BauGB, der Sicherung von Rohstoffen nach § 1 Abs. 6 Nr. 8 lit. f) BauGB, des Verkehrs nach § 1 Abs. 6 Nr. 9 BauGB, der städtebaulichen Konzepte nach § 1 Abs. 6 Nr. 11 BauGB sowie des Hochwassers nach § 1 Abs. 6 Nr. 12 BauGB für den vorsorgenden und anpassenden Klimaschutz relevant.
4. Welches Gewicht den Klimaschutzbelangen in der Abwägung nach § 1 Abs. 7 BauGB beizumessen ist, gibt das Baugesetzbuch den Planungsträgern nicht vor. Nach hiesiger Ansicht lässt sich aus § 1 Abs. 5 S. 2, § 1a Abs. 5 BauGB weder eine abstrakte noch eine relative Vorrangigkeit der Klimaschutzbelange gegenüber anderen städtebaulichen Belangen ableiten. Ebenso stellen jene Regelungen nach hiesiger Ansicht keine Optimierungsgebote bzw. Abwägungsdirektive dar. Auch erscheint es nicht sinnvoll, die Schonung- und Kompensationsmodelle

nach dem Vorbild des BNatSchG auf die bauplanerische Abwägung von Klimaschutzbelangen analog anzuwenden.

5. Die Gewichtstiefe der Klimaschutzbelange im Rahmen der Abwägung hängt vielmehr von den konkreten Umständen der jeweiligen konzeptionellen Situation ab. Der Gesetzgeber hat die § 1 Abs. 5 S. 2, § 1a Abs. 5 BauGB als Soll-Vorschriften formuliert. Damit wird Zweierlei erreicht: Zum einen wird durch die Kodifizierung der § 1 Abs. 5 S. 2, § 1a Abs. 5 BauGB überhaupt der vorsorgende und anpassende Klimaschutz als städtebauliche Planungsaufgabe festgelegt und damit der Ermittlungsaufwand der in der Abwägung einzustellenden Belange ausgedehnt. Ein fehlerfreier Abwägungsvorgang erfordert also nunmehr auch eine sorgfältige Prüfung, ob dem Klimaschutz und der Klimaanpassung durch die Bauleitplanung hinreichend Rechnung getragen werden. Der Klimaschutz und die Klimaanpassung werden somit zur Pflichtaufgabe der Gemeinden. Zum anderen erreicht der Gesetzgeber mit der Formulierung der § 1 Abs. 5 S. 2, § 1a Abs. 5 BauGB als Soll-Vorschriften ein gewisses Maß an Verbindlichkeit, ohne dabei die Flexibilität der Planungsträger, die eine klimagerechte Bodenplanung erfordert, zu sehr einzuschränken. Die Soll-Vorschriften geben den Gemeinden eine Richtung vor. Den Erfordernissen des (globalen) Klimaschutzes und der Klimaanpassung ist grundsätzlich durch die Bodennutzungsplanung Rechnung zu tragen, soweit nicht atypische Umstände vorliegen, die eine andere Planungskonzeption rechtfertigen. Das konkrete Gewicht, das den Klimaschutzbelangen beizumessen ist, bleibt allerdings der Abwägung nach § 1 Abs. 7 BauGB vorbehalten.

D. Die Rechtsstellung des Grundstückseigentümers

I. Der Bestandsschutz

1. In der Abwägung nach § 1 Abs. 7 BauGB sind die privaten Belange des betroffenen Grundstückseigentümers angemessen zu berücksichtigen. Bei bereits bebauten Gebieten stellt sich regelmäßig die Frage, ob den städtebaulichen Maßnahmen das Bestandsschutzinteresse des Planbetroffenen entgegensteht. Ist eine bauliche Anlage in zulässiger Weise errichtet worden, genießt sie Bestandsschutz. Geschützt ist nicht nur die bauliche Substanz, sondern auch die bisherige subjektiv-individuelle Nutzungsausübung. Differiert wird zwischen dem passiven Bestandsschutz und dem einfach-aktiven Bestandsschutz. Bei bauplanungsrechtlichen Maßnahmen zum Klimaschutz und zur Klimaanpassung spielt vor allem der passive Bestandschutz eine wesentliche Rolle. Gegenstand und Reichweite des Bestandsschutzes werden durch die einfach-gesetzliche Ausgestaltung geformt.
2. Dem geschützten Vertrauen des Grundstückseigentümers kann nur insoweit in der Abwägung Rechnung getragen werden, soweit der Umfang des passiven Bestandsschutzes reicht. Im positiven Sinne formuliert, schützt der passive

Bestandsschutz den vorhandenen baulichen Bestand und die vorhandene Nutzung vor nachträglichen Änderungen, wonach die bauliche Anlage bzw. deren Nutzung nicht mehr mit dem materiellen Recht übereinstimmen würde. Im Umkehrschluss sind also Neubauten oder zukünftige Erweiterungen der baulichen Anlage nicht mehr von dem passiven Bestandsschutz erfasst. Der passive Bestandsschutz gewährt dem Planbetroffenen keinen abstrakt-absoluten Schutz gegen nachteilige städtebauliche Planungskonzeptionen. Das getätigte Vertrauen des Grundstückseigentümers ist daher im Rahmen der Abwägung überwindbar. Welches Gewicht dem privaten Bestandsschutzinteresse des Grundstückseigentümers in der Abwägung zukommt, hängt insbesondere von dem Inhalt und der Reichweite der Festsetzungsregelung, der Intensität des Eingriffs, der wirtschaftlichen Zumutbarkeit sowie den Umständen des Einzelfalles ab.

II. Klimaschutzbezogene Nachrüstungspflichten

1. Der passive Bestandsschutz des Grundstückseigentümers kann durch städtebauliche Gebote nach §§ 175 ff. BauGB durchbrochen werden. Diese sind zwar in der Praxis bisher von geringer Bedeutung. Ihre praktische Relevanz könnte aber durch die klimaschützenden Novellierungen des BauGB als kommunales Handlungsinstrument im bereits bestehenden Baubestand aktiviert werden. Dies gilt insbesondere für die Frage, inwiefern verpflichtende energetische Nachrüstungspflichten eines Gebäudes aus Klimaschutzgesichtspunkten verwirklicht werden können. Derartigen Planvorgaben dürfte regelmäßig der passive Bestandsschutz einer baulichen Anlage entgegenstehen. Städtebauliche Modernisierungs- und Instandsetzungsgebote nach § 177, § 175 BauGB könnten zukünftig auch für die Durchsetzung von energetischen Nachrüstungen eines Gebäudes genutzt werden oder zumindest Anreize für den Abschluss von städtebaulichen Verträgen schaffen.
2. Die Auslegung des § 177 Abs. 1, 2 BauGB ergibt nach hiesiger Auffassung, dass energetische Sanierungsmaßnahmen vom Tatbestand der städtebauliche Modernisierungs- und Instandsetzungsgebote nach § 177 BauGB erfasst sind. Zwar begründet § 177 Abs. 2 BauGB nach seinem reinen Wortlaut keinen städtebaulichen Missstand für energetische Defizite der baulichen Anlage. Allerdings könnte der baugebotsbezogene Missstandsbegriff nach § 177 Abs. 2 BauGB im Sinne des sanierungsbezogenen Missstandsbegriffs nach § 136 Abs. 2, 3 und 4 BauGB ausgelegt werden. Der Begriff des Missstandes im Sinne der städtebaulichen Sanierungsmaßnahmen umfasst seit der Innenentwicklungsnovelle 2013 nunmehr auch die Berücksichtigung der Anforderungen des Klimaschutzes und der Klimaanpassung. Danach können Defizite in der energetischen Beschaffenheit städtebauliche Sanierungsmaßnahmen begründen. Angesichts des Energieeinsparungspotenzials und der Notwendigkeit der Energieeinsparung in bereits bebauten Gebieten wäre eine Reformierung des § 177 BauGB empfehlenswert.

Der Missstandsbegriff im Sinne der städtebaulichen Modernisierungs- und Instandsetzungsgebote nach § 177 Abs. 1, 2 BauGB könnte nach dem Vorbild des sanierungsbezogenen Missstandsbegriffs nach § 136 Abs. 2 S. 2 Nr. 1, Abs. 3 Nr. 1 lit. h), Abs. 4 S. 2 Nr. 1 BauGB in Bezug auf die Berücksichtigung der Anforderungen an den Klimaschutz und der Klimaanpassung erweitert werden.

III. Der Verhältnismäßigkeitsgrundsatz als materiell-rechtliche Grenze

1. Die städtebaulichen Anordnungen müssen ihrerseits dem Grundsatz der Verhältnismäßigkeit genügen. Hierbei stellen sich unterschiedliche Anforderungen an klimaschutzbezogene Planvorgaben in Neubaugebieten und in bereits bebauten Gebieten. Die Wahrung des Verhältnismäßigkeitsgrundsatzes dürfte bei städtebaulichen Maßnahmen zum globalen Klimaschutz in einem erst entstehenden Neubaugebiet in der Regel unproblematisch sein. Die Anforderungen an den Grundsatz der Verhältnismäßigkeit sind typischerweise höher im bereits bestehenden Gebäudebestand als in Neubaugebieten.
2. Der Verhältnismäßigkeitsgrundsatz gewinnt besondere Bedeutung bei städtebaulichen Planvorgaben in bereits bebauten Gebieten. Der Schwerpunkt der Verhältnismäßigkeitsprüfung dürfte regelmäßig in der Angemessenheit, insbesondere in der wirtschaftlichen Zumutbarkeit, liegen, da die Errichtung von Anlagen zur Energienutzung aus erneuerbaren Energien in der Regel mit hohen Investitionskosten verbunden ist. Die Kosten der klimaschutzbezogenen Planvorgabe dürfen den Grundstückseigentümer nicht übermäßig belasten. Die Investition muss für den Planbetroffenen rentabel bleiben. Allerdings muss es sich dabei nicht um die rentabelste Lösung handeln. Bei der Ermittlung der Investitionsrentabilität sind unter anderem die Wertsteigerung des Eigentums und das Einsparungspotenzial an Energiekosten zu berücksichtigen.

E. Bauleitplanung als Instrument des Klimaschutzes und der Klimaanpassung

I. Klimaschutz und Klimaanpassung im Rahmen des Flächennutzungsplans

1. Die Darstellungsmöglichkeiten im Flächennutzungsplan zum Klimaschutz und zur Klimaanpassung sind insbesondere durch die Klimaschutznovelle 2011 und der Innenentwicklungsnovelle 2013 modifiziert worden. Der Katalog an Darstellungsoptionen in § 5 Abs. 2 bis 2b BauGB ist nicht abschließend. Der Gesetzgeber hat durch die Hervorhebung der klimaschutzbezogenen Reformierungen klargestellt, dass die Bauleitplanung einen Beitrag zum allgemeinen Klimaschutz und zur Anpassung an den Klimawandel leisten kann und somit etwaige Zweifel an

der Reichweite von klimaschutzbezogenen Darstellungen bei den Gemeinden beseitigt.

2. Die Koordinierungs- und Steuerungsfunktion des Flächennutzungsplans kann etwa für die Etablierung von kompakten, energieeinsparenden Siedlungsstrukturen nach § 5 Abs. 2 Nr. 1 BauGB oder für die Darstellung von Anlagen zur dezentralen und zentralen Energieversorgung aus erneuerbaren Energien sowie der Kraft-Wärme-Kopplung im gesamten Gemeindegebiet (vgl. § 5 Abs. 2 Nr. 2 lit. b) BauGB) genutzt werden. Zudem können kommunale Klimaschutz- und Energiekonzepte nach § 5 Abs. 2 Nr. 2 lit. b), c) BauGB in den Flächennutzungsplan informell integriert werden. Weiterhin können nunmehr Darstellungen zu zentralen Versorgungsbereichen im Gemeindegebiet erfolgen (vgl. § 5 Abs. 2 Nr. 2 lit. d) BauGB). Zudem wurde mit der Reformierung des § 5 Abs. 2b BauGB die planerische Steuerung von Konzentrationszonen für privilegierte Außenbereichsvorhaben nach § 35 Abs. 1 Nr. 2 bis 6 BauGB vereinfacht. Dies betrifft vor allem die planerische Steuerung von Windenergieanlagen oder Biomasseanlagen als privilegierte Vorhaben im Außenbereich. Nach § 5 Abs. 2b BauGB können nun auch sachliche Teilfächennutzungspläne aufgestellt werden, wodurch die strengen Anforderungen an die planerische Steuerung von Außenbereichsvorhaben gelockert worden sind. Ebenfalls durch die Klimaschutz-Novelle 2011 wurde § 249 BauGB in das Baugesetzbuch eingeführt, der die planerische Steuerung von Windkraftenergienutzung und dem Repowering von Windkraftenergieanlagen im Außenbereich regelt. § 249 BauGB schafft Klarheit in Bezug auf die räumlichen Anforderungen für Standorte zurückzubauender Windkraftenergieanlagen.

II. Klimaschutz und Klimaanpassung im Rahmen des Bebauungsplans

1. Die Festsetzungsmöglichkeiten zum mitigativen und adaptiven Klimaschutz wurden erweitert und präzisiert. Das Baugesetzbuch bietet inzwischen eine Reihe von Festsetzungsregelungen, die zum (allgemeinen) Klimaschutz und zur Anpassung an den Klimawandel beitragen können.
2. Der Energieeinsparung und der Optimierung der Wärmegewinnung kann z.B. durch die Festsetzung zur Stellung des Baukörpers, zur Bauweise, zur Dachform oder zur Dachfirstrichtung Rechnung getragen werden. Durch Abstandsregelungen kann die Stellung des Baukörpers energiegünstig beeinflusst werden. Ferner sind Festsetzungen zu kompakten Siedlungsstrukturen zur Energieeinsparung möglich. Städtebauliche Vorgaben zur Niedrigenergiebauweise können den baulichen Wärmeschutz effektivieren. Derartige Planvorgaben können auf § 9 Abs. 1 Nrn. 1 bis 3 BauGB gestützt werden.
3. Nach § 9 Abs. 1 Nr. 12 BauGB können seit der Klimaschutz-Novelle 2011 auch Versorgungsflächen zur Energienutzung aus erneuerbaren Energien oder der Kraft-Wärme-Kopplung im Bebauungsplan festgesetzt werden.

4. Zur Anpassung an den Klimawandel bietet das BauGB vielfältige Festsetzungsmöglichkeiten. Hierzu dienen etwa die Festsetzung von Grünflächen (§ 9 Abs. 1 Nr. 15 BauGB), von Flächen zur Freihaltung von der Bebauung (§ 9 Abs. 1 Nr. 10 BauGB) oder Flächen zur Bepflanzung, insbesondere zur Fassaden- und Dachbegrünung (§ 9 Abs. 1 Nr. 25 BauGB). Auch sind beispielsweise die Festsetzung von Hochwasserschutzanlagen (§ 9 Abs. 1 Nr. 16 BauGB) oder die planerische Steuerung der Niederschlagswasserversickerung (§ 9 Abs. 1 Nr. 14 BauGB) relevant für die Anpassung der Bodennutzung an den Klimawandel.
5. Nach § 9 Abs. 1 Nr. 23 lit. a) BauGB können Verwendungsverbote bzw. -beschränkungen von luftverunreinigenden Stoffen zum vorsorgenden Umweltschutz festgesetzt werden. An eine örtliche Klimabelastung knüpft die Vorschrift zu Gunsten des Klimaschutzes nicht mehr an. Die kommunale Fernwärmeversorgung kann durch die Festsetzung von Verwendungsverboten bzw. -beschränkungen von fossilen Brennstoffen indirekt gefördert werden. Die Reichweite der Festsetzungsvorschrift ist umstritten. Der Anwendungsbereich der Regelung geht nach herrschender Meinung über jenen der Kleinfeuerungsanlagenverordnung hinaus. Auch lehnt die überwiegende Ansicht einen Verstoß bei Festsetzungen von Verwendungsverboten von Gasöl gegen die Richtlinie 93/12/EWG über den Schwefelgehalt bestimmter flüssiger Brennstoffe zu Recht ab.
6. Von besonderer Bedeutung für den vorsorgenden Klimaschutz sind die Festsetzungsmöglichkeiten nach § 9 Abs. 1 Nr. 23 lit. b) BauGB. Diese Regelung bietet ein umfassendes Spektrum an Festsetzungsmöglichkeiten zur Installation und Nutzung von baulichen Anlagen bzw. technischen Maßnahmen zur Wärme- und Stromgewinnung aus erneuerbaren Energien sowie der Kraft-Wärme-Kopplung. Allerdings bezieht sich der Tatbestand nur auf die „Errichtung" von baulichen Anlagen, so dass diese Festsetzungsregelung regelmäßig nur in Neubaugebieten Anwendung findet. Eine Ausdehnung des § 9 Abs. 1 Nr. 23 lit. b) BauGB auf Gebäudesanierungen oder Nutzungsänderungen wäre angesichts des hohen Einsparungspotenzials im bereits bestehenden Baugebieten erwägenswert.
7. Darüber hinaus ist die Festsetzungsvorschrift des § 9 Abs. 1 Nr. 24 BauGB für den Klimaschutz maßgeblich. Nach § 9 Abs. 1 Nr. 24 Var. 3 BauGB können zum Schutz vor Einwirkungen im Sinne des BImSchG oder zur Vermeidung oder Minderung solcher Einwirkungen bauliche und sonstige Vorkehrungen festgesetzt werden. In der Literatur ist nach wie vor umstritten, ob nach § 9 Abs. 1 Nr. 24 BauGB auch Vorkehrungen zur passiven Nutzung von Solarenergieanlagen an Gebäuden festgesetzt werden dürfen. Die überwiegende Ansicht bejaht dies zu Recht. Der Einwand der Mindermeinung, dass § 9 Abs. 1 Nr. 24 BauGB durch den Verweis auf das BImSchG eine unmittelbare lokale klimaschützende Wirkung erfordere, überzeugt nicht. Denn das BImSchG kennt auch Vorsorgepflichten des Anlagenbetreibers (§ 5 Abs. 1 Nr. 2 BImSchG) sowie die Pflicht, mit Energie sparsam und effizient umzugehen (§ 5 Abs. 1 Nr. 4 BImSchG), so dass der vorsorgende Klimaschutz dem BImSchG nicht fremd ist. Das Problem lässt sich auf die Frage der Zulässigkeit von Vorgaben über Energiekennzahlen (Wärmedurchgangskoeffizienten) zum allgemeinen Klimaschutz übertragen.

Die überwiegende Auffassung sieht solche Vorgaben zur Wärmedämmung in Gebäuden zu Recht als zulässig an. Diesbezüglich wäre eine Klarstellung durch den Gesetzgeber wünschenswert.

F. Weitere bauplanungsrechtliche Instrumente zum Klimaschutz und zur Klimaanpassung

1. Der vorhabenbezogene Bebauungsplan nach § 12 BauGB stellt ein weiteres Planungsinstrument dar. Die Gemeinde kann durch das Instrument des vorhabenbezogenen Bebauungsplans auf ein bestimmtes Vorhaben konkret eingehen und die Gestaltungsmöglichkeiten zum Klimaschutz und zur Klimaanpassung unter Billigung des Investors ausschöpfen. Beispielsweise lassen sich im vorhabenbezogenen Bebauungsplan erhöhte Wärmeschutzanforderungen vereinbaren.
2. Von erheblicher Bedeutung sind städtebauliche Verträge nach § 11 BauGB. Im Zuge der Klimaschutzreform 2011 wurden die Gestaltungsmöglichkeiten in städtebaulichen Verträgen zur Energiegewinnung und -nutzung erneuerbarer Energien sowie der Kraft-Wärme-Kopplung im nicht abschließenden Katalog des § 11 Abs. 1 S. 2 BauGB kodifiziert. Der Gesetzgeber hat dadurch klargestellt, dass vertragliche Vereinbarungen zum allgemeinen Klimaschutz und zur Klimaanpassung zulässig sind. Das Instrument der städtebaulichen Verträge bietet einen weiten planerischen Gestaltungsrahmen zum Klimaschutz und zur Klimaanpassung.
3. Daneben können klimaschützende Verpflichtungen in zivilrechtlichen Verträgen vereinbart werden, insbesondere wenn die Gemeinde Eigentümerin eines zu verkaufenden Grundstücks ist. Beispielsweise können energetische Zielsetzungen oder Qualitätsstandards (z.B.: Niedrigenergiehaus-Standards) sowie Vertragsstrafen bei deren Nichterfüllung vereinbart werden.
4. Der Aufgabenbereich der städtebaulichen Sanierungsmaßnahmen nach §§ 136 ff. BauGB hat einen Wandel erfahren. Seit der Innenentwicklungsnovelle 2013 wurde erstmals der Begriff des städtebaulichen Missstands nach § 136 Abs. 2 S. 2 Nr. 1, Abs. 3 Nr. 1 lit. h), Abs. 4 S. 2 Nr. 1 BauGB auf den Klimaschutz und die Klimaanpassung erweitert. Nunmehr können auch energetisch unzureichende Verhältnisse oder Auswirkungen des Klimawandels städtebauliche Sanierungsmaßnahmen begründen.
5. Des Weiteren ist der Anwendungsbereich für Stadtumbaumaßnahmen nach § 171a BauGB in Bezug auf den Klimaschutz und der Klimaanpassung ausgedehnt worden. So wurde etwa die Nichterfüllung der Anforderungen des Klimaschutzes und des Klimawandels als erhebliche städtebauliche Funktionsverluste definiert. Die Stadtumbaumaßnahmen umfassen sowohl Maßnahmen zur Wiederherstellung der Funktionsfähigkeit als auch Maßnahmen zur Verhinderung des städtebaulichen Funktionsverlusts. Beispielsweise können etwa zunehmende Hitze, Dürre, Schwüle im Sommer oder eine Starkregen sowie

Hochwassergefährdung eines Gebiets eine städtebauliche Funktionslosigkeit nach § 171a BauGB begründen.

6. Eine weitere Möglichkeit zum Klimaschutz und zur Klimaanpassung ermöglichen private Initiativen zur Stadtentwicklung nach § 171f BauGB. Danach können nach Maßgabe von Landesgesetzen Gebiete festgelegt werden, in denen in privater Verantwortung standortbezogene Maßnahmen durchgeführt werden, die auf der Grundlage eines mit den städtebaulichen Zielen der Gemeinde abgestimmten Plankonzepts dienen. Durch solche privaten Initiativen könnten quartiersbezogene Maßnahmen zur Energieerzeugung aus erneuerbaren Energien (z.B. Blockheizkraftwerke in Mehrfamilienhäusern) realisiert werden.

Literaturverzeichnis

Aichele, Robert/ Herr, Gunther, Die Aufgabe des übergesetzlichen Bestandsschutzes und die Folgen, NVwZ 2003, S. 415–421.

Antweiler, Clemens/ Gabler, Andreas, Klimaschutz durch Bauleitplanung, BauR 2012, S. 39–46.

Attendorn, Thorsten, Die Belange des Klimaschutzes nach Fukushima und der Energiewende, NVwZ 2012, S. 1569–1574.

Bach, Robert, Die Abwägung nach § 1 Abs. 7 BauGB nach Erlass des EAG Bau, Schriften zum deutschen und internationalen Baurecht, Band 13, Peter Lang Verlag, Frankfurt am Main 2011, Diss., zugl.: Köln 2011, zit.: Bach, Die Abwägung nach § 1 Abs. 7 BauGB nach Erlass des EAG Bau, S.

Battis, Ulrich, Rechtliche Rahmenbedingungen des ökologischen Bauens, NuR 1993, S. 1–6.

Battis, Ulrich, Öffentliches Baurecht und Raumordnungsrecht, 6. Auflage, Stuttgart, 2014, zit.: Battis, Öff. Bau- und RaumordnungsR., Rn.

Battis, Ulrich/ Gusy, Christoph, Einführung in das Staatsrecht, 5. Auflage, Berlin (u.a.) 2011, zit.: Battis/Gusy, Staatsrecht, § Rn.

Battis, Ulrich/ Kersten, Jens/ Mitschang, Stephan, Klimaschützende Stadtsteuerung, ZG 2010, 246–259.

Battis, Ulrich/ Kersten, Jens/ Mitschang, Stephan/ Ingold, Albert/ Schwarz, Tim, Stadtentwicklung – Rechtsfragen zur ökologischen Stadterneuerung, Endbericht, 2010, S. 1–194, zit.: Battis/Kersten/Mitschang/Ingold/Schwarz, Stadtentwicklung, S.

Battis, Ulrich/ Krautzberger, Michael/ Löhr, Rolf-Peter, Die Neuregelungen des Baugesetzbuches zum 1.1.1998, NVwZ 1997, S. 1145–1167.

Battis, Ulrich/ Krautzberger, Michael/ Löhr, Rolf-Peter, Die Änderungen des Baugesetzbuches durch das Europarechtsanpassungsgesetz Bau (EAG Bau 2004), NJW 2004, S. 2553–2559.

Battis, Ulrich/ Krautzberger, Michael/ Löhr, Rolf-Peter, Gesetz zur Erleichterung von Planungsvorhaben für die Innenentwicklung der Städte („BauGB 2007“), NVwZ 2007, S. 121–128.

Battis, Ulrich/ Krautzberger, Michael/ Mitschang, Stephan/ Reidt, Olaf/ Stüer, Bernhard, Gesetz zur Förderung des Klimaschutzes bei der Entwicklung in den Städten und Gemeinden in Kraft getreten, NVwZ 2011, S. 897–904.

Battis, Ulrich/ Krautzberger, Michael/ Löhr, Rolf-Peter/ Mitschang, Stephan/ Reidt, Olaf, Baugesetzbuch, Kommentar, 12. Auflage, München 2014, zit.: Bearbeiter-Battis/Krautzberger/Löhr, BauGB, § Rn.

Battis, Ulrich/ Mitschang, Stephan/ Reidt, Olaf, Stärkung der Innenentwicklung in den Städten und Gemeinden, NVwZ 2013, S. 961–969.

Bayerisches Landesamt für Umwelt (Hrsg.), „Klimawandel – Warum ändert sich unser Klima?“, S. 1- 6, online verfügbar unter: http://www.lfu.bayern.de/umwelt wissen/doc/uw_79_warum_aendert_sich_unser_klima.pdf, zit.: Bayerisches Landesamt für Umwelt, Klimawandel, S.

Berkemann, Jörg/ Halama, Günter, Erstkommentierungen zum BauGB 2004, Bonn 2005, zit.: Bearbeiter-Berkemann/Halama, Erstkommentierung zum BauGB 2004, § Rn.

Bernsdorff, Norbert, Positivierung des Umweltschutzes im Grundgesetz (Art. 20a GG), NuR 1997, S. 328–334.

Blume, Eckehart, Das Verhältnis von Baurecht und Naturschutzrecht nach dem Investitionserleichterungs- und Wohnbaulandgesetz, NVwZ 1993, S. 941–946.

Blumenberg, Hildegard, Neue Entwicklungen zur Struktur und Inhalt des Abwägungsgebots im Bauplanungsrecht, DVBl. 1989, S. 86–94.

Boecker, Bernhard, Zur Reduktion des Bestandsschutzes in der baurechtlichen Rechtsprechung des Bundesverwaltungsgerichts, BauR 1998, S. 441–446.

Böhm, Monika/ Schwarz, Philip, Möglichkeiten und Grenzen bei der Begründung von energetischen Sanierungspflichten für bestehende Gebäude, NVwZ 2012, S. 129–135.

Böhm, Monika/ Schwarz, Philip, Klimaschutz durch Anschluss- und Benutzungszwang für kommunale Fernwärmenetze – Voraussetzungen und Grenzen, DVBl. 2012, S. 540–546.

Bracher, Christian-Dietrich/ Reidt, Olaf/ Schiller, Gernot, Bauplanungsrecht, 8. Auflage, Köln 2014, zit.: Bearbeiter-Bracher/Reidt/Schiller, BauplR, Rn.

Braun, Annette, Kommunalisierung von Umweltaufgaben im europäischen Mehrebenensystem, Forum Umweltrecht, Schriftenreihe der Forschungsstelle Umweltrecht der Universität Hamburg, Band 63, Nomos Verlag, Hamburg 2011, Diss., zugl.: Hamburg 2011 zit.: Braun, Kommunalisierung von Umweltaufgaben, S.

Brenner, Michael, Öffentliches Baurecht, 4. Auflage, Heidelberg (u.a.) 2014, zit.: Brenner, Öfftl. BauR, Rn.

Breuer, Rüdiger, Die Bodennutzung im Konflikt zwischen Städtebau und Eigentumsgarantie, München 1976 zit.: Breuer, Die Bodennutzung, S.

Breuer, Rüdiger, Die Entwicklung des Immissionsschutzrechts 1974–1976, NJW 1977, S. 1025–1034.

Breuer, Rüdiger, Zur Entstehungsgeschichte eines modernen Städtebaurechts in Deutschland, Die Verwaltung 19 (1986), S. 305–337.

Bundesindustrieverband Deutschland Haus-, Energie- und Umwelttechnik e. V. (Hrsg.), Effiziente Systeme und erneuerbare Energien, Technologie- und Energie-Forum,

S. 1–103, Köln 2013, zit.: Bundesindustrieverband Deutschland Haus-, Energie- und Umwelttechnik e. V, Effiziente Systeme und erneuerbare Energien, S.

Bundesministerium für Verkehr, Bau- und Stadtentwicklung (Hrsg.), Berliner Gespräche zum Städtebaurecht, Band 1: Bericht, Berlin, Bonn 2010, zit.: BMVBS, Berliner Gespräche zum Städtebaurecht, Teil 1, S.

Bundesministerium für Verkehr, Bau- und Stadtentwicklung (Hrsg.), Berliner Gespräche zum Städtebaurecht, Band 2: Dokumentationen, Festveranstaltung, Materialien, Berlin, Bonn 2010, zit.: BMVBS, Berliner Gespräche zum Städtebaurecht, Teil 2, S.

Bundesministerium für Verkehr, Bau- und Wohnungswesen (Hrsg.), Novellierung des Baugsetzbuches, Bericht der Unabhängigen Expertenkommission, Bonn 2002, zit.: BMVBS, Bericht der Unabhängigen Expertenkommission, Novellierung des Baugsetzbuches, Rn.

Bunzel, Arno, Nachhaltigkeit – ein neues Leitbild für die kommunale Flächennutzungsplanung. Was bringt das novellierte Baugesetzbuch?, NuR 1997, S. 583–591.

Bunzel, Arno, Das Planspiel zur BauGB-Novelle 2011 – Neuerungen für eine klimagerechte Stadtentwicklung, ZfBR 2012, S. 114–122.

Bunzel, Arno/ Hinzen, Ajo/ Ohligschläger, Gerd, Umweltschutz in der Bauleitplanung, Wiesbaden (u.a.) 1997, zit.: Bunzel/Hinzen/Ohligschläger, Umweltschutz in der Bauleitplanung, S.

Burgi, Martin, Kommunalrecht, 4. Auflage, München 2012, zit.: Burgi, Kommunalrecht, § Rn.

Chilla, Tobias/ Stephan, Alexander/ Röger, Ralf/ Radtke, Ulrich, Fassadenbegrünung als Instrument einer nachhaltigen Stadtentwicklung – Rechtsfragen und Perspektiven, ZUR 2002, S. 249–256.

Clemens, Thomas, Kommunale Selbstverwaltung und institutionelle Garantie: Neue verfassungsrechtliche Vorgaben durch das BVerfG, NVwZ 1990, S. 834–845.

Decker, Andreas, Reichweite und Grenzen des baurechtlichen Bestandsschutzes, BayVBl. 2011, S. 517–530.

Dehoust, Günter/ Schüler, Doris/ Vogt, Regine/ Giegrich, Jürgen, Klimaschutzpotenziale der Abfallwirtschaft, Am Beispiel von Siedlungsabfällen und Altholz, S. 1–126, Umweltbundesamt (Hrsg.), Dessau-Roßlau 2010, online verfügbar unter: http://www.umweltbundesamt.de/sites/default/files/medien/461/publikationen/3907.pdf, zit.: Dehoust/Schüler/Vogt/Giegrich, Klimaschutzpotenziale der Abfallwirtschaft, S.

Denny, Petra/ Spangenberger, Volker, Rechtliche Umsetzung energiebezogener Planungsinhalte, UPR 1999, S. 331–335.

Deutsches Institut für Urbanistik (Hrsg.), Klimaschutz in Kommunen – Praxisleitfaden, S. 1–514, Berlin 2011, online verfügbar unter: http://www.leitfaden.kommunaler-klimaschutz.de/sites/leitfaden.kommunaler-klimaschutz.de/files/

pdf/klimaschutzleit-faden.pdf, zit.: Deutsches Institut für Urbanistik, Klimaschutz in Kommunen, S.

Deutscher Städte- und Gemeindebund, Stellungnahme des DStGB zu den Empfehlungen der Unabhängigen Expertenkommission zur Novellierung des Baugesetzbuches vom 28.11.2002, S. 1–12, online verfügbar unter: http://archiv.dstgb.de/homepage/kommunalreport/archiv2003/newsitem00551/551_1_7880.pdf, zit.: Stellungnahme des Deutschen Städte- und Gemeindebundes vom 28.11.2002, S.

Deutscher Städtetag (Hrsg.), Integrierte Stadtentwicklungsplanung und Stadtentwicklungsmanagement, Strategien und Instrumente nachhaltiger Stadtentwicklung, Berlin, Köln 2013, S. 1–32, zit.: Deutscher Städtetag, Stadtentwicklungsplanung und Stadtentwicklungsmanagement, S.

Die Bundesregierung, Deutsche Anpassungsstrategien an den Klimawandel, vom Bundeskabinett am 17.12.2008 beschlossen, S. 1–77, online verfügbar unter: http://www.bmub.bund.de/fileadmin/bmu-import/files/pdfs/allgemein/application/pdf/das_gesamt_bf.pdf, zit.: Die Bundesregierung, Deutsche Anpassungsstrategien an den Klimawandel, S.

Dietlein, Johannes/ Burgi, Martin/ Hellermann, Johannes, Öffentliches Recht in Nordrhein-Westfalen, Verfassungsrecht, Kommunalrecht, Polizei- und Ordnungsrecht, Öffentliches Baurecht; eine prüfungsorientierte Darstellung, 4. Auflage, München 2011, zit.: Bearbeiter-Dietlein/Burgi/Hellermann, Öffentl. BauR, § Rn.

Dreier, Horst, Grundgesetz Kommentar, Band I, Art. 1–19, Tübingen 1996, zit.: Bearbeiter-Dreier, GG, Bd. I, Art. Rn.

Dreier, Horst, Grundgesetz Kommentar, Band II, Art. 20–82, 2. Auflage, Tübingen 2006 zit.: Bearbeiter-Dreier, GG, Bd. II, Art. Rn.

Dreier, Horst, Grundgesetz Kommentar, Band III, Art. 84–146, 2. Auflage, Tübingen 2008 zit.: Bearbeiter-Dreier, GG, Bd. III, Art. Rn.

Dreier, Johannes, Die normative Steuerung der planerischen Abwägung, Strikte Normen, generelle Planungsleitbegriffe, Planungsleitlinien und Optimierungsgebote, Schriften zum Öffentlichen Recht, Band 687, Duncker & Humblot, Berlin 1995, Diss., zugl.: Freiburg (Breisgau) 1994/1995, zit.: Dreier, Die normative Steuerung der planerischen Abwägung, S.

Ekardt, Felix, Zur Vereinbarkeit eines Landesklimaschutzrechts mit dem Bundes-, Verfassungs- und Europarecht, UPR 2011, S. 371–378.

Ekardt, Felix/ Schenderlein, Kristin, Nachhaltigkeit und Klimaschutz im Wohnbereich als Rechtsproblem, WuM 2008, S. 179–185.

Ekardt, Felix/ Schmitz, Bernhard/ Schmidtke, Patrick, Kim, Kommunaler Klimaschutz durch Baurecht: Rechtsprobleme der Solarenergie und der Kraft-Wärme-Kopplung, ZNER 2008, S. 334–342.

Engelken, Klaas, Kommunen und bundesrechtliche Aufgaben nach der Föderalismusreform I – Zum neuen Aufgabenübertragungsverbot nach Art. 84 Abs. 1 Satz 7 GG, VBlBW 2008, S. 457–468.

Erbguth, Wilfried, Konsequenzen der neueren Rechtsentwicklung im Zeichen nachhaltiger Raumentwicklung, DVBl. 1999, S. 1082–1091.

Erbguth, Wilfried, Abwägung als Wesensmerkmal rechtsstaatlicher Planung – die Anforderungen des Rechtsstaatsprinzips, UPR 2010, S. 281–287.

Erbguth, Wilfried/ Püchel, Gerald, Die Luftreinhaltepläne im Abwägungsvorgang der Bauleit- und Landesplanung, NVwZ 1982, S. 649–656.

Erbguth, Wilfried/ Schubert, Mathias, Öffentliches Baurecht mit Bezügen zum Umwelt- und, Raumplanungsrecht, 6. Auflage, Berlin 2015, zit.: Erbguth/Schubert, Öfftl. BauR, § Rn.

Ernst, Werner/ Zinkahn, Willy/ Bielenberg, Walter/ Krautzberger, Michael, Baugesetzbuch, Kommentar, München, Stand: 115. Ergänzungslieferung, November 2014, zit.: Bearbeiter-Ernst/Zinkahn/Bielenberg/Krautzberger, BauGB, Lfg., § Rn.

Epping, Volker/ Hillgruber, Christian, Grundgesetz Kommentar, 2. Auflage, München 2013, zit.: Bearbeiter-Epping/Hillgruber, GG, Art. Rn.

Everding, Dagmar/ Zerweck, Peter, Solares Bauen und aktuelle Entwicklungen im Baurecht, ZNER 2005, S. 140–147.

Felder, Winfried, Naturschutzrechtliche Eingriffsregelung im Bauleitplanungsrecht gemäß § 8a Abs. 1 S. 1 BNatSchG, NuR 1994, S. 53–62.

Feldhaus, Gerhard, Konturen eines modernen Umweltschutzrechts, Von der Gewerbeordnung bis zum Bundes-Immissionsschutzgesetz, DÖV 1974, S. 613–618.

Ferner, Hilmar/ Kröninger, Holgar/ Aschke, Manfred, Baugesetzbuch, 3. Auflage, Baden-Baden 2013, zit.: Bearbeiter-Ferner/Kröninger/Aschke, BauGB, § Rn.

Fischer, Jochen/ Klinski, Stefan, Modelle für eine Förderung erneuerbarer Energien im Wärmemarkt aus rechtlicher Sicht, ZUR 2007, S. 8–16.

Franzius, Claudio, Die Abweichungsgesetzgebung, NVwZ 2008, S. 492–499.

Frenz, Walter/ Müggenborg, Hans-Jürgen, BNatSchG, Bundesnaturschutzgesetz, Berliner Kommentare, Berlin 2011, zit.: Bearbeiter- Frenz/Müggenborg, BNatSchG, § Rn.

Funke, Hans Friedrich, Die Lenkbarkeit von Abwägungsvorgang und Abwägungsergebnis zugunsten des Umweltschutzes, DVBl. 1987, S. 511–517.

Gaentzsch, Günter, Baugesetzbuch – BauGB mit BauGB-MaßnG, Kommentar, Köln, München (u.a.) 1991, zit.: Gaentzsch, BauGB, § Rn.

Gaentzsch, Günter, Bauleitplanung als Aufgabe der Gemeinden und Voraussetzung ihrer Entwicklung, LKV 1992, S. 105–111.

Gärditz, Klaus Ferdinand, Schwerpunktbereich – Einführung in das Klimaschutzrecht, JuS 2008, S. 324–329.

Gassner, Erich, Naturschutz im neuen Baugesetzbuch, UPR 1987, S. 249–253.

Gassner, Erich, Zur Ökologisierung des Bauplanungsrechts – Zugleich eine Besprechung zweier neu erschienener Kommentare zum BauGB, NuR 1989, S. 120–123.

Gassner, Erich, Naturschutzrechtliche Eingriffsregelung im Bauleitplanungsrecht – Aktuelle Fragen aufgrund des Investitionserleichterungs- und Wohnbaulandgesetzes, NuR 1993, S. 252–256.

Gassner, Erich, Rechtskonkretisierung zum Schutz der natürlichen Lebensgrundlagen nach Art. 20a GG, NuR 2011, S. 320–323.

Gaßner, Hartmut/ Fischer, Jochen, Pflichtanteil Erneuerbarer Energien zur Wärmeerzeugung in Gebäuden, ZNER 2005, S. 21–26.

Gehrke, Thomas/ Brehsan, Godo, Genießt der bauchrechtliche Bestandsschutz noch Bestandsschutz?, NVwZ 1999, S. 932–937.

Geis, Max-Emanuel, Kommunalrecht, 3. Auflage, München 2014, zit.: Geis, Kommunalrecht, § Rn.

Gern, Alfons, Kommunalrecht einschließlich kommunales Abgabenrecht, Baden-Württemberg, 8. Auflage, Baden-Baden 2001, zit.: Gern, Kommunalrecht, Kap. Rn.

Ginzky, Harald, Die Richtlinie über die Prüfung der Umweltauswirkungen bestimmter Pläne und Programme – Interpretation und Umsetzungsempfehlungen, UPR 2002, S. 47–53.

Goldschmidt, Jürgen, Ende des Bestandsschutzes, DVBl. 2011, S. 591–599.

Gramm, Christof, Zur Gesetzgebungskompetenz des Bundes für ein Umweltgesetzbuch, DÖV 1999, S. 540–549.

Groß, Thomas, Welche Klimaschutzpflichten ergeben sich aus Art. 20a GG?, ZUR 2009, S. 364–368.

Groß, Thomas, Die Bedeutung des Umweltstaatsprinzips für die Nutzung erneuerbarerer Energien, NVwZ 2011, S. 129–133.

Groß, Thomas, Klimaschutzgesetze im europäischen Vergleich, ZUR 2011, S. 171–177.

Grüner, Johannes, Die Einschränkung der planerischen Gestaltungsfreiheit durch Optimierungsgebote und Abwägungsdirektiven, Eine Untersuchung der Rechtsprechung des Bundesverwaltungsgerichts zur Wirkung von § 50 S. 1 BImSchG auf die Abwägung, UPR 2011, S. 50–56.

Guckelberger, Annette, Die veränderte Steuerungswirkung der Flächennutzungsplanung, DÖV 2006, S. 973–981.

Gusy, Christoph, Öffentlich-rechtliche Verträge zwischen Staat und Bürgern, DVBl. 1983, S. 1222–1229.

Hahn, Dittmar, Landschaftsrecht und Baufreiheit – Rechtssprechungsübersicht, DVBl. 1992, S. 1408–1415.

Hellermann, Johannes, Örtliche Daseinsvorsorge und gemeindliche Selbstverwaltung, Zum kommunalen Bestätigungs- und Gestaltungsspielraum unter den

Bedingungen europäischer und staatlicher Privatisierungs- und Deregulierungspolitik, JUS PUBLICUM, Beiträge zum Öffentlichen Recht, Band 54, Tübingen 2000 zit.: Hellermann, Örtliche Daseinsvorsorge, S.

Hellermann, Johannes, Das Schicksal der Energieversorgungsverhältnisse beim Wechsel des Verteilungsnetzbetreibers und allgemeinen Versorgers, ZNER 2002, S. 70–77.

Hellermann, Johannes/ Wieland, Joachim, Das Verbot ausschließlicher Konzessionsverträge und die kommunale Selbstverwaltung, DVBl. 1996, S. 401–409.

Hömig, Dieter, Grundgesetz für die Bundesrepublik Deutschland, Nomoskommentar, 10. Auflage, Baden-Baden 2013, zit.: Bearbeiter-Hömig, GG, Art. Rn.

Hoppe, Werner, Kommunale Selbstverwaltung und Planung, S. 555–586, in Albert von Mutius (Hrsg.), Selbstverwaltung im Staat der Industriegesellschaft, Festgabe zum 70. Geburtstag von Georg Christoph von Unruh, 1983, Heidelberg, zit.: Hoppe, Kommunale Selbstverwaltung und Planung in: FS von Unruh, S.

Hoppe, Werner, Die Bedeutung von Optimierungsgeboten im Planungsrecht, DVBl. 1992 S. 853–862.

Hoppe, Werner, „Verwirrung" und „Entwirrung" beim Abwägungsgebot (§ 1 Abs. 6 BauGB) – Nachlese zu Horst Sendler: „Die Bedeutung des Abwägungsgebots in § 1 Abs. 6 BauGB für die Berücksichtigung der Belange des Umweltschutzes in der Bauleitplanung" (UPR 1995, S. 41 ff.) -, UPR 1995, S. 201–203.

Hoppe, Werner, Die Abwägung im EAG Bau nach Maßgabe des § 1 VII BauGB 2004, Unter Berücksichtigung von § 2 III, IV BauGB 2004, NVwZ 2004, S. 903–910.

Hoppe, Werner/ Bönker, Christian/ Grotefels, Susan, Öffentliches Baurecht, Raumordnungsrecht, Städtebaurecht, Bauordnungsrecht, München 2010, zit.: Bearbeiter-Hoppe/Bönker/Grotefels, BauGB, § Rn.

Huber, Peter M./ Wollenschläger, Ferdinand, Durchgriffsverbot und landesverfassungsrechtliches Konnexitätsgebot, – Das Beispiel des KiföG, VerwArch 100 (2009), S. 305–341.

Hufen, Friedhelm, Aufgabenentzug durch Aufgabenüberlastung – Verfassungsrechtliche Grenzen der Überwälzung kostenintensiver Staatsaufgaben auf die Kommunen, DÖV 1998, S. 276–285.

Ibler, Martin, Die Schranken planerischer Gestaltungsfreiheit im Planfeststellungsrecht, Schriften zum Öffentlichen Recht, Band 544, Berlin 1988, Duncker u. Humblot, Diss., zugl.: Göttingen 1987, zit.: Ibler, Die Schranken planerischer Gestaltungsfreiheit, S.

Ingold, Albert, Das Aufgabenübertragungsverbot aus Art. 84 Abs. 1 Satz 7 GG als Hindernis für die bauplanungsrechtliche Gesetzgebung des Bundes?, DÖV 2010, S. 134–139.

Ingold, Albert/ Schwarz, Tim, Klimaschutzelemente der Bauleitplanung, NuR 2010, S. 153–162.

Ingold, Albert/ Schwarz, Tim, Städtebau- und Energiefachrecht, NuR 2010, S. 308–316.

Jäde, Henning, Bestandsschutz im Bauplanungsrecht, BayVBl. 2007, S. 641–648.

Jäde, Henning/ Dirnberger, Franz/ Weiß, Josef , Baugesetzbuch, Baunutzungsverordnung, Kommentar, 5. Auflage, Stuttgart, München 2007, zit.: Bearbeiter-Jäde/ Dirnberger/Weiß, BauGB, 5. Aufl. (2007), § Rn.

Jäde, Henning/ Dirnberger, Franz/ Weiß, Josef, Baugesetzbuch, Baunutzungsverordnung, Kommentar, 7. Auflage, Stuttgart, München 2013, zit.: Bearbeiter-Jäde/ Dirnberger/Weiß, BauGB, § Rn.

Janssen, Gerold/ Albrecht, Juliane, Umweltschutz im Planungsrecht – Die Verankerung des Klimaschutzes und des Schutzes der biologischen Vielfalt im raumbezogenen Planungsrecht -, Umweltbundesamt (Hrsg.), Dessau-Roßlau 2008, zit.: Janssen/Albrecht, Umweltschutz im Planungsrecht, S.

Jarass, Hans D., Die materiellen Voraussetzungen der Planfeststellung in neuerer Sicht – Dogmatische Grundlagen und praktische Folgen, insb. im Verkehrswegebereich, DVBl. 1998, S. 1202–1211.

Jarass, Hans D., Europäisierung des Planungsrechts, DVBl. 2000, S. 945–952.

Jarass, Hans D., Bundesimmissionsschutzgesetz, Kommentar, unter Berücksichtigung der Bundes-Immissionsschutzverordnungen, der TA Luft sowie der TA Lärm, 9. Auflage, Münster 2012, zit.: Jarass, BImSchG, § Rn.

Jarass, Hans D./ Kment, Martin, Beck'sche Kompakt-Kommentare, Baugesetzbuch, München 2013, zit.: Jarass/Kment, BauGB, § Rn.

Jarass, Hans D./ Pieroth, Bodo, Grundgesetz für die Bundesrepublik Deutschland, Kommentar, 13. Auflage, München 2014, zit.: Bearbeiter-Jarass/Pieroth, GG, Art. Rn.

Kahl, Wolfgang, Klimaschutz durch die Kommunen – Möglichkeiten und Grenzen, ZUR 2010, S. 395–403.

Kartschall, Karin/ Mäder, Claudia/ Tambke Jens, Klimaänderungen, deren Auswirkungen und was für den Klimaschutz zu tun ist, S. 1–12, Umweltbundesamt (Hrsg.), 2007, online verfügbar unter: https://www.nabu.de/imperia/md/content/nabude/klimaschutz/ipccsynthese.pdf, zit.: Kartschall/Mäder/Tambke-Umweltbundesamt, Klimaänderungen, S.

Kern, Kristine/ Niederhafner, Stefan/ Rechlin, Sandra/ Wagner, Jost, Kommunaler Klimaschutz in Deutschland – Handlungsoptionen, Entwicklung und Perspektiven, S. 1–107, Forschungsbericht 2005, Wissenschaftszentrum Berlin für Sozialforschung, online verfügbar unter: http://edoc.vifapol.de/opus/volltexte/2009/1520/pdf/iv05_101.pdf, zit.: Kern/Niederhafner/Rechlin/Wagner, Kommunaler Klimaschutz in Deutschland, S.

Kersten, Jens, Business Improvement Districts in der Bundesrepublik Deutschland, Urban Governance zwischen privater Initiative und staatlichem Zwang, UPR 2007 S. 121–129.

Klinger, Remo/ Wegener, Henrike, Klimaschutzziele in der Raumordnung – Zugleich ein Beitrag zum Entwurf des Klimaschutzgesetzes Nordrhein-Westfalen, NVwZ 2011, S. 905–910.

Klinski, Stefan/ Longo, Fabio, Kommunale Strategien für den Ausbau erneuerbarer Energien im Rahmen des öffentlichen Baurechts, ZNER 2007, S. 41–47.

Kloepfer, Michael, Planung und prospektive Rechtswissenschaft, S. 111–125 in Festschrift für Werner Hoppe zum 70. Geburtstag, herausgegeben von Wilfried Erbguth, Janbernd Oebbecke, Hans-Werner Rengeling, Martin Schulte, München 2000, zit.: Kloepfer, Planung und prospektive Rechtswissenschaft, in: FS Hoppe, S.

Kloepfer, Michael, Umweltschutzrecht, 2. Auflage, München 2011, zit.: Kloepfer, UmweltschutzR, § Rn.

Kment, Martin , Anpassung an den Klimawandel, Internationaler Rahmen, europäische Strategische Adaptionsprüfung und Fortentwicklung des nationalen Verwaltungsrechts, JZ 2010, S. 62–72.

Kment, Martin, Die Begleitung der Energiewende durch kommunale Bauleitplanung – Schafft das Gesetz zur Förderung des Klimaschutzes bei der Entwicklung in den Städten und Gemeinden neue Optionen?, DVBl. 2012, S. 1125–1130.

Knemeyer, Franz-Ludwig, Die verfassungsrechtliche Gewährleistung des Selbstverwaltungsrechts der Gemeinden und Landkreise, S. 209–226, in Albert von Mutius (Hrsg.), Selbstverwaltung im Staat der Industriegesellschaft, Festgabe zum 70. Geburtstag von Georg Christoph von Unruh, Heidelberg 1983, zit.: Knemeyer, Die verfassungsrechtliche Gewährleistung des Selbstverwaltungsrechts der Gemeinden und Landkreise, in: FS von Unruh, S.

Koch, Hans-Joachim, Der „städtebauliche Grund" (§ 9 Abs. 1 Baugesetzbuch) als Schranke planerischer Gestaltungsfreiheit – zum Verhältnis von Bauleitplanung und Fachverwaltung, Die Verwaltung 37 (2004), S. 537–555.

Koch, Hans-Joachim, Klimaschutzrecht, Ziele, Instrumente und Strukturen eines neuen Rechtsgebiets, NVwZ 2011, S. 641–654.

Koch, Hans-Joachim, Umweltrecht, 4. Auflage, München 2013, zit.: Bearbeiter-Koch, UmweltR, § Rn.

Koch, Hans-Joachim/ Mengel, Constanze, Gemeindliche Kompetenzen für Maßnahmen des Klimaschutzes am Beispiel der Kraft-Wärme-Kopplung, DVBl. 2000, S. 953–963.

Koch, Hans-Joachim/ Verheyen, Roda , Klimaschutz im Deutschen Anlagengenehmigungsrecht: völkerrechtlicher Rahmen, europarechtliche Vorgaben, innerstaatlicher Anpassungsbedarf, NuR 1999, S. 1–16.

Koch, Hans-Joachim/ Wieneke, Annette, Klimaschutzrecht durch Emissionshandel – Das europäische und deutsche Anlagengenehmigungsrecht als Ordnungsrahmen -, DVBl. 2001, S. 1085–1095.

Köck, Wolfgang, Die städtebauliche Eingriffsregelung, Ausgewählte Probleme unter besonderer Berücksichtigung der Auswahl und Sicherung von Ausgleichsflächen und -maßnahmen, NuR 2004, S. 1–6.

Köck, Wolfgang, Klimawandel und Recht – Adaption an Klimaänderungen: Auswirkungen auf den Hochwasserschutz, die Bewirtschaftung der Wasserressourcen und die Erhaltung der Artenvielfalt -, ZUR 2007, S. 393–400.

Köck, Wolfgang, Planungsrechtliche Anforderungen an die räumliche Steuerung der Windenergienutzung – Unter besonderer Berücksichtigung des Repowering, ZUR 2010, S. 507–512.

Köck, Wolfgang/ Lehmann, Katharina, Die Entwicklung des Luftqualitätsrechts, ZUR 2013, S. 67–75.

Köck, Wolfgang/ Wolf, Rainer, Grenzen der Abweichungsgesetzgebung im Naturschutzrecht, Sind Eingriffsregelung und Landschaftsplanung allgemeine Grundsätze des Naturschutzrechts, NVwZ 2008, S. 353–360.

Kopf, Hannes, Klimaschutz in der Planungs- und Genehmigungspraxis – die BauGB-Novelle 2011 – Zugleich eine Anmerkung zu OVG RhPf., LKRZ 2011, 33 (Coface Arena), LKRZ 2012, S. 261–266.

Kotulla, Michael, Rechtliche Instrumente des Grundwasserschutzes – Eine systematische Analyse des EG-, Bundes- und Landesrecht, Wasserrecht und Wasserwirtschaft, Band 37, Berlin 1999, zit.: Kotulla, Rechtliche Instrumente des Grundwasserschutzes, S.

Kotulla, Michael, Umweltschutzgesetzgebungskompetenzen und „Föderalismusreform“, NVwZ 2007, S. 489–495.

Kotulla, Michael, Das novellierte Wasserhaushaltsgesetz, NVwZ 2010, S. 79–86.

Kotulla, Michael, Umweltrecht, Grundstrukturen und Fälle, 5. Auflage, Reihe Studienprogramm Recht, Stuttgart, München (u.a.) 2010, zit.: Kotulla, Umweltrecht, Teil Rn.

Kotulla, Michael, Wasserhaushaltsgesetz – Kommentar, 2. Auflage, Stuttgart 2011, zit.: Kotulla, WHG, § Rn.

Kotulla, Michael, Bundes-Immissionsschutzgesetz, Kommentar und Vorschriftensammlung, Band 1, Kommentar §§ 1–31 BImSchG, 18. Lieferung (Januar 2014), Stuttgart, zit.: Bearbeiter-Kotulla, BImSchG, Bd. 1, Lfg., § Rn.

Kotulla, Michael, Bundes-Immissionsschutzgesetz, Kommentar und Vorschriftensammlung, Band 2, Kommentar §§ 32–73 BImSchG, 18. Lieferung (Januar 2014), Stuttgart, zit.: Bearbeiter-Kotulla, BImSchG, Bd. 2, Lfg., § Rn.

Kraft, Ingo, Aktuelle Fragen immissionsschutzrechtlicher Festsetzungen in Bebauungsplänen – Klimaschutz, Lärmkontingentierung und Planrealisierungsansprüche, DVBl. 1998, S. 1048–1058.

Krautzberger, Michael, Städtebauliche Verträge zur Umsetzung klimaschützender und energieeinsparender Zielsetzungen, DVBl. 2008, S. 737–745.

Krautzberger, Michael, Gesellschaftspolitischer Wandel und Städtebaugesetzgebung, S. 37–54, in: Berliner Gespräche zum Städtebaurecht, Band II: Dokumentation Festveranstaltung/Materialien, Bonn 2010, S. 1–205, Bundesinstitut für Bau-, Stadt- und Raumforschung (BBSR) im Bundesamt für Bauwesen und Raumordnung (BBR), zit.: Krautzberger, Gesellschaftspolitischer Wandel und Städtebaugesetzgebung, in: Berliner Gespräche zum Stadtbaurecht II, S.

Krautzberger, Michael, Gesetz zur Förderung des Klimaschutzes bei der Entwicklung in den Städten und Gemeinden, UPR 2011, S. 361–365.

Krautzberger, Michael, Klimaschutz als Aufgabe der Stadterneuerung und des Stadtumbaus, DVBl. 2012, S. 69–74.

Krautzberger, Michael, Urbane Strategien zum Klimawandel – Erfahrungen und Strategien in Deutschland beim Klimaschutz und Energieeinsparen in historischen Städten und beim historischen Erbe, UPR 2012, S. 99–102.

Krautzberger, Michael, BauGB-Novelle 2013, Gesetz zur Stärkung der Innenentwicklung in den Städten und Gemeinden und weiteren Fortentwicklung des Städtebaurechts, DVBl. 2013, S. 1–12.

Krautzberger, Michael/ Stüer, Bernhard, Städtebaurecht 2004: Umweltprüfung und Abwägung – Vom schlichten Wegwägen zum Grundsatz der nachhaltigen Trauerarbeit, DVBl. 2004, S. 914–924.

Krautzberger, Michael/ Stüer, Bernhard, BauGB 2007: Stärkung der Innenentwicklung, DVBl. 2007, S. 160–169.

Krautzberger, Michael/ Stüer, Bernhard, Neues Städtebaurecht des Bundes aus Gründen des Klimaschutzes, Gesetz zur Förderung des Klimaschutzes bei der Entwicklung in den Städten und Gemeinden, BauR 2011, S. 1416–1424.

Krautzberger, Michael/ Stüer, Bernhard, BauGB-Novelle 2013, Gesetz zur Stärkung der Innenentwicklung in den Städten und Gemeinden und weiteren Fortentwicklung des Städtebaurechts, DVBl. 2013, S. 805–815.

Krautzberger, Michael/ Stüer, Bernhard, Viel Wind für weniger Windenergie? Zur BauGB-Novelle 2014, BauR 2014, S. 1403–1412.

Kus, Barbara/ Heine, Britta/ Fleischhauer, Andrea/ Jabs, Judith, Natur & Mensch im Klimawandel, Ein Planet, viele Menschen – Eine Zukunft?, S. 1–138, 2. Auflage, Bundesministerium für wirtschaftliche Zusammenarbeit und Entwicklung (Hrsg.), Ingelheim 2010, online verfügbar unter: http://www2.gtz.de/dokumente/bib-2010/gtz2010-0612de-natur-mensch-klimawandel.pdf zit.: Kus/Heine/Fleisch hauer/Jabs-BMZ, Natur und Mensch im Klimawandel, S.

Kuschnerus, Ulrich, Die „Nachhaltigkeit" im Abwägungsprozess und in der gerichtlichen Überprüfung – zur praxisgerechten Struktur des Rechts der Bauleitplanung -, ZfBR 2000, S. 15–21.

Landmann, Robert von/ Rohmer, Gustav (Hrsg.), Umweltrecht, Kommentar, Band III, (BImSchG), Stand: 73. Ergänzungslieferung, 01.08.2014, zit.: Bearbeiter-Landmann/Rohmer, UmweltR, Bd. III, Lfg. § Rn.

Lege, Joachim, Stadtumbau und städtebauliche Gebote, Neue Herausforderungen durch Stadterhaltung und Rückbau, NVwZ 2005, S. 880–886.

Lehmann, Harry/ Müschen, Klaus/ Richter, Steffi/ Mäder, Claudia, Und sie erwärmt sich doch, Was steckt hinter der Debatte um den Klimawandel?, S. 1–120, Umweltbundesamt (Hrsg.), 1. Auflage, Berlin 2013, online verfügbar unter: http://www.umweltbundesamt.de/sites/default/files/medien/378/publikationen/und_sie_erwarmt_sich_doch_131201.pdf zit.: Lehmann/Müschen/Richter/Mäder-Umweltbundesamt, Klimawandel, S.

Leisner, Walter, Baufreiheit oder staatliche Baurechtsverleihung?, DVBl. 1992, S. 1065–1072.

Lieder, Jan, Der Bestandsschutz im Baurecht, ThürVBl. 2004, S. 81–88.

Lissack, Gernot, Bayrisches Kommunalrecht, 2. Auflage, München 2001, zit.: Lissack, Kommunalrecht, § Rn.

Loewenich, Gerhard von, Vom Bundesbaugesetzbuch zum Baugesetzbuch – ein Meilenstein in der Städtebaupolitik des Bundes, S. 19–24, in: Berliner Gespräche zum Städtebaurecht, Band II: Dokumentation Festveranstaltung/Materialien, Bonn 2010, Bundesinstitut für Bau-, Stadt- und Raumforschung (BBSR) im Bundesamt für Bauwesen und Raumordnung (BBR), zit.: von Loewenich, Vom Bundesbaugesetzbuch zum Baugesetzbuch – ein Meilenstein in der Städtebaupolitik des Bundes, in: Berliner Gespräche zum Stadtbaurecht II, S.

Longo, Fabio/ Schuster, Andreas, Zur Rechtmäßigkeit von „solaren“ Energiekonzepten in Neubaugebieten – Die Wirkung von Art. 20a GG im Bau- und Kommunalrecht, ZNER 2000, S. 118–125.

Louis, Hans Walter, Die Abwägung der Belange von Naturschutz und Landschaftspflege in der Bauleitplanung auf der Grundlage des § 1 Abs. 5 Nr. 7 BauGB und des § 8a Abs. 1 BNatSchG, DÖV 1994, S. 903–910.

Louis, Hans Walter/ Wolf, Verena, Bodenschutz in der Bauleitplanung, NuR 2002, S. 61–72.

Mäder, Claudia, Klimaänderung, Wichtige Erkenntnisse aus dem 4. Sachstandsbericht des Zwischenstaatlichen Ausschusses für Klimaänderungen der Vereinten Nationen (IPCC), S. 1–65, Umweltbundesamt (Hrsg.), Dessau-Roßlau 2009, zit.: Mäder-Umweltbundesamt, Klimaänderung, Wichtige Erkenntnisse aus dem 4. Sachstandsbericht IPCC, S.

Mangoldt von, Hermann/ Klein, Friedrich/ Starck, Christian, Kommentar zum Grundgesetz, Band 2, Art. 20–82, 6. Auflage, München 2010, zit.: Bearbeiter-v. Mangoldt/Klein/Starck, GG, Bd. II, Art. Rn.

Mann, Thomas/ Püttner, Günter, Handbuch der kommunalen Wissenschaft und Praxis, Band 2, Kommunale Wirtschaft, 3. Auflage, Heidelberg 2011, zit.: Bearbeiter-Mann/Püttner, Handbuch der kommunalen Wissenschaft und Praxis, § Rn.

Manten, Georg/ Elbel, Daniel, Möglichkeiten und Grenzen des kommunalen Klimaschutzes in den neuen Bundesländern, LKV 2009, S. 1–9.

Maunz, Theodor/ Dürig, Günter (Hrsg.), Grundgesetz Kommentar, Loseblattsammlung, Stand: 07/2014, 72. Ergänzungslieferung, zit.: Bearbeiter-Maunz/Dürig, GG, Lfg., Art. Rn.

Menke, Rainard, Der vorhabenbezogene Bebauungsplan, NVwZ 1998, S. 577–581.

Meßerschmidt, Klaus, Bundesnaturschutzrecht, Kommentar zum Bundesnaturschutzgesetz, Vorschriften und Entscheidungen, Band 1, Stand: 122. Aktualisierung, Oktober 2014, zit.: Meßerschmidt, BNatSchG, Lfg., § Rn.

Meßmann, Andreas, Das Aufgabenübertragungsverbot aus Art. 84 Abs. 1 Satz 7 GG: Hindernis für die Erweiterung bereits übertragener Aufgaben und die Übertragung von Angelegenheiten der örtlichen Gemeinschaft?, DÖV 2010, S. 726–732.

Milkau, Alexander, Bundeskompetenzen für ein Umweltenergierecht – dargestellt am Beispiel des Erneuerbare-Energien-Wärmegesetzes, ZUR 2008, S. 561–567.

Ministerium für Klimaschutz, Umwelt, Landwirtschaft, Natur- und Verbraucherschutz des Landes Nordrhein-Westfalen, Natur im Wandel, Auswirkungen des Klimawandels auf die biologische Vielfalt in Nordrhein-Westfalen, S. 1–60, Düsseldorf 2010, online verfügbar unter: http://www.umwelt.nrw.de/fileadmin/redation/PDFs/klima/broschuere_natur_im_wandel.pdf, zit.: Ministerium für Klimaschutz, Umwelt, Landwirtschaft, Natur- und Verbraucherschutz des Landes Nordrhein-Westfalen, Natur im Wandel, S.

Mitschang, Stephan, Der Planungsgrundsatz der Nachhaltigkeit, DÖV 2000, S. 14–21.

Mitschang, Stephan, Umweltverträglichkeitsprüfung in der Bauleitplanung – neue Impulse durch die EG-Änderungsrichtlinie zur UVP-Richtlinie (Teil 2), ZfBR 2001, S. 380–391.

Mitschang, Stephan, Restriktionen europäischer Richtlinien für die kommunale Planungshoheit, ZfBR 2006, S. 642–654.

Mitschang, Stephan, Die heutige Bedeutung der Flächennutzungsplanung: Aufgaben, Stand und Perspektiven für ihre Weiterentwicklung, LKV 2007, S. 102–109.

Mitschang, Stephan, Strukturveränderungen in der Bauleitplanung und ihre Auswirkungen auf die Planungspraxis, ZfBR 2008, S. 227–241.

Mitschang, Stephan, Die Belange von Klima und Energie in der Bauleitplanung, NUR 2008, S. 601–612.

Mitschang, Stephan, Die Belange von Klima und Energie in der Raumordnung, DVBl. 2008, S. 745–754.

Mitschang, Stephan, Klimaschutz und Energieeinsparung als Aufgaben der Regional- und Bauleitplanung, S. 15–66, in: Stephan Mitschang, Klimaschutz und

Energieeinsparung in der Stadt- und Regionalplanung, Berliner Schriften zur Stadt- und Regionalplanung, Band 1, Frankfurt 2009, zit.: Mitschang-Mitschang, Klimaschutz und Energieeinsparung, 15 (S.).

Mitschang, Stephan, Die Umsetzung klimaschützender und energieeinsparungsbezogener Anforderungen in der Bauleitplanung und im Besonderen Städtebaurecht – Sachstand und Perspektive, ZfBR 2010, S. 534–550.

Mitschang, Stephan, Die Auswirkungen der Klimaschutz-Novelle auf die kommunale Bauleitplanung, DVBl. 2012, S. 134–141.

Mitschang, Stephan/ Reidt, Olaf, Die Einführung einer Länderöffnungsklausel zur Regelung von Mindestabständen zwischen Windenergieanlagen und zulässigen Nutzungen im Baugesetzbuch, BauR 2014, S. 1232–1242.

Mittelstaedt, Horst, Berücksichtigung des Bundes-Immissionsschutzgesetzes bei der Planung innerstädtischer Schnellverkehrsstraßen in unmittelbarer Nähe von Wohngebieten, BB 1976, S. 860–865.

Muckel, Stefan/ Ogorek, Markus, Öffentliches Baurecht, 2. Auflage, Köln 2014, zit.: Muckel/Ogorek, Öfftl. BauR, § Rn.

Murswiek, Dietrich, Staatziel Umweltschutz (Art. 20a GG), Bedeutung für Rechtssetzung und Rechtsanwendung, NVwZ 1996, S. 222–230.

Musli, Andreas/ Kirchner, Sören, Das Recht der Berliner Verwaltung unter Berücksichtigung kommunalrechtlicher Bezüge, 2. Auflage, Berlin 2007, zit.: Musli/ Kirchner, Berliner Verwaltung, Rn.

Mutius, Albert von, Örtliche Aufgabenerfüllung, S. 227–263, in Albert von Mutius (Hrsg.), Selbstverwaltung im Staat der Industriegesellschaft, Festgabe zum 70. Geburtstag von Georg Christoph von Unruh, Heidelberg 1983, zit.: von Mutius, Örtliche Aufgabenerfüllung in: FS von Unruh, S.

Mutius, Albert von, Kommunalrecht, Ein Lehr- und Lernbuch anhand von Fällen, Schriftenreihe der Juristischen Schulung, Heft 130, München 1996, zit.: von Mutius, KommunalR, § Rn.

Nicolai, Helmut von, Welche Vorteile bringt ein Teilflächennutzungsplan der Gemeinde?, ZfBR 2005, S. 529–537.

Otting, Olaf, Klimaschutz durch Baurecht – Ein Überblick über die BauGB-Novelle 2011, REE 2011, S. 125–132.

Otto, Christian-W., Klimaschutz und Energieeinsparung im Bauordnungsrecht der Länder, ZfBR 2008, S. 550–560.

Otto, Christian-W., Innenentwicklung und Klimaschutz – Besteht ein Vorrang?, ZfBR 2013, S. 434–437.

Peine, Franz-Joseph, Rechtsprobleme des Verkehrslärmschutzes, DÖV 1988, S. 937–949.

Peine, Franz-Joseph, Öffentliches Baurecht, Grundzüge des Bauplanungs- und Bauordnungsrechts unter Berücksichtigung des Raumordnungs- und des Fachplanungsrechts, 4. Auflage, Tübingen 2003, zit.: Peine, Öfftl. BauR, Rn.

Perner, Angelika/ Thöne, Michael/ Vormann, Michael, Naturschutz im Finanzausgleich – Erweiterung des naturschutzpolitischen Instrumentariums um finanzielle Anreize für Gebietskörperschaften, Forschungsbericht, S. 1–267, FiFo-Bericht Nr. 3, Köln 2005, Finanzwissenschaftliches Forschungsinstitut an der Universität zu Köln, online verfügbar unter: http://www.fifo-koeln.org/images/stories/fifoberichte_nr_3_2005.pdf, zit.: Perner/Thöne/Vormann, Naturschutz im Finanzausgleich, S.

Pfeifer, Marten, Regeln und Prinzipien im Bauplanungsrecht, Überlegungen zu einem inneren System der Abwägungslehre am Beispiel des Grundsatzes der Konfliktbewältigung, DVBl. 1989, S. 337–344.

Pielow, Johann-Christian/ Finger, Thorsten, Der Anschluss- und Benutzungszwang im Kommunalrecht, JURA 2007, S. 189–200.

Portz, Norbert/ Runkel, Peter, Baurecht für die kommunale Praxis, Grundzüge des öffentlichen und privaten Baurechts, 3. Auflage, Bonn 1998, zit.: Portz/Runkel, BauR, Rn.

Püttner, Günter, Die Grenzen der Energierechtskompetenz des Bundesgesetzgebers, Zugleich ein Beitrag zum Begriff des Wirtschaftsrechts, BB 1971, S. 881–884.

Rabe, Klaus/ Pauli, Felix/ Wenzel, Gerhard, Bau- und Planungsrecht, Raumordnungs- und Landesplanungsrecht, Allgemeines Städtebaurecht, Städtebauliche Sanierung und Entwicklung, Bauordnungsrecht, Bauaufsichtliche Maßnahmen, Baurechtlicher Nachbarschutz, 7. Auflage, Stuttgart 2014, zit.: Bearbeiter-Rabe/Pauli/Wenzel, Bau- und Planungsrecht, S.

Raschke, Marcel, Rechtsfragen kommunaler Klimaschutzmaßnahmen – Unter besonderer Berücksichtigung des Bau- und Planungsrechts, Schriften zum Umweltenergierecht, Nomos Verlag, Band 14, Baden-Baden 2014, Diss., zugl.: Bielefeld 2013, zit.: Raschke, Rechtsfragen kommunaler Klimaschutzmaßnahmen, S.

Reidt, Olaf, Klimaschutz, erneuerbare Energien und städtebauliche Gründe, BauR 2010, S. 2025–2034.

Rojahn, Ondolf, Umwelt- und Klimaschutz zwischen kommunaler Bauleitplanung und fachbehördlicher Zuständigkeit – Abgrenzungsfragen in der höchstrichterlichen Rechtsprechung, S. 67–78, in: Stephan Mitschang, Klimaschutz und Energieeinsparung in der Stadt- und Regionalplanung, Berliner Schriften zur Stadt- und Regionalplanung, Band 1, Frankfurt 2009, zit.: Rojahn-Mitschang, Klimaschutz und Energieeinsparung, S.

Roller, Gerhard, Wärmeschutzbezogene Festsetzunge im Bebauungsplan, BauR 1995, S. 185–193.

Runkel, Peter, Wohnbaulandmobilisierung als Element der Flächenhaushaltspolitik – Bestandsaufnahme und Reformbedarf, ZUR 2003, S. 138–146.

Sachs, Michael (Hrsg.), Grundgesetz Kommentar, 7. Auflage, München 2014, zit.: Bearbeiter-Sachs, GG, Art. Rn.

Sailer, Frank, Klimaschutzrecht und Umweltenergierecht – Zur Systematisierung beider Rechtsgebiete, NVwZ 2011, S. 718–723.

Schink, Alexander, Regelungsmöglichkeiten der Bundesländer im Klimaschutz, UPR 2011, S. 91–100.

Schmidt, Alexander, Klimaschutz in der Bauleitplanung nach dem BauGB 2004, NVwZ 2006, S. 1354–1361.

Schmidt, Thorsten Ingo, Kommunalrecht, Tübingen 2011, zit.: Schmidt, Kommunalrecht, § Rn.

Schmidt-Aßmann, Eberhard, Die Rechtsetzungsbefugnis der kommunalen Körperschaften, S. 607–622, in Albert von Mutius (Hrsg.), Selbstverwaltung im Staat der Industriegesellschaft, Festgabe zum 70. Geburtstag von Georg Christoph von Unruh, Heidelberg 1983, zit.: Schmidt-Aßmann, Rechtsetzungsbefugnis in: FS von Unruh, S.

Schmidt-Aßmann, Eberhard, Der Umweltschutz im Spannungsfeld zwischen Staat und Selbstverwaltung, NVwZ 1987, S. 265–275.

Schmidt-Aßmann, Eberhard, Kommunale Selbstverwaltung „nach Rastede" – Funktion und Dogmatik des Art. 28 Abs. 2 GG in der neueren Rechtsprechung, S. 121–138, in Everhardt Franßen, Konrad Redeker, Otto Schlichter, Dieter Wilke (Hrsg.), Bürger – Richter – Staat, Festschrift für Horst Sendler, München 1991, zit.: Schmidt-Aßmann, Kommunale Selbstverwaltung, in: FS Sendler, S.

Schmidt-Aßmann, Eberhard/ Schoch, Friedrich, Besonderes Verwaltungsrecht, 14. Auflage, Berlin 2008, zit.: Bearbeiter-Schmidt-Aßmann/Schoch, Bes. VerwaltungsR, Kap. Rn.

Schmidt-Eichstaedt, Gerd, Zielgrenzwerte für die Wärmedämmung, Energiekennzahlen – Möglichkeiten und Grenzen von Festsetzungen nach § 9 Abs. 1 Nr. 24 BauGB, S. 167–179, in: Stephan Mitschang, Klimaschutz und Energieeinsparung in der Stadt- und Regionalplanung, Berliner Schriften zur Stadt- und Regionalplanung, Band 1, Frankfurt 2009, zit.: Schmidt-Eichstaedt-Mitschang, Klimaschutz und Energieeinsparung, S.

Schmidt-Eichstaedt, Gerd/ Weyrauch, Bernhard/ Zemke, Reinhold, Städtebaurecht, Einführung und Handbuch, 5. Auflage, Stuttgart 2014, zit.: Schmidt-Eichstaedt/ Weyrauch/Zemke, Städtebaurecht, S.

Schmidt-Jortzig, Edzard, Kommunale Satzungen als Form materieller Rechtsetzung durch Selbstverwaltungskörperschaften, ZG 1987, S. 193–210.

Schneider, Ann-Kristin, Auswirkungen des Klimawandels auf das Bauplanungsrecht, Europäische Hochschulschriften, Peter Lang Verlag, Band 5433, Frankfurt am Main 2013, Diss., zugl.: Bielefeld 2013, zit.: Schneider, Auswirkungen des Klimawandels auf das Bauplanungsrecht, S.

Schoch, Friedrich, Verfassungswidrigkeit des bundesgesetzlichen Durchgriffs auf Kommunen, DVBl. 2007, S. 261–269.

Schröder, Meinhard, Klimaschutz, Bestandsschutz, Vertrauensschutz, Grenzen der Sanierungspflicht für bestehende Gebäude, Die Verwaltung 46 (2013), S. 183–219.

Schrödter, Wolfgang, Baugesetzbuch, Kommentar, 7. Auflage, München 2006, zit.: Bearbeiter-Schrödter, BauGB, 7. Aufl. (2006), § Rn.

Schrödter, Wolfgang, Baugesetzbuch, Kommentar, 8. Auflage, München 2015, zit.: Bearbeiter-Schrödter, BauGB, § Rn.

Schulte, Hans, Das Dogma Baufreiheit, DVBl. 1979, S. 133–142.

Sendler, Horst, Wer gefährdet wen: Eigentum und Bestandsschutz den Umweltschutz – oder umgekehrt?, UPR 1983, S. 33–46.

Sendler, Horst, Die Bedeutung des Abwägungsgebots in § 1 Abs. 6 BauGB für die Berücksichtigung der Belange des Umweltschutzes in der Bauleitplanung, UPR 1995, S. 41–49.

Sieckmann, Jan-R., Eigentumsgarantie und baurechtlicher Bestandsschutz, NVwZ 1997, S. 853–857.

Sodan, Helge, Grundgesetz Beck'sche Kompakt-Kommentar, 2. Auflage, München 2011 zit.: Bearbeiter-Sodan, GG, Art. Rn.

Söfker, Wilhelm, Zur bauplanungsrechtlichen Absicherung des Repowering von Windenergieanlagen, ZfBR 2008, S. 14–21.

Söfker, Wilhelm, Bebauungsplan, Energieeinsparverordnung und Erneuerbare-Energien-Wärmegesetz – zu den Festsetzungen des Bebauungsplans für energiesparende Bauweisen und den Einsatz erneuerbarer Energien, UPR 2009, S. 81–87.

Söfker, Wilhelm, Das Gesetz zur Förderung des Klimaschutzes bei der Entwicklung in den Städten und Gemeinden, ZfBR 2011, S. 541–549.

Spannowsky, Willy, Planungsrechtliche Steuerung von Vorhaben der Erneuerbaren Energien durch Verträge – Möglichkeiten vertraglicher Gestaltungen zur bauplanungs- und raumordnungsrechtlichen Steuerung von Vorhaben in den Bereichen Biomasse, Photovoltaik und Repowering von Windenergie-Anlagen, UPR 2009, S. 201–213.

Spannowsky, Willy/ Uechtritz, Michael, Baugesetzbuch, Kommentar, München 2009, zit.: Bearbeiter-Spannowsky/Uechtritz, BauGB, § Rn.

Sparwasser, Reinhard/ Mock, Dario, Energieeffizienz und Klimaschutz im Bebauungsplan, ZUR 2010, S. 469–474.

Stich, Rudolf, Verbote der Verwendung bestimmter Heizstoffe in Baugebieten – Zur umweltschutzbedeutsamen Wechselwirkung zwischen Städtebau-, Immissionsschutz-, Bauordnungs- und Gemeinderecht, DÖV 1981, S. 645–654.

Stich, Rudolf, Notwendigkeit der Weiterentwicklung der Baunutzungsverordnung zur Bodennutzugsverordnung, NuR 1988, S. 221–225.

Stüer, Bernhard, Der Nachhaltigkeitsgedanke als Kompensationselement in der planerischen Ausgleichsentscheidung, Bessere Ergebnisse durch das qualifizierte Verfahren einer Umweltprüfung?, NVwZ 2005, S. 508–515.

Stüer, Bernhard, Handbuch des Bau- und Fachplanungsrechts, Planung – Genehmigung – Rechtsschutz, 4. Auflage, Münster 2009, zit.: Stüer, Handbuch des Bau- und Fachplanungsrechts, Rn.

Stüer, Bernhard, Städtebauliche Abwägungsdirektiven – Ist das Abwägungsgebot noch das „Herzstück" der städtebaulichen Planung?, UPR 2010, S. 288–293.

Stüer, Bernhard/ Stüer, Eva-Maria, Die BauGB-Klimanovelle und das Energiefach- und -finanzierungsrecht 2011, DVBl. 2011, S. 1117–1126.

Stühler, Hans-Ulrich, Heranrückende Wohnbebauung, VBlBW 1998, S. 241–246.

Stühler, Hans-Ulrich, Zur Reichweite des Bestandsschutzes bei Änderungen und Erweiterungen von gewerblichen Anlagen, BauR 2002, S. 1488–1496.

Trzaskalik, Christoph, Veränderungen im Nachbarrechtsverhältnis durch staatliche oder kommunale Raumnutzungsentscheidungen, DVBl. 1981, S. 71–76.

Uechtritz, Michael, Die Umweltprüfung in der Bauleitplanung, BauR 2005, S. 1859–1878.

Uechtritz, Michael, Gesetz zur Stärkung der Innenentwicklung in den Städten und Gemeinden und weiteren Fortentwicklung des Städtebaurechts – „BauGB-Novelle 2013", BauR 2013, S. 1354–1370.

Umweltbundesamt (Hrsg.), Die Nebenwirkungen der Behaglichkeit: Feinstaub aus Kamin und Holzofen, 2007, S. 1–7, online verfügbar unter: http://www.umweltbundesamt.de/sites/default/files/medien/publikation/long/3556.pdf, zit.: Umweltbundesamt, Feinstaub, S.

Umweltbundesamt (Hrsg.) , Klimaschutz in der räumlichen Planung: Gestaltungsmöglichkeiten der Raumordnung und Bauleitplanung – Kurzdokumentation der Fallstudien -, Dessau-Roßlau 2013, S. 1–64, online verfügbar unter: http://www.umweltbundesamt.de/sites/default/files/medien/461/publikationen/4431.pdf, zit.: Umweltbundesamt, Klimaschutz in der räumlichen Planung, S.

Umweltbundesamt (Hrsg.), Berichterstattung unter der Klimarahmenkonvention der Vereinten Nationen und dem Kyoto-Protokoll 2014, Nationaler Inventarbericht zum Deutschen Treibhausgasinventar 1990–2012, Climate Change 24/2014, Dessau-Roßlau 2014, zit.: Umweltbundesamt, Berichterstattung unter der Klimarahmenkonvention der Vereinten Nationen und dem Kyoto-Protokoll 2014, S.

Umweltbundesamt (Hrsg.), Der Weg zum klimaneutralen Gebäudebestand, S. 1–28, Dessau-Roßlau 2014, online verfügbar unter: http://www.umweltbundesamt.de/sites/default/files/medien/378/publikationen/hgp_gebaeude_sanierung_final_04.11.2014.pdf zit.: Umweltbundesamt, Der Weg zum klimaneutralen Gebäudebestand, S.

Waechter, Kay, Leitvorstellungen der Bauleitplanung und Planungsverständnis – Ein Beitrag zur Auslegung des § 1 Abs. 5 BauGB -, DVBl. 2006, S. 465–471.

Waechter, Kay, Flächensparsamkeit in der Bauleitplanung, DVBl. 2009, S. 997–1006.

Wagner, Hermann-Josef/ Koch, Marco K./ Burkhardt, Jörf/ Böckmann, Thomas/ Kruse, Philipp, CO_2-Emissionen der Stromerzeugung – Ein ganzheitlicher Vergleich verschiedener Techniken, BWK, Bd. 59, Nr. 10, S. 44–52, zit.: Wagner/Koch/Burkhardt/Böckmann/Feck/Kruse, BWK, Bd. 59, Nr. 10, 44 (S.).

Wahl, Rainer, Genehmigung und Planentscheidung, Überlegungen zu zwei Grundmodellen des Verwaltungsrechts und zu ihrer Kombination, DVBl. 1982, S. 51–62.

Wegener, Bernhard W., Anmerkung zu BVerwG: Die UVP in der Fernstraßenplanung, ZUR 1996, S. 324–326.

Weidemann, Clemens/ Krappel, Thomas, Der passive Bestandsschutz im Baurecht – offene verfassungsrechtliche Fragen, NVwZ 2009, S. 1207–1210.

Wickel, Martin, Klimaschutz und Städtebau – Das Gesetz zur Förderung des Klimaschutzes bei der Entwicklung in den Städten und Gemeinden, UPR 2011, S. 416–421.

Wickel, Martin, Mögliche Inhalte von Klimaschutzgesetzen auf Länderebene, DVBl. 2013, S. 77–84.

Wilke, Reinhard, Die „Klimaschutznovelle“ als erste Stufe zur Reform des Bauleitplanungsrechts, BauR 2011, S. 1744–1753.

Winkler, Martin, Die neue Betreiberpflicht, Klimaschutz und Emissionshandel, ZUR 2003, S. 395–400.

Wustlich, Guido, „Erneuerbare Wärme“ im Klimaschutzrecht, ZUR 2008, S. 113–121.

Wustlich, Guido, Das Erneuerbare-Energien-Wärmegesetz – Ziele, Inhalt und praktische Auswirkungen, NVwZ 2008, S. 1041–1048.

Zebisch, Marc/ Grothmann, Torsten/ Schröter, Dagmar/ Haße, Clemens/ Fritsch, Uta/ Cramer, Wolfgang, Klimawandel in Deutschland, Vulnerabilität und Anpassungsstrategien klimasensitiver Systeme, Kurzfassung, Umweltforschungsplan des Bundesministeriums für Umwelt, Naturschutz und Reaktorsicherheit, Berlin 2005, S. 1–12, Umweltbundesamt (Hrsg.), online verfügbar unter: http://www.umweltbundesamt.de/sites/default/files/medien/publikation/long/2947.pdf, zit.: Zebisch/Grothmann/Schröter/Haße/Fritsch/Cramer-Umweltbundesamt, Klimawandel in Deutschland, S.

Zeiss, Christopher/ Longo, Fabio, Baurechtliche Festsetzungsmöglichkeiten einer solaren Warmwasserbereitung (Solarthermie-Pflicht), „Global denken, lokal handeln“ – Klimaschutz im Baurecht, UPR 1998, S. 217–221.

Ziekow, Jan, Immissionsschutzrechtliche Aspekte in der Bauleitplanung, BayVBl. 2000, S. 325–335.

www.ingramcontent.com/pod-product-compliance
Ingram Content Group UK Ltd.
Pitfield, Milton Keynes, MK11 3LW, UK
UKHW021910290926
8980IPUK00015B/1170

9 783631 673096